紫花苜蓿（*Medicago sativa* L.）

苜蓿科学研究文丛
（五）

苜蓿简史稿

孙启忠 著

科学出版社
北　京

内 容 简 介

本书是作者多年研究苜蓿历史、文化和科学的系列研究成果《苜蓿科学研究文丛》的第五分册，也是文丛第一分册《苜蓿经》、第二分册《苜蓿赋》、第三分册《苜蓿考》、第四分册《苜蓿史钞》的延续和深化。全书共分为九章，从第一章绪论开始，分别就苜蓿的起源与传播、名实与物种、发展与分布、栽培管理技术、合理利用、科技、政策与经济和史料资源等进行了研究。书稿旁征博引，从以上所述多个方面进行了较深入系统的探讨，并形成了自己的理论观点。

本书适合对苜蓿或牧草进行研究的科技工作者，关心国家牧草发展的人士，对草学史、农学史研究和中国古代农业文化有兴趣的爱好者阅读；适合大中型图书馆作为基础资料收藏。

图书在版编目（CIP）数据

苜蓿简史稿 / 孙启忠著. —北京：科学出版社，2020.2
（苜蓿科学研究文丛）
ISBN 978-7-03-064395-7

Ⅰ.①苜… Ⅱ.①孙… Ⅲ.①紫花苜蓿－农业史－研究－中国
Ⅳ.①S551-092

中国版本图书馆CIP数据核字（2020）第013625号

责任编辑：马 俊 孙 青 / 责任校对：严 娜
责任印制：吴兆东 / 封面设计：刘新新

科学出版社 出版
北京东黄城根北街16号
邮政编码：100717
http://www.sciencep.com

北京虎彩文化传播有限公司 印刷
科学出版社发行 各地新华书店经销
*
2020年2月第 一 版 开本：787×1092 1/16
2020年2月第一次印刷 印张：19 1/8
字数：430 000

定价：150.00元

　　苜蓿不仅是我国最早引进的栽培牧草，而且也是最早引进的作物。她既是中西科技文化交流的象征，也是"丝绸之路"上一颗耀眼的明珠，更是汉武帝经营西域所获得的标志性物产。自汉代苜蓿从西域大宛传入中原，不仅对我国农牧业的发展乃至国防事业发展起到了重要的作用，而且对世界苜蓿的发展亦作出了重要的贡献。苜蓿在我国已有2000多年的栽培史，这是祖先为我们留下的珍贵遗产，也是古人为我们与之对话搭建的平台，这是别国想有而无法拥有的宝贵资源和平台，我们应很好地珍视她、保护她和利用她。

　　历史既承载着我国苜蓿的记忆，也承载着国家对苜蓿未来发展的希望，还镌刻着先辈们对苜蓿的情感；反过来，苜蓿不仅承载着2000多年以来的国家记忆和草业记忆，而且亦承载着她生命的印迹和发展历程，还负载着一个一个古老的美丽传说与典故。站在新的历史发展起点，我们不仅要开创苜蓿发展的新局面，更要探寻苜蓿发展的历史根脉，总结苜蓿发展的历史经验，揭示苜蓿发展的历史规律，把握苜蓿发展的历史趋势。只有这样，我们才能听清苜蓿历史的悠远回声，才能从历史的高度发出开创苜蓿新局面的最强音，才能从传统文化中汲取苜蓿茁壮成长的最丰富营养，才能从古代科技中获得苜蓿创新发展的最强动力；只有这样，才能助力我国苜蓿产业发展，助推我国再铸苜蓿辉煌；只有这样，才能全力推进我国苜蓿产业行稳致远。

　　美国著名汉学家劳费尔（Laufer，1784～1934年）早在1919年就指出，"中国人对于重要植物的历史知道得比亚洲其他任何国家的人都多，我甚至大胆地说比欧洲国家的人都多"。他进一步指出，在栽培作物中，没有哪种作物的历史能比中国苜蓿的历史更可信、更完整。因为，中国可供给我们无限有用的材料，使我们能写出一部细致的、关于人工栽培植物的历史。台湾牧草专家王启柱指出："在亚洲，当以我国栽培牧草最早。据《史记》记载，汉武帝时（公元前138年）张骞出使大宛，因汗血马引进苜蓿种子。由是，自西安至黄河流域下游，即开始种植此牧草。依此，则我国栽培牧草当远较欧洲为早。惜欧美学者囿于偏见，以牧草为欧洲文明的产物，而我国亦不知继续发展，长落人后，至堪浩叹。"

然而迄今，我国苜蓿史研究仍未引起人们的足够重视，对其还缺乏深入、全面和系统的研究，致使有关我国苜蓿的一些历史问题还没有澄清，导致人们在讲苜蓿历史、苜蓿文化、苜蓿科技或苜蓿故事时，常有说不清、摸不着、抓不住和讲不透的感觉。苜蓿是我国草业中最重要的牧草，她的兴衰直接关系到我国草业的发展，倘若不知道我国苜蓿的起源、栽培史、文化史和科技史，我们的苜蓿就会变得无根可寻，我们的栽培草地就会变得无源可找，我们的草业就会失去记忆。

随着我国草业、畜牧业乃至农业的快速发展，对苜蓿现代化发展的呼声也越来越高。然而，欲筹计苜蓿未来的现代化发展，就要全面研究苜蓿的现状，而要真正认识现状，还必须首先考查其历史。习近平指出："历史是现实的根源，任何一个国家的今天都来自昨天。只有了解一个国家从哪里来，才能弄懂这个国家今天怎么会是这样而不是那样，也才能搞清楚这个国家未来会往哪里去和不会往哪里去。"苜蓿俨然，自汉武帝时，我国开创种植苜蓿新纪元，其种植水平一直处于世界领先，到了明清时期，我国苜蓿等的植物学研究成果卓著，堪称世界一流，研究成果乃至著作影响颇深、颇广。由此可见，我国古代苜蓿栽培历史悠久、技术先进、文化多样、遗产丰富，苜蓿传统生产经验、关键技术、利用方式、管理制度、研究成果乃至文化艺术至今仍影响深远，如东汉苜蓿的分期播种；北魏的旱地与水地苜蓿种植管理、"饲蔬两用"、"轮作倒茬"；唐代"起垄播种"、"花紫时，大益马"的刈割时期；明代"夏月取子和荞麦种，刈荞时苜蓿生根"的保护播种；清代的种苜蓿治碱改土等技术仍沿用至今。今天，国家"振兴奶业苜蓿发展行动"已经起航，苜蓿发展进入新时期，倘若能厘清我国苜蓿的发展轨迹，探明其消长规律，总结其成败经验，便能从根本上把握我国苜蓿发展的关键和脉络；倘若能传承苜蓿历史，弘扬传统苜蓿文化，改良古代苜蓿科技，便能从历史深处和传统中汲取我国苜蓿现代化发展的强大动力。

拙稿从初试研究开始到粗成，首尾已过二十年矣，以苜蓿的起源与传播、名实与物种、发展与分布、栽培管理技术、合理利用、科技、政策与经济、史料资源等为契入点，试图阐明我国古代苜蓿的发展轨迹。然而，到目前为止，有关苜蓿的许多历史问题在认识上还存在分歧，本着百花齐放、百家争鸣的原则，书中将贴近史实，对被大家普遍认可的观点或学说以正文的形式介绍，而对有争议或缺乏史料支持，有待进一步研究考证的观点或学说以延伸阅读的形式介绍，以此为今后的研究提供更多的信息。另外，为了客观、真实地反映苜蓿史实及她的完整性和连贯性，有许多重要史实可能会出现重复，这是不可避免的。

拙稿的草成，还属初试。从主观上希望臻于完善，但由于掌握资料不全，知识浅薄和缺乏经验，要想达到用史学家甄别史源、剪裁史料、解释史实乃至对材料排比辨析、对微言大义乃至春秋笔法的把握与处理的分析力和技术水准，深刻而全面地将苜蓿史表述出来的水平，实在是学力不足、能力所限、技术匮乏，难以达到。加之古代有关苜蓿的资料甚为冗杂而零散，搜集整理起来工作量大，消化吸收难度不小，只能简要地介绍其中的内容。正因如此，拙稿在文字表达和某些史实分析上还显得非常幼稚，还不够深刻，还不到位，其中的疏漏甚至错误还有不少，恳请读者不吝批评指正。

目录

第一章

绪　　论

　　研究每一种作物的起源、传播路径乃至栽培利用史，既是一个理论问题，又是一个历史问题；既是农林草学界的重要研究领域，也是农史界乃至史学界的重要研究领域。探讨苜蓿（*Medicago sativa*）的起源、传播路径和栽培利用史历来受到人们的重视。苜蓿的栽培利用史堪称人类栽培利用牧草史的缩影，倘若了解和掌握了苜蓿的起源与栽培史，就犹如知道了栽培牧草的发展史。早在1884年康道尔对包括苜蓿在内的多种作物的起源与传播进行了研究，为之后乃至现在研究苜蓿等作物的起源与传播奠定了基础。近100多年来，世界各国的学者对苜蓿起源、栽培利用史的探讨研究一直没有停止过，其研究主要集中在苜蓿的起源与进化、传播路径和各国引种及其栽培利用等方面。

第一节　与首蓿起源相关的几个历史问题

一、汉代首蓿引入者

　　首蓿自汉代从西域大宛传入我国，迄今已有 2000 多年的栽培史。然而，是谁将首蓿引入我国的，既是一个充满神秘和疑点的问题，又是一个颇具诱惑力的千古之谜。虽然张骞出使西域将首蓿引入我国的观点已深入人心，并广为流传。但是，随着研究的不断深入，有不少学者对张骞带回首蓿种子的事实产生了怀疑。最早记载首蓿的司马迁在《史记》中并没有指明首蓿种子是由张骞带回来的，据《史记·大宛列传》记载："俗嗜酒，马嗜首蓿。汉使取其实来，于是天子始种首蓿、蒲陶肥饶地。"汉使是谁？司马迁为后人留下了不解之谜。2000 多年来，人们对带归首蓿种子者的思考、揣测、考证和研究从来没有停止过，倘若从史学界、农史界和草学界角度考虑最早引入首蓿的人是谁的话，目前大致有 4 种观点：一是首蓿是由出使西域的汉使带回来的；二是由出使西域的张骞带回来的；三是由贰师将军李广利带回来的；四是首蓿引进者有不确定性。

　　从大宛将首蓿种子带至我国的人，是汉使？是张骞？还是李广利？或是另有其人？学术界看法不一，但可以肯定的是，首蓿由汉使引入我国是最接近历史事实的，而张骞带归首蓿，虽然广为流传，但缺乏直接的史料支持，从张骞出使西域的任务和艰难过程看，带归首蓿种子的可能性不大。那么，为什么人们会认为首蓿种子是由张骞带回来的？究其原因，一方面随着"丝绸之路"的开辟，中外经济文化交流取得巨大的成就；另一方面中外经济文化交流的成就与张骞"凿空"西域的功劳密不可分。倘若我们不拘泥首蓿是否为张骞带进的话，汉使或张骞将首蓿引入我国仍会长期并存。

二、汉代首蓿传入我国的时间

　　首蓿为汉武帝时传入我国已是不争的事实，但具体是什么时间传入我国的，不论是草学界还是农史界乃至史学界对其看法不一。虽然公元前 126 年张骞（或汉使）从西域带回首蓿种子已广为流传，影响甚广，不论在国内还是在国外均已被许多专家学者所认同。但由于最早记载首蓿的《史记》和《汉书》并没有明示其进入我国的年代，人们对此不无疑虑，以致首蓿传入我国的时间成了千古之谜。早在 1929 年向达翻译劳费尔（Laufer）著作 *Sino-Iranica* 有关苜蓿内容时考证认为，"宛马食苜蓿，骞因于元朔三年（公元前 126 年）移大宛苜蓿种子归中国"。谢成侠认为，考证苜蓿传入的年代，史书并未确实地指出，可能是在张骞回国的这一年，即公元前 126 年。但张骞回国是很艰难的，归途还被匈奴阻留了一年多，是否是他带回来的不无疑问。于景让（1952）认为，苜蓿传入中国，如系由张骞携归中国的话，是在元朔三年（公元前 126 年）；如系在李广利征伐之后引入中国的话，是在太初二年（公元前 103 年）。尽管目前对苜蓿传入我国时间的研究考证尚属少见，但随着对西域史特别是对张骞研究，乃至西域物产（如汗血马、葡萄、苜蓿、石榴）东传研究的不断深入，从中也可窥视到一些有关苜蓿传入我国的历史信息。纵观前人的研究结果，目前对苜蓿传入我国的时间有 4 类看法：①围绕张骞两次出使西域所确定的苜蓿输入我国的时间，主要包括公元前 139 年或前 138 年、公元前 129 年、公元前 126 年、公元前 119～前 115 年由两次出使西域的张骞带回；②围绕汗血马引入我国的时间，即公元前 102 年或前 101 年；③时间不确定；④张骞死后或其他时间。由于目前在苜蓿引入我国的时间问题上，还缺乏直接的史料证据，因此，不论是哪种看法或观点都须做进一步的考证。

三、汉代苜蓿原产地

苜蓿自西汉传入中原就得到广泛种植与利用，不仅成为中西科技文化交流的象征，而且也成为"丝绸之路"上一颗耀眼的明珠。然而，关于我国汉代苜蓿的原产地，不论是史籍记载，还是近现代研究结果都不尽相同。苜蓿始载于《史记·大宛列传》，曰："宛左右以蒲陶为酒……俗嗜酒，马嗜苜蓿。汉使取其实来，于是天子始种苜蓿、蒲陶肥饶地。"由此可见，我国苜蓿来自于大宛。北魏贾思勰《齐民要术》记载："王逸曰：'张骞周流绝域，始得大蒜、葡萄、苜蓿。'"说明苜蓿来自西域。同时《齐民要术》亦记载："《汉书·西域传》曰：'罽宾有苜蓿……汉使采苜蓿种归，天子益种离宫别馆旁。'"说明苜蓿自罽宾来。黄以仁（1911）认为，汉代苜蓿的原产地为西域的大宛和罽宾。陈竺同（1957）指出，我国汉代苜蓿是从大宛来的。翦伯赞（1995）亦认为我国苜蓿来自大宛。吕思勉（2014）指出，中国食物从外国输入的甚多，如苜蓿、西瓜等。白寿彝（1999）亦认为，在汉代中亚、西亚的良种马、苜蓿、石榴陆续传到中国。邱怀（1999）指出，西汉张骞出使西域，从伊朗带回苜蓿种子。耿华珠（1995）指出，张骞第二次出使西域时，从乌孙（今伊犁河南岸）带回有名的大宛马、汗血马及苜蓿种子。

到目前为止，不论是史学界还是农史界，乃至草学界对我国汉代苜蓿原产地的认识还不统一，但根据史料记载，无论是古代学者将汉代苜蓿说成原产于西域或罽宾，还是近现代学者将其说成原产于乌孙、安息或其他地区，我国汉代苜蓿原产地大宛是毫无疑问的，并且是来自大宛国的费尔干纳的河谷地，即今乌兹别克斯坦境内的锡尔河上游。虽然大宛的苜蓿是由波斯（伊朗）传入的，但并不能说成我国汉代苜蓿也来自于伊朗，更不能说成伊朗就是我国汉代苜蓿的原产地。《史记·大宛列传》将汉代苜蓿明确记载为来自域外，即大宛国，并非本国所特有，这是我国古代对世界苜蓿史的贡献，因此，我们有必要将其搞清楚。我国汉代苜蓿虽来自大宛，但《汉书·西域传》还提到大宛附近的罽宾也盛产苜蓿。因此，不排除大宛苜蓿进入中原后，罽宾苜蓿在其后也有进入中原的可能。也就是说在汉代，大宛苜蓿是最早进入中原的苜蓿，之后可能也有罽宾苜蓿进入。尽管东汉王逸提出了苜蓿来自西域，乃至以后有不少典籍也引述了他的说法，近现代不少学者亦认为我国汉代苜蓿自西域而来，虽然大宛、罽宾属西域范畴，但西域范围较广，若说苜蓿原产地在西域的话，一是不准确，二是太笼统。但可以说，汉使出使西域时将大宛的苜蓿种子带入中原。苜蓿来自乌孙、安息等地区的说法还缺乏足够的史料支持，需要进一步的研究考证。阐明我国汉代苜蓿的原产地，对揭示我国苜蓿的起源，研究我国苜蓿的亲缘关系具有十分重要的意义。

四、古代苜蓿物种

我国苜蓿属（*Medicago*）植物栽培始于汉代已是不争的事实。然而，汉代所栽培的苜蓿是开紫花还是开黄花，在最早记载苜蓿的《史记》《汉书》《四民月令》等史料中并没有明确指出，这已成为我国苜蓿的千古之谜，导致 2000 多年来对其研究、考证乃至揣测从未停止。在之后的史料中，既有记载苜蓿开紫花的，如唐韩鄂《四时纂要》、明朱橚《救荒本草》、明王象晋《群芳谱》等，也有记载苜蓿开黄花的，如明李时珍《本草纲目》、明姚可成《食物本草》、清张宗法《三农纪》、清闵钺《本草详节》等。尽管古代或近现代学者对我国苜蓿物种进行了许多考证研究，如程瑶田（清）、吴其濬（清）、黄以仁（1911）、向达（1929）、陈直（1979）、夏纬瑛（1981）、缪启愉（1981）、西北农业科学研究所（1958）、吴受琚等（1992）、吴征镒（1991）、马爱华等（1996）、吴泽炎等（2009）、《古代汉语词典》编写组（1998）等，但到目前为止，在其认识上还存在分歧。大致有 5 种观点，一是古代苜蓿专指紫苜蓿（*Medicago sativa*）；二是南苜蓿（*M. polymorpha*）；三是紫苜蓿与南苜蓿的合称；四是黄花苜蓿（*M. falcata*）；五是不确定。

我国古代在长期的苜蓿种植过程中，对苜蓿的植物学特征、特性有了科学而深刻的认识，其研究水平堪称世界一流，对世界苜蓿的发展作出了重要贡献。自汉代于大宛引种苜蓿并得到广泛种植，在唐时期"今（指唐时）北道诸州旧安定、北地

（指两郡毗邻，在今宁夏黄河两岸及迆南至甘肃东北隅）之境，往往有目宿者，皆汉时所种也。"到了明代，苜蓿种植以"三晋为盛，秦、齐、鲁次之，燕、赵又次之，江南人不识之。"明清时期我国苜蓿植物学研究达到了高峰，对苜蓿的根、枝条、叶和花、果实等形态特征特性开展了较为系统科学的研究，被《救荒本草》《群芳谱》《本草纲目》和《植物名实图考》等具有世界性影响的专著所记载。从唐韩鄂的苜蓿"紫花时，大益马"描述到明朱橚和王象晋"梢间开紫花，结弯角儿，中有子如黍米大，腰子样"的形态系统观察记载，至清程瑶田与吴其濬的研究都表明，汉代引种的苜蓿应该是紫花苜蓿（*Medicago sativa*），而李时珍《本草纲目》记载的开黄花的苜蓿和吴其濬《植物名实图考》中提到的野苜蓿（二）特征特性基本相似，应该是南苜蓿（*M. hispida*），《植物名实图考》中提到的另一种野苜蓿（一）应该是黄花苜蓿（*M. falcata*），该书对苜蓿种的区分研究亦较为全面。考证发现，古代人们通过实地观察和了解，获得了丰富的苜蓿植物学知识，对我们今天研究苜蓿植物学仍有借鉴作用。

第二节 张骞与汉代苜蓿引入的关系

我国汉代苜蓿由出使西域的汉使张骞从大宛引入已深入人心，流传甚广、影响甚深。张骞是不是带归苜蓿种子的汉使，由于司马迁的略而不记，以致成为一桩历史悬案，肯定、揣测、质疑从古至今纷争不断。随着对西域史特别是对张骞研究，乃至西域物产，如汗血马、葡萄（*Vitis vinifera*）、苜蓿、石榴（*Punica granatum*）东传研究的不断深入，对张骞与苜蓿东传关系的认识和理解也越来越深刻，苜蓿的传入与张骞是什么关系或者说张骞在苜蓿进入我国发挥着怎样的作用，目前说法不一。从而就此问题也出现了几种看法。一是张骞是汉代苜蓿种子的引入者；二是张骞没有带回苜蓿种子；三是张骞仅带回大宛国有苜蓿的信息；四是将引进西域植物（如苜蓿）功归张骞以纪念"凿空"之壮举。

一、张骞引入苜蓿的概念形成

（一）张骞通西域

1. 出使西域的背景

西汉初年，汉帝国北方的游牧民族匈奴经常抢劫边境，杀掠百姓，甚至几次攻入内地，给汉朝造成严重威胁。由于经济实力不足，汉初几个皇帝都对匈奴的入侵无能为力。直到汉武帝时，国家经过六七十年的休养生息、生产发展，有了较强的国力，于是汉武帝决定用武力彻底解决北方边患问题。即使在这时，汉朝也不想冒单兵作战的风险，希望找一个同盟者，共同对付匈奴。匈奴有一个宿敌，称"大月氏"。为和大月氏结盟，汉武帝向全国招募志愿者出使大月氏，汉中城固人张骞应招。

2. 出使西域的经历

西汉武帝建元二年（公元前 139 年，亦说建元三年，公元前 138 年），张骞率领一个百余人组成的使团从首都长安出发，取道陇西，踏上通往遥远的中亚阿姆河的征程。当时河西走廊和塔里木盆地在匈奴的控制之下，张骞一行刚进入这个地区就被匈奴扣留，一扣就是十余年，但张骞念念不忘自己肩负的使命，终于找到机会，从匈奴逃脱，西行几十天来到大宛。大宛位于今天乌兹别克斯坦费尔干纳盆地。大宛王早就听说汉帝国的广阔富饶，但苦于匈奴的阻碍，无法和汉通使。汉朝使者的到来令他大喜过望，知道张骞要出使大月氏后，他立即派翻译和向导护送张骞取道邻国康居到大月氏。康居王也对张骞很友好，派人护送他到阿姆河北岸的大月氏王庭。这时大月氏是由前王夫人当政，他们已经征服阿姆河南岸富饶的大夏国。大月氏人已在中亚安居乐业，不想再和匈奴厮杀替前王报仇。张骞在大夏住了一年多，但未能说服大月氏与汉共攻匈奴，只得带着遗憾回国。为了避开匈奴，张骞选择"丝绸之路"南道而行，打算经青海羌人部落返回长安，不幸又落入匈奴之手。一年多之后，匈奴王去世，匈奴大乱，张骞才与胡妻和甘父借机逃回到长安。这就是张骞第一次出使西域的经过，从公元前 139 年出发，到公元前 126 年回到汉朝，历时 13 年之久，出发时一百多人，回来时仅剩张骞和甘父两个。这次出使西域汉朝付出了极大的代价。

由于张骞第一次出使西域未能说服大月氏与汉结盟，到公元前 119 年，汉武帝又派张骞第二次出使西域，希望与乌孙建立联盟，并派副使到达大夏、安息等地。公元前 115 年，各国派出使者与张骞一同回长安，标志着中国与西域各国的政治关系正式建立起来。

3. 出使西域的影响

张骞第一次出使西域，虽然没有说服大月氏和汉军共同攻打匈奴，但取得许多意外的收获。他第一次向国人详细介绍了大宛、康居、大月氏和大夏等中亚国家的风土人情，特别是介绍了这些地区不仅农业发达，盛产葡萄、汗血马、首蓿等，而且商业也很兴隆。张骞对中亚诸国的描述非常详细，司马迁的《史记·大宛列传》和班固的《汉书·西域传》就是根据张骞的介绍撰写的。第二次出使西域联络乌孙的计划也无果而终，不过意外的成果却很丰富。因为随同张骞出使的副使活动范围几乎遍及西域各国，许多国家都与汉朝建立了友好关系，从此汉朝与西域诸国开始正式往来。张骞通西域，开辟了著名的"丝绸之路"，促进了东西经济文化的交流。一方面，中国的丝绸、养蚕术、漆器、铁器和冶铁术等相继传到波斯、印度等地。另一方面，一些优良马种和葡萄、苜蓿等植物则从西域引进中原。

（二）张骞引入苜蓿形象

1. 苜蓿进入我国之始

通常认为，汉武帝（公元前 141～前 87 年在位）时由于张骞通西域，汉使带回苜蓿种子开始种植，而我国获悉西域某些地区盛产苜蓿、葡萄等，并以苜蓿饲马似得自张骞的报告。《史记·大宛列传》云："（大宛）有蒲陶酒……宛左右以蒲陶为酒，富人藏酒至万余石，久者数十岁不败。俗嗜酒，马嗜苜蓿。汉使取其实来，于是天子始种苜蓿、蒲陶肥饶地。及天马多，外国使来众，则离宫别观旁尽种蒲陶、苜蓿极望。"芮传明（1998）认为，《汉书·西域传》明确指出了苜蓿种子采归国内之事并非张骞本人所为，而是他逝世十多年后，汉朝使节从业已被贰师将军李广利征服了的大宛取来："贰师既斩宛王，更立贵人素遇汉善者名昧蔡为宛王。后岁余，宛贵人以为昧蔡诮，使我国遇屠，相与共杀昧蔡，立母寡弟蝉封为王，遣子入侍，质于汉，汉因使赂赐镇抚之。又发使十余辈，抵宛西诸国求奇物，因讽喻以伐宛之威。宛王蝉封与汉约，岁献天马二匹。汉使采蒲陶、目宿种归。天子以天马多，又外国使来众，益种蒲陶、目宿离馆旁，极望焉。"但不管是声称张骞直接引入苜蓿，还是声称他逝世后汉朝使节引入，我国之开始较大规模种植苜蓿，似乎总是在汉武帝在位期间张骞通西域后的那段时期内，并与张骞通西域密切相关。

2. 张骞引入苜蓿形象的形成

从《史记》和《汉书》等史料记载，以及张骞出使西域的动机与目的，乃至艰难历程看，张骞似乎不可能带回任何物品，只是向汉武帝介绍了西域包括物产资源在内的基本情况。那么怎么就有了张骞引入苜蓿的概念或形象出现呢？

从东汉后期开始，人们认为张骞从西域带回包括苜蓿在内的各种物产，主要是源自于东汉时期的著名文学家王逸（大约生于 89 年，卒于 158 年）。第一次将引入苜蓿的事归于张骞的是王逸。苜蓿原产于西亚，据王逸所著的《正部》记载："张骞使还，始得大蒜（*Allium sativum*）、苜蓿。"也就是说，大蒜、苜蓿是张骞出使西域时带回来的。

晋张华（232～300 年）《博物志》曰："张骞使西域还，得大蒜、安石榴

（*Punica granatum*）、胡桃（*Juglans regia*）、蒲桃（*Syzygium jambos*）、胡葱（*Allium ascalonicum*）、苜蓿等。"

西晋陆机（261 ～ 303 年）《与弟云书》曰："张骞使外国 18 年，得苜蓿归。"

南朝梁任昉（460 ～ 508 年）《述异记》曰："苜蓿本胡中菜也，张骞始于西戎得之。"

到魏晋南北朝时期，西域植物（包括苜蓿）之称为张骞引入的才渐渐多起来，得到许多人的认可和广泛传播，特别是北魏贾思勰在《齐民要术》征引王逸曰："张骞周流绝域，始得大蒜、葡萄、苜蓿。"对张骞引入苜蓿的概念或形象的形成具有助推作用，并在后世的文献中被广泛征引（表 1-1）。

表 1-1　记载张骞得苜蓿种子归的典籍

作者	朝代	典籍	主要内容
徐坚	唐	初学记	《博物志》曰：张骞使西域，还得葡桃、胡荽、苜蓿、安石榴
封演	唐	封氏闻见记	汉代张骞自西域得石榴、苜蓿之种，今海内遍有之
韦绚	唐	刘宾客嘉话录	苜蓿、葡萄，因张骞而至也
施宿	南宋	嘉泰会稽志	王逸曰：张骞周流绝域，始得大蒜、葡萄、苜蓿，南人或谓之齐胡，又有蒜泽
王三聘	明	古今事物考	[苜蓿]张骞使大宛得其种
李时珍	明	本草纲目	[时珍曰]杂记言苜蓿原出大宛，汉使张骞带归中国
姚可成	明	食物本草	李时珍：苜蓿原出大宛，汉使张骞带归中国
程瑶田	清	程瑶田全集	《本草纲目》[时珍曰]杂记言苜蓿原出大宛，汉使张骞带归中国。《群芳谱》亦云：张骞带归（苜蓿）
吴其濬	清	植物名实图考	《述异记》始谓张骞使西域，得苜蓿菜
杨巩	清	农学合编	苜蓿一名木粟，由张骞自大宛带种归
鄂尔泰	清	授时通考	张骞自大宛带（苜蓿）种归，今处处有之
郭云升	清	救荒易书	张骞自大宛带（苜蓿）种归，今处处有之
张宗法	清	三农纪	（苜蓿）种出大宛，汉使张骞带入中华

二、对张骞与苜蓿关系的辨析

（一）张骞引入苜蓿种子说

尽管《史记》和《汉书》中都没有提到苜蓿种子是张骞带回来的，但从东汉后期至魏晋南北朝就出现了张骞带归苜蓿种子的形象。

李时珍在《本草纲目》[时珍]曰："杂记言苜蓿原出大宛，汉使张骞带归中国"。李时珍是伟大的植物学家，《本草纲目》在植物学历史上的地位之高是世界公认的，因此它具有广泛而深刻的影响，同时亦使得"苜蓿原出大宛，汉使张骞带归中国"具有了世界影响。1884 年德·康道尔（de Candolle）在《农艺植物考源》明确指出：

《本草纲目》谓张骞携归之物品中有黄瓜（*Cucumis sativus*）、苜蓿等多种之前此中土所无之物。1907 年，日本学者松田定久研究认为，"《史记·大宛列传》中，'蒲陶（葡萄）为酒，马嗜苜蓿，汉使取其实来，于是天子始种苜蓿、蒲陶肥饶地。'"该天子为前汉武帝，此汉使为张骞。大宛列传的著者为汉武帝朝廷的人士，所以此事属实。日本学者天野元之助（1962）提出，张骞从西域引入中国的许多植物中包括葡萄与苜蓿。1919 年，美国学者劳费尔研究指出，中国的两种栽培植物（葡萄、苜蓿，仅此两种）都来自大宛，并由张骞从大宛带入中国。1985 年，美国学者谢弗亦认为，葡萄、苜蓿这两种植物都是在公元前 2 世纪时由张骞引进的，英国著名植物学家勃基尔（1954）亦持此观点。法国学者布尔努瓦（1982，1997）指出，张骞于公元前 125 年左右归国时，或者是稍后于第二次出使回国时，携回了某些植物种子和中国人所陌生的两种植物，即苜蓿和葡萄。他进一步指出，由张骞所引入的苜蓿促进了汉代马业的发展。

清末黄以仁（1911）研究认为，苜蓿是张骞带入中国的。1929 年，向达研究表明，至汉武帝时，张骞"凿空"，中西交通，始有可寻，是时汉之离宫别观旁，尽种葡萄、苜蓿极望，而由张骞传入中国。卜慕华（1981）认为，汉武帝派张骞为使，通当时西域五十余国，引进了许多作物，在史书上记载的有蒲陶（葡萄）、目宿（苜蓿）、石榴等。盛诚桂（1985）研究指出，汉武帝时代，张骞出使西域，开始了中外植物交流的新纪元，张骞从西域引回了苜蓿和葡萄。王家葵（2007）在校注《救荒本草》时亦认为，苜蓿为张骞从西域带回。2012 年，谢宜蓁指出，张骞通西域带回许多新奇植物，如葡萄、苜蓿、石榴等。董恺忱和范楚玉（2000）认为，张骞通西域前后，通过西域引进了葡萄、苜蓿等一批原产西方的作物，已为人们所熟知。张永禄（1993）明确指出，汉武帝时张骞出使西域，从大宛国带回紫苜蓿种子。余太山（2003）认为，苜蓿、葡萄是与汗血马同时由张骞等汉使从西域带归中原的。2009 年，缪启愉在《〈齐民要术〉译注》"种苜蓿第二十九"的【注释 2】指出："苜蓿，即张骞出使西域传进者。"史仲文和胡晓林（1994）在《中国全史》中指出，《汉书·西域传》说罽宾（今克什米尔一带）有苜蓿，张骞等使臣取回后，皇帝把它当作珍稀植物种于自己离宫别馆的花园里以供欣赏。

1985 年，伊钦恒在《群芳谱诠释》"[葡萄]"注释中指出，张骞就是带归葡萄、苜蓿的汉使。陈文华（2005）亦持同样的观点。尽管不少学者对张骞带入苜蓿质疑声不断，但仍有许多学者认可和采纳了这一观点。1959 年，孙醒东指出，我国苜蓿始于张骞，其输入之"苜蓿"即 *Medicago sativa*。辞海编辑委员会（1978）亦认为，汉武帝时张骞出使西域，（公元前 126 年）从大宛国带回紫苜蓿种子。美籍华人学者许倬云（2005）研究指出，在公元前 2 世纪之前中国都没有小麦（*Triticum aestivum*）种植，直到张骞从西域将它引进来，张骞同时引入的还有许多异域作物，其中包括葡萄与苜蓿。西北的苜蓿是在公元前 129 年汉使张骞出使西域时带回中国的。王毓瑚（1981）认为，张骞从西域引进苜蓿在历史上是有名的，在引入苜蓿的过程中，张骞的功绩是很大的。苜蓿原是大宛国喂马的饲料，汉武帝元朔三年（公元前 126 年）由张骞自大宛输入。闵宗殿等（1989）认为中原本无苜蓿，张骞于公元前 126 年奉武帝命通西域时，将苜蓿引入中原。据《史记·大宛列传》记载，大宛诸国都以苜蓿饲马，张骞通西域后，蓿同传入我国。陕西省畜牧业志编委办公室（1992）在《陕西畜牧业志》中载："武帝建元三年（公元前 138 年）和元狩四年（公元前 119 年），先后派遣张骞两次出使西域，带回大宛国的汗血马（大宛马）和乌孙马等良种，并引进苜蓿种子，在离宫别观旁种植，用作马的饲料。"中国农业百科全书总编辑委员会（1996）在《中国农业百科全书·畜牧业卷（上）》记载：公元前 126 年由张骞出使西域（中亚土库曼地区）时带回（紫花苜蓿）种子，起初在汉宫廷中栽培，用于观赏和作御马料，后来在黄河流域广泛种植。任继周（2008）亦持同样的观点，认为公元前 126 年张骞出使西域，将苜蓿和大宛马同时引入中国，现中国分布甚广。张平真（2006）认为，《史记·大宛列传》中所说的"汉使取其实归"是指汉武帝元朔三年（公元前 126 年）张骞出使西域，从大宛国带回苜蓿种子的故事。

尚志钧（2008）在《神农本草经校注》按语中指出，"《史记·大宛列传》，谓张骞于元鼎二年（公元前 115 年）出使西域，携苜蓿、葡萄归。"黄文惠（1974）认为，公元前 115 年汉武帝时，张骞出使西域，将苜蓿带到我国西安。公元前 138 年和公元前 119 年，汉武帝两次派遣张骞出使西域，在第二次出使西域时，张骞从乌孙（今伊犁河南岸）带回有名的汗血马及苜蓿种子。

（二）张骞未引苜蓿种子说

从上述可知，张骞引入苜蓿种子说已被人们广泛接受。但是由于没有直接的证据说明苜蓿种子就是由张骞带入我国的，到目前为止仍有不少人对此表示怀疑。从张骞出使西域的目的与经历和时间看，张骞不可能将苜蓿种子带回来。据宋代罗愿《尔雅翼》记载："苜蓿本西域所产，自汉武帝时始入中国……然不言所携来使者之名。"《尔雅翼》又继续写道："《博物志》曰，张骞使西域的蒲陶、胡葱、苜蓿种尽以汉使之中，骞最名著，故云然。"这是目前所能见到的对张骞带归苜蓿种子提出异议的最早史料。石声汉（1963）认为，晋张华、陆机大概只是祖述王逸或王逸所根据的传说，而任昉的记述是错误的。张波（1989）认为王逸是汉顺帝时期人，说张骞引进（大蒜、葡萄、苜蓿）只是推测之言。夏如兵等亦认为后世文献往往将早期外来作物（如葡萄、苜蓿、石榴）的引入归功于张骞，多处于臆测。

汉代输入苜蓿是无可置疑的，但是不是张骞从西域带归？至今还缺乏正史方面的证据。《史记》和《汉书》是最早记载苜蓿的史料，仅记载了张骞两次出使和开辟道路的事迹，并没有提到张骞带归苜蓿，以及《通鉴纪事本末》和《资治通鉴》亦未提及张骞带归苜蓿，而这些史书却都记载了汉使带归苜蓿种子。

石声汉（1963）认为，第一个将苜蓿与张骞联系起来的人不是与张骞时代相同的司马迁以及继承司马迁的班固，而是比班固（1世纪末）稍后的王逸（后汉顺帝时人，大约1世纪后半叶到2世纪初）；即从后汉初叶起，西域植物之称为张骞引入的，才渐渐多起来。王逸是文苑人物，在私人著作中，采取民间传说材料，来装饰自己的文章，或借此抒发个人感慨，对张骞称颂，并不违背文学作品的通例与原则。侯丕勋（2006）指出，《述异记》是南朝肖梁（503～557年）时期任昉的著作，这时距汗血宝马入汉的太初四年（公元前101年）已有600多年了，而它又不是纪实性作品，其说法未必客观真实。《史记·大宛列传》是最早记载苜蓿东传的史学著作，但它只是说"汉使取其实来"，并没有提张骞之名。此后的《汉书·西域传》和《汉书·张骞李广利传》等也未将苜蓿种子的东传与张骞联系起来。以上说法得不到最主要文献的支持。尤其是张骞于汉武帝元朔三年（公元前126年），第一次出使西域返汉；元鼎二年（公元前115年），第二次出使西域返汉，当时大宛国的首批汗血宝马还未入汉，倘若张骞带回苜蓿的话，尚不存在实际需要。所以说，张华、陆机和任昉等大概只是叙述王逸或王逸所根据的传说而已，张骞通西域带回苜蓿，到魏晋时可以说已经完全成熟。另外，石声汉进一步指出，李时珍曰："《西京杂记》说过苜蓿是张骞带归中国"。据考证今本《西京杂记》，以及《齐民要术》和《太平御览》等所引，均无此说。所以石声汉认为，李时珍可能未查原文而致搞错。

石声汉（1963）考证《史记》和《汉书》认为，苜蓿是张骞死后，汉使从大宛采来的。韩兆琦（2004）在《〈史记〉评注》中指出，"西北外国使，更来更去……宛左右以葡萄为酒，富人藏酒至万余石，久者数十岁不败。俗嗜酒，马嗜苜蓿。汉使取其实来，于是天子始种苜蓿、葡萄肥饶地。及天马多，外国使来众，则离宫别观旁尽种葡萄、苜蓿极望。"描写的是张骞死后十多年间，汉朝与西域诸国相互来往的情景。日本学者桑原隲藏（1934）研究指出，张骞出使西域归途，曾被匈奴幽囚十年，故输入植物的可能性不大。所以，他认为输入苜蓿者既非张骞亦非李广利，实为张骞死后，由无名使者输入。张星烺（1978）指出《史记·大宛列传》亦言汉使取苜蓿、蒲陶实来，于是天子始种苜蓿、蒲陶，离宫别观旁极望。唯未指定为张骞带来也。李婵娜（2010）研究《史记》和《汉书》后认为，"汉使采蒲陶、目宿种归"的时间是太初三年（公元前102年）李将军攻克大宛之后，而张骞卒在元鼎三年（公元前114年），太初三年之后的事情不可能与张骞有关，因此，蒲陶、目宿（苜蓿）不是张骞带来的，而是由张骞开西域通道之后的几代使者带回的。李锦绣和余太山（2009）指出，相传葡萄、苜蓿、石榴、胡桃、胡麻等皆为张骞自西域传入中土，未必尽然。

2014 年，杨雪指出，在我国凡是西域物品的传入，大都被当作是汉朝出使西域而归的张骞的功绩。但张骞携带苜蓿和葡萄回到汉朝的说法应该是一个美丽的误会。因为《史记》和《汉书》中的《张骞传》《大宛传》《匈奴传》《西域传》，都只说到张骞两次出使和开辟道路的事迹，没有一个字提到他曾亲自带回任何栽培植物。2003年，杨承时指出，我们可以从《史记·大宛传》中对张骞通西域的经历中得到结论，第一次出使西域如此艰难，公元前 126 年回到长安时仅剩两人，在这种情况下引进葡萄、苜蓿的可能性不大。但苜蓿是不是张骞第二次出使西域带回来的，还有待作深入考证研究。2012 年，颜昭斐认为，张骞第二次出使西域他本人只到过乌孙，"骞因分遣副使使大宛、康居、大月氏……诸旁国。""岁余，骞卒。后岁余，其所遣副使通大夏之属者皆颇与其人俱来，于是西北国始通于汉矣。"由此可知，张骞在乌孙国出使一结束，便偕同乌孙使者数十人返抵长安，一年多之后就去世了。而此时汉朝与西域之间的交流开始日益频繁，由此引发的经济交往也更加密切，不排除苜蓿、葡萄种子引入的可能。但并没有明确是由张骞带回来的。唐译 2013 年研究认为，张骞到达乌孙国后，就派副使分别出使大宛、康居、大月氏等国家。乌孙国派出向导和翻译送张骞回国，乌孙国派出几十个使者和张骞一起来汉朝，了解情况，并带来几十匹马，作为回报和答谢汉天子的礼物。

苜蓿是汗血宝马最喜欢吃的饲草，故史有大宛"马嗜苜蓿"之说。但由于中原地区本不产苜蓿，所以，当大宛汗血宝马不断东来之后，解决其饲草问题就逐渐凸显出来。那么，究竟是谁首先把苜蓿种子从西域带归？ 1955 年，谢成侠研究指出，在汉使通西域的同一时期，还由他们带回了不少中国向来没有的农产品，其中苜蓿种子的传入和大宛马的输入在同一个时期。考证苜蓿传入的年代，史书并未确实地指出，但可能是在张骞回国的这一年，即公元前 126 年（汉武帝元朔三年），如晋张华《博物志》曰："张骞使西域，得蒲陶、胡葱、苜蓿。"但张骞回国是艰难的，归途还被匈奴阻留了一年多，是否一定是他带回的不无疑问。《史记》既称"汉使采其实来"，这位汉使也许是和张骞同时去西域的无名英雄。或者最迟是在大宛马输入的同一年，即公元前 101 年。我们深信汉使带回苜蓿种子，绝不是为了贡献给汉武帝的，而是为了让马匹及其他家畜获得更好的饲草。因此，谢成侠认为苜蓿和大宛马同时进入我国，初次传入中国约在公元前 100 年（公元前 101 年）前。2006 年，侯丕勋亦认为，西汉第一次伐宛战争失败后，坚持进行第二次伐宛战争，并取得了战争的最终胜利，于太初四年（公元前 101 年）获得汗血宝马。1952 年，于景让指出在汉武帝时，和汗血宝马联带在一起，一同自西域传入中国者，尚有饲草植物 *Medicago sativa*（紫苜蓿）。余英时（2005）亦认为，毫无疑问从西域传来的包括苜蓿和汗血宝马等物品是在张骞之后不久传入中国的，汗血宝马和苜蓿种子被汉朝的外交使节在公元前 100 年左右从大宛带回中国。王栋（1956）据历史的记载，汉武帝时遣张骞通西域，可能苜蓿和大宛马同时输入。也有人认为紫苜蓿是在汉武帝元封六年（公元前105年）随着西域诸国的使者输入我国的。

2008年，史进指出，自张骞"凿空"西域后，汉朝便和西域各国开始通商，由于当时正在攻伐匈奴，马匹是最重要的，西域大宛的马非常好，被称为"天马"，所以就想得到大宛的马匹。大宛的良马多在贰师城，他们就藏起来不卖给汉使，汉武帝就派人带千金去购买，结果大宛不打算卖马，还杀了汉使。汉武帝大怒，就派贰师将军李广利去攻打大宛，第一次攻打被打败，第二次不战而大宛就自动请降，献出宝马，汉军就班师回国了。《汉书·西域传》曰："大宛左右以蒲陶（葡萄）为酒……俗嗜酒，马嗜目宿……宛王以汉绝远，大兵不能至，爱其宝马不肯与。汉使妄言，宛遂攻杀汉使，取其财物。于是天子遣贰师将军李广利将兵前后十余万人伐宛，连四年……征岁余，宛贵人以为昧蔡谄，使我国遇屠，相与共杀昧蔡，立毋寡弟蝉封为王，遣子入侍，质于汉，汉因使赂赐镇抚之。又发使十余辈，抵宛西诸国求奇物，因风（讽）谕以伐宛之威。宛王蝉封与汉约，岁献天马二匹。汉使采蒲陶（葡萄）、目宿种归。天子以天马多，又外国使来众，益种蒲陶（葡萄）、目宿离官馆旁，极望焉。"由此，在2014年李荣华认为，苜蓿葡萄自李广利伐大宛后，由汉使带回，他进一步指出李广利伐大宛是在汉武帝太初元年（公元前104年），张骞是在元鼎三年（公元前114年）去世，可见张骞并未带回葡萄、苜蓿等植物种子。李婵娜（2010）亦指出，从《汉书·西域传》中可知，"汉使采蒲陶、目宿种归"的时间是在太初三年李将军攻克大宛之后。

（三）张骞传递苜蓿信息说

布尔努瓦（1997）研究认为，张骞是汉朝在西域第一个发现汗血宝马和苜蓿的人。他指出张骞第一次出使西域回来，除带来西域的大宛国有一种特殊马的消息外，还为汉武帝带来了那里有一种马最爱吃的饲草的消息，这就是苜蓿。侯丕勋（2006）亦指出，张骞第一次出使西域在大宛国的最大收获就是发现了大宛国的"国宝"汗血宝马，以及苜蓿，并将其介绍给汉武帝。有关这点，虽然史籍缺乏具体记载，但是《史记·大宛列传》曰："大宛在匈奴西南，在汉正西，去汉可万里。其俗土著，耕田，田稻麦。有蒲陶酒。多善马，马汗血，其先天马子也。"又曰："宛左右以蒲陶为酒，富人藏酒至万余石，久者数十岁不败。俗嗜酒，马嗜苜蓿。"这些是张骞向汉武帝介绍他在大宛看到的情况，亦是张骞第一个将大宛国的农业生产或物产的信息传入中国。颜昭斐于2012年指出，张骞第一次出使西域一共经历了十九年，还经历两次匈奴人的扣押，相当坎坷艰难，所以这次张骞是极少可能带回苜蓿、葡萄种子的。他进一步指出，事实是张骞回汉后，他所做的，只是"传闻其旁大国五六，具为天子……"将出使西域的见闻向汉武帝做了介绍。安作璋（1979）指出，《史记·大宛列传》所记载的大宛盛产（如葡萄酒、苜蓿、天马等）是张骞第一次出使西域（公元前138～前126年）回汉后，向汉武帝汇报其在大宛的所见所闻，因此他认为，葡萄、苜蓿两种植物都是张骞出使西域之后输入中国内地的。冯惠民于1979年指出，后来汉朝使节引进的物产，如苜蓿、葡萄和汗血宝马等无不与张骞提供的信息有关。张波（1989）认为，在汉代以前西域地区已开始种植苜蓿，张骞西使曾见大宛以苜蓿养马，归汉后向武帝极赞大宛"天马"和美草苜蓿，才有了后来"汉使取其实来，于是天子始种苜蓿"。袁行霈于2004年指出，张骞第一次出使西域回来后，对中亚诸国的描述非常详细，司马迁的《史记·大宛列传》和班固的《汉书·西域传》就是根据张骞的介绍撰写的。刘光华（2004）亦认为，张骞第一次出使带回了大量有关西域的确切信息，"骞身所至大宛、大月氏、大夏、康居，而传闻其旁大国五六。"张骞向汉武帝汇报了上述国的情况，这是司马迁撰写《史记》的重要来源，也是关于中亚各国有关情况的最早记载。黎东方（2002）指出，传说许多西域物产，如葡萄、苜蓿、石榴等，都是由张骞传入中土，这样的说法未必完全符合史实，但是可以肯定的是大宛国有苜蓿、汗血宝马等物产的信息是张骞传入我国的，这是不能磨灭的。

（四）张骞通西域纪念说

除上述认为张骞为带回苜蓿的汉使，或张骞带回大宛国有苜蓿的信息，乃至苜蓿不是张骞带入的观点外，还有一种纪念圣人的观点。《史记·大宛列传》中的记载："宛左右以蒲桃为酒，富者藏酒万余石，久者数十岁不败。俗嗜酒，马嗜苜蓿，汉使取其实来，于是天子始种苜蓿、蒲陶肥饶地。及天马多，外国使来众，则离宫别观旁尽种蒲陶、苜蓿极望"。李次弟于2011年认为，这段话说的是张骞死后发生的事，司马迁在《史记》中并没有言明汉使为谁。由于我国固习每有功归圣人的想法，因而后人联系此前张骞"凿空"之壮举，便归功于张骞了。许多研究表明，虽然张骞并没有真正带回苜蓿等栽培植物的种子，但是他常常向大家谈到西域有很好的物产，如苜蓿、葡萄和汗血宝马等，《史记》和《汉书》都记载过他曾向汉武帝作过这样的介绍。同时，张骞"凿空"西域，这点对以后汉朝向西域觅取像葡萄、苜蓿、汗血宝马等物产准备了先决条件，这应当是大家称颂他的重要原因。杨生民在2001年指出，由于苜蓿等植物是在张骞通西域后传来的，所以许多文献记载都把这些植物的东传与张骞联在一起，以纪念其丰功伟绩，像东汉王逸、晋张华等将苜蓿等西域植物东传归功于张骞也不足为奇，后人多袭其说，才有了张骞出使西域带苜蓿归的说法，才有了《乾隆重修肃州新志》中的这样两句题诗："不是张骞通西域，安能佳种自西来。"舒敏（2001）指出，像苜蓿、葡萄等植物并不是，也不可能是张骞一个人亲自带回来的，但是许多史书中都把这些植物的引入归功于张骞。例如，晋张华《博物志》、唐封演《封氏撰文录》等古籍中，把苜蓿、葡萄等的引入归功于张骞。后人之所以将这么一件大大的功劳都记在张骞的名下，是基于对先驱者张骞的一种爱戴、一种感激、一种敬佩，是把张骞作为一个代表人物，如果是这样，张骞是当之无愧的。从史实角度出发，张骞第一次出使西域，除带回一些重要的信息外，似乎没带回任何西域物产。不过人们赋予了张骞丰富的文化内涵，认为他带回域外包括物产在内的各种文化。究其原因，一方面，随着"丝绸之路"的开辟，中外经济文化交流取得巨大的成就；另一方面，中外经济文化交流的成就与张骞"凿空"西域密不可分。因此，人们将这一时期中外所有的交流成果都归功于张骞，而且随着中西经济文化交流的发展与繁荣，这种影响越来越大。相传葡萄、苜蓿、石榴、胡桃、胡麻等皆为张骞自西域传入中土，未必尽然；但张骞对开辟从中国通往西域的"丝绸之路"有卓越贡献，至今举世称道。

三、张骞出使西域对我国引入苜蓿的意义

关于张骞出使西域带归苜蓿种子的认识到目前还不统一，虽然"苜蓿原出大宛，汉使张骞带归中国"已被广泛接受，但缺乏直接的史料证实。考证《史记》和《汉书》中的《大宛列传》《张骞李广利传》《匈奴传》《西域传》，乃至《西南夷传》可知，这些史料中只说到张骞两次出使和开辟道路的事迹，而没有提到张骞带归任何植物。从出使西域的背景、动机目的，乃至艰难历程和当时汉朝对苜蓿的需求看，一方面，张骞第一次出使西域不可能带回苜蓿种子；另一方面，在当时的社会需求下，还没有必要带苜蓿种子回来。但第二次是否带回了苜蓿种子，还需进一步深入研究与考证。在张骞带归苜蓿还没有充分证据的情况下，将苜蓿等植物的引入归功于张骞，是人们对他的敬畏和对通西域的纪念，是人们的主观愿望，并非完全符合史实，我们应在尊重史实的基础上认真辨析。尽管这样，张骞为汉朝带回了大宛国盛产苜蓿的信息是确定无疑的，这为后来的"汉使取其实来，于是天子始种苜蓿"奠定了基础。首先张骞通西域为其物产进入我国打开了大门，也为苜蓿引进我国奠定了基础；其次是张骞带回了大宛国不仅有汗血宝马，而且还有其最爱吃的饲草——苜蓿的信息，这条信息为汉武帝后来获得汗血宝马和苜蓿提供了支撑，同时也让西汉人知道了汗血宝马和苜蓿的存在。因此，张骞在苜蓿进入我国的过程中发挥了重要作用。考证张骞对我国汉代苜蓿的贡献，可知汉代苜蓿的来之不易，对我国传统苜蓿生产向现代苜蓿产业转型的今天具有一定的借鉴意义，我们应更加珍惜古代苜蓿的发展成果，并继承发扬之，将我国现代苜蓿产业发展得更好。

第三节　我国古代苜蓿植物学知识的累积

一、古代对苜蓿特性的认识

　　自汉代苜蓿（*Medicago sativa*）进入我国以来，先民们在利用苜蓿的过程中，十分重视苜蓿植物学特征特性的观察研究，积累了丰富的知识，形成的历史悠久、内容丰富的传统苜蓿科学文化在许多典籍中有所总结和记载。在长期的苜蓿种植过程中，先民们对苜蓿的植物学特征特性有了科学而深刻的认识，其研究成果堪称世界一流，对世界苜蓿的发展作出了重要贡献。自汉代引种苜蓿于大宛并得到广泛种植，在唐时期"今（指唐时）北道诸州旧安定、北地（按指两郡毗邻，则今宁夏黄河两岸及迤南至甘肃东北隅）之境，往往有目宿者，皆汉时所种也。"到了明代苜蓿种植以"三晋为盛，秦、齐、鲁次之，燕、赵又次之，江南人不识之。"明清时期我国苜蓿植物学研究达到了高峰，对苜蓿的根、枝条、叶和花、果实等形态特征特性开展了较为系统科学的研究，被《救荒本草》、《群芳谱》、《本草纲目》和《植物名实图考》等具有世界性影响的专著所记载。从唐韩鄂的苜蓿"紫花时，大益马"描述到明朱橚和王象晋"梢间开紫花，结弯角儿，中有子如黍米大，腰子样"的形态系统观察记载，至清程瑶田与吴其濬的研究都表明，汉代引种的苜蓿应该是紫花苜蓿（*Medicago sativa*），而李时珍《本草纲目》记载的开黄花的苜蓿和吴其濬《植物名实图考》中提到的野苜蓿（二）特征特性基本相似，应该是南苜蓿（*M. hispida*），《植物名实图考》中提到的另一种野苜蓿（一）应该是黄花苜蓿（*M. falcata*），对苜蓿种区分研究亦较为全面。考证发现，古代人们通过实地观察和了解，获得了丰富的苜蓿植物学知识，对我们今天研究苜蓿植物学仍有借鉴作用。

二、近代苜蓿植物学研究

　　我国古典生物学研究在许多方面居于世界领先地位，苜蓿（*Medicago sativa*）也不例外。在古代，我国苜蓿生物学的研究堪称世界一流，以其系统、精确、科学为特点，取得了辉煌的成就，积累了丰富的苜蓿生物学知识，为我国近代苜蓿生物学乃至现代苜蓿生物学的研究奠定了基础。与近代其他作物生物学研究相比，我国近代苜蓿生物学的研究亦得到长足发展，如黄以仁在 1911 年就发表了"苜蓿考"，1918 年出版的《植物学大辞典》对苜蓿特征特性有详细的描述，1929年向达翻译了劳费尔（Laufer）所著的 *Sino-Iranica* 中有关苜蓿的内容，并以"苜蓿考"发表。此后，也有不少学者开展了苜蓿生物学方面的研究。

从苜蓿研究资料看，我国古代苜蓿的起源、种类、植物学特性等引起近代学者的重视和考证，不论是苜蓿的起源，还是种类特征乃至生物学特性等都得到了广泛的研究，同时对西北地区分布的3种苜蓿进行了标本采集和植物种的鉴定，即紫苜蓿、天蓝苜蓿和小苜蓿。通过研究发现，我国在近代开展的苜蓿根瘤菌研究在苜蓿研究领域亦不失其先进性和理论与实际指导意义。西方苜蓿科学技术知识与本土苜蓿科学研究的成果在近代得到快速广泛的传播，为今天的苜蓿科学技术的发展奠定了基础，特别是为今天的苜蓿科技创新提供了有益的借鉴。

第四节　古代苜蓿栽培利用

一、两汉魏晋南北朝时期苜蓿栽培利用

苜蓿不仅是我国古老的栽培作物之一，而且也是最早的栽培牧草。在古代，我国苜蓿生产水平曾居世界前列，为世界苜蓿的发展作出过重要贡献。自张骞通西域，汉使将苜蓿引进中原种植，开创了我国苜蓿种植的新纪元。两汉魏晋南北朝（公元前206～589年）是我国农业发展的重要时期。在农业大开发、大发展的汉代，苜蓿种植亦得到快速发展，特别是在北方苜蓿得到广泛种植，新疆、甘肃、宁夏和陕西及青海东部、内蒙古西部及黄河中下游等都有种植。尽管西汉《氾胜之书》没有介绍在关中广泛种植苜蓿的技术，但东汉《四民月令》介绍了当时苜蓿的播种、刈割技术，成为最早记载苜蓿栽培技术的书籍。到了北魏，贾思勰《齐民要术·种苜蓿》详细总结了水地、旱地的苜蓿栽培、田间管理及利用技术，有些技术沿用至今，如播种技术、刈割制度、早春松土等。两汉魏晋南北朝时期，苜蓿主要以饲草利用为主，特别是以饲喂马匹为主，在春季苜蓿幼嫩时也可用于蔬食，同时作为观赏植物，皇家园林中也有种植。同时，苜蓿在汉代就作为一种商品在进行交易，并且征收苜蓿草已成为国家大事，设有专门种植苜蓿的苜蓿苑和管理苜蓿生产的机构，并以厩律形式固定下来，并设有苜蓿税。研究考证发现，两汉魏晋南北朝时期对苜蓿的种植是非常重视的，并且苜蓿种植技术堪称一流，这对重振我国苜蓿种植具有积极的启示作用。

二、隋唐宋元时期苜蓿栽培利用

在农业生产上，隋唐是一个大发展时期，也是一个大转变时期。这一时期我国西北地区官营畜牧业甚为发达，其规模在当时的世界上也是空前的。唐太宗时代陇右官营牧场养马达 70 多万匹，唐玄宗初年陇右牧场官马、牛、驼、羊也有 60 多万头（匹）。对畜牧业的重视特别是对养马业的重视，是隋唐畜牧业的特点，也是唐代国势强大的一个重要原因。苜蓿（*Medicago sativa*）因马而入汉，汉唐马业的发展带动了苜蓿的发展，而苜蓿的发展又支撑着马业的发展。纵观秦汉以来我国马业发展，以唐马最盛，由于"马嗜苜蓿"，苜蓿在唐马发展中起到了不可替代的作用。与两汉魏晋南北朝相比，隋唐五代时期的苜蓿不论在种植规模还是技术水平上乃至管理制度等方面均有大的提升。苜蓿与马的融合，不仅影响过去，而且也影响现在，还会影响将来。纵观隋唐五代苜蓿的发展，苜蓿除主要集中种植分布在 8 坊 48 监地域的陇右、关中、河东三道外，于阗（今和田一带）、安西（今阿克苏一带）和渭河与黄河下游流域乃至郓州等均有种植，其影响至今，目前这些地方仍是我国苜蓿主产区和优势区。在隋朝设有掌管种植苜蓿的部门，而到了唐代，为了保障驿田与驿马的发展，以律令制度对苜蓿种植进行了规定，并建立了以苜蓿为主的饲草基地，解决了冬季饲草这个大规模发展畜牧业的关键问题，可见当时官方对种植苜蓿的重视。与前期相比，这些管理措施是先进的，也是有效的，至今建立饲草基地仍是保障畜牧业稳定健康发展的基础性工作。在苜蓿种植管理技术方面，仍沿用两汉魏晋南北朝的苜蓿分期种植技术，以及做畦播种技术。起垄（垅）种苜蓿在唐之前还未曾出现过，而唐孙思邈《千金翼方》提到了垄种，《千金翼方·种苜蓿法》曰："老圃多解，但肥地令熟，作垄种之。"唐代开始重视苜蓿地秋冬季管理，并提出了烧苜蓿与苜蓿覆土技术，从而保障了苜蓿残茬清理和越冬，这与现代苜蓿的管理技术非常相似，说明我国古代就认识到了保护苜蓿越冬的重要性。在唐代我国就掌握了苜蓿最佳利用时期，"紫花时，大益马"说明苜蓿开花时喂马最好，这与现代苜蓿收获利用理论与技术没有差别，当时这一利用技术堪称世界一流，这也是我国在苜蓿收获利用方面对世界的贡献。

唐马业乃至邮驿业的发展带动了苜蓿的发展，同时苜蓿大规模的种植又支撑了马业和邮驿业的发展。马既是隋唐五代战时的工具，又是交通运输的工具，所以苜蓿不仅促进了当时国防事业的发展，而且也对交通运输作出了贡献。到北宋，仍沿用唐制置监以牧国马，宋初牧监既是牧马生存的空间又是其饲料基地，宋代在全国建立了 116 所牧监。为了获得更多的饲草料来源，宋政府种植了许多包括苜蓿在内的牧草，还设置了饲草料的专门机构，以负责牧草生产。到了元代，苜蓿的种植引起政府的重视，设置上林署掌栽苜蓿以饲驼马，政府并规定"仍令各社布种苜蓿，以防饥年。"

在宋代人们积累了不少的苜蓿植物学知识，常常将苜蓿作为研究其他植物的参照植物进行研究或描述。在本草研究与应用方面，苜蓿也得到广泛的应用和提升，同时苜蓿也被用于食疗。在宋元时期，苜蓿种植已近精耕细作，无论是苜蓿地的选择，还是苜蓿播种与田间管理都达到了科学合理的程度，苜蓿择肥地劚令熟，作垄种之。有了明确的播种时间，并强调刈割后要施肥和冬季要将苜蓿残茬烧掉的管理措施。

三、明清时期苜蓿栽培利用

苜蓿在明代得到了长足的发展，在生产生活中苜蓿发挥着重要作用，其许多农事活动被多部经典要籍和明皇帝实录及方志所记载，充分体现了苜蓿在明代的重要性、研究的普遍性和种植的广泛性。在明代苜蓿主要种植在黄河流域，其中以"三晋为盛，秦、鲁次之，燕、赵又次之。"在苜蓿植物学、生态生物学等方面取得了堪称世界一流的研究成果，苜蓿形态，如植株分枝、三出复叶、花、荚果和种子的观察之细微、描述之精准已达到了现代植物学水平，开辟了我国近现代苜蓿植物学研究之先河。在苜蓿栽培管理方面，明代既有继承又有创新，主张苜蓿和荞麦混种，七八月作畦种苜蓿浇水，一年三刈，其留子者一刈即止。在苜蓿生长习性和利用年限方面认识深刻，苜蓿三年后便盛，六七年后垦，其科学性和实用性近乎现代水准。"苜蓿花时，刈取喂马牛，易肥健食"，这一主张为苜蓿的合理利用提供了理论与实践，与现代苜蓿的科学理论相一致，是我国在苜蓿饲用中的贡献。明代人们已充分利用苜蓿根系的固氮作用肥田起到增产的作用，将苜蓿纳入作物的轮作制中，在苜蓿的食蔬和本草利用方面有创新。从史料可以看出，明代苜蓿生产水平和研究水平居世界领先地位，其理论与技术对发展当代苜蓿具有积极的借鉴作用，因此，我们应重视明代乃至古代苜蓿史料的收集整理与挖掘利用，从传统苜蓿文化与技术中吸取资源，以图当代苜蓿之发展。

清代（1636～1912年）是我国最后一个封建王朝，不仅是农业经济比较发达的时期，而且也是变革的时期，还是西学东渐的时期。随着清代农业的发展，苜蓿的栽培利用乃至研究也得到了快速发展，如程瑶田《释草小记》开创了苜蓿试验性比较研究与考证的先河；吴其濬《植物名实图考》对苜蓿植物学的精确研究堪称世界一流，已成为古典植物学中的经典；张宗法《三农纪》、蒲松龄《农桑经》、鄂尔泰《授时通考》、郭云升《救荒简易书》、丁宜曾《农圃便览》、杨一臣《农言著实》、杨屾《豳风广义》、黄辅辰《营田辑要》等记述了苜蓿的种植利用、盐碱地改良、轮作倒茬、荞麦混播、绿肥肥田、家畜饲喂等方面的技术乃至作用，其中苜蓿改良盐碱地、苜蓿轮作制度、苜蓿与荞麦混播等早于世界其他国家，居世界领先水平。

清代农业既具有古代农业的特征，又具有近代农业的特点，尤其是清代晚期的农业两重性更加明显。其突出特点有：一是清代苜蓿种植范围比过去任何一个时期都广且大（两汉、隋唐、明），华东、华北、东北、西北及川陕鄂毗邻地区都有苜蓿种植；二是清代的许多典籍都有苜蓿记载，《康熙字典》收录了苜蓿，雍正《畿辅通志》准确记述了苜蓿形态特征，"藤蔓菀，叶丛生，紫花，荚实。"清徐松认为，苜蓿"今中国有之，惟西域紫花为异。"并指出，"种苜蓿，如中国种桑麻，四月以后马嗷苜蓿尤易健壮"；三是苜蓿植物学与生物学研究更加精准系统，对苜蓿从种子到叶、枝条、花和根等植物学特征进行研究，且将苜蓿与草木犀进行了比较，同时亦研究了苜蓿的生物学特性及物候，苜蓿春夏两发，苜蓿返青（雨水后）—营养生长期（清明）—现蕾（立夏）—开花（小满）—结荚（芒种）—荚变黑变老（夏至）；四是明确了苜蓿的适种土壤及其治碱改土特性，碱地、沙地、石地、淤地、虫地、草地和阴地均适宜苜蓿种植，盛产北方高厚之土，卑湿之处不宜其性也，"苜蓿性耐碱，宜种碱地，并且性能吃碱。久种苜蓿，能使碱地不碱"；五是认识到了苜蓿的硬实性，播种前要对苜蓿种子进行碾压搓摩，以提高其发芽率，并提出了苜蓿播种时间和技术，苜蓿播种以夏月收子，和荞并种，七月种之，畦种水浇，七八月宜事，田地背阴四时可种苜蓿；六是制定了苜蓿刈割制度和冬春季管理措施，苜蓿一种之后，明年自生，可一刈，久则三刈，花开即刈，积苜蓿干草越冬，正月挖根以喂牛，进入九月，天气渐冷，用齿耙将地面枯枝落叶清理出来。总结和梳理清代苜蓿的发展经验与教训，能为当今苜蓿产业发展乃至苜蓿史研究提供一些有益借鉴。

四、近代苜蓿栽培利用技术

近代（1840～1949年）是我国农业发展史上的一个重要阶段，亦是农业科学技术在我国产生、传统农业向近代农业转变，由传统农业迈入近代农业的历史时期。但我国近代农业科学技术的发生并不是和近代史的开端同步进行的，它的出现是在"戊戌变法"前后，西方近代农业科学技术才开始进入我国，并促进了我国农业科学技术的变化和发展。在这一历史时期，我国出现了许多用近代农业的理论与方法进行紫苜蓿研究的论文和著作，使我国近代苜蓿栽培利用技术得到快速发展。与此同时，国外近代苜蓿栽培利用技术或知识在我国早期最有影响的《农学报》杂志上得到广泛传播。近代苜蓿栽培利用技术是我们今天开展现代苜蓿产业技术研究的基础，其技术和经验教训对今天的苜蓿产业发展具有积极的参考价值和借鉴意义。在近代，我国苜蓿栽培利用技术研究与其他作物一样得到了快速发展，不论是苜蓿引种试验还是草地建植管理乃至加工利用技术都得到广泛的发展和重视，其研究成果为我们今天苜蓿产业的现代化发展奠定了基础。近代苜蓿栽培利用技术的研究发挥着承上启下的重要作用，一方面传承和延续了我国古代苜蓿栽培利用技术；另一方面又与现代苜蓿栽培技术相连接，目前我国东北、华北和西北苜蓿种植优势区的形成，无不与这些地方在近代对苜蓿的引种试验和开展的科学研究有关。

第五节　方志中的苜蓿

一、明清时期方志对苜蓿的记述

方志之名始见于《周礼》，盖亦四方志、地方志之简称。在明清时期方志得到官府的重视，明朝开国之初即着手纂修方志，永乐十六年（1418 年）诏修天下郡县志书。清代随着经济、文化繁荣与发展，方志的编纂与研究达到了盛期，光绪三十一年（1905 年），清政府颁布了乡土志条例，号召全国府、厅、州、县按照条例纂写方志，许多地区依照该条例进行了方志的纂写。李泰棻于 1935 年指出，我国方志普遍起于明而盛于清，为各省府州县史实乃至自然的真实反映，方志成为地方官参照施政的要览。研读方志能有助于了解一个地方过去的情况，是提供历史专题研究的翔实资料，倘若能从多种方志中探求同一研究内容，实乃效果会更佳。苜蓿（*Medicago sativa*）作为重要的草类或蔬菜资源，在不同时期被许多方志作为重要的物产进行了记载和描述，如明代《陕西通志》、清代《光绪束鹿县志》、《深泽县志》和《河南府志》等方志中对苜蓿都有记载，通过考查这些方志也可从中窥视到一些明清时期的苜蓿历史信息。

华北、西北、华东等地诸省明清方志表明，在明清时期苜蓿是这些地方的重要物产资源，特别是在华北和西北苜蓿得到了广泛的种植，山东、河南、河北、山西、陕西、甘肃和新疆尤为突出，其中华北地区 57 个县（府 / 厅 / 州）种有苜蓿，西北地区 30 个县（府 / 厅 / 州）种有苜蓿，两者合计占所考县（府 / 厅 / 州）的 88.8%，这说明在明清时期我国苜蓿主要种植在华北和西北地区。华东地区以安徽最多，苜蓿种植达 9 个县（州）。在苜蓿种植过程中人们对其生态生物学特性有了较为明确的认识，并应用在生产中，如苜蓿的多年生长性、耐碱改良土壤性、沃土肥田使后作增产性等。在清代河北省既种紫花苜蓿亦种黄花苜蓿，如怀安县。明清时期苜蓿不仅用于饲喂牛马等，而且亦用于人食，特别是在饥年更是人们赈灾的重要食材。通过考查发现，方志中蕴含着丰富的苜蓿历史信息，到目前为止，对方志中的苜蓿历史信息挖掘研究还显薄弱。因此，今后应加强这方面的研究，以了解明清时期的苜蓿生产状况，对指导今天苜蓿生产具有重要意义。

二、民国时期方志对苜蓿的记述

到了民国时期，不论是地方政府还是中央政府对方志的编纂也十分重视，民国六年（1917年），山西省公署下达了编写新志的训令，并颁布了《山西各县志书凡例》，民国十八年（1929年）国民政府颁布了《修志事例概要》，这些措施促进了民国时期方志的纂修。苜蓿作为重要的物产资源，被民国时期的许多方志记录在册，如河北《景县志》、山东《莱阳县志》、甘肃《重修灵台县志》和《新疆志稿》等，这些方志对我们了解和考查民国时期的苜蓿生产发展状况具有重要的历史意义。

民国时期华东、华北和西北等地诸省方志表明，苜蓿在这些地方得到普遍种植，已成为这些地区的重要牧草资源或蔬菜资源。在苜蓿栽培种植中，人们对其生态植物学特性亦有了较为明确的认识，对苜蓿植物学有了较明确的描述和记载，利用苜蓿的耐碱性和多年生性，进行碱地改良和肥田得到较好的效果。考查发现，民国时期方志中蕴含着丰富的苜蓿历史信息，这些信息对研究和了解民国时期我国苜蓿发展的状况具有十分重要的意义，因此，应加强这方面的研究。

苜蓿的起源与传播

　　讨论栽培植物之起源，不仅农林草学者感兴趣，而且历史学家与哲学家亦同有此感，又与人类文明发迹相关的颇多。苜蓿是我国古代重要的栽培作物和最早的栽培牧草，自汉武帝时，张骞通西域苜蓿进入东土，不仅是我国农业中的一件大事，而且也是畜牧业中的一件大事，苜蓿的传入丰富了我国农业物产，对促进古代畜牧业发展乃至军事国防事业的发展具有一定的影响，在今天我国草业、畜牧业乃至农业中仍然发挥着巨大的作用。然而，关于我国苜蓿起源中的几个历史问题迄今在认识上还存在分歧，如是谁、什么时间将苜蓿引入我国？引入我国苜蓿的原产地在哪里？这些既是一个充满神秘和疑点的问题，又是一个颇具诱惑力的千古之谜。

第一节 苜蓿的起源说

一、栽培植物的起源说

（一）康道尔亲缘论

栽培植物起源于野生植物的论点，已由 19 世纪瑞士植物学家德·康道尔（de Candolle）和英国的达尔文（Darwin）等学者所阐明。1855 年康道尔在《植物地理学》一书中列举了 157 种栽培植物，找到了 125 种稍有差别的野生植物。他认为判断栽培植物起源的主要标准是先看其分布区是否有形成这种栽培植物的野生种存在。1884 年，康道尔在《栽培植物的起源》（*Origin of Cultivated Piants*）[俞德浚译为《农艺植物考源》(1940)]中又介绍了 247 种栽培植物与野生植物的亲缘关系的考察结果，认为其中有 199 种源于旧大陆，45 种起源于新大陆，只有 3 种来历不明。

（二）达尔文进化论

达尔文于 1859 年 11 月在伦敦发表《物种起源》。这本书中，达尔文根据自己 20 多年累积的对古生物学、生物地理学、分类学等多种领域的知识进行的大量的研究。《物种起源》不仅开创了生物学发展史上的新纪元，而且还引起了整个人类的思想大革命，在世界历史中有着巨大的影响。他提出了生物进化的 4 个要点：①生物在不断进化；②进化是渐进的；③进化的主要机制是自然选择；④存在的物种来自同一个原始的生命体。他认为生物的存亡是由它适应环境的能力决定的，即所谓的"适者生存"，"选择"不是自然选择，是动植物在家养条件下通过人的选择力量，被育成同变种和物种，在自然状况下得到保存。

（三）瓦维洛夫起源中心论

1926 年苏联植物学家瓦维洛夫（1887～1943 年）在《栽培植物的起源中心》一文中，提出研究变异类型就可以确定作物的起源中心，并认为具有最大遗传多样性的地区就是该作物的起源地。后来，又提出确定作物起源中心，不仅要根据该作物的遗传多样性的情况，而且还要考虑该作物的野生近缘种的遗传多样性，并且还要参考考古学等其他人文学科的资料。1935 年他在发表的《主要栽培植物的世界起源中心》一文中，指出世界主要作物有 8 个起源中心（表 2-1），外加 3 个亚中心，我国则是其中的第一个起源中心。

表 2-1　栽培植物起源地理中心

名称	位置	特点
1. 中国起源中心	中部和西部山区及其毗邻平原	禾类及谷类作物，如黍、高粱、蜡质玉米等 粒用豆类作物，如大豆、赤小豆、豇豆等，不同种的竹类植物 块根及其他类似的作物，如山药、萝卜、芜菁、芥菜等 蔬菜类作物，如小白菜、大白菜、韭、葱等 果树类植物，如中国梨、中国苹果、杏、梅、樱桃等 糖料作物，如甘蔗等 油料和香料植物，如胡麻、芝麻、花椒、肉桂等 纤维类植物，如大麻、棕榈等 工艺和药用植物，如无患子、杜仲等 染料作物，如马兰等
2. 印度起源中心	印度的阿萨姆、缅甸	其他用途植物，如紫云英等 稻、甘蔗、绿豆、亚洲棉、大麻和许多热带果树起源地
3. 中亚细亚起源中心	印度西北部（旁遮普及西北部边区省份）、阿富汗、塔吉克斯坦、乌兹别克斯坦及天山西部	普通小麦、密穗小麦，以及一些粒用豆类起源地
4. 西亚起源中心	小亚细亚中心部、外高加索全部、伊朗和土库曼斯坦	栽培小麦种植丰富 黑麦的发源地 重要饲草，如紫花苜蓿、三种巢菜
5. 地中海起源中心	地中海沿岸	许多蔬菜的发源地 重要饲草，如白三叶、绛三叶等
6. 阿比西尼亚起源中心	阿比西尼亚、厄立特里亚和索马里	谷类作物，如硬粒小麦 油料作物 辛香和刺激作物
7. 中美洲起源中心	墨西哥南部、中美洲、安提列斯群岛	玉米及其近缘野生种起源地 甘蔗的可能起源地 陆地棉起源地
8. 南美洲起源中心	秘鲁、厄瓜多尔和玻利维亚	具有高山特征的特有物种 有很多近缘野生马铃薯新种

资料来源：瓦维洛夫（1935，董玉琛译，1982）；海斯（1955，庄巧生等译，1964）。

此外，研究作物起源中心的学者还有达灵顿、库佐夫、佐哈利和哈伦等，结合这些学者的观点，梁家勉（1989）在《中国农业科学技术史稿》中总结列表为"关于世界栽培植物起源中心的诸家观点"（表 2-2）。

表 2-2　栽培植物起源地理中心主要论据和中国所处的地位

学者姓名（发布年）	主要观点	中国所处地位
德·康道尔（1884）	以中国、西南亚及埃及、热带美洲为世界植物首先驯化地区	中国为第 1 个驯化地区
瓦维洛夫（1935）	首倡多样性中心学说，分世界栽培植物为八大中心	属第 1 起源中心

学者姓名（发布年）	主要观点	中国所处地位
瓦维洛夫（1940）	扩大为 19 个起源中心	属第 12 地区
达灵顿（1945）	修改瓦维洛夫的八大中心为 12 个中心	属第 7 中心
库佐夫（1955）	主张 10 个起源地区	属第 3 起源地
茹可夫斯基（1968）	提出大基因中心，分世界为 12 个大中心	属第 1 中心
佐哈利（1970）	注重 10 个中心	属第 1 中心
哈伦（1971）	主要分 A^1A^2、B^1B^2 及 C^1C^2 3 个中心及 3 个无中心	属 B^1 中心及 B^2 无中心

资料来源：梁家勉，1989。

二、苜蓿的起源中心说

（一）苜蓿的地理学中心

苜蓿原产地是近东和中亚。瓦维洛夫（1935）认为紫花苜蓿起源于第 4 起源中心西亚，包括小亚细亚、外高加索、伊朗及土库曼斯坦（山地）。该地区属大陆性气候，冬季寒冷，春季来临晚，夏季高温干燥而短促，土壤为典型的中性土，从表土到下层石灰含量多，以排水良好为主要特征。

（二）苜蓿的起源中心

根据瓦维洛夫（1935）进行的广泛系统发育研究，苜蓿有两个不同的起源中心。其一是外高加索山区地带，现代欧洲型苜蓿来源于此中心。该地区属于大陆性气候，冬季严寒为主要特征，该发源地很久以前就驯养家畜，畜牧业发达（瓦维洛夫，1935）。现在在北非绿洲中生长的苜蓿在生态型和形态上与外高加索野生苜蓿种相似，属于同源种。只不过，在绿洲生长的苜蓿适应了高温气候，渐渐地失去了耐寒性，形成了生长迅速和刈割后快速生长的适应高温气候的特性。

另一个苜蓿起源中心为中亚细亚，从系统发育学上与前述欧洲类型不同。该地区为有史以来进行灌溉的地方，夏季酷热干燥，这点和外高加索一样，但不同的是冬季温暖。瓦维洛夫（1935）研究的样本是来自也门的紫花苜蓿（*Medicago sativa*），它生长很快，并很快完成生育周期。因此，起源于该地区的苜蓿在灌溉条件下发生了进化，缺乏抗干旱性和抵御叶病的能力。

一般按西方文献资料的说法，苜蓿原产地是波斯。1997 年，法国学者布尔努瓦在《天马和龙涎——12 世纪之前丝路上的物质文化传播》中，对苜蓿起源地提出了具有开拓意义的新见解，文中指出："苜蓿似乎原产于米底亚，这是伊朗一个地区的古名，恰恰位于里海西南，地处今伊朗的西北部，其都城为埃克巴坦那，即今之哈马丹。苜蓿在那里大量生长，被认为是现存的最佳马草。希腊人称之为"米底亚草"，该词已出现在公元前424年阿里斯托芬（Aristophanes，约公元前446～前385年。古希腊早期喜剧代表作家）的书中了。特别是拉丁作家斯特拉波（Strabo，约公元前64年或公元前63年生，约23年卒。古罗马地理学家、历史学家）和普林尼（Pliny）使我们获知，这种植物是沿着大流士的战争足迹而传入希腊的。希腊人也把苜蓿作为其马匹的主要饲草，美国学者劳费尔认为，苜蓿后来于公元前150～50年传入了意大利，在此之前很久就已经传入费尔干纳了。"希腊人从波斯引进苜蓿后，才有了阿里斯托芬《骑士》一书中对苜蓿的最早文字记载。布尔努瓦（1997）所提出的新见解（即苜蓿起源地在里海西南，今伊朗西北部的米底亚）距厘清苜蓿起源地又近了一步。

早在公元前1400年，紫苜蓿就在波斯的高山、河谷广泛栽种，被用作牲畜的饲草。波斯萨珊王朝的霍斯鲁一世把苜蓿纳入新兴的土地税内，苜蓿税是小麦和大麦的7倍，可见这种饲草的价值之高。在那个时期的波斯医书中，苜蓿也被用于处方配药。古代伊朗非常重视苜蓿，有农牧业、经济与医药等几层意义：①苜蓿是饲养上等品种马的饲草；②苜蓿在531～578年，曾被列为一种新兴税收，其税率是大麦与小麦税的7倍；③苜蓿种子的重要功用，至今仍被采用。

第二节　世界各地的苜蓿起源与传播

一、亚洲苜蓿的起源与传播

像其他作物的传播一样，苜蓿也是随着航海贸易和入侵军队而传播。苜蓿在公元前1000年被引入波斯西北部。大约在公元前700年，苜蓿被列入犹太王国园林植物的清单中。公元前126年由汉武帝派往西域的使者张骞带回苜蓿种子，从此，苜蓿开始在中国种植，成为中国重要的饲草和作物。Michael（2001）研究指出，公元前2世纪一千余千米的"丝绸之路"向中国开放，允许经陆路与西方国家进行贸易。汉武帝渴望提高他的军事能力超过匈奴游牧民，派汉使张骞出使西域。那些汗血马是最好的马，被发现在今天的乌兹别克斯坦，机敏的张骞带着两匹马和著名的马饲料苜蓿一起返回。此为苜蓿在中国栽培之起源。后陕西之西安（长安）附近黄河下游皆有栽培。至今黄河沿岸之山东、河北、山西、河南、甘肃及陕西等省种植的苜蓿，皆由此逐渐扩展，并曾传播至东北各省。此种苜蓿属土耳其的紫苜蓿。此外，内蒙古厚和市（今呼和浩特）及其附近地区所种的土耳其的紫苜蓿，则可能由商旅从中亚细亚传入。而中国台湾则在日本侵略时期输入。

我国是栽培苜蓿最早的国家之一。与世界其他国家相比，苜蓿在我国的栽培时间也是最早的。牧草学家王启柱（1994）指出，"在亚洲，当以我国牧草栽培最早。据《史记》记载，汉武帝时（公元前138年）张骞出使大宛，因汗血马引进苜蓿种子。由是自西安以至黄河流域下游，即开始种植此草。依此，则我国栽培牧草当远较欧洲为早。惜欧美学者囿于偏见，以牧草为欧洲文明的产物，而我国亦不知继续发展，长落人后，至堪浩叹。"

研究表明，我国栽培利用苜蓿要早于古罗马100多年，更早于欧洲一些国家及美洲、澳大利亚、新西兰等国家或地区，我国是真正意义上的苜蓿栽培之父。研究发现古罗马瓦罗的《论农业》记载了苜蓿种植管理，《论农业》成书于公元前1世纪（公元前37年），而成书于公元前91年的《史记·大宛列传》记载，我国于公元前126年就开始种植苜蓿了，比瓦罗《论农业》早近100年。从我国汉代农书对苜蓿农事的记载看，在当时，苜蓿栽培利用技术要比《论农业》中记述的技术成熟很多（表2-3）。汉代出现了两部重要的农书，即《氾胜之书》《四民月令》。《氾胜之书》大约成书于公元前1世纪后半叶，主要总结和介绍了关中地区的农业生产，而苜蓿是当时关中地区的重要作物和饲草，并且苜蓿的传播还是从关中地区开始的，这样一种新引进的重要作物，氾氏在他的书中不会不讲的，只是现在保留下来的《氾胜之书》中佚失了苜蓿部分而已，好在不久出现的《四民月令》对苜蓿进行了较为详细的介绍。《四民月令》成书于2世纪50年代，书中对苜蓿有较为详细的介绍。从这些介绍中可以看出，在东汉我国苜蓿种植利用技术已相当成熟了，远比《论农业》中记述的苜蓿技术要成熟许多，从而也说明在长时间的苜蓿种植中，人们对其种植技术已有了很好的了解和掌握。在汉代我国农书在数量和质量上都超过同时期的古罗马农书。

表2-3 《史记》、《四民月令》与《论农业》中苜蓿记述的比较

作者	典籍	年代	苜蓿记述
司马迁	史记	西汉（公元前91年）	俗嗜酒，马嗜苜蓿，汉使取其实来，于是天子始种苜蓿、蒲陶肥饶地。及天马多，外国使来众，则离宫别馆旁尽种蒲陶、苜蓿极望
崔寔	四民月令	东汉（2世纪50年代）	正月，可种牧宿；五月，刘英刍，日至后，可刈芻，暴干，置窖中，密封，至冬可以养马；七月，可种牧宿，刘刍茭；八月，可种牧宿，刘刍茭
瓦罗	论农业	古罗马（公元前37年）	不要在太干或太湿的地上种，要在干湿适度的地上种。在这类土地上播种，播种时种子必须撒开，就像播种草种子或是谷物种子时那样

日本之苜蓿则为文久年间（1861年）由中国引进，但因风土关系，栽培不多。目前，北海道一带栽培者则多由美国输入，其中尤以格林（Grimm）苜蓿为主。

二、欧洲苜蓿的起源与传播

大约在公元前 490 年，波斯及 Medes 人侵略希腊时，为饲养其战马、骆驼及家畜，曾输入苜蓿，并开始种植，由此传播至意大利，再经 1 世纪又传播至其他欧洲国家，如西班牙等。普林尼（Pliny）认为苜蓿从波斯传入希腊的时间在公元前 492～前 490 年，希腊人第一次见到了生长着的苜蓿。从此，苜蓿在希腊农业中得到了大的发展。在公元前 146 年，罗马人从希腊农业文明获得一批极珍贵的物质遗产，其中就有苜蓿种子。Bolton（1962）指出，苜蓿被引入意大利的确切时间还不清楚，可能是公元前 200 年。大约在 2000 年前的古罗马农业时期，苜蓿成为一种非常重要的作物被意大利广泛栽培利用。罗马人在 2000 年前已经拥有牧草栽培的先进知识，真让人感到惊讶。他们的技术很发达，与现代栽培和利用技术相比并不落后。Ahlgren（1949）认为罗马人是栽培饲草之父，因为他们掌握了包括播种、田间管理和干草调制等在内的饲草种植先进技术。真木芳助（1975）指出，由于苜蓿饲料价值高，能促进血液循环，可增肥家畜，也有治病的医药效果；并且，苜蓿适合生于排水良好富含石灰的土壤，具有改善土力的功效。苜蓿为蜜蜂喜欢的牧草，播种适量为 38kg/hm^2，收割适期为开花期，一年刈割 4～6 次。因此，在传入意大利的同时，苜蓿也开始了在世界范围内的传播。

紫花苜蓿是由罗马帝国向各国散布的。在 1 世纪和 2 世纪，苜蓿可能是通过罗马帝国运送的，科卢梅拉（Columella）在西班牙南部安达卢西亚（Andalucía）种植了苜蓿。与此同时，瑞士中部的卢塞恩湖（Lucerne lake）地区广泛种植苜蓿，之后苜蓿开始在整个欧洲传播，并将其称为 lucernce（苜蓿）。另外也有人认为此时法国南部也有苜蓿种植，但直到 13 世纪前苜蓿在该地区尚未得到大的发展。Hendry（1923）指出，在摩尔人侵略战争时期，由穆斯林人从北非将苜蓿引入西班牙，因此，西班牙人更早地接受了阿拉伯语 "alfalfa"（苜蓿），与罗马字的 "medica" 或 "lucerne"相比，西班牙人更偏爱用 "alfalfa"。随着罗马帝国走向没落，苜蓿随之也从欧洲消失。然而，16 世纪中叶，意大利又重新从西班牙引入苜蓿，并且再一次在全国广泛种植。根据 Klinkowski（1933）对苜蓿历史的详述，1550 年苜蓿从西班牙扩展到法国，1565 年到比利时，1580 年至荷兰，1650 年到英国，大约在 1750 年到德国和奥地利，1770 年到瑞典，18 世纪传到俄罗斯。

三、美洲苜蓿的起源与传播

（一）南美洲的苜蓿起源与传播

随着紫花苜蓿在西班牙的繁盛与发展，Michael（2001）研究指出，16 世纪中叶，由于美洲新大陆的发现和殖民化,许多西班牙人和葡萄牙人将苜蓿种子带入秘鲁、阿根廷及智利,到 1775 年最后将苜蓿种子传入乌拉圭。传说那时当地人为了得到紫花苜蓿种子不惜重金。16 世纪,墨西哥和秘鲁被西班牙人征服,成为苜蓿传入新大陆的契机。一个叫克里斯托巴尔(Cristobal)的西班牙士兵,于 1535 年将紫花苜蓿引进秘鲁。直到 18 世纪,紫花苜蓿通过安第斯山脉进入阿根廷。从秘鲁传入智利,再传入阿根廷,苜蓿找到了合适的地方并得到了迅速普及。

(二)北美洲的苜蓿起源与传播

西班牙向美洲殖民,曾将苜蓿输入墨西哥,然后经墨西哥及智利于 19 世纪中叶传入美国。1736 年,苜蓿从墨西哥传入美国是经过传教士之手。据记载,佐治亚州、北卡罗来纳州或者纽约州早期栽培时间为 1736 ～ 1781 年。1836 年,在美国西南部各州有了苜蓿栽培,包括得克萨斯州、亚利桑那州、新墨西哥州等。约于 1850 年,来自西班牙的苜蓿原种从南美洲引入美国的西南部,随后传播到加利福尼亚州北部,并向东远至堪萨斯州。1858 ～ 1910 年,来自欧洲和俄国的 3 个耐寒种质资源被引到美国中西部地区的北部和加拿大。来源于秘鲁(1899 年)、印度(1913 年和 1956 年)和非洲(1924 年)的 3 个不耐寒类型也被引进。此外,还引进了两个中间类型,其中之一来源于法国北部(1947 年);另一个则来源于俄国南部、伊朗、阿富汗和土耳其(1898 ～ 1925 年)。目前在美国利用的栽培品种中,共有 9 个是最有代表性的苜蓿基本种质类型。

而出现大规模普及扩大是 1850 年以后的事。那时正值太平洋沿岸的"淘金热",苜蓿和从各地为寻找金矿而集聚的人一起也开始了登陆旅程。当时被称作智利三叶草的苜蓿主要是从墨西哥、秘鲁、智利引进,进行栽培。强烈的日照、干燥的气候加上灌溉适合于苜蓿栽培,苜蓿开始传播于加利福尼亚州、蒙大拿州等,如同燎原之火,仅仅 40 年传播至美国广大地区,这就是有名的"苜蓿东进"。但是,顺利东进的苜蓿未能够跨过密苏里河进行东扩,适合于高温干燥地带的温地型苜蓿,在密苏里河东岸的冷湿地带冬季多枯死,生长衰退并得病导致东扩连连失败。

关于苜蓿传入美国的路径目前还没有统一的认识。Hanson(1988)认为苜蓿通过 4 条路径传入美国:1736 年从大不列颠群岛传到佐治亚州;1836 年从墨西哥传到加利福尼亚州;1851 年从智利传到加利福尼亚州;1857 年从德国传到明尼苏达州。

四、大洋洲苜蓿的起源与传播

Sinskaya(1950)和 Klinwkowski(1933)研究指出,大约 1800 年苜蓿又由欧洲

传入新西兰，1806 年引入澳大利亚。苜蓿在新西兰的栽培历史记载稀少。一般认为新西兰的苜蓿大约在 1800 年由欧洲引进，而 Palmer（1967）则认为，新西兰的苜蓿引自阿根廷的马尔堡（Marlborough）苜蓿，是在南岛发展的特别适应于新西兰的主要品系。一般认为它是由法国普罗旺斯（Provence）或猎人河类型经长期自然选择的产物。另外一个杂种苜蓿，可能是马尔堡苜蓿品系杂花和黄花植株的改良种。马尔堡苜蓿至今仍是新西兰种植的主要苜蓿。

正如同在新西兰的情况一样，苜蓿在澳大利亚也有类似遭遇。早在 1806 年殖民地建立初期，政府就将苜蓿引进该国，并获得好评。澳大利亚商业上首次种植苜蓿是在猎人河和百乐河的冲积平原上。1833 年，新南威尔士当地种植了 810hm² 的苜蓿，到 1920 年，面积增加到 40 500hm²。猎人河苜蓿是澳大利亚种植的主要品种，一般认为系起源于普罗旺斯（Provence）品种，也有认为系起源于无毛的秘鲁苜蓿（Smooth Peruvian）、阿拉伯苜蓿，或甚至是来自美国的普通苜蓿。在澳大利亚，100 多年的自然选择，无疑对猎人河苜蓿的发展起着重大作用。王启柱指出，澳大利亚的苜蓿是 1860 年由英国传入新南威尔士的。

五、非洲苜蓿的起源与传播

在公元前后，苜蓿就由起源中心伊朗开始向外传播，Sinskaya（1955）和 Klinkowski（1933）认为公元前后，苜蓿也开始在北非的绿洲得到种植和生长。王启柱（1994）指出，711 年西班牙侵入非洲时，曾传入苜蓿。Hanson（1988）指出，苜蓿系 1850 年左右由法国带到非洲南部，初期即在养育鸵鸟的大农场得到较大发展。虽然鸵鸟农场走向衰落，但苜蓿却保存下来，并广泛栽培于干旱和半干旱地区的灌溉土地上。普罗旺斯（Provence）苜蓿是最广泛地种植了许多年的品系。起源于中国西藏的中国苜蓿，也在此种植了一些，并以其抗寒性而特别受到称道。

六、美国最早苜蓿引种与格林苜蓿

（一）美国最早的苜蓿引种与失败经验

新英格兰移民进入美国的同时，也把苜蓿种子带到了北美洲东部进行试种，但由于难以适应的酸性土壤和潮湿的气候，大部分试验都以失败而告终。探其失败原因，是苜蓿不能接受寒冷、多湿、酸性土壤等严酷的自然条件。另外，从西欧带来的西班牙系苜蓿（*M. sativa*）为耐寒性弱的类型，不适应当地的条件。Ahlgren（1949）指出，1736 年美国首次在佐治亚州进行苜蓿种植，之后的 1739 年又在北卡罗来纳州进行种植。纽约也在 1791 年开展过苜蓿种植，少量生长在石灰质土壤上的苜蓿表现较好。值得一提的是，托马斯·杰弗逊（Thomas Jefferson，1743～1826 年，美国第三任总统）和乔治·华盛顿（George Washington，1732～1799 年，美国第一任总统）在弗吉尼亚州分别于 1793 年和 1798 年种过苜蓿，但是没有成功。

熟悉法国农业的托马斯·杰弗逊最初对苜蓿相当热情。他在 1793 年和 1794 年种植它，但是该种显然不适合蒙蒂塞洛（Monticello）的条件，在 1795 年 9 月，杰弗逊写信给华盛顿"在去年冬季前，我给紫花苜蓿上面覆盖了许多的粪便并到期进行了中耕；然而冬季仍然冻死不少，以至于我要放弃它了"，华盛顿回应道，"比起你种植紫花苜蓿，我也没有成功，但我会继续种植，在完全放弃之前进行更符合实际的试验。"华盛顿认为在苜蓿种植方面还存在许多问题，必须解决苜蓿种子活力低和缺乏田间管理的问题。华盛顿在 18 世纪 90 年代中期给弗农山庄（Mount Vernon）的经理威廉·皮尔斯（William Pearce）写信，对包括关于苜蓿苗床的准备和种植时间进行了详细说明。在 1799 年 11 月，华盛顿向商人克莱门特比德尔抱怨说，"让我知道三叶草种子在什么价位出售和紫花苜蓿是否有好种子？你今年春天为我提供的苜蓿种子，很少或根本没有发芽的。"尽管美国东部是苜蓿种植最早的地区，但是直到 1899 年，密西西比河以东的苜蓿仅占美国苜蓿总面积的 1%。通过育种家在苜蓿改良、接种根瘤菌、石灰改良土壤和施肥等方面的不懈努力，1949 年密西西比河以东的苜蓿已占美国苜蓿总面积的 40%。

苜蓿传入美国，传教士可能起了重要作用。早期的传教士从墨西哥、智利，可能还有秘鲁将苜蓿种子带入美国西南部。Stewart 认为，到 1936 年，美国西南部已有许多地区生产苜蓿。大约在 1850 年"淘金热"时期，像许多作物一样，苜蓿也在加利福尼亚立足了，这是非常重要的。虽然不知道苜蓿在 1847～1850 年第一次从南美洲进入加利福尼亚中部的确切时间，但是加利福尼亚的农民已将在智利种植了 20 多年的苜蓿称为"智利三叶草"进行种植，并使之成为加利福尼亚许多农场的重要作物。Ahlgren（1949）认为 1851 年 Cameron 在加利福尼亚萨克拉曼多河谷的马里斯维尔（Marysville）第一次种植苜蓿，到 1858 年苜蓿种植面积达 108hm^2。

由于加利福尼亚苜蓿种植成功，苜蓿迅速向东扩展到了犹他州，犹他州的干燥气候和灌溉条件为苜蓿生长提供了良好的条件，从此苜蓿由犹他州向毗邻各州扩展。到 1894 年苜蓿在堪萨斯州扩大种植。19 世纪末和 20 世纪初，蒙大拿、艾奥瓦、密苏里和俄亥俄等州开始种植苜蓿。

（二）格林（Grimm）与格林苜蓿

起源于西班牙的普通苜蓿在促进美国大部分地区苜蓿种植中发挥了重要作用，

但这种苜蓿非常不耐寒，不能适应美国北部，如蒙大拿州、达科他州的部分地区。在美国苜蓿引种工作中，最早、最重要和最有影响的就是德国移民格林（Grimm）的工作。当格林从德国到明尼苏达州定居时，带了 7～9kg 的苜蓿种子，他在 1857 年到达美国，并于第二年进行了播种。Rodney（1938）研究指出，1858 年格林种植的苜蓿即为宿根三叶草（ewigerklee）。由于明尼苏达的冬季比德国寒冷，在早期格林种植苜蓿也不是很成功，但是，德国人坚强的性格使他不畏失败，他从幸存的植株上采收了种子，翌年种植了该种子。这样反复进行了若干年、若干世代的栽培和采收种子，他逐渐淘汰了那些不耐寒的植株，在该过程中，苜蓿在遗传上产生了进化，形成了耐寒性强的个体群，获得了较耐寒的品系。1900 年，出现了罕见的严冬，周围的田地因冬枯而接近绝收，而格林的苜蓿完全健康。见到该情景的邻居莱曼（LyMan）感到惊奇，见人就说此事。这样，格林的苜蓿一夜成名。格林苜蓿的选择成功，引起明尼苏达州农业试验站和美国农业部的关注，到 1900 年格林种的苜蓿被命名"格林苜蓿"（Grimm alfalfa）。从 1901 年开始，海斯（W. M. Hays）就将格林苜蓿引种在明尼苏达农业试验站进行研究，证明了其卓越的耐寒性。这已是格林移民以来第 34 年的事。由此，"格林苜蓿"得到快速普及扩展，与普通苜蓿相比，格林苜蓿具有显著的耐寒性。在美国苜蓿向北扩展和加拿大苜蓿引种中，格林苜蓿起了重要作用。格林苜蓿的引种成功不仅是明尼苏达州对美国农业的最主要贡献之一，也是对世界耐寒性苜蓿种质资源挖掘利用的重要贡献。

经过多年耐寒苜蓿植株的筛选，从 1865 年开始了格林苜蓿商品种子的生产，从 1867 年在 1.2hm^2 苜蓿地上获得格林苜蓿种子 216kg，到 1889 年卡佛（Carver）地区的苜蓿生产规模已占明尼苏达州苜蓿总面积的 50%。虽然格林苜蓿得到了较大规模的发展，但是受制于种子生产量少，不能满足生产需求，导致格林苜蓿仍然发展缓慢。到了 1904 年，由于格林苜蓿种子生产量的增加，有 18 000kg 的格林苜蓿种子引种到了明尼苏达州的北部地区。与此同时，许多种子公司也参加到格林苜蓿种子的生产与经营中，使格林苜蓿种植范围迅速扩大（表 2-4），莱曼将格林苜蓿种子引种到了爱达荷、蒙大拿和北达科他等州，这些地区干燥的气候为苜蓿种子生产提供了较为适宜的条件。到 1920 年，格林苜蓿种植范围明显扩大，在美国北部许多州都有格林苜蓿种植，1914 年，加拿大西部也引种了格林苜蓿。同时，格林苜蓿也开始向美国南部扩展。然而实践证明，格林苜蓿在温暖湿润地区的生长不能令人满意。

表 2-4　1900～1930 年格林苜蓿在明尼苏达州的种植面积变化

项目	1900 年	1910 年	1920 年	1930 年
苜蓿面积 /hm^2	263.2	915.2	18 167.6	281 031.2
与前 10 年比面积增加量 / 倍	0	2.48	18.85	14.47

根据明尼苏达农业试验研究结果发现，格林苜蓿生长型和花色有混杂现象，所以判断，可能是欧洲中部栽培的紫花苜蓿（*Medicago sativa*）和种植地周边自然生长的黄花苜蓿（*M. falcta*）自然杂交的结果，即格林带来的种子肯定是当时知道的老的德国苜蓿品种。

第三节　苜　蓿　入　汉

一、苜蓿的入汉背景

西汉立国之初，汉高祖刘邦攻打匈奴，结果被匈奴围困在白登，"汉匈"之间的战争以汉朝的失利而结束。自此以后，汉朝在处理与北方匈奴的关系时，处于守势。经过"文景之治"，到了汉武帝时期，使用武力击败匈奴，维护北方边境的安全，成为汉朝社会的共识。为了对付匈奴，汉武帝打算与远在西域的月氏、乌孙联合，于是就派张骞出使西域。张骞前后两次出使西域，分别为建元三年（公元前138）和元狩四年（公元前118），并分别于元朔三年（公元前126年）和元鼎二年（公元前115年）返回长安。虽然张骞的这两次出使活动没有达到目的，但客观上对了解西域及中亚诸国的风土人情、社会经济、生态环境等起到积极作用，为开辟"丝绸之路"，加强中外的联系奠定了基础。

张骞第一次出使西域，到达大宛（今费尔干纳盆地）后，又先后到达大月氏（今阿富汗北部）、康居（今费尔干纳西北）、大夏（今阿富汗西北）等国。第二次出使西域，张骞到达乌孙（今伊犁河、伊可塞湖一带）后，派使者出使康居、大夏、安息（今伊朗）等地。《史记·大宛列传》对此进行了记载，"骞因分遣副使使大宛、康居、大月氏、大夏、安息、身毒、于窴、扜罙及诸旁国……其后岁余，骞所遣使通大夏之属者，皆颇与其人俱来，于是西北国始通于汉矣。"张骞两次出使西域，打通了东西方商贸通道。从西汉都城长安出发，经过河西走廊、南疆盆地，可以到达康居国都贵山城（今撒马尔罕）、安息国都番兜城（今伊朗达姆甘附近）及西部重镇塞琉西亚（今伊拉克巴格达东南）、大月氏国都兰氏城（今阿富汗北部瓦齐拉巴德）等。如果继续西行，还可以到达塞佛立昂（今叙利亚腊卡），以及罗马帝国东都安都城（今土耳其安塔基亚）和地中海东岸港口西顿、提尔等地。

我国同国外的友好交往，起始很早。据文献记载，我国在夏、商、周时已有了海上活动，并同近邻朝鲜和日本有了往来。但大规模的同国外交往，并大量从国外引进农作物，主要始于汉武帝时期。汉武帝时，为了防御匈奴的入侵和骚扰，先后于建元三年（公元前 138 年）和元狩四年（公元前 118 年）两次派张骞出使西域，联络西亚各国共同抗击匈奴。张骞这两次出使，一方面联络了西亚各国，在外交上取得了很大成功，同时又开辟了从中国到中亚、西南亚，直到欧洲大陆的通道，把欧亚大陆连接了起来。中国的蚕丝和丝织品便沿着这条道路源源不断地输入西南亚和欧洲，因而这条为张骞开辟的道路被后人称为"丝绸之路"。与此同时，原产于欧洲、西亚的一些农作物，亦开始传入我国。最先传入我国的农作物是葡萄和苜蓿。这一史实被《史记》《汉书》所记载。《史记·大宛列传》："宛左右以蒲陶为酒……俗嗜酒，马嗜苜蓿，汉使取实来，于是天子始种苜蓿、蒲陶肥饶地。"又《汉书·西域传》："汉使采蒲陶、目宿种归。天子以天马多，又外国使来众，益种蒲陶、目宿离宫馆旁，极望焉。"

二、苜蓿的引入

（一）苜蓿引入者

在汉代，随着张骞"凿空"西域，许多西域植物进入中土，苜蓿就是其中之一。关于苜蓿的引进，传统上把它与张骞联系起来，认为这些植物是张骞从西域带回来的。但苜蓿是不是张骞从西域带入中原的，至今还是个谜。在对我国汉代苜蓿引入者的认识上还有分歧，需要做进一步的考证研究。孙启忠等（2016a，2016b，2018）考证研究指出，目前关于我国汉代苜蓿引入者有 4 种观点：①苜蓿由汉使带来（最接近史实）；②张骞引入说（接受度最广）；③李广利说（采用极少）；④引进者不确定说（汉使与张骞并提）。

1. 汉使带回苜蓿种子

《史记》和《汉书》是最早记载苜蓿的史料，仅记载了张骞两次出使西域的事迹，并没有提到张骞带归苜蓿，以及《资治通鉴》和《通鉴纪事本末》亦未提及张骞带归苜蓿。但这些史书都记载了汉使带归苜蓿种子。

北宋宋祁（998～1061 年）《右史院蒲桃赋》曰："昔炎汉之遣使，道西域而始通。得蒲桃之异种，偕苜蓿以来东"，谓某汉使。据宋代《尔雅翼》记载："苜蓿本西域所产，自汉武帝时始入中国……然不言所携来使者之名。"《尔雅翼》又继续写道："《博物志》曰，张骞使西域的蒲陶、胡葱、苜蓿种尽以汉使之中，骞最名著，故云然。"这是目前所能见到的对张骞带归苜蓿种子提出异议的最早史料。

石声汉（1963）考证《史记》和《汉书》认为，苜蓿是张骞死后，汉使从大宛采来的。韩兆琦在《〈史记〉评注》中指出，"西北外国使，更来更去……宛左右以葡萄为酒，富人藏酒至万余石，久者数十岁不败。俗嗜酒，马嗜苜蓿。汉使取其实来，于是天子始种苜蓿、葡萄肥饶地。及天马多，外国使来众，则离宫别观旁尽种葡萄、苜蓿极望。"描写的是张骞死后十多年间，汉朝与西域诸国相互来往的情景。安作璋（1979）指出，《史记·大宛列传》所记载的大宛盛产（如葡萄酒、苜蓿、天马等）是张骞第一次出使西域（公元前138～前126年）回汉后，向汉武帝汇报其在大宛的所见所闻，因此他认为，葡萄、苜蓿两种植物都是张骞出使西域之后输入中国内地的。谢成侠（1955）认为《史记·大宛列传》既称"汉使采其实来，"这位汉使也许是和张骞同时去西域回国的无名英雄，或是之后由往来于中西之间的使者或者商人。

2. 张骞带回苜蓿种子

有些史料把苜蓿的引进归于汉"博望侯"张骞名下。其实这可能是一种良好的愿望，而真正的情况要复杂得多。因为张骞同时代的司马迁以及班固并没有这种说法。《史记·大宛列传》载，"俗嗜酒，马嗜苜蓿，汉使取其实来，于是天子始种苜蓿、蒲陶肥饶地。及天马多，外国使来者众，则离宫别馆旁尽蒲陶、苜蓿极望。"很明显，这里所称的"汉使"只是泛指，不一定就是张骞。假设苜蓿确为张骞引入，一贯严谨的太史公司马迁绝不会以"汉使"来称谓了。把苜蓿引进归于张骞名下，应是从汉顺帝时王逸等始。而王逸不是史官，只是"文苑"之人，作为文学之士按自己的想象写文章赞美张骞本无可厚非。以至后来经《齐民要术》《博物志》等著作的渲染扩大，才使张骞带回苜蓿流传至今。

从东汉后期开始，人们认为张骞带回了苜蓿种子。第一个将苜蓿与张骞联系起来的是王逸，在他看来，苜蓿、蒲陶等是由张骞带回来的。北魏贾思勰在《齐民要术·种蒜第十九》记载："王逸曰：'张骞周流绝域，始得大蒜、葡萄、苜蓿。'"《太平御览·奉使部三》引王逸子语，"或问：'张骞，可谓名使者欤？'曰：'周流绝域，东西数千里。其中胡貊皆知其习俗；始得大蒜、葡萄、苜蓿等。'"《太平御览·菜茹部二》引延笃《与李文德书》，"折张骞大宛之蒜。"文学家王逸、经学家延笃等认为葡萄、苜蓿、大蒜等是由张骞带回来的。他们的这种认识在相当程度上代表着当时人们的观念。明李时珍在《本草纲目》：[时珍] 曰杂记言苜蓿原出大宛，汉使张骞带归中国。1882年康道尔在《农艺植物考源》明确指出：《本草纲目》谓张骞携归之物品中有黄瓜、苜蓿等多种之前此中土所无之物。1907年日本学者松田定久研究认为，《史记·大宛列传》中，"蒲陶为酒，马嗜苜蓿，汉使取其实来，于是天子始种苜蓿、蒲陶肥饶地。"该天子为汉武帝，此汉使为张骞。该书的著者为汉武帝朝廷人士，所以此事属实。日本学者天野元之助提出，张骞从西域引入中国的许多植物中包括葡萄与苜蓿。1919年，美国学者劳费尔（Laufer，1874～1934年）认为，张骞出使西域只带回两种植物，即苜蓿和葡萄。1985年，美国学者谢弗亦认为，葡萄、苜蓿这两种植物都是在公元前2世纪时由张骞引进的。英国著名植物学家勃基尔亦持此观点。法国学者布尔努瓦（1997）指出，张骞于公元前125年左右归国时，或者是稍后于第二次出使回国时，携回了某些植物种子和中国人所陌生的两种植物，即苜蓿和葡萄。他进一步指出，由张骞所引入的苜蓿促进了汉代马业的发展。

1986年李约瑟指出，它（葡萄）是由伟大的旅行家和特使张骞在公元前126年从巴克特里亚（大夏）地区（Bactrian region）引入的，并作为中国历史上的一件大事经过了充分考证。不论他是否还带其他什么植物，当时的原始资料清楚表明，他引进了欧洲葡萄（*Vitis vinifera*）和紫苜蓿（*Medicago sativa*），一种是得人欢心的植物，另一种是骏马的饲料植物，这里也像别处一样适合讲上一段故事，下面听听司马迁的说法。《史记》中记载：

在大宛附近，人们用葡萄（蒲陶）酿酒。有钱人家可储藏10 000多担（担，古时常用计量单位，常为概数。在中国，通常1担≈50kg）葡萄酒达数十年而不变坏。当地（大宛）人爱喝酒，他们的马爱吃苜蓿草（苜蓿）。中国特使在返回（中国）途中引进了（葡萄和苜蓿的）种子。皇帝命令将苜蓿和葡萄种植在大片肥沃的土地上。过了一段时期，他得到了大批"天马"，所以当许多外国大使抵达这里时，可以在皇帝的夏宫和其他避暑地附近极目眺望遍地覆盖的葡萄和苜蓿。

故事出自《史记·大宛列传》，曰："宛左右以蒲陶为酒，富人藏酒至万余石，久者数十岁不败。俗嗜酒，马嗜苜蓿。汉使取其实来，于是天子始种苜蓿、蒲陶肥饶地。及天马多，外国使来众，则离宫别观旁尽种蒲陶、苜蓿极望"。

传统上之所以把这些功劳归于张骞，是因为他有开辟"丝绸之路"、"凿空"西域的丰功伟业。但石声汉（1963）先生从理论上对这一现象进行了分析，"大众往往喜欢将无数无名英雄劳动创造的成果，集中于某一个为大家所爱戴的古人身上，作为他个人的功绩，形成传说，趋势颇为自然。这种爱憎，正是大众情感的率真表现，谁也不能勉强抑制或攘夺。"尽管目前还难以考证，张骞就是带回苜蓿种子的汉使，或带回苜蓿种子的汉使就是张骞。不过，张骞出使西域为西汉时期西部外交的嚆矢，正是其开创性工作，才有中原和西部的文化交流，动植物品种，如苜蓿等的引入。

但目前不论是汉使带归苜蓿种子，还是张骞带归苜蓿种子都有采纳，并在今后仍将继续并存下去。1989年梁家勉在《中国农业科学技术史稿》指出："汉武帝时，汉使从西域引入苜蓿种，开始在京城宫院内试种，而后在宁夏、甘肃一带推广。"2000

年，董恺忱在《中国科学技术史（农学卷）》认为："张骞通西域前后，通过西域引进了葡萄、苜蓿等一批原产西方的作物，已为人们所熟知。"

除目前被广泛采用的汉使或张骞为我国汉代苜蓿引入者外，还有另外两种观点。

3. 李广利带回苜蓿种子

记载李广利带归苜蓿的典籍虽然较少，但随着研究的不断深入，持有该观点的学者也在不断增加。在古代文献中关于李广利带归苜蓿的记载较少，只有明张岱在《夜航船》提到："李广利始移植大宛国苜蓿葡萄。"清代陆凤藻《小知录》称："苜蓿，大宛草，马食之善行。汉武遣李广利伐大宛，取善马及苜蓿种归。"

陈舜臣（2009）指出，《太平御览》记载，"《汉书》曰：'李广利为贰师将军，破大宛，得葡萄、苜蓿种归'"。据此，陈舜臣（2009）认为张骞虽是出使西域并生还归汉的第一人，但不是葡萄、苜蓿输入者，葡萄、苜蓿输入者应该是李广利。他进一步指出，可能带种子的人并不是李广利，而是那些为了解救人质或被派遣到西域的使节，总之都是李广利的成果，所以将葡萄、苜蓿的传入归在他的名下也不为过。薛瑞泽（2010）认为，苜蓿本是西域的物产，汉武帝太初三年，贰师将军李广利"遂采蒲陶、苜蓿种子而归。"王青（2002）认为《汉书·西域传上》说贰师将军李广利伐大宛后："宛王蝉封与汉约，岁献天马二匹，汉使采蒲陶、目宿种归。天子以天马多，又外国使来众，益种蒲陶、目宿宫馆旁，极望焉。"总之汉代引入的植物主要是苜蓿与葡萄，而且引入者还不是张骞，而是李广利伐大宛后才开始引种中原。

芮传明（1998）指出，即使不是张骞本人亲自取来，也是在他正式开拓中国与中亚的官方交往之后，苜蓿才进入中原的。《汉书·西域传》"大宛国"条对于此事已经叙述得相当清楚。

> 贰师即斩宛王，更立贵人素遇汉善者名昧蔡为宛王。后岁余，宛贵人以为"昧蔡谄，使我国遇屠"，相与共杀昧蔡，立毋寡弟蝉封为王，遣子入侍，质于汉。汉因使使略赐镇抚之。又发使十余辈，抵宛西诸国求奇物，因风谕以伐宛之威。宛王蝉封与汉约，岁献天马二匹。汉使采蒲陶、目宿种归。天子以天马多，又外国使来众，益种蒲陶、目宿离宫馆旁，极望焉。

按照此说，则苜蓿种传入中原，是在贰师将军李广利讨平大宛，夺得大宛"天马"（公元前101年）之后的时期内。当时大宛迫于汉军之威，每年都要贡献良种马，而汉王朝的使臣们（其中许多人均为名义上的"使臣"，实际上是商人）也频频前赴大宛等西域诸国，意在扬汉之威，并求取更多的奇异方物。大宛的良种马嗜食苜蓿，因此一旦这样的马引入中国，作为其专用饲料的苜蓿也就必须随之输入了。

4. 苜蓿引进者的不确定性

另外，还有些学者认为西汉时期有许多新的植物种由外国移入，如葡萄、苜蓿来自大宛……这些植物都由张骞及其以后的使节或商人取其实，移植入中国。在不少典籍中，在提及苜蓿引入者时，既提汉使也提张骞，表现出了不确定的态度。现代学者亦然，游修龄（1995）在《中国农业百科全书·农业历史卷》[苜蓿栽培史]："据《史记·大宛离列传》说'汉使取其实，于是天子始种苜蓿。'晋代陆机《与弟书》也说'张骞使外国十八年，得苜蓿归'"。彭世奖（2012）也持同样的观点。

于景让（1952）认为，倘若苜蓿是由张骞携归中国的话，是在元朔三年（公元前126年）；倘若是在李广利征伐之后引入中国的话，是在太初二年（公元前103年）。陈竺同（1957）认为，两汉通西域以后，还传来很多的西域瓜果及菜蔬等，其中最显著的有葡萄、苜蓿和石榴。葡萄系大宛特产，汉朝的出使者把它取回来，种于离宫别馆旁；苜蓿也是从大宛传来的，汉武帝遣李广利战胜大宛，获得善战汗血马三千多匹，大宛马嗜食苜蓿，因此"汉使取其实来，于是天子始种苜蓿……及天马多、外国使来众，则离宫别观旁，尽种苜蓿"。他又指出，石榴亦系西域传来，张骞出使西域，得涂林安石国榴种归来种植。

安作璋（1979）认为，葡萄、苜蓿两种植物都是张骞出使西域之后输入中国的，将植物品种（含苜蓿）输入中国的人应该是那些无数往来于中西大道上的不知姓名的田卒、戍兵、中外使者、商人及西域各族人民，他们才真正是这些品种的拓殖者。姚鉴亦认为，自从通了西域，汉朝的商人便去那里经营，他们把西域的土产，如葡萄、苜蓿、石榴等农作物和骏美的良马输入内地。根据《史记·大宛列传》，汉使取苜蓿、蒲陶实来，于是天子始种苜蓿、蒲陶，研究认为苜蓿、蒲陶不一定为张骞或李广利传入。林甘泉（1990）指出，据《史记·大宛列传》，大宛诸国都有苜蓿饲马。张骞通西域，或葡萄同时传入。中国古代农业科技编纂组（1980）指出，史书上也曾有记载公元前122年西汉张骞出使西域前后，把葡萄、苜蓿、胡麻、石榴……等植物陆续引进来。

【延伸阅读】

自张骞通西域之后，我国原来没有的某些"西域"植物，陆续被引进关中，由此向东向南扩展，遍及全国，使我国原已很丰富的栽培作物，范围扩大，种类增多，物产更加丰富。石声汉（1963）指出，试以最后集本草学大成的、伟大植物学家李时珍的《本草纲目》为例：《本草纲目》中所记，为张骞从西域携归的植物，确切的共10种（红兰花、胡麻、蚕豆、胡蒜、胡荽、苜蓿、胡瓜、安石榴、胡桃、葡萄）。

这就是后来传说中的张骞带回许多植物的根源。尽管《史记》《汉书》中都没有一个字提到张骞带回过任何栽培植物，但后来的文献中，所记由张骞引入的植物，却有不少种类。石声汉考证，对《本草纲目》提到的 10 余种植物由张骞引入提出了疑义，现摘录如下。

> 张骞究竟从西域带回来多少种栽培植物？至今还没有在正史中找到可靠的明文记载。《史记》和《汉书》中的《张骞传》《大宛列传》《匈奴传》《西域传》《西南夷传》，都只说到张骞两次出使和开辟道路的事迹，没有一个字提到他曾亲自带回任何栽培植物。司马迁和班固，对张骞都是不十分满意的，可能认为张骞在失侯后贪图富贵而向武帝建议，是汉武帝穷兵黩武造成国内灾害恶果的原因，所以两人都说汉代通西域，是由张骞"凿空"（即开端、钻出空子）。但他们没有提到张骞携带有植物种子回来，虽然也可能是由于这种不满意的情绪，可是就《史记》和《汉书》所记事实看来，似乎张骞也的确没有带回过什么栽培植物：第一次出使大夏，去时路经匈奴，被扣留过十多年，回来取道甘肃南部，想从羌族地区通过，仍旧被匈奴发觉，扣留一年多些，前后一共稽留了十三年，最后才和堂邑甘父两人逃命回来，这样困难的旅程中，似乎不会有机会与心情，带上多种奇异的栽培植物种子。第二次出使乌孙，行程比较顺利；回来时，"与乌孙使数十人，马数十匹同行"（《史记·大宛列传》《汉书·张骞传》记载相同），是否带有西域的栽培植物，《史记》和《汉书》都没有说。但是这次归途，张骞原有"因令（乌孙使）窥汉，知其广大"，恐怕也不见得反而彰明较著地把西域的种子带回。反过来，后来相传张骞带回的植物最重要的有葡萄与苜蓿，《史记》《汉书》都明明说过，是张骞死后好几年，汉使才"采葡萄、苜蓿种归"，足见这两种植物决非张骞带回。因此，我们目前似乎不能不这么作结论：张骞从西域带回栽培植物种子的事，既没有正面的史料可以证明，事实上的可能也不高。

> ▷▷▷石声汉. 试论我国从西域引入的植物与张骞的关系. 科学史集刊，1963，(4): 16～33.

三、苜蓿引入的时间

苜蓿（*Medicago sitiva*）为汉武帝时传入我国已是不争的事实，但是具体是什么时间传入我国的，不论是草学界还是农史界乃至史学界对其看法不一。虽然公元前

126 年张骞（或汉使）从西域带回苜蓿种子已广为流传，影响甚广，不论在国内还是在国外已被许多专家学者所认同。但由于苜蓿引入者的不确定，导致在对苜蓿引入我国时间的认识上还存在一定分歧。孙启忠（2016，2018）考证研究认为，目前对苜蓿传入我国的时间有 4 类看法：①围绕张骞两次出使西域所确定的苜蓿输入我国的时间，主要包括公元前 126 年、公元前 119～前 115 年由两次出使西域的张骞带回；②围绕汗血马引入我国的时间，即公元前 102 年 / 前 101 年；③时间不确定；④张骞死后或其他时间。

最早记载苜蓿的《史记》和《汉书》并没有明示其进入我国的年代，但张骞或汉使于公元前 126 年将苜蓿引入我国的认知度却较高。于景让指出，苜蓿传入中国，是经由大宛，其时代是较向西传播为稍迟，如系张骞携带，是在元朔三年（公元前 126 年）。劳费尔认为，（张骞）在大宛获得苜蓿种子，于公元前 126 年献给汉武帝。李约瑟指出，张骞在公元前 126 年从巴克特里亚地区引进葡萄和紫苜蓿。孙醒东（1958）指出，在汉武帝时代张骞（公元前 126 年）使西域至大宛，带回许多中国没有的农产品和种子，其中苜蓿，即 *Medicago sativa* 种子的传入和大宛马的输入，在同一个时期。

【延伸阅读】

据《史记·大宛列传》记载，"西北外国使，更来更去。宛以西，皆自以远，尚骄恣晏然，未可诎以礼羁縻而使也。自乌孙以西至安息，以近匈奴，匈奴困月氏也，匈奴使持单于一信，则国国传送食，不敢留苦；及至汉使，非出币帛不得食，不市畜不得骑用。所以然者，远汉，而汉多财物，故必市乃得所欲，然以畏匈奴于汉使焉。宛左右以蒲陶为酒，富人藏酒至万余石，久者数十岁不败。俗嗜酒，马嗜苜蓿。汉使取其实来，于是天子始种苜蓿、蒲陶肥饶地。及天马多，外国使来众，则离宫别观旁尽种蒲萄、苜蓿极望。"韩兆琦认为，这些均为司马迁对张骞死后近十年间，汉王朝与西域诸国相互来往的情景的记载。安作璋（1979）认为，葡萄、苜蓿两种植物都是张骞出使西域之后输入中国内地的，将植物品种（含苜蓿）输入中国内地的人应该是那些无数往来于中西大道上的不知姓名的田卒、戍兵、中外使者、商人及西域各族人民，他们才真正是这些品种的拓殖者。姚鉴（1954）亦认为，自从通了西域，汉朝的商人便去那里经营，他们把西域的土产，如葡萄、苜蓿、石榴等和骏美的良马输入内地。根据《史记·大宛列传》谓汉使取苜蓿、蒲陶实来，于是天子始种苜蓿、蒲陶，研究认为苜蓿、蒲陶不一定为张骞或李广利传入。

苜蓿于公元前 119～前 115 年传入　富象乾（1982）研究指出，据《史记·大宛列传》和《汉书·西域传》记载可以判定，汉武帝时代张骞等（公元前 119～前

115 年）出使西域至大宛国而将苜蓿引入长安。黄文惠（1974）认为，紫花苜蓿原产于西亚伊朗，公元前 115 年汉武帝时，张骞出使那一带，将苜蓿带入我国西安，从此，苜蓿在我国西北、华北、东北等地广泛流传，成为我国最古老、最重要的栽培牧草之一。但她又指出，从历史记载判断，我国西北苜蓿是在公元前 129～前 115 年带回。耿华珠（1995）认为，我国是在公元前 138 年和公元前 119 年，汉武帝两次派遣张骞出使西域，第二次出使西域时，从乌孙（今伊犁河南岸）带回有名的大宛马、汗血马及苜蓿种子。这种观点缺乏直接的史料记载，还需挖掘史料作进一步的考证。

围绕汗血马引入我国的时间（即公元前 101 年／前 102 年） 1955 年谢成侠指出，考证苜蓿传入的年代，史书并未确实地指出，可能是在张骞回国的这一年，即公元前 126 年（汉武帝元朔三年）。但张骞回国是很艰难的，归途还被匈奴阻留了一年多，是否是他带回来的不无疑问。《史记》既称"汉使采其实来"，这位汉使也许是和张骞同时去西域回国的无名英雄。或最迟是在大宛马运回的同一年，即公元前 101 年。卜慕华（1981）则认为，通过《史记》记载西汉张骞在公元前 100 年前后，由中亚印度一带引入的重要栽培植物有苜蓿、葡萄等 15 种。侯丕勋（2006）研究指出，据《史记·大宛列传》和《汉书·张骞李广利传》记载，大宛首批汗血马东入中原是在汉武帝太初四年，即公元前 101 年。所以，苜蓿有可能在此时与汗血马一同进入中原。裕载勋（1957）亦认为，汉武帝派张骞通使西域，张骞同时把大宛马与苜蓿的种子带回我国进行栽培。桑原隲藏（1934）则令人信服地指出，这些植物中没有一种是张骞引入中国的。但毫无疑问上述外国植物中有一些是在张骞之后不久传入中国的，葡萄和苜蓿种子被汉朝的外交使节在公元前 100 年左右从大宛带回中国。于景让（1952）认为，苜蓿如系李广利征伐之后引入，则为太初二年（公元前 103 年）。薛瑞泽（2010）指出苜蓿本是西域的物产，汉武帝太初三年（公元前 103 年），贰师将军李广利"遂采蒲陶、苜蓿种子而归。"倘若从苜蓿的实际需求考虑，苜蓿与汗血马同时输入我国的可能性较大，即公元前 103 年／前 101 年苜蓿随汗血马一同被引入汉。

苜蓿于张骞死后或其他时间传入我国 梁家勉（1989）认为，公元前 105～前 87 年，苜蓿从西域传入中原。张平真（2006）指出，有人认为紫苜蓿是在汉武帝元封六年（公元前 105 年）随着西域诸国的使者输入的。中国畜牧兽医学会（1992）则认为，我国栽培苜蓿始于东汉（公元前 139 年）张骞出使西域带归苜蓿种子。韩兆琦（2004）指出，司马迁于太初元年（公元前 104 年）开始《史记》的写作，到征和二年（公元前 91 年）《史记》基本完成，他死于征和三年（公元前 90 年）。众所周知，《史记》是第一部记载苜蓿在我国种植的史书，因此，凡认为公元前 91 年之后苜蓿被引进我国是不可能的。因为公元前 91 年《史记》已成书，"西北外国使，更来更去……宛左右以蒲陶为酒，富人藏酒至万余石，久者数十岁不败。俗嗜酒，马嗜苜蓿。汉使取其实来，于是天子始种苜蓿、蒲陶肥饶地。及天马多，外国使来众，则离宫别观旁尽种葡萄、苜蓿极望"已被载入《史记》中。

石定扶于 2015 年等在补注《齐民要术》时指出，一般认为（苜蓿）是张骞出使西域时带回苜蓿种子。实际上，严格地说：应是张骞死后，汉使从西域大宛采回苜蓿种子。桑原隲藏（1934）认为，葡萄、苜蓿既非张骞也非李广利输入汉土，而实为张骞死后葡萄与苜蓿同被无名使者输入。韩兆琦（2004）同样认为，《史记》中"西北外国使，更来更去……宛左右以蒲陶为酒，富人藏酒至万余石，久者数十岁不败。俗嗜酒，马嗜苜蓿。汉使取其实来，于是天子始种苜蓿、蒲陶肥饶地。及天马多，外国使来众，则离宫别观旁尽种葡萄、苜蓿极望。"是描写张骞死后的十多年间，汉王朝与西域诸国相互来往的情景。

四、汉代苜蓿的原产地

在古代伊朗，苜蓿是极为重要的农作物，是重要的饲料，故与良种马的养育事业有着十分密切的关系。据中世纪阿拉伯史家的记载，萨珊王朝的科斯洛埃斯一世（531～578 年）曾将苜蓿也列入其新设的土地税体系中，苜蓿的税额高达小麦和大麦的 7 倍，足见其价值之高。据说，希腊的苜蓿草是从波斯人那里引进的，而印度及其他阿拉伯国家的苜蓿也得自伊朗。所以，现代学者通常都将伊朗视作苜蓿的原产地。1955 年谢成侠指出，波斯是苜蓿起源的中心，在公元前 2500 年，波斯人征服中亚时传入苜蓿，苜蓿适应中亚的环境，成为中亚各国特有的作物。

固然，若追本溯源的话，我国的苜蓿当得益于伊朗，但是，最初却并非直接从伊朗传入，而很可能获之于大宛。苜蓿自古以来就是费尔干纳（即"大宛"）的特产农业之一，即使时届近现代，它也仍然被大量种植，并是当地唯一的饲草植物，在该地的经济中占有很大比例。苜蓿每年可以采收四五次，新鲜的或干燥的均可以喂养牲畜。到 20 世纪前期，苜蓿籽依然是费尔干纳及其周边中亚地区的最大宗的出口品之一。

大宛，是西汉时期西域三十六国之一，都城为贵山城。它西北邻康居，西南邻大月氏、大夏，东北临乌孙，东行经帕米尔的特洛克山口可达疏勒。现在的大宛地区，属于乌兹别克斯坦的领土。中国古代史编委会（1979）指出："大宛即今乌兹别克境。"史为乐（2005）认为："大宛，汉西域国名。在今乌兹别克斯坦费尔干纳盆地。"布尔努瓦（1997）指出；"大宛城今称浩罕，位于大宛河流域，是今乌兹别克斯坦共和国境内的费尔干纳的一座自治小城。"陈丽铒（2006）认为，"汉时西域诸国，即今中亚细亚，乌兹别克斯坦共和国的一邑。"马特巴巴伊夫（2010）等认为，大宛位于费尔干纳盆地，即锡尔河的右岸，今乌兹别克斯坦纳曼干省。谢成侠（1955）对大宛的地理属性认识与之少有差异，"考古大宛，清代为浩罕国（西名译音为佛尔哈那，同费尔干纳），其地即原苏联中亚细亚乌兹别克斯坦及土库曼斯坦共和国境。"

施丁（1994）在《汉书新注》中指出："目宿（即苜蓿），原产西域，汉武帝时由大宛传入中原。"陈竺同（1957）认为："两汉通西域以后，还传来很多的西域瓜果及菜蔬等，其中最显著的有葡萄、苜蓿和石榴……苜蓿是从大宛传来的"。孙醒东（1953）指出："在汉武帝时代张骞出使西域至大宛国（清代为浩罕国，在土库曼斯坦及乌兹别克斯坦两共和国境内），带回许多中国没有的农产品和种子，其中苜蓿 *Medicago sativa* 的种子的转入是和大宛马的输入在同一个时期。"布尔努瓦（1982，1997）指出，大宛国并非他地，正是费尔干纳的河谷地，位于今乌兹别克斯坦境内的锡尔河上游，中国汉代苜蓿正是从这里带回去的。谢成侠（1955）研究指出："在《史记》和《前汉书》中均指出，大宛和罽宾二国均有苜蓿。据考，罽宾汉时在大宛东南，当今印度西北部克什米尔地方，这些地方都有过汉使的足迹。所以可以肯定地说，中国的苜蓿应该是由大宛带回来的。"从正史《史记》、《汉书》、《资治通鉴》和《通鉴纪事本末》的记载可以看出，我国汉代苜蓿来自大宛是有明确记载的，也是千真万确的，也就是说我国汉代苜蓿原产地是大宛，而并非他地。这是我国古代对世界苜蓿史的贡献。

【延伸阅读】

关于我国汉代苜蓿的原产地不论是史籍记载，还是近现代研究结果都不尽相同。苜蓿始载于《史记·大宛列传》，曰："宛左右以蒲陶为酒……俗嗜酒，马嗜苜蓿。汉使取其实来，于是天子始种苜蓿、蒲陶肥饶地。"由此可见，我国苜蓿来自于大宛。北魏贾思勰《齐民要术》记载："王逸曰：'张骞周流绝域，始得大蒜、葡萄、苜蓿。'"说明苜蓿来自西域。同时，《齐民要术》亦记载："《汉书·西域传》曰，'罽宾有苜蓿……汉使采苜蓿种归，天子益种离宫别馆旁。'"说明苜蓿自罽宾来。黄以仁认为，汉代苜蓿的原产地为西域的大宛和罽宾。陈竺同（1957）指出，我国汉代苜蓿是从大宛来的。翦伯赞（1995）亦认为我国苜蓿来自大宛。吕思勉（2014）指出，中国食物从外国输入的甚多，如苜蓿、西瓜等。白寿彝（1999）亦认为，在汉代中亚、西亚的良种马、苜蓿、石榴陆续传到中国。邱怀（1999）指出，西汉张骞出使西域，从伊朗带回苜蓿种子。耿华珠（1995）指出，张骞第二次出使西域时，从乌孙（今伊犁河南岸）带回有名的大宛马、汗血马及苜蓿种子。由此可见，关于我国汉代苜蓿原产地的认识目前还不统一。

苜蓿来自西域或中亚　汉时所谓"西域"，其意思有广狭两种。吕思勉（2014）指出："初时西域专指如今的天山南路，所谓南北有大山，中央有河……狭义的西域，有小国三十六，后稍分至五十余。"中国古代史编委会（1979）指出："西域的地理概念有广义与狭义之分，广义范围很广，除了中国新疆地区以外，还包括中亚细亚、印度、伊朗、阿富汗、巴基斯坦一部分。狭义的概念指的是新疆地区，包括新疆西部巴尔喀什湖以东以南的一些地方，当时以天山为界，分为南北两部，分布了 36 个小国，大部分在天山南部。"史为乐（2005）指出："西域，西汉以后对玉门关以西地区的总称。狭义专指葱岭（葱岭在今新疆西南。古代为帕米尔高原和昆仑山、喀喇昆仑山西部的总称。《汉书·西域传》：西域三十六国"西则限以葱岭"）以东而言；广义则凡指通过狭义西域所能达到的地方，包括亚洲中西部、印度半岛、欧洲东部及非洲北部等地。"王治来（2004）认为，中国古代所谓"西域"，并不限于今天的新疆地区，而是包括今中亚乃至中亚以西的地区在内。

在考证苜蓿原产地中发现，王逸最早将苜蓿与西域联系在一起，被北魏贾思勰在《齐民要术·种蒜第十九》征引："王逸曰：'张骞周流绝域，始得大蒜、葡萄、苜蓿。'"之后又有不少典籍引用了汉代苜蓿来自西域的记载，在近现代研究中这一记载也广泛被征引。民国初期张援（1921）指出："张骞奉命使西域，输入农产种子甚多，胡麻、蒜、苜蓿等皆是也。"黄士蘅（2000）认为："张骞带西域出产各物，如葡萄、苜蓿等。"李根蟠（2010）指出，汉代"新的蔬菜中相当一部分是从少数民族地区引进的，如胡蒜（大蒜）、苜蓿等"。梁家勉（1989）指出："汉武帝时，汉使从西域引入苜蓿种，开始在京城宫院内试种。"董恺忱等于 1989 年指出："张骞通西域前后，通过西域引进了葡萄、苜蓿等一批原产西方的作物。"中国农业博物馆农史研究室（1989）指出："中原本无苜蓿，张骞于公元前 126 年奉武帝命通西域时，将苜蓿种子引入中原。"中国农业百科全书总编辑委员会（1996）在《中国农业百科全书（畜牧卷上册）》记载："公元前 126 年由张骞出使西域（中亚土库曼斯坦地区）时带回（紫花苜蓿）种子。"阎万英和尹英华（1992）认为："汉代优质饲草苜蓿由西域引入。"杜石然等（1982）指出："汉使通西域，带回葡萄、苜蓿。"盛诚桂（1985）指出："张骞从西域引回了苜蓿和葡萄。"尚志钧（2008）指出："《史记·大宛列传》谓张骞于元鼎二年（公元前 115 年）出使西域，携苜蓿、葡萄归。"

吴仁润和张志学（1988）认为，苜蓿系西汉时代汉武帝遣张骞出使西域（当时系指玉门关以西至现中亚部分地区，也包括新疆在内）时携归的。卢得仁（1992）指出："汉武帝时派遣张骞出使西域，取回天马和苜蓿。"中国农业科学院陕西分院（1959）指出："西北的苜蓿是在公元前 129 年汉使张骞出使西域带回中国。"全国牧草品种审定委员会（1992）指出："公元前二世纪，汉武帝两次派遣张骞出使西域，到过大宛（今中亚费尔干纳盆地）、乌孙（今伊犁河南岸）、罽宾（今克什米尔一带）等国，带回紫花苜蓿种子。"

从文献考录中可以看出，第一个将苜蓿与西域联系起来的是王逸。贾思勰、张华、任昉、虞世南等大概只是延述王逸或其所根据的传说。在正史《史记》和《汉书》都没有汉使将西域的苜蓿种子带回的记录。王逸（后汉顺帝时人，大约 1 世纪后半叶到 2 世纪初）并非与张骞、司马迁及继承司马迁的班固同时代，而是比班固（1 世纪末）稍晚，王逸最初根据什么材料作出"张骞周流绝域，始得大蒜、葡萄、苜蓿"这样的叙述不得而知。王逸是"文苑"人物，在私人著作中，以夸张的方式，采取群众传说材料，甚至掺入一定程度的夸张，将苜蓿来源扩大自西域，并不违背文学作品的通例与原则。但是在没有正面的史料可以证明汉代苜蓿自西域来的情况下，在他之后的著作或近现代的研究中只是沿袭了王逸的记述，并没有进行深入的考证。从"西域"定义中可看，在汉代西域泛指 36 国，在之后又分至 50 余个国家，王逸将我国汉代苜蓿来源地的范围扩大，说成来自西域，一是缺乏史料支持，二是西域范围广阔，不准确、太笼统。

苜蓿原产地安息（伊朗） 史为乐（2005）指出："安息，音译帕提亚，亚洲西部古国，即今伊朗。原为古波斯帝国的一个省。"梁实秋（1977）指出："Parthia（帕提亚），伊朗东北之古国（位于里海之东南）"。吕思勉（2014）指出："帕提亚（Parthia）便是安息"。刘光华（2004）指出："安息国，位于里海东南的帕提亚（相当于今伊朗东北部和土库曼斯坦南部一带）。"中国古代史编委会（1979）指出："安息即今伊朗。"布尔努瓦指出："安息即波斯"。朱玉麟（2008）指出，波斯即为安息。Hanson（1972）认为，波斯即为今伊朗。

黄文惠（1974）等指出："紫花苜蓿……原产于西亚伊朗，张骞出使那一地带，将苜蓿带到我国西安。"卢欣石（1984）指出："张骞出使西域，在购买伊朗马时，带回了苜蓿种子。"邱怀（1999）指出："据历史记载，公元前 126 年，西汉张骞出使西域，从伊朗带回苜蓿种子，献给汉武帝。"米华健（2017）亦认为，中国的紫花苜蓿（养马必备）、芜菁等植物是从伊朗传入的。

李娟娟（2017）指出："史书记载，早在公元前 115 年，汉朝皇帝就派使臣到过帕提亚。公元前 126 年，张骞出使西域，曾派人到过安息国都城尼萨，并把那里的葡萄、苜蓿种子和汗血宝马带回中国。"Harmatta（1996）认为，张骞出使帕提亚（Parthia）时，将帕提亚的葡萄和苜蓿种子带回了中国。许晖（2016）指出，"《汉书·西域传》中记载的蒲陶（即葡萄）、目宿（即苜蓿）是我国第一次输入产于波斯的两种植物。"沈苇（2009）亦认为苜蓿、葡萄等植物是由波斯传入中国的。

到目前为止，在史籍中还未发现汉代苜蓿来自安息或帕提亚（Parthia）的记载。芮传明（1998）指出："无论是古代学者将苜蓿说成原产于大宛，还是近现代学者将其说成原产于伊朗或其他地区，我国汉代苜蓿最初来自大宛是毫无疑问的。"虽然大宛的苜蓿是由波斯帝国（伊朗）传入的，但并不能说成我国汉代苜蓿也来自于伊朗，更不能说成伊朗就是我国汉代苜蓿的原产地。

五、苜蓿始种者和始种地

汗血马东入中原初期，大多被饲养在汉宫廷内，供作礼仪和王公贵族骑乘游玩。骑射引进以后，马成了非常重要的一种工具，所以有"苜蓿随天马，葡萄逐汉臣"之句。蒋梦麟（1997）指出"汉武帝在宫外好几千亩[1]地里种了苜蓿。天马是指西域来的马，阿拉伯古称天方，从那边来的马称天马，只有用苜蓿来饲养，所以要引进马，同时还要引进苜蓿。"这一事实无疑对最初传入中原作为汗血马饲草的苜蓿种植具有决定性影响。据史料记载，苜蓿种子由出使西域的汉使从大宛带回后，首先被汉武帝所得，并由他在汉朝"始种"。例如，《史记·大宛列传》曰："汉使取其实来，于是天子（即汉武帝）始种苜蓿"；《资治通鉴》亦云："汉使采其实来，天子种之。"据此来说，汉武帝为西汉苜蓿的最初种植者（或是倡导者）是毋庸置疑的。

苜蓿入汉后的最初种植地区，《史记·大宛列传》只是说"肥饶地"，这个"肥饶地"当属在汉都长安城内或城郊无疑。后来，随着大宛汗血马东来逐渐增多，饲养地区亦逐渐扩展，对马最爱吃的苜蓿需求量也越来越多，从而苜蓿的种植地区也不断扩大到了中原地区的诸多"离宫别观旁"。汉乐府《蝴蝶行》提到苜蓿："蛱蝶之遨游东园，奈何卒逢三月养子燕，接我苜蓿间。"这是一首寓言诗，以动物界的弱肉强食暗示人生的不幸。初飞的蝴蝶被养子燕在苜蓿草生长的地方捕捉，然后把它带入"紫深宫中"，用以喂养雏燕。这里的紫深宫，指的当是皇家宫殿，它的附近确实种植苜蓿。"及天马多，外国使来众，则离宫别观旁尽种蒲陶、苜蓿极望。"西汉天子离宫别馆旁边大量种植葡萄、苜蓿，成为当时的重要景观，《蝴蝶行》即以天子的离宫别馆所在之处为空间背景。汉末刘歆《西京杂记》中说："乐游苑自生玫瑰，树下多苜蓿"，还说"茂陵人谓之（即苜蓿）连枝草"。北宋文学家宋祁创作的《右史院蒲桃赋》对苜蓿有这样的记述："昔炎汉之遣使，道西域而始通；得蒲桃之异种，偕苜蓿以来东。矜所从以至远，遂遍植乎离宫……。"这说明，苜蓿入汉之初，汉都长安及其邻近的茂陵的关中地区，成了苜蓿的种植之地，也成了我国苜蓿的发祥地。

第四节 苜蓿在我国古代农业中的地位及意义

一、苜蓿在农业生产体系中的作用与地位

自张骞"凿空"西域后，中外诸国通过这条通道，推动了农业科技的交流，提

---

[1] 1 亩 ≈ 667m²，下同。

升了它们各自农业经济的内涵，带动了世界文明的繁荣和昌盛。通西域后，西域各国的植物、动物及其他特产，通过中国使者或与西域经商的商人传入我国。晋常璩《华阳国志》曰："张骞为武帝开西域五十三国……令帝无求不得。"南朝宋范晔《后汉书》曰："驰命走驿不绝于岁月；商胡贩客，日款于塞下。"正说明当时商贾往来、物质流通的情况。

原是西域大宛国喂马的饲草苜蓿，随同大宛马、葡萄等传入我国，给我国增加了新的财富，极大地丰富了我国农产品种类。苜蓿传入我国后，经过引种试验、推广栽培，就产生了很大的价值，对促进我国农牧业发展乃至国防事业发展具有很大的作用。标志着我国本土农业生产技术，在外来农业生产技术的影响下，发生了相应的变化，自此进入了新的融合贯通时期，这是前汉初年所没有的。经过百年的融合，苜蓿的播种、收获、饲用，以及在春初嫩时可供人食用等新用途的发现，在后汉崔寔《四民月令》中已列入我国一般农业生产的范围。劳费尔（1964）在《中国伊朗编》中指出，"中国人在经济政策上有远大眼光，采纳许多有用的外国植物为己用，并把它们并入自己完整的农业系统中去，这是值得我们钦佩的。"引进域外农作物，把它们融入农业生产体系中，是中国传统社会农业经济进步和发展的原因之一。当苜蓿的种子从大宛带入国内，汉武帝知道汗血马爱吃苜蓿，马上号召人们在京城宫苑内种植，种植苜蓿是国家大事，载入《史记·大宛列传》。

俗嗜酒，马嗜苜蓿。汉使取其实来，于是天子始种苜蓿、蒲陶肥饶地。及天马多，外国使来众，则离宫别观旁尽种蒲陶、苜蓿极望。自大宛以西至安息，国虽颇异言，然大同俗，相知言。

众所周知，马不仅是我国古代畜牧的主要畜种和优势畜种，而且也是军事战争的主要工具，苜蓿是马的最佳饲草。因此，饲草是发展畜牧业乃至古代军事的物质基础和保障，优质饲草苜蓿的引入和推广，成为家畜最好的饲草，不仅是我国畜牧业发展史上的重大事件之一，也是军事发展史上的大事之一。它对繁育良马，增强马、牛的体质和免疫力，都发挥了一定的作用。汉使引进苜蓿种子，起初在肥沃的土壤上进行试种，当自中亚与西亚来的外国使节越来越多，以及从大宛过来的马匹亦越来越多时，苜蓿需求量大增，皇帝命令在离宫别观旁边种植苜蓿，一望无际的苜蓿园，着实壮观。这段记载说明汗血马入汉后，吃的不是野生的苜蓿，而是人工栽培的苜蓿。苜蓿种子的传入，同时影响中国农业和畜牧业。在汉代非常重视苜蓿，还设立了专门的官员掌管苜蓿种植，并且种植面积不断扩大，在宁夏、甘肃一带推广。颜师古曰："今北道诸州旧安定、北地（按指两郡毗邻，则今宁夏黄河两岸及迤南至甘肃东北隅）之境，往往有目宿者，皆汉时所种也。"汉唐时期，茂陵一带广种苜蓿，或以纳入农作制中，试行耕耘灌溉等农艺措施，产量、品质不断提高，既肥田益稼又促进了畜牧业的发展。

不仅如此，苜蓿还是很好的农田绿肥作物，在培肥地力和倒茬轮作中发挥着重要作用。同时，我国先民很快发现了苜蓿的美味佳肴性和观赏性，乃至药用性，将其用于蔬食、苑囿和本草中。当初，苜蓿是当马的饲草引进的，到魏晋南北朝苜蓿作用已大为扩展。葛洪《西京杂记·乐游苑》曰："乐游苑自生玫瑰树，树下多苜蓿。苜蓿一名怀风，时人或谓之光风。风在其间，常萧萧然，日照其花有光彩，故名，茂陵人谓之连枝草。"苜蓿成为皇家园林中的观赏植物；陶弘景《名医别录》记载："苜蓿，味苦，平，无毒。主安中，利人，可久食。"发现了苜蓿的本草功能；贾思勰《齐民要术》记载的 30 种蔬菜中就有苜蓿，曰苜蓿"春初既中生噉，为羹甚香"；明朱橚《救荒本草》"苜蓿出陕西，今处处有之……救饥，苗叶嫩时，采取煠食。"苜蓿成为救荒植物；《群芳谱》《农政全书》记载了苜蓿的绿肥作用。

苜蓿不仅产量高，而且还含有大量可消化的蛋白质和多种维生素，营养丰富，适口性好，为家畜生长、发育、繁殖和健康提供物质保障，苜蓿的引入从根本上改变了家畜的饲料结构，并提高了家畜的营养水平。

二、苜蓿引种成功的意义

苜蓿在汉代引种成功，从汉代到魏晋南北朝、隋唐五代、宋元明清和近代乃至现代在我国得到广泛种植，不论在农牧业发展，还是在国防发展乃至民生改善等方面，苜蓿都占有十分重要的地位和发挥着重要作用，不仅具有重大的历史意义，而且也具有深远的现实意义。

（一）异国植物引种成功的典范

众所周知，农业具有明显的地域性特征，是自然再生产与社会再生产的统一。农业科技在异地交流的过程中，存在着风土适应的问题，这在农作物引种方面表现得尤为明显。自张骞"凿空"西域，"丝绸之路"成为沟通中外的桥梁，是农作物引种的重要通道。由于这条通道呈东西走向，大部分地区属于温带气候，根据气候相似性理论，气候因素对域外农作物的引进影响较小。反观宋元以来的南北向引种，受气候差异的影响，整个社会对异地引种中农作物的生态适应性问题进行了激烈的争论，形成了农业历史上著名的风土理论。经过"丝绸之路"被引进的农作物，首先种植在关中地区，试种与风土适应后，逐步推广到华北和其他地区，融入传统社会中，成为推动中华农业文明发展的重要因素之一。

纵观"丝绸之路"的地域范围，可以发现它们主要位于中纬度地区。不过，与中国交往的核心国家，基本上分布在中亚与西亚一带。劳费尔指出："外国植物的输入从公元前第二世纪下半叶开始。两种最早来到汉土的异国植物是伊朗的苜蓿和葡萄树。其后接踵而来的有其他伊朗和亚洲中部的植物。这种输入延续至十四世纪的元朝。"从气候类型上来看，中纬度地区主要指南北纬 30° ～ 60° 的广大区域，气候类型多样，分别是副热带干旱与半干旱气候、副热带季风气候、副热带湿润气候、副热带干燥气候、温带海洋性气候、温带季风气候、温带大陆性湿润气候、温带干旱与半干旱气候。其中，温带干旱与半干旱气候分布面积最广，位于北纬 35° ～ 50° 的亚洲中心地带，包括西亚、中亚与我国内蒙古、甘肃、新疆等地。这些地区冬季严寒、夏季酷热，气温年较差、日较差甚大。而我国华北地区属于温带季风气候，冬季寒冷干燥、夏季温暖湿润，气温年较差比较大。虽然中国华北地区与中亚、西亚等地的气候，受太阳辐射、海陆位置、大气环流和地面性质等因素影响，存在着一些差异，但它们的气候具有相似性。总之，以中亚、西亚为核心区域的"丝绸之路"沿线地区，气候的总体特征是四季分明，最冷月的平均气温在 18℃以下，年总降雨量比低纬度气候带少。

影响农作物生长的主要因素之一是气候因素。在农作物的生长过程中，气候的变化直接影响着农作物的生长与发育。超出了农作物所能忍耐的温度范围，农作物的生长就会受到严重的影响。因此，在作物引种过程中，气候因素至关重要。原产地与引入地气候条件的差异，决定了作物引种成功的可能性。具有相似的气候条件，引种成功可能性较高。完全不同的气候条件，引种成功的可能性较小。这一理论被称为气候相似论，是在 20 世纪初由德国科学家 Mayr 首先提出的。"丝绸之路"沿线地区气候的相似性，为汉代苜蓿的引种成功奠定了基础。长安（西安）位于北纬 33°39′ ～ 34°45′，而大宛在今乌兹别克斯坦费尔干纳盆地，该盆地位于北纬 40° ～ 41°。两地纬度相近，并且是从高纬度地区往低纬度地区引种，往往容易成功。苜蓿是多年牧草，存在冬季安全越冬问题，但高纬度地区的苜蓿耐寒性强，容易适应低纬度地区的冬季严寒，不易冻死。这可能是汉武帝时引种苜蓿在中原成功的关键，也是我们的祖先进行物种风土驯化和气候相似论引种的伟大实践，更是我国历史上有据可考的最早引进的牧草和作物。

苜蓿和葡萄是我国历史上有据可考的最早引进的两种植物。作为域外作物，苜蓿引到陌生环境存在风土适应问题。在原产地大宛的环境下，苜蓿形成了喜干旱少雨、怕潮湿、忌水淹的习性和相应的种收季节。在其向南方地域扩展的过程中必然受制于自然环境。另外，汉代种植苜蓿还面临着技术短缺问题，如对苜蓿的生长习性、栽培管理等属于空白。汉初，我国精耕细作的农业生产技术已基本形成。牛耕和铁农具得到推广，整地、播种、灌溉、施肥、防虫等田间生产技术取得进步，园艺技术也更为精细。苜蓿引种初期，汉武帝首先命令种植于皇家苑囿之中，使中央集权的国家权力直接参与到引种试验之中，皇家园林中有经验丰富的农人或园丁悉心照料，使苜蓿在皇家苑囿中得以存活。苑囿试验具有过渡性质，经过试种，苜蓿在皇家园林中能够茁壮成长，表现出优良特性，终由园丁、仆人、风媒或其他途径有意或无意使苜蓿"飞入寻常百姓家"。过渡性、渐进式的苑囿试验，苜蓿适应了长安附近的自然环境，苜蓿引种获得成功。苜蓿引种成功也反映出我国当时的种植、护养、防寒等一套栽培管理技术已达到了较高的水平。

我国汉代成功引种苜蓿，是植物引种原则"地理相近性""气候与土壤相似性""品种适应性"等理论的应用与实践。世界上公认的引种原则是既要求原产地和新引地区的生态条件相似，但又不要求其严格一致，既要承认气候对引种植物的重要影响，又要考虑自然的综合因素和植物可以改造的一面。瓦维洛夫指出，在选择种或品种时，必须考虑引种植物原产地的气候，并在可能时到和本国气候或多或少相似的地区去选择引种对象。由此可见，在汉代引种苜蓿方面充分体现了当时已掌握"地理相近性""气候与土壤相似性""品种适应性"理论，并获得了异国苜蓿在我国引种的成功，开创了异国引种牧草的先河，并成为典范。

（二）阐明了苜蓿的原产地

在古伊朗，苜蓿是极其重要的农作物，与饲养良种马匹有密切的关系。劳费尔（1919）认为，中国人对重要植物的历史知道得比亚洲其他任何国家的人都多，甚至我大胆地说，比欧洲任何国家的人都知道得多。他指出，大量种植苜蓿的中国人并不认为苜蓿为本国所产。关于苜蓿在公元前百余年如何得自伊朗地区，究竟何时得来，中国人有自己的传说。印度和其他阿拉伯国家没有关于这种植物由来多久的记载，可喜的是中国人关于苜蓿的记载补充了古人记载的不足，使我们对苜蓿的来历有了正确的看法，那就是原始种植苜蓿的中心地区当可定为伊朗无疑。中国人对阐明苜蓿的来历有很大的贡献，使我们对这一问题能有一个新的看法，其实在栽培的植物中只有苜蓿有着这样确实可靠的历史。汉代的中国人除了知道大宛有苜蓿外，在罽宾（克什米尔）也发现了苜蓿的存在。这个发现很重要，因为和苜蓿早期地理上的分布有关，在罽宾、阿富汗、俾路支斯坦（俾路支语 Balochistan，地处西南亚的伊朗高原和南亚的部分区域，因俾路支人而得名），苜蓿或者都是天然产的。

（三）为我国军事和交通提供了物质保障

在古代，马是重要的战争工具和交通工具（图 2-1），由于马吃苜蓿后增强了体质和耐力，所以苜蓿对汉代军事力量的壮大发挥着重要的作用，不仅促进了汉代社会经济的发展，也促进了国防事业的发展和交通通信业的发展，为边疆的保障作出了贡献。"兵以马为本，马以食为命"。两汉时期，因为战争对马匹的需求量很大，特别是汉匈交战需要大量的战马，而汉武帝也从西域获得了诸多良马。此刻，喂养马匹所需的草料就成了一个亟待解决的大问题。汉通西域之后，汉使带回苜蓿种，马喜食苜蓿，而汉朝的马匹数量十分巨大，于是"天子始种苜蓿于离宫别馆旁，极望焉"。这样不仅解决了马匹的草料问题，也保证了汉军后方的安定，为汉军攻打匈奴，经营西域奠定了坚实的基础。苜蓿不仅产量高，而且还含有大量可消化的蛋白质和多种维生素，营养丰富，适口性好，为家畜生长、发育、繁殖和健康提供了物质保障，苜蓿的引入从根本上改变了家畜的饲料结构，并提高了家畜的营养水平。汉代，为了夯实军马饲养基础，政府在西北一带设立了许多规模很大的养马场，这就需要大量的饲草，种植大量的苜蓿是必然的。汉军出征时，每当"秋风起兮白云飞，草木黄落雁南归"时，军中辎重均备有苜蓿干草。所谓骏马、干草、烙饼、肉干者也，无非就是汗血马、苜蓿干草等之谓也。将士守边疆，驻地种苜蓿。至元帝"牛马体壮，受草之益大焉"。

图 2-1 汉代马

以后从三国一直到南北朝末年，4 个世纪之中，黄河流域多处于战乱状态，为了维持大量的军马，各民族、部落的统治者显然也都重视饲草的种植，苜蓿的作用是可想而知的。唐朝初年只拥有 5000 匹马，其中 3000 匹还是从倾覆的隋朝那里继承下来的。到 7 世纪中叶，唐朝政府就宣布已经拥有 70.6 万匹马。随着马匹数量的剧增，对苜蓿等饲草的需求量越来越大。营养丰富的苜蓿是马的最爱。《新唐书·兵志》所载唐贞观至德麟年间，官牧陇右牧场"八坊之田千二百三十顷，募民耕之，已给刍秣"。唐玄宗开元初年，在陇右地区"莳茼麦、苜蓿千九百顷以御冬"。《新唐书·兵志》称颂"秦汉以来，唐马最盛"。唐《司牧安骥集》序中也指出："秦汉以来，唐马最多"。唐马之所以最盛，关键在于解决了冬季饲草问题，这是唐马发展的要中之要，这其中苜蓿功不可没。唐朝马业的强盛代表了国力和战斗力的强盛。

就像鱼儿离不开水，马儿是离不开苜蓿的。某种程度上来说，是苜蓿以草本植物柔弱的力量，支撑起了唐朝的强盛。

　　驿站起源于秦汉时期，形成于魏晋南北朝，是中国古代的军事交通机构，也是国家交通网络的重要组成部分，其主要职能是传递紧急军政公文和信息，并给军事人员和其他公务出行人员提供食宿和交通工具的服务。唐代继承了前代驿站军事化管理的规定，建立了兵部管理驿站的体制，并由此确定了中国古代驿站的管理体制。唐代驿站的服务及设施配给，包括驿长、驿夫、驿舍、驿田、驿马或驿船。其中驿田，按国家规定，数量也较多，据《册府元龟》记载，唐代上等的驿，拥田达 2400 亩，下等驿也有 720 亩的田地。这些驿田，用来种植苜蓿，解决马饲料问题，其他收获，也用作驿站的日常开支。唐代陆驿备有驿马，水驿备驿船。按《唐六典》规定，陆驿上等者每驿配备马 60 匹至 75 匹不等，中等驿配 18 匹至 45 匹，下等驿配 8 匹至 12 匹。根据《新唐书》记载，根据官员级别，分别供应相应数量的马数，"凡驿马，给地四顷，莳以苜蓿。凡三十里有驿，驿有长，举天下四方之所达，为驿千六百三十九；阻险无水草镇戍者，视路要隙置官马。水驿有舟。凡传驿马驴，每岁上其死损、肥瘠之数。"并且供给驿马相应的土地，种植苜蓿。驿内设有驿长，唐初以富户作为驿长，大致唐代以后，由朝廷委派官员。驿内除了马之外，还有驴，每年须汇报数量及马的肥瘠。唐代由于马匹剧增，苜蓿种植区域迅速扩展，几乎遍及整个中国。当时的驿马，多以苜蓿为饲料。由于苜蓿含纤维素较少，质地柔嫩，易消化，含无机盐和维生素种类数量较多，苜蓿既适于作干草，又适于马鲜食。所以苜蓿的引入和大面积种植，对繁育良种马、增强牲畜体质发挥了重要作用。所以唐人认为，只有吃了苜蓿的驿马，才体力充沛，跑得快，跑得远。

　　明鲍防的《杂感》曰："汉家海内承平久，万国戎王皆稽首。天马常衔苜蓿花，胡人岁献葡萄酒。"这四句描述了一个海内承平、国力强大、万国来朝的盛世景象，天下升平日久，边防巩固，外族臣服。天马常以西域引种的苜蓿作为饲料，西北边境的胡人年年献上香醇的葡萄酒。

（四）为畜牧业发展提供了优质饲草

　　众所周知，苜蓿是营养丰富的优良饲草。汉代苜蓿的引入试种和推广，既是我国畜牧业发展史上的重大事件之一，也是我国草业发展史上的重大事件之一，它标志着我国有据可考的栽培草地（或人工种草）或栽培牧草的开始，不仅开创了我国苜蓿种植的新纪元，而且也开创了我国栽培草地建植的新纪元，在我国栽培草地建植中具有里程碑意义。同时，也使我国有了最优良的饲草，不论是对当时的农业还是畜牧业乃至国防事业都有极大的影响，甚至苜蓿对今天的农业、畜牧业也有极大的影响。苜蓿的引入对当时我国养马业的发展起到了重要的促进作用，作为马的重要饲料，对繁育良种马，增强马、牛的体质和战力，都发挥了一定作用。同时，马作为重要役畜，其肌肉发达，需采食高蛋白饲草，苜蓿正好符合此要求，而一般饲草蛋白质含量低，因而苜蓿被引进推广种植的意义重大。在我国汉代乃至唐宋时期，西北是苜蓿大面积种植的地区，有其优良的家畜品种，苜蓿对育成秦川牛、晋南牛、早胜牛、南阳牛、关中驴、早胜驴等古老的著名家畜品种起到了直接的、十分重要的作用。例如，秦川牛的主要产区关中平原，地势平坦、气候温和，土质黏重、肥沃，渭河贯穿其间，灌溉便利，所种饲草产量高、品质好。该地区是汉唐苜蓿种植核心区，自苜蓿在皇家苑囿种植不久就传出宫外，乃至遍及关中，耕牛从小就饲喂苜蓿，使牛的骨骼和肌肉得到充分发育，形成现在的秦川牛。自汉初以来，当地诸相牛人，"择色栗，驱大者供繁育用"，"饲苜蓿，重改良，牛质佳，昔两牛一乘，今一牛一乘矣"。按每匹马一天吃 40kg 苜蓿计算，苜蓿的消耗量同样是惊人的。正是从唐代起，苜蓿才真正从皇宫禁苑走向民间，苜蓿也从单纯的马料变成为牛、羊、猪、家禽所分享。这些动物每天的苜蓿需求量大概是：牛 30kg，羊 7kg，成猪 10kg。唐人还发现了苜蓿的多种饲喂法，如青饲、放牧、干草及混合禾本牧草的青贮。在今天，苜蓿依然在影响着人们的生活。对牲畜而言，苜蓿可以作为草料，主要作为一种优质饲草被栽培。

（五）丰富了我国的农业物产资源

汉武帝时期，因张骞"凿空"西域使西域的物产、文化，如葡萄、苜蓿等，大量传入中国，另更有传说中的汗血马引入。苜蓿的引入极大地丰富了我国的物产，特别是农作物资源，它已成为汉武帝经营西域的象征性作物。苜蓿除作饲草外，更可作为绿肥原料，我国千百年来土壤肥力不衰，与长期进行草田轮作不无关系，苜蓿是从古至今进行草田轮作的首选绿肥植物。苜蓿嫩苗还可作蔬菜，北魏贾思勰《齐民要术》记载的 30 种蔬菜中就有苜蓿，曰苜蓿"春初既中生啖，为羹甚香"；宋罗愿《尔雅翼》记载，苜蓿能结小荚，老则黑色，内有实如穄米，可酿酒，亦可作饭，以防备年成饥荒。

晋葛洪《西京杂记·乐游苑》记载："乐游苑自生玫瑰树，树下多苜蓿。苜蓿一名怀风，时人或亦谓之光风。风在其间，常萧萧然，日照其花有光彩，故名苜蓿为怀风，茂陵人亦谓之连枝草。"由此可见，苜蓿已成为皇家园林中的观赏植物。苜蓿引进的初衷是作为马的饲草，但在栽培过程中我国劳动人民逐渐扩展了苜蓿的功能，将其作为重要的观赏植物和蔬菜进行栽培利用，同时也发现了苜蓿的绿肥功能将其用于肥田和进行轮作，可以看出苜蓿在我国古代农牧业生产体系中占有重要的地位、发挥着重要作用。

（六）丰富了科技文化内涵

张骞通西域，为中外文化交流开辟了一个新纪元。苜蓿的成功引进，已成为象征汉代中西交流取得历史性进步的科技文化符号，成为"丝绸之路"上的一颗耀眼明珠，成为"植之秦中，渐及东土"的代表性植物，标志着西域优良饲草在我国落地生根，从而改变了汉代当时的饲草结构，亦标志着汉代引进西域先进品种与技术的开始。汉使将苜蓿与葡萄引入我国，并获得种植上的成功，劳费尔（1919）认为，这种植物引进不仅是一项"伟大而独特的植物移植，而且也是一种文化与科技的运动。"因为，植物移植过程中要把西域植物学知识、栽培管理学知识、东方学知识、语言学知识和历史学知识融合在一起，是一件不容易的事情，亦是一件了不起的事情。《史记·大宛列传》称：大宛"以蒲陶为酒……俗嗜酒，马嗜苜蓿。汉使取其实来，于是天子始种苜蓿、蒲陶肥饶地。及天马多，外国使来众，则离宫别观旁尽种蒲陶、苜蓿……"从这两个外来物，可以窥见西汉与大宛政治上、文化上、科技上交往的一斑。同时，"苜蓿"也成为汉语中早期的外来科技术语。

苜蓿在汉代、唐宋之后渐渐成为我国为学的重要主题之一。《唐摭言》中讲了一个有关苜蓿的故事：唐朝开元年间，长溪（今福建省霞浦）的薛令之很有才气，官至左庶子，入东宫为太子伴读，但是俸禄很低，生活过得很清苦，经常以苜蓿当菜又当饭。盆子里除了苜蓿还是苜蓿，于是他写了一首《自嘲》诗："朝日上团团，照见先生盘。盘中何所有，苜蓿长阑干。饭涩匙难绾，羹稀箸易宽。只可谋朝夕，何由保岁寒。"对东宫清苦教官生活表示不满。唐玄宗认为是在讽刺他，挥笔题诗其侧云："啄木嘴距长，凤凰毛羽短。若嫌松桂寒，任逐桑榆暖。"薛令之知道得罪了玄宗，便托病辞官返乡。随之就出现了"苜蓿生涯""苜蓿空盘""苜蓿堆盘"等表示官小或教书先生家境贫寒，只能吃苜蓿充饥的成语。吴敬梓《儒林外史》第四十八回，余大先生说道："我们老弟兄要时常屈你来谈谈，料不嫌我苜蓿风味怠慢你。"唐人王维《送刘司直赴安西》诗："绝域阳关道，胡沙与塞尘。三春时有雁，万里少行人。苜蓿随天马，葡萄逐汉臣。当令外国惧，不敢觅和亲。"诗句"苜蓿随天马，葡萄逐汉臣"反映了天马对苜蓿悠远的依从关系，为西汉时期科技文化东西交流的成就，保留了长久的历史记忆。

第三章

苜蓿名实与物种

　　"苜蓿"优美雅致的名称从什么时候开始有的？是怎么得来的？它们都有根据吗？根据是什么？命名有哪些特点和规律？这应该是大多数对苜蓿感兴趣的人的困惑。苜蓿命名反映出先民在生产生活、思维模式、意识形态、审美观念等方面的一些特点，同时也呈现人的思维和情感在苜蓿命名中的融合。

　　我国苜蓿属（Medicago）植物栽培始于汉代已是不争的事实。然而，汉代所栽培的苜蓿是开紫花还是开黄花，在最早记载苜蓿的《史记》《汉书》《四民月令》等史料中并没有明确指出，这已成为我国苜蓿的千古之谜，导致2000多年来对其的研究、考证乃至揣测从未停止过。但到目前为止，有关我国古代苜蓿物种问题，有些已经解决，有些还没有解决或没有解决好。因此，在其认识上还存在分歧。

第一节 苜蓿名实

一、"苜蓿"溯源

《史记·大宛列传》是最早记载苜蓿的史料，曰："宛左右以蒲陶为酒······俗嗜酒，马嗜苜蓿，汉使取其实来，于是天子始种苜蓿、蒲陶肥饶地。"但汉代早期的"苜蓿"一词并非现在这个词。于景让（1952）认为，最初《史记·大宛列传》中的"苜蓿"一词并非是现在这样书写，应该是"目宿"（如东汉《汉书》《四民月令》记载用的"目宿"）或其他同音异字，之所以成为目前的"苜蓿"是在唐之后的传抄过程中改写成这样的，因为，汉代还没有"苜蓿"这样的词，但有"目宿"和"牧宿"等同音异字。在司马迁《史记》［成书于征和二年（公元前91年）］出现不久，即建初七年（82年），班固写成了《汉书》，在《汉书·西域传》中却出现了目宿："汉使采蒲陶、目宿种归。天子以天马多，又外国使来众，益种蒲陶、目宿离宫别馆旁，极望焉。"这可能是汉代"目宿"的真实用词，当时也有同音异字，如东汉崔寔《四民月令》中有"牧宿"。

> 谷衍奎于2008年在《汉字源流字典》指出：《本草》（本义）："苜蓿。一名牧蓿，谓其宿根自生，可饲牧牛马也。"用作"苜蓿"，本义为一种牧草，多年生草本植物。叶子长圆形，花蝶形，紫色，结荚果，故也叫紫花苜蓿。是重要的牧草和绿肥植物，也可食用。原产波斯，汉代传入中国。初期仅作饲料，叫牧蓿。后来经过培植，也可作蔬菜，遂改称苜蓿。

劳费尔认为，中文的"苜蓿"二字，意思是"最好的草"，应该是古波斯语 buksuk 的译音，这个音译保留了古波斯语的发音（Laufer，1919）。就地点而言，《史记》与《汉书》记载的宛国，或是大宛，当时已有相当规模的城市文明与社会结构；公元前130年左右，汉朝大使张骞出使西域时抵达大宛。公元前329年，亚历山大大帝征服费尔干纳（Fergana），推论此地在希腊化的塞琉古帝国（The Seleucid Empire）和希腊-巴克特里亚王国（Greco-Bactrian Kingdom）统治下逐渐兴盛繁荣。公元前160年左右，受大月氏迁徙的影响，逐渐与希腊世界隔离。苜蓿随着中国与大宛之间的交流传入，也见证了西方印欧民族文明大规模与中国文明接触的过程；从此，直到 13 世纪初，东方与西方世界持续交流接触，西方植物、其他伊朗与亚洲中部的其他植物也陆续输入。林梅村（1988）认为，汉代将 Mēdikē 汉译为苜蓿，可能是受中亚犍陀罗语影响，因为在犍陀罗语中 d 或 dh 有时读作 s。亦有学者认为，方豪（1987）所言源于伊朗语 Musu 似更近现实。

大宛以西的地区，虽有不同的方言，但也有相似的语系与文化，彼此之间可以沟通。古代安息帝国融合不同文化与民族，吸收并结合波斯文化、希腊文化与各地方文化的艺术、建筑、宗教信仰和皇室体制。劳费尔（1919）认为张骞那时候的大月氏是印欧民族，讲的是北伊朗语，也推论大宛以西的区域，虽有不同的方言，但基本上是属于古代伊朗语系，所以彼此可以互通；从语言学角度分析，张骞当时可能把苜蓿以大宛的地方用语记下，极可能是已绝迹的地方方言。现在伊朗语里已经找不到与"苜蓿"对应的词，只能构拟古伊朗方言原型是 *buksuk、*buxsux 或 buxsak。张永言（2007）指出，劳费尔的思路基本是对的。但李约瑟于 2015 年在《中国科学技术史　第六卷　生物学及相关技术　第一分册　植物学》指出，他［赫梅莱夫斯基（Chmielewski）］提出了一个比劳费尔的建议略有改进的词，它接近于古老的东伊朗语（一种基本上消失的语言）中的 *muk-suk 或 *buk-suk，因此，斯特拉波（Strabo）的"苜蓿草"（Medic weed；Mēdikē）也就是中国人称的米底亚草（Median grass），不过他们用的是米底亚语的字。

《汉语外来词词典》（刘正埮等，1984）【苜蓿】：源（原始）伊兰或大宛语 buksuk, buxsux, buxsuk。孙景涛（2005）指出，苜蓿来源于 *buksuk、*buxsux［古波斯语或吐火罗语（＝大宛）］。劳费尔（1919）认为，苜蓿可能与古伊兰语的 buksuk 或 buxsux 有关。冯天瑜（2004）亦认为，苜蓿为古大宛语 buksuk 的音译。张平真（2006）指出，"苜蓿"的称谓源于古代引入地域的大宛语，由于当时中亚和西亚两地区交往频繁，各国的语言相通，所以大宛语和波斯语都很相近，"苜蓿"就是古伊斯兰语和大宛语 buksuk 或 buxsux 的音译名称。《汉语大词典》（1992）和《辞海（修订稿）农业分册》（1978）持同样的观点，认为【苜蓿】为古大宛语 buksuk 的音译。许威汉（1992）认为，"目宿"、"苜蓿"、"蓿"、"牧宿"和"木粟"之类原是外来词音译后的不同写法。于景让（1952）认为，"目宿"一词是其原产地伊朗语 Musu 的对音。由于对"苜蓿"词源的理解不同，所持的观点也不同，徐文堪（2007）指出，在词典里解释"苜蓿"条目的词源时，似宜数说并存。

二、苜蓿构词与名称演变

西域外来词的演变，最主要是表现在构词上。因为西域外来词多为音译，一开始在构词上多呈无规范的现象。例如，苜蓿，最初的表现形式多为目宿、牧宿、荍蓿、木粟等，是同音异字（表 3-1）。东汉许慎《说文解字》载有"目宿"，"芸，艸也，似目宿。"汉语的外来词大都经历了由音译到意译的演变过程。通过意译的方式使外来词彻底改变身份，成为本族语词。利用汉字形旁能够提示字义类别的特点，使外来词在字形上融入汉语。例如，把"目宿"写成"苜蓿"，苜蓿虽然采用的还是音译的方式，但是通过添加形旁，对苜蓿所代表的事物进行了分类，这样，苜蓿就在字形上融入了形声字的庞大家族。

表 3-1　苜蓿名称演变

作者	朝代	文献	名称	描述
班固	汉	汉书·西域传	目宿	罽宾地平、温和，有目宿。俗耆酒，马耆目宿……汉使采蒲陶、目宿种归
许慎	汉	说文解字	目宿	芸，艸也，似目宿
崔寔	汉	四民月令	牧宿	正月可种春麦……牧宿。牧宿子及杂蒜，亦可种
郭璞	晋	尔雅注疏	菽蓿	权，黄华。郭璞注：今谓牛芸草为黄华。华黄，叶似菽蓿
杜佑	唐	通典·边防典	苜蓿	罽宾地平、温和，有苜蓿
罗愿	宋	尔雅翼	木粟	（苜蓿）秋后结实黑房累累如稌，古俗人因谓之"木粟"，其米可为饭
李时珍	明	本草纲目	牧宿	时珍曰"苜蓿，郭璞作'牧宿'，谓其宿根自生，可饲牧牛马也"
厉荃	清	事物异名录	苜蓿	怀风、光风、连枝草。《西京杂记》一名怀风，一名光风；茂陵人谓之连枝草 牧宿、木粟、塞毕力迦。《本草纲目》[苜蓿]郭璞作牧宿，谓其宿根自生，可饲牧牛马也；罗愿《尔雅翼》作木粟，言其米可炊饭也；《金光明经》谓之塞毕力迦

　　汉使所携回者初名为目宿，后世加草字头成为苜蓿。1952 年，台湾地区学者于景让指出，在汉武帝时期，和汗血马连带在一起，同时自西域传入中国者，尚有饲草植物 *Medicago sativa* L.，这在《史记》和《汉书》中皆作"目宿"。他进一步指出，《汉书·西域传》云："大宛国……马嗜目宿……汉使采蒲陶、目宿种归。天子以天马多，又外国使来众，益种蒲陶、目宿，离宫别馆旁，极望焉。"唐颜师古在其下注曰："今北道诸州，旧安定北地之境，往往有目宿者，皆汉时所种也。"于景让认为，按目宿一词，本是其原产地伊朗语 Musu 的对音。在汉代，尚不见有现在所写的苜蓿二字。因为是对音，故尚有木粟、牧宿等的同音异字。至在目宿二字上冠以草字头，而正式成为中国式学名，则大约是始于唐代的义净。唐代名僧义净（635 ～ 713 年）留印度二十五年后，归国时年逾六十，在他翻译的佛经中有苜蓿之名。于景让指出，在义净之前，印度僧人阇那崛多（523 ～ 600 年）译《金光明经·大辩天品》中，亦有苜蓿。在唐天竺三藏法师菩提流志译《广大宝楼阁经卷》中，有"所谓安悉、熏陆、悉必利迦者，苜蓿也。"李锦绣（2009）指出，《汉书·西域传》作"目宿"，《通典》改为"苜蓿"，该词沿用至今（表 3-1）。

　　【目宿】《西域传·上·罽宾国》："罽宾地平，温和，有目宿。"

按 《史记》作"苜蓿",见《史记·大宛列传》:"俗嗜酒,马嗜苜蓿。"另,《尔雅翼》:"(苜蓿)秋后结实,黑房累累如稷,故俗人因谓之'木粟'。其米可为饭,亦有可以酿酒者。"还有《本草纲目·菜二·苜蓿》:"苜蓿,郭璞作'牧蓿'。谓其宿根自生,可饲牧牛马也。"上述"苜蓿""目宿""牧蓿"三个词音近,可推知它们采用了音译方式。另外"苜蓿"有草字头,"木粟"有米字底,"目宿"及"牧蓿"谓其宿根自生,都与含义相关。综上可知,"目宿"是音义兼顾的产物。

周振鹤、游汝杰于1986年在《方言与中国文化》中说道:"文化交流中最易为对方接受的主要是物质文化……"汉朝张骞出使西域,带来了大量来自西域及匈奴的动物、植物及其他奇珍异物,相应地,汉朝也输入了一批表示这些动物、植物及奇珍异物名称的外来词。

乌孙国盛产马,大宛国产名马,对于外族的动物,汉人最喜欢的当数马了,随之与"马"有关的一些词也被大量地引进来。在此仅举"龙文""目宿"两例。"龙文"是骏马的名字。而"目宿"是马的饲料,周振鹤先生说"从中亚输入汉土的植物以苜蓿、蒲桃最为有名。""目宿"应该就是因为马而声名大振的吧。

【目宿】《西域传·大宛国》:"大宛……俗嗜酒,马嗜目宿。"

按 原产于大宛国,但张骞将目宿种子带回了汉朝,而且大面积种植。《西域传·大宛国》:"汉使采蒲陶、目宿种归。天子以天马多,又外国使来众,益种蒲陶、目宿离宫别馆旁,极望焉。"颜师古注:"今北道诸州,旧安定北地之境,往往有目宿者,皆汉时所种也。"将一种动物饲料种植在皇宫旁边,种植在皇帝的身边,种满"北道诸州",它是何等风光!难怪《西京杂记》中"目宿"还有"怀风""光风"等别名。

【莜】《释草》:"权,黄华。"郭注:"今谓牛芸草为黄华。华黄,叶似莜蓿。"

按 《释文》:"莜,音牧,本亦作目。"《说文·艸部》:"芸,艸也,似目宿。"

其字盖本作目宿,后加"艹"旁作苜蓿。苜字又作莜、蓸,《集韵》入声《屋韵》:"苜、莜、蓸,苜蓿,'艹'名。或从牧、从冒。"

《汉字源流字典》(2008)是由语文出版社出版的一部兼具古汉语字典和现代汉语字典功能的通用字典。在其中对苜蓿的构造、本义和演变进行了介绍。

苜

苜(mu)(蓿)

【字形】《说文》无。今篆蠤。

【构造】形声字。楷书苜,从艹,目声。注意:与"首"不同。

【本义】《本草》:"苜蓿。一名牧蓿,谓其宿根自生,可饲牧牛马也。"用作"苜蓿",本义为一种牧草,多年生草本植物。叶子长圆形,花蝶形,紫色,结荚果,故也叫紫花苜蓿。是重要的牧草和绿肥植物，也可食用。原产波斯，汉代传入中国。期初仅作饲料，叫牧蓿。后来经过培植，也可作蔬菜，逐改称苜蓿。我国北方栽培甚广。

【演变】用作"苜蓿"，旧也作"目宿"，是西汉时由中亚来的译音词，本义为一种牧草，（大宛）俗嗜酒，马嗜苜蓿。苜蓿随天马，蒲萄逐汉臣。

【字组】如今可单用，一般不作偏旁。现今归入艹（艹）部。

三、苜蓿的异音异字和别名

在古代，苜蓿除有同音异字外，还存在许多异音异字的别名（表3-2）。苜蓿最早的异音异字和别名出现在晋葛洪《西京杂记》中，他将苜蓿称为"光风"、"怀风"和"连枝草"。在唐义净《金光明经》（又称《金光明最胜王经》）中出现了苜蓿香（塞毕力迦）。宋法云《翻译名义集》明确指出，塞毕力迦，此云苜蓿。《汉书》云：罽宾国多苜蓿。明李时珍复引了《金光明经》苜蓿为塞毕力迦，《梵语杂名》曰："苜蓿，萨止萨多"。此外，苜蓿还有鹤顶草、灰粟和光风草等异音异字和别名（表3-2）。

表3-2　苜蓿别名与出处

作者	朝代	出处	异名	描述
葛洪	晋	西京杂记	怀风、光风	苑自生玫瑰树，树下多苜蓿。苜蓿一名怀风，时人谓之光风。
			连枝草	风在其间，常萧萧然，日照其花有光彩，故名，茂陵人谓之连枝草。
义净	唐	金光明经	塞毕力迦	苜蓿香（塞毕力迦）
法云	宋	翻译名义集	塞毕力迦	塞毕力迦，此云苜蓿。《汉书》云：罽宾国多苜蓿
罗愿	宋	尔雅翼	鹤顶草	今苜蓿甚似中国灰藋，但藋苗叶作灰色，而苜蓿苗端正，今人谓之鹤顶草
施宿	宋	嘉泰会稽志	灰粟	灰粟，树叶皆如灰藋，苗头如丹，米如苋子，或云灰粟，即苜蓿
李时珍	清	本草纲目	光风草	木粟，光风草

齐如山（2007）在《华北的农村》中除考述了古代苜蓿名称外，还重点对华北地区人们对苜蓿的读音和文字进行了考释。他指出"《史记·大宛列传》云，马嗜苜蓿，汉使取其实来，于是天子始种苜蓿肥饶地。《西京杂记》云，苜蓿一名怀风，时人谓之光风。《述异记》云，张骞苜蓿，今在洛中。"他认为，像这样的记载，各种书籍中都有很多，如唐宋诗中尤乐言之。总之苜蓿一物，乃汉朝由西域传来，是人人公认，是毫无问题的了。他又指出《本草》云，苜蓿一名牧蓿，谓其宿根自生，可饲牛马也。《汉书》作目宿。《博雅》作苜蓿。"齐如山在考查古人对苜蓿名释的基础上，又考释了华北方言中的苜蓿。他还指出，苜蓿在华北常常被写成"木须"。由于苜蓿由西域传来，名词乃是译音，可以说写哪两个字都行，大概原来之音近于木须二字，

宿字古音有两种读法，一读肃，一读须，所以苜蓿二字，读书人读"蓿"为肃字音，乡间则都说"须"字音，其实桂花之木樨二字，与此意义也是一样，只不过译其声，无所谓义，《本草》所云宿根牧马一语，尤为重文生训，不过我国昔时学者多犯此弊，把古来之双声叠韵的形容词，都按其意进行组合，如狼戾、滑稽、糊涂、涝倒等皆是。

另外，顾毓章（2003）指出，"在民国时期，江苏盐垦区将用于绿肥的南苜蓿（金花菜，亦称黄花草子）、黄花苜蓿、苜蓿等通称为草头。"孙家山（1984）指出，"黄花菜，当即黄花苜蓿亦今日通称的金花菜或草头。"根据《民国静海县志》记载，"苜蓿：……南省菜圃亦有，唯其花紫，名曰草头。"

第二节　苜　蓿　物　种

通过考查典籍发现，古代对苜蓿花色的记载大致有 3 种，从汉代最早记载苜蓿的《史记》开始，到魏晋南北朝的典籍都没有明示苜蓿的花色，直至唐韩鄂《四时纂要》，明确指出苜蓿开紫花，在之后的典籍中才有苜蓿为紫花的记载。苜蓿花为黄色的记载最早出现在宋代诗人梅尧臣的诗句中，"苜蓿来西域，蒲萄亦既随。胡人初未惜，汉使始能持。宛马当求日，离宫旧种时。黄花今自发，撩乱牧牛陂。"明代李时珍在《本草纲目》中记述了苜蓿花为黄色，在之后也有不少典籍记载苜蓿花为黄色。

一、不明花色的苜蓿

（一）古代未指明苜蓿花色的记载

许多典籍在记载苜蓿时虽然没有明示其花色，但也提供了一些有价值的苜蓿性状（表 3-3）。一是苜蓿来源于西域（大宛、罽宾）；二是苜蓿入汉后始种于长安的离宫别馆附近，面积一望无际，乐游苑玫瑰树下有苜蓿，在陕西长安有苜蓿园，北人甚重此，江南人不甚食之，洛阳亦有种；三是牛芸草叶似苜蓿；四是苜蓿可分期播种（正月，或七八月）；五是有宿根，刈讫又生，一年三刈，种者一劳永逸；六是苜蓿丛生状；七是苜蓿多用饲牛马，嫩时人可食。这些信息无疑为我们考证苜蓿物种提供了依据。

更为重要的是，《尔雅》是我国最早的一部解释名物、词语的著作，其成书时间久远，词义深奥难明，东晋时著名学者郭璞为其作注，曰"权，黄华。今谓牛芸草为黄华。华黄，叶似苜蓿。"罗桂环（2005）在《中国科学技术史·生物学卷》中指出，"权（牛芸草，可能是黄花苜蓿）"。这充分说明郭璞对苜蓿的植物学特征掌握得很准确，认识到"权"虽然是黄花，但它的叶与苜蓿（紫苜蓿）很相似。

表 3-3　未指明苜蓿花色的相关典籍记载

作者	年代	书名	记载内容
司马迁	汉	史记	俗嗜酒，马嗜苜蓿，汉使取其实来，于是天子始种苜蓿、蒲陶肥饶地，及天马多，外国使来众，则离宫别观旁，尽种蒲陶、苜蓿
班固	汉	汉书	马嗜目宿……多善马……汉使采蒲陶、目宿种归。天子以天马多，又外国使来众，益种葡萄目宿离宫馆旁极望焉
崔寔	东汉	四民月令	（正月）牧宿子及杂蒜，亦可种；此二物皆不如秋。（七月）可种芜菁及芥、牧宿……
葛洪	晋	西京杂记	乐游苑自生玫瑰树，树下多苜蓿。苜蓿一名怀风，时人或谓之光风。风在其间，常萧萧然，日照其花有光彩，故名，茂陵人谓之连枝草
郭璞	晋	尔雅注疏	权，黄华。今谓牛芸草为黄华。华黄，叶似苜蓿
陶弘景	南朝·梁	本草经集	苜蓿，味苦，平，无毒。主安中，利人，可久食。长安中乃有苜蓿园，北人甚重此，江南人不甚食，以无气味故也
陶弘景	南朝·梁	名医别录	苜蓿，味苦，平，无毒。主安中，利人，可久食
贾思勰	北魏	齐民要术	……（苜蓿）一年三刈，留子者，一刈则止。春初既中生噉，为羹甚香；长宜饲马，马尤嗜此物。长生，种者一劳永逸
杨衒之	北魏	洛阳伽蓝记	禅虚寺，在大夏门外御道西……中朝时，宣武场在大夏门东北，今为光风园，苜蓿生焉
班固撰，颜师古注	汉，唐	汉书注·西域传	今北道诸州旧安定、北地之境，往往有目宿者，皆汉时所种也
孟诜	唐	食疗本草	苜蓿：此处人采根作土黄耆也
陈景沂	宋	全芳备祖	苜蓿：杂录，北人甚重，江南人不甚食，以其无味也
罗愿	宋	尔雅翼	苜蓿，本西域所产，自汉武时始于中国
寇宗奭	宋	本草衍义	苜蓿，唐李白诗云：天马常衔苜蓿花，是此
刘文泰	明	本草品汇精要	苜蓿无毒，丛生
赵廷瑞等	明	陕西通志	陶隐居云，长安中有苜蓿园，北人甚重之，寇宗奭曰，陕西甚多，用饲牛马，嫩时人兼食之（本草纲目）。李白云天马常衔苜蓿花是此，味甘淡，不可多食，用宿根，刘讫复生（马志）。民间多种以饲牛（咸阳县志）
云升	清	救荒易书	云以为苜蓿菜若正月种，月月可食，直到大水大雪方止，次年二月，宿根复生，又月月可食如前，丰年能肥牛马，欠年能以养人，亦救荒之奇菜也

陈直（1979）考证指出："《史记·大宛列传》中记载的苜蓿即为紫苜蓿"，张平真（2006）认为："《史记·大宛列传》和《汉书·西域传》中记载的汉使带回来的苜蓿为紫苜蓿，最初只在首都长安皇宫附近的肥沃地带试种，以后随着使节的交往，以及汗血马等西域名马的引进，导致对苜蓿需求量的增多，所以在长安城南的'乐游苑'等离宫附近增设了许多种植苜蓿的园地，此后，陕西、甘肃等地逐渐普及栽培。"缪启愉（1981）考证认为，东汉《四民月令》中的目宿、北魏《齐民要术》中的苜蓿均为紫苜蓿，西北农业科学研究所（1958）、王利华（2009）亦认为《齐民要术》

中的苜蓿为紫苜蓿。夏纬瑛（1981）指出："郭璞《注》云，今谓牛芸草为黄华，华黄，叶似莜蓿。'莜蓿'即苜蓿……这个牛芸，叶似苜蓿，开黄花，正是今日草木樨。"这说明苜蓿和草木樨的叶相似，在这里夏先生没说苜蓿开黄花。邱东于 1991 年指出，古籍记载张骞所引苜蓿应该是紫苜蓿（M. sativa）。

孙醒东（1953）指出："[苜蓿]（《史记·大宛传》）一名,始自张骞,其输入之[苜蓿]，即 M. sativa 在中国栽培史上是很为固定的，已为人们所公认，是苜蓿属（Medicago）中的典型植物。"另据胡先驌和孙醒东（1955）研究结果看，我国紫花苜蓿原产地是在古代的米甸（Media）或波斯，在中国的东北、华北和西北，尤其是在运城专区栽培很盛。从汉代苜蓿的产地和生态生物学特性来看，郭璞《尔雅注》中的莜蓿、吴其濬《植物名实图考》中的苜蓿均为紫花苜蓿（M. sativa），故古代苜蓿应该指的是紫苜蓿。李衍文（2003）认为："郭璞《尔雅注》中的莜蓿、郭愿《尔雅异》木粟、《西京杂记》中的怀风、光风、连枝草等均指紫花苜蓿。"Bretschneider（1935）亦认为，汉武帝时张骞所带回来的苜蓿应该是 M. sativa，与欧洲的 Lucerne（紫花苜蓿）相同。星川清亲（1981）也持同样的观点。

在新疆出土的秦汉魏晋文献，对紫苜蓿作为饲料有明确的记载，这说明古代确有紫苜蓿存在。黑水城出土《圣立义海》，有一首西夏诗歌《月月乐诗》记载："四月里，苜蓿开始像一幅幅紫色的绸缎波浪般摇曳，青草戴着黑发帽子，山顶上的草分不清是为山羊还是为绵羊准备的。"这表明，西夏时期的苜蓿为紫苜蓿（董立顺和侯甬坚，2013）。

（二）近现代学者对我国古代不明花色苜蓿的考证

古代苜蓿专指紫（花）苜蓿的观点，目前被许多学者所认可，并广泛采用（表 3-4）。

表 3-4　近现代学者对我国古代不明花色苜蓿的考证与征引

作者	文献	研究内容
黄以仁	苜蓿考	……据此，知苜蓿原产地为西域之大宛和罽宾……原其为何种苜蓿，开何色之花，黄乎紫乎绿乎青乎？抑半黄乎半紫乎？上述诸书皆未状及……据松田氏之考说，吴氏所谓苜蓿（紫苜蓿）有 M. sativa 之学名……千年之前张骞采来之种
中国科学院西北植物研究所	秦岭植物志	苜蓿《名医别录》，紫花苜蓿、紫苜蓿，蓿草
内蒙古植物志编辑委员会	内蒙古植物志	紫花苜蓿，别名紫苜蓿、苜蓿，M. sativa。为栽培的优良牧草。原产于亚洲南部的高原地区，两千四百年前已开始引种栽培。我国栽培紫花苜蓿的历史也达两千年以上，目前主要分布在黄河中下游及西北地区
商务印书馆	辞源正续编（合订本）	大别为三种。一曰紫苜蓿，茎高尺余，叶为羽状复叶，似豌豆而小。开紫花，荚宛转弯曲。一曰黄苜蓿，茎不直立，叶尖瘦，花黄三瓣。荚状如镰，二者皆产于北方。《史记·大宛列传》："马嗜苜蓿，汉使取其实来，于是天子始种苜蓿。"据《群芳谱》谓，即紫苜蓿，南方无之，黄苜蓿同类而异种

作者	文献	研究内容
陈直	史记新证·大宛列传	于是天子始种苜蓿、蒲桃肥饶地。直按：苜蓿现关中地区，尚普遍栽种、兴平茂陵一带尤多，紫花，叶如豌豆苗
缪启愉	四民月令辑释·正月	牧宿即苜蓿……其所指是紫花苜蓿（M. sativa），不是南苜蓿（M. hispida）
缪启愉	齐民要术校释·种苜蓿第二十九	苜蓿：古大宛语 buksuk 的音译。有紫花和黄花二种。此指紫花苜蓿（M. sativa）……《要术》所指即此种，即张骞出使西域所引进者，古代所称苜蓿专指紫苜蓿
中国科学院西北农业科学研究所	西北紫花苜蓿的调查与研究	紫花苜蓿是一种古老的牧草，在西北地区已有 2000 多年的栽培历史了。《齐民要术》记载："《汉书·西域传》曰：罽宾有苜蓿，大宛马；武帝时得其马，汉使采苜蓿归"从历史资料记载判断：西北的苜蓿在公元前 129 年汉使张骞出使西域（即中亚细亚一带）时带回中国，种植于陕西长安，此后逐渐栽培于西北各地以及黄河下游地带
梅维恒	汉语大词典·苜蓿	原产西域各国，汉武帝时，张骞使西域，始从大宛传入。又称怀风草、光风草、连枝草。花有黄紫两色，最初传入者为紫色。《史记·大宛列传》："（大宛）俗嗜酒，马嗜苜蓿，汉使取其实来，于是天子始种苜蓿、葡萄肥饶地。及天马多，外国使来众，则离宫别观旁，尽种葡萄苜蓿"
刘正埮	汉语外来词词典·苜蓿	一种牧草和绿肥作物，叶长圆形，复叶互生，开紫花，结荚果，也叫紫苜蓿、紫花苜蓿。《史记·大宛列传》："（大宛）俗嗜酒，马嗜苜蓿，汉使取其实来，于是天子始种苜蓿、蒲陶肥饶地。"〔源〕（原始）伊兰或大宛 buksuk, buxsux, buxsuk
徐复	古汉语大词典·苜蓿	汉武帝时（公元前 126 年）张骞出使西域，从大宛带回紫苜蓿种子。古代苜蓿专指紫苜蓿而言。《史记·大宛列传》："（大宛）俗嗜酒，马嗜苜蓿，汉使取其实来，于是天子始种苜蓿、蒲陶（即葡萄）肥饶地。及天马多，外国使来众，则离宫别观旁，尽种葡萄、苜蓿"
罗竹风	汉语大词典	古大宛语 buksuk 音译。植物名。豆科。一年生或多年生。原产西域各国，汉武帝时，张骞使西域，始从大宛传入。又称怀风、光风草、连枝草。花有黄紫两色，最初传入者为紫色
辞海编辑委员会	辞海（修订稿）·农业分册	汉武帝时（公元前 126 年）张骞出使西域，从大宛国带回紫苜蓿种子。古代所称苜蓿专指紫苜蓿而言
冯德培谈家桢	简明生物学词典	古大宛语 buksuk 的音译。植物名，一年生或多年生草本。汉武帝时（公元前 126 年）张骞出使西域，从大宛国带回紫苜蓿种子。古代所称苜蓿专指紫苜蓿而言
张平真	中国蔬菜名称考释	《史记·大宛列传》《汉书·西域传》中记载的苜蓿为紫苜蓿，主要种植在陕西、甘肃等北方地区，而陶弘景《名医别录》记载的"外国复有'苜蓿草'，以疗目（者）"
王利华	中国农业通史·魏晋南北朝卷·蔬菜和油料作物生产状况	《齐民要术》记载的有栽培方法的北方蔬菜即达 30 余种，其中包括苜蓿（紫苜蓿）
李衍文	中草药异名词典	紫花苜蓿（M. sativa）异名为：荍蓿、木粟、怀风、光风、连枝草
Bretschneider	中国植物学文献评论	汉武帝时张骞所带回来的苜蓿应该是 M. sativa，与欧洲的 Lucerne（紫花苜蓿）相同
星川清亲	栽培植物的起源与传播	紫苜蓿（M. sativa），在汉武帝时，由张骞穿过天山带回中国
林梅村	秦汉魏晋出土文献·沙海古卷	214 底牍正面：务必提供该马从莎阗到精绝之饲料。由莎阗提供面粉十瓦查厘（古代偶用的计量单位），帕利陀伽饲料十瓦查厘和紫苜蓿两份……272 皮革文书正面：饲料紫苜蓿亦在城内征收……

作者	文献	研究内容
张永禄	汉代长安词典·中外交往	苜蓿，古大宛语 buksuk 的音译。西汉时传入关中的一种多年生豆科植物。用作牧草，亦可用作绿肥或蔬菜。……古代所称苜蓿专指紫苜蓿。……汉武帝时张骞出使西域，从大宛国带回紫苜蓿种子
邹介正	三农纪校释	苜蓿是古大宛语 buksuk 的音译。现在我国栽培的紫花苜蓿（M. sativa）是汉武帝时由张骞出使西域，从大宛国带回种子在陕西沙苑国际牧场上种植，现在已分散到全国，仍以陕甘两省栽培较多
翟允禔	农言著实评注	据《史记·大宛列传》："（大宛）俗嗜酒，马嗜苜蓿，汉使取其实来，于是天子始种苜蓿、蒲桃（即葡萄）肥饶地。"指汉武帝派遣张骞出使西域时，由大宛（在中亚细亚）带回中国，先在陕西长安种植，以后渐至黄河流域。可知，关中开始种苜蓿，当在公元前 2 世纪 60 年代，距今已有两千一百四十余年的历史。当时已知紫花苜蓿（M. sativa）是大家畜，特别是马的良好饲料
于景让	汗血马与苜蓿	在汉武帝时，和汗血马联带在一起，一同自西域传入中国者，尚有饲料植物 M. sativa，这在《史记》和《前汉书》中皆作"目宿"
谢成侠	二千多年来大宛马（阿哈马）和苜蓿转入中国及其利用考	苜蓿一般是指紫花的一种，但南北各地也有黄花的，古人也有不少这样的记载，但黄花苜蓿可能是野生种
谢成侠	中国养马史·西域良马及苜蓿的输入	明初朱橚《救荒本草》道："苜蓿出陕西，今处处有之。苗长尺余，细茎。分蘖而生。叶似豌豆，颇小，每三叶攒生一处，梢间开紫花，结弯角，角中有子，黍米大，状如腰子。……汉以来，到《群芳谱》所指的产地，正是今日盛产苜蓿的产地，可见历史的确实性"
陈布圣	牧草栽培	苜蓿原产地，为中亚细亚高原地带，我国栽培紫花苜蓿的历史很久，公元前 129 年张骞通西域与大宛马同时把紫花苜蓿种子带回来
江苏省农业科学院土壤肥料研究所	苜蓿	紫花苜蓿（简称苜蓿），是一种最古老的植物，也是第一个栽培的牧草，……据记载，我国的苜蓿最早是从大宛国，即现在的中亚细亚引进，公元前 120 年左右汉武帝时，张骞出使西域至大宛国输入大宛马的同时带回苜蓿等种子
耿华珠	中国苜蓿	紫花苜蓿（M. sativa）简称苜蓿，……我国是在公元前 138 年和公元前 119 年，汉武帝两次派遣张骞出使西域，第二次出使西域时，从乌孙带回有名的大宛马及苜蓿种子

二、苜蓿花色

（一）古代对苜蓿花色的认识

苜蓿自汉代传入我国是无疑的。但从上述内容可知，古代对苜蓿花色的记述还存在差异，既有记载开紫色的，也有记载开黄色的。开紫花的苜蓿最早被唐韩鄂《四时纂要》所记载，但未引起后人的重视。宋代诗人梅尧臣是最早描述苜蓿开黄花之人，他在《咏苜蓿》诗中曰："苜蓿来西域，蒲萄亦既随。胡人初未惜，汉使始能持。宛马当求日，离宫旧种时。黄花今自发，撩乱牧牛陂。"到了明代，我国苜蓿植物学研究进入新的阶段，朱橚《救荒本草》和王象晋《群芳谱》指出苜蓿梢间开紫花。黄以仁（1911）认为，言苜蓿为紫花者，始于《救荒本草》），而李时珍《本草纲目》

则认为：入夏及秋，苜蓿开细黄花。之后，不论是开紫花的还是开黄花的苜蓿，都得到了广泛的征引。

（二）对不同花色苜蓿种的确认

吴其濬在《植物名实图考长编》（刊行于 1848 年）和《植物名实图考》中曰："《释草小记》：艺根审实，叙述无遗，斥李说之误，褒群芳之核，可谓的矣。但李说黄花者，亦自是南方一种野苜蓿，未必即水木樨耳。"吴其濬在《植物名实图考》中记述了 3 种苜蓿的特征特性（并附有图），即苜蓿、野苜蓿（一）和野苜蓿（二）（图 3-1）。

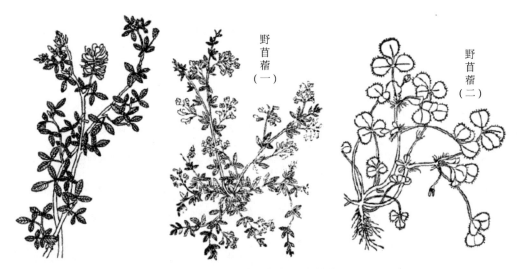

野苜蓿（一）

野苜蓿（二）

图 3-1　《植物名实图考》中苜蓿图

1907 年，日本著名植物学家松田定久研究指出，吴其濬《植物名实图考》中提到的 3 种不同的苜蓿种，分别为：

（1）苜蓿为紫花苜蓿（*Medicago sativa*），西北种之畦中，宿根肥雪（多年生），绿叶早春与麦齐浪，被陇如云怀风之名，信非虚矣。夏时紫萼颖竖，映日争辉。

（2）野苜蓿（一）为黄花苜蓿（*M. falcata*），黄花三瓣，干则紫黑，唯拖秧铺地，不能直立。

（3）野苜蓿（二）为南苜蓿（*M. denticulata*），生江南广圃中，长蔓拖地，一枝三叶，叶圆有缺，茎际有小黄花，无摘食者，李时珍谓苜蓿黄花，常即此，非西北之苜蓿也（时珍又说荚果有刺，很明显指的是此野生品种）。

中国科学院中国植物志编辑委员会（1998）《中国植物志·第 42 卷（2）册》采用了吴其濬的研究结果，并指出《植物名实图考》中的苜蓿即为紫苜蓿（*M.*

sativa）。这充分说明吴其濬对苜蓿研究的科学性和精准性。《中国植物志》对紫苜蓿、南苜蓿，即野苜蓿（二）的特征特性进行描述（表3-5）。

表3-5 《中国植物志》中苜蓿特征描述

特征	紫苜蓿 Medicago sativa	野苜蓿 M. falcata	南苜蓿 M. polymorpha
常见名	紫苜蓿（重要牧草栽培）；苜蓿（植物名实图考）	—	南苜蓿（重要牧草栽培）；金花菜（江苏、浙江）
生态环境	栽培或呈半野生状态。生于田边、路旁、旷野、草原、河岸及沟谷等地	生于砂质偏旱耕地、山坡、草原及河岸杂草丛中	—
生长习性	多年生草本	多年生草本	一二年生草本
根	根粗壮，深入土层，根颈发达	主根粗壮、木质，须根发达	
茎	茎直立、丛生以至平卧，四棱形，无毛或微被柔毛，枝叶茂盛	茎平卧或上升，圆柱形，多分枝	茎平卧、上升或直立
叶	羽状三出复叶；小叶长卵形、倒长卵形至线状卵形	羽状三出复叶；小叶倒卵形至线状倒披针形	羽状三出复叶；小叶倒卵形或三角状倒卵形，几等大
花	紫色	花冠黄色	花冠黄色
果实及种子	荚果螺旋状，熟时棕色；有种子10～20粒。种子卵形	荚果镰形，种子2～4粒，卵状椭圆形	荚果盘形，暗绿褐色；近边缘处环结，每圈具棘刺或瘤突；种子长肾形

"—"表示没有记述。

缪启愉（1981）指出，从紫花可知《四时纂要》所说是紫花苜蓿（*M. sativa*）。孙醒东（1953）明确指出，在古代所称的苜蓿专指紫花苜蓿。

三、近代对苜蓿物种的考证

受李时珍《本草纲目》的影响，1918年孔庆莱等《植物学大辞典》将南苜蓿称为苜蓿："苜蓿（*M. dentilata*）：名见《名医别录》，又有木粟、光风草等名，葛洪《西京杂记》云：乐游苑多苜蓿，风在其间，常萧萧然，日照其花有光彩，故名'怀风'，又名光风。茂陵人谓之连枝草。李时珍曰：苜蓿郭璞作牧宿，谓其宿根自生，可饲牧牛马也。处处田野有之，陕陇人亦有种者，刈苗作蔬，一年可三刈，二月生苗，一科数十茎，茎颇似灰藋，一至三叶，叶似决明叶而小如指顶，绿色碧艳，入夏及秋，开细黄花，结小荚，圆扁，旋转有刺，数荚果累累，老则黑色，内有米如穄米，可为饭，亦可酿酒。有罗愿《尔雅翼》作木粟，亦言其米可炊饭也。"另外，从《植物学大辞典》苜蓿（*M. hispida*）的别名可看出，古代的苜蓿即为南苜蓿（*M. hispida / denticulata*）。1935年，陈存仁《中国药学大辞典》："苜蓿，古籍别名：木粟、光风草（纲目），怀风、连枝草、牧宿（郭璞），草头、金花菜。外国名词：*M. denticulata*。系豆科苜蓿属，为菜类越年生草本。平卧地上，长2尺（计量单位，1

尺 ≈ 0.33 米）余，叶作羽状复叶……花小黄色，蝶形花冠，果实为荚果，呈螺状，有刺，颇尖锐，中有黑子如穄米，可作饭和酿酒，其茎叶可作菜茹与供药用。"1937 年，贾祖璋等《中国植物图鉴》指出："苜蓿（*M. denticulata*）即《名医别录》中的苜蓿，俗称金花菜。"植物大辞典编委在《植物大辞典》中指出，苜蓿（*M. hispida*），别名：木粟、光风草、怀风、连枝草、牧宿、草头、金花菜，这说明《植物大辞典》认可《西京杂记·乐游苑》中的苜蓿为南苜蓿的观点。与《植物大辞典》持同样观点的还有《中文大辞典》。林尹等 1973 年指出："苜蓿（*M. denticulata*），二年生草本，平卧地上。叶为羽状复叶，自三小叶而成。花轴自叶腋出，生三花至五花，花小色黄，蝶形花冠。荚果呈螺旋状，有刺。俗称金花菜。"林尹同时复引了《史记·大宛列传》《本草纲目》《西京杂记》等对苜蓿的记述。

杨勇于 2002 年考证《汉书·西域传》《西京杂记》《齐民要术》中的苜蓿内容，结合《洛阳伽蓝记》中的苜蓿内容，认为："古代苜蓿应该是花小色黄，蝶形花冠，荚果，呈螺旋状，有刺，俗称金花菜或草头，即南苜蓿。"上海市农业科学研究所 1959 年的研究认为，古代苜蓿即为 *M. hispida*（南苜蓿）。杭悦宇于 1990 年指出："《植物名实图考》中的 2 种野生苜蓿，'叶圆有缺，茎际间开小黄花'者为南苜蓿；而'叶尖瘦'是黄花苜蓿（*M. falcata*）"。

【延伸阅读】

1. 紫苜蓿（图 3-2，图版 83：5～9）*Medicago sativa* L.

多年生草本，高 30～100cm。根粗壮，深入土层，根颈发达。茎直立、丛生以至平卧，四棱形，无毛或微被柔毛，枝叶茂盛。羽状三出复叶；托叶大，卵状披针形，先端锐尖，基部全缘或具 1～2 齿裂，脉纹清晰；叶柄比小叶短；小叶长卵形、倒长卵形至线状卵形，等大，或顶生小叶稍大，长（5～）10～25（～40）mm，宽 3～10mm，纸质，先端钝圆，具由中脉伸出的长齿尖，基部狭窄，楔形，边缘 1/3 以上具锯齿，上面无毛，深绿色，下面被贴伏柔毛，侧脉 8～10 对，与中脉成锐角，在近叶边处略有分叉；顶生小叶柄比侧生小叶柄略长。花序总状或头状，长 1～2.5cm，具花 5～30 朵；总花梗挺直，比叶长；苞片线状锥形，比花梗长或等长；花长 6～12mm；花梗短，长约 2mm；萼钟形，长 3～5mm，萼齿线状锥形，比萼筒长，被贴伏柔毛；花冠各色：淡黄色、深蓝色至暗紫色，花瓣均具长瓣柄，旗瓣长圆形，先端微凹，明显较翼瓣和龙骨瓣长，翼瓣较龙骨瓣稍长；子房线形，具柔毛，花柱短阔，上端细尖，柱头点状，胚珠多数。荚果螺旋状紧卷 2～4（～6）圈，中央无孔或近无孔，径 5～9mm，被柔毛或渐脱落，脉纹细，不清晰，熟时棕色；

有种子 10 ～ 20 粒。种子卵形，长 1 ～ 2.5mm，平滑，黄色或棕色。花期 5 ～ 7 月，果期 6 ～ 8 月。

全国各地都有栽培或呈半野生状态。生于田边、路旁、旷野、草原、河岸及沟谷等地。欧亚大陆和世界各国广泛种植为饲料与牧草。

本种性状因栽培类型与生境不同，差别较大。

2. 野苜蓿（原变种，重要的栽培牧草，图 3-2，图版 83：1 ～ 2）*Medicago falcata* var. *falcata* L.

多年生草本，高（20 ～）40 ～ 100（～ 120）cm。主根粗壮，木质，须根发达。茎平卧或上升，圆柱形，多分枝。羽状三出复叶；托叶披针形至线状披针形，先端长渐尖，基部戟形，全缘或稍具锯齿，脉纹明显；叶柄细，比小叶短；小叶倒卵形至线状倒披针形，长（5 ～）8 ～ 15（～ 20）mm，宽（1 ～）2 ～ 5（～ 10）mm，先端近圆形，具刺尖，基部楔形，边缘上部 1/4 具锐锯齿，上面无毛，下面被贴伏毛，侧脉 12 ～ 15 对，与中脉成锐角平行达叶边，不分叉；顶生小叶稍大。花序短总状，长 1 ～ 2（～ 4）cm，具花 6 ～ 20（～ 25）朵，稠密，花期几不伸长；总花梗腋生，挺直，与叶等长或稍长；苞片针刺状，长约 1mm；花长 6 ～ 9（～ 11）mm；花梗长 2 ～ 3mm，被毛；萼钟形，被贴伏毛，萼齿线状锥形，比萼筒长；花冠黄色，旗瓣长倒卵形，翼瓣和龙骨瓣等长，均比旗瓣短；子房线形，被柔毛，花柱短，略弯，胚珠 2 ～ 5 粒。荚果镰形，长（8 ～）10 ～ 15mm，宽 2.5 ～ 3.5（～ 4）mm，脉纹细，斜向，被贴伏毛；有种子 2 ～ 4 粒。种子卵状椭圆形，长 2mm，宽 1.5mm，黄褐色，胚根处凸起。花期 6 ～ 8 月，果期 7 ～ 9 月。

产于东北、华北、西北各地。生于砂质偏旱耕地、山坡、草原及河岸杂草丛中。欧洲盛产，俄罗斯、哈萨克斯坦、乌兹别克斯坦、土库曼斯坦、吉尔吉斯斯坦、塔吉克斯坦、蒙古国、伊朗等亚洲地区分布也很广泛，世界各国都有引种栽培。

本变种适应能力强，耐寒抗旱，耐盐碱，抗病虫害，是营养价值很高的野生牧草。但荚果熟时自然开裂，种子收获量低，故在大田栽植尚有一些技术问题，目前主要是用来和紫苜蓿杂交培育优良的地区性新品系。

3. 草原苜蓿（变种，图 3-2，图版 83：3 ～ 4）*Medicago falcata* var. *romanica* (Brandza) Hayek

本变种茎直立，密被黄色绒毛。小叶线形，先端急尖或截形，叶缘仅具 2 ～ 3 锯齿，叶上面被稀疏贴伏毛，下面被密毛，侧脉 5 ～ 7 对。荚果挺直。与原变种不同。

产于新疆。生于偏旱的山坡、草原。欧洲东部至中亚、西伯利亚西部均有分布。

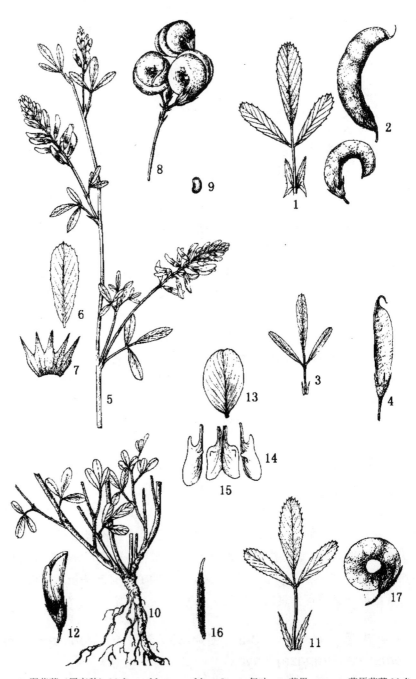

图版83 1～2. 野苜蓿（原变种）*Medicago falcata* var. *falcata* L.：1. 复叶；2. 荚果。3～4. 草原苜蓿 *Medicago falcata* var. *romanica* (Brandza) Hayek：3. 复叶；4. 荚果。5～9. 紫苜蓿 *Medicago sativa* L.：5. 花枝；6. 小叶片（示毛）；7. 花萼（展开背面观）；8. 荚果；9. 种子。10～17. 杂交苜蓿 *Medicago varia* Martyn：10. 植株基部；11. 复叶；12. 花；13. 旗瓣；14. 翼瓣；15. 龙骨瓣；16. 雌蕊（纵部面示胚珠）；17. 荚果。（何冬泉绘）

图3-2 《中国植物志》中记载的苜蓿（野苜蓿等）

4. 南苜蓿［重要栽培牧草，俗名黄花草子、金花菜（江苏、浙江），图3-3，图版80：6～9］*Medicago polymorpha* L.

一二年生草本，高20～90cm。茎平卧、上升或直立，近四棱形，基部分枝，

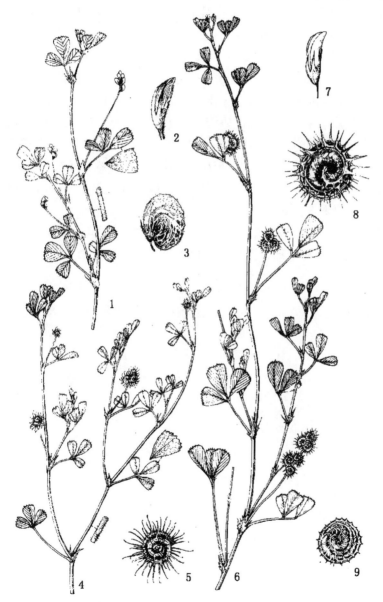

图版80　1～3. 天蓝苜蓿 *Medicago lupulina* L.：1. 花枝；2. 花；3. 荚果。4～5. 小苜蓿 *Medicago minima* (L.) Grufb：4. 果枝；5. 荚果。6～9. 南苜蓿 *Medicago polymorpha* L.：6. 果枝；7. 花；8～9. 不同类型的荚果。(何冬泉绘)

图3-3　《中国植物志》中记载的苜蓿（南苜蓿等）

无毛或微被毛。羽状三出复叶；托叶大，卵状长圆形，长 4～7mm，先端渐尖，基部耳状，边缘具不整齐条裂，成丝状细条或深齿状缺刻，脉纹明显；叶柄柔软，细长，长 1～5cm，上面具浅沟；小叶倒卵形或三角状倒卵形，几等大，长 7～20mm，宽 5～15mm，纸质，先端钝，近截平或凹缺，具细尖，基部阔楔形，边缘在 1/3 以上具浅锯齿，上面无毛，下面被疏柔毛，无斑纹。花序头状伞形，具花（1～）2～10 朵；总花梗腋生，纤细无毛，长 3～15mm，通常比叶短，花序轴先端不呈芒状尖；苞片甚小，尾尖；花长 3～4mm；花梗不到 1mm；萼钟形，长约 2mm，萼齿披针形，与萼筒近等长，无毛或稀被毛；花冠黄色，旗瓣倒卵形，先端凹缺，基部阔楔形，比翼瓣和龙骨瓣长，翼瓣长圆形，基部具耳和稍阔的瓣柄，齿突甚发达，龙骨瓣比翼瓣稍短，基部具小耳，成钩状；子房长圆形，镰状上弯，微被毛。荚果盘形，暗绿褐色，顺时针方向紧旋 1.5～2.5（～6）圈，直径（不包括刺长）4～6（～10）mm，螺面平坦无毛，有多条辐射状脉纹，近边缘处环结，每圈具棘刺或瘤突 15 枚；种子每圈 1～2 粒。种子长肾形，长约 2.5mm，宽 1.25mm，棕褐色，平滑。花期 3～5 月，果期 5～6 月。

产于长江流域以南各省（自治区），以及陕西、甘肃、贵州、云南。常栽培或呈半野生状态。欧洲南部、西南亚，以及整个旧大陆均有分布，并引种到美洲、大洋洲。

▷▷▷《中国植物志·第 42 卷（2）豆科》

第四章

苜蓿发展与分布

汉武帝时，汉使从西域大宛将苜蓿引入中土种植，此为苜蓿在我国栽培之起源。苜蓿入汉后经历了"植之秦中，渐及东土"的过程，在我国传播和发展。在陕西长安（今西安）附近，黄河下游一带皆有栽培。至今黄河沿岸之山东、河北、山西、河南、甘肃等省的苜蓿，皆由此逐渐扩展。唐颜师古《汉书注·西域传》云："今北道诸州旧安定、北地（两郡毗连，即今宁夏黄河两岸及迤南至甘肃东北隅等地）之境，注注有目宿者，皆汉时所种也。"并曾传播至东北各省乃至新疆。此种苜蓿属土耳其的紫苜蓿。此外，台湾学者王启柱（1975）认为，内蒙古厚和市（今呼和浩特市）及其附近地区的土耳其的紫苜蓿，则可能由商旅从中亚细亚传入。而台湾地区则是在日本人占据时期输入。

第一节　苜蓿的传播与扩展

一、苜蓿的传播

汉武帝时，汉使从西域大宛将苜蓿种子带回长安，汉武帝命人将其种在离宫别观旁，从此我国开始了苜蓿种植。这段历史被司马迁在《史记·大宛列传》中记下："马嗜苜蓿，汉使取其实来，于是天子始种苜蓿、蒲陶肥饶地。及天马多，外国使来众，则离宫别观旁尽种蒲陶、苜蓿极望。"《汉书·西域传》也有类似记载："汉使采蒲陶、目宿种归。天子以天马多，又外国使来众，益种蒲陶、目宿离宫馆旁，极望焉。"由此可见，天子将汉使带回来的苜蓿首先种在宫、馆之旁，皇家苑囿内广泛种植苜蓿，据班固《西都赋》记载："离宫别馆，三十六所。"六朝人撰《三辅黄图》云"御宿苑在长安城南御宿川中，汉武帝为离宫别馆，禁御人不得入。往来游观，止宿其中。"颜师古注云："御宿苑在长安城南，今之御宿川是也。"起初汉朝皇帝种植苜蓿的目的，一是作为御马饲草，二是观赏。而在后来，当西域的外国使节越来越多，以及从大宛过来的马匹亦越来越多，在离宫别苑旁边全部种植了葡萄和苜蓿，其种植面积达到了一望无际，汉武帝在宫外好几千亩地里种了苜蓿（蒋梦麟，1997）。

由于关中地区与西域皆位于北半球中纬度地带，气候条件有相似的地方，甚至在水分条件等方面还具有优势，因而西域大宛国来的苜蓿能很快适应关中地区的气候、环境条件，并能正常生长发育。在离宫别苑试种成功后，不久就蔓延到了民间，首先在关中地区推广，继而传播到西北牧区，甚至全国各地广泛传播开来，是谓苜蓿"植之秦中，渐及东土"。据颜师古《汉书注·西域传》说："今北道诸州旧安定、北地之境，往往有目宿者，皆汉时所种也。"到了东汉年间，苜蓿的种植已经扩展到了黄河中下游地区，在崔寔的《四民月令》中已经有"可种……苜蓿"的记载，可见种植苜蓿的农事活动已经相当普及。汉朝时，"苜蓿的种植发展很快，已扩大到陇东、陕北一带，成为马的主要饲料"。

北魏孝文帝迁都洛阳后，重建洛阳城，并建了名为光风园的皇家菜园。北魏杨衒之《洛阳伽蓝记》载："中朝时，宣武场在大夏门东北，今为光风园，苜蓿生焉。"古籍中常将西晋建都洛阳的时代称为"中朝"；宣武场则为魏晋时期的习武场所。由此可知，到了北魏，中原地区的苜蓿种植量似乎更有扩大，至6世纪上半叶（《洛阳伽蓝记》成书于这一时期），将前朝的演武场也改成了苜蓿园（光风草，即是苜蓿的异名），便是一例。北魏乃是鲜卑人所建，该族为游牧人，基于马的饲养和需要，当较诸前朝更甚，故扩大苜蓿的种植规模，也应在情理中。《齐民要术》是北魏时期的一部主要记载黄河中下游地区农业生产的综合性农书，作者贾思勰在其中详细记载了苜蓿的栽培方法和利用价值，说明最晚在北魏时期，苜蓿种植已推广到了黄河中下游流域。晋葛洪《西京杂记》卷一云："乐游苑（在今西安城东南郊）自生玫瑰树，树下多苜蓿。苜蓿一名怀风，时人或谓之光风，风在其间，常萧萧然。日照其花有光彩，故名，茂陵人谓之连枝草。"唐颜师古在《汉书注·西域传》曰："今（指唐时）北道诸州旧安定、北地之境，往往有目宿者，皆汉时所种也。"汉代的安定、北地等郡，地处今甘肃、宁夏，兼及陕西。

到了唐代，苜蓿的栽培区域更为广泛，当时的官马、驿马都有规定数量的苜蓿地或苜蓿园作为饲料基地，从政策上保证了苜蓿在中国的传播繁殖。《新唐书·百官志》指出："凡驿马，给地四顷，莳以苜蓿。"颜师古认为的北道诸州种植苜蓿是沿袭了汉时的传统，从现在的分析来看，在很大程度上也是出于推测，但是其推测也是合理的。安定、北地位于西北地区，其辖区内有多个西汉所置的呼池苑、号非苑、河奇苑等牧师苑。"因苜蓿是苑中所养胡马的饲料，其种植地区必然离本郡牧师苑不远，或牧师苑中专门辟地种植苜蓿也极有可能"，是为唐代苜蓿种植情况一瞥。

宋寇宗奭《本草衍义》（成书于 1116 年）曰："陕西甚多，饲牛马，嫩时人兼食之。"这说明在宋代，陕西盛产苜蓿，并用于饲牛马，嫩时也可以供人食用，但不宜多吃。

元朝统治者谓蒙古人，且武功甚盛，故马匹需求量之大也达到空前规模，牧场的广大，令人咋舌。《元史·马政》云："元起朔方，俗善骑射，因以弓马之利取天下，古或未之有。盖其沙漠万里，牧养蕃息，太仆之马，殆不可以数计，亦一代之盛哉。"《元史·马政》又云，"世祖中统四年，设群牧所，隶太府监。寻升尚牧监，又升太仆院，改卫尉院。院废，立太仆寺，属之宣徽院。后隶中书省，典掌御位下、大斡耳朵马。其牧地，东越耽罗，北逾火里秃麻，西至甘肃，南暨云南等地，凡一十四处，自上都、大都以至玉你伯牙、折连怯呆儿，周回万里，无非牧地。"既然有如此多的战马和广阔的牧地，苜蓿又是马的最好饲草，种植苜蓿的规模可想而知。

到明朝时，苜蓿在华北地区已得到普遍种植，明朱橚《救荒本草》也记载："张骞自大宛带种归，今处处有……三晋为盛，秦、齐、鲁次之，燕、赵又次之，江南人不识之。"这说明苜蓿的种植区域主要在黄河流域。明徐光启《农政全书》云："苜蓿出陕西，今处处有之。"淮河流域地区也有了一定范围的栽种，据记载，洪武年间"官吏军民犯罪听赎者，大抵罚役之令居多，如发凤阳屯种、滁州种苜蓿、代农民力役、运米输边赎罪之类"。不过，此时苜蓿大概还没有扩种至江南地区，所以才有"江南人不识也"的记载。

清朝时，苜蓿继续得到推广。大凌河位于辽宁省西部，据赵尔巽《清史稿》记载："大凌河，爽垲高明。被春皋，细草敷荣。擢纤柯，苜蓿秋来盛"，说明此时东北地区也有栽种苜蓿。近代以来，苜蓿的栽培在全国更加普遍，分布更为广泛，"西起新疆，北至黑龙江，南到长江中下游地区，从零海拔地区到青藏高原都有分布"。

我国古代大致以长城、秦岭—淮河、长江、岭南为界，从北向南依次形成不同的地域类型。也正因为我国幅员辽阔，地域差别大，从地理环境上就决定了外来植物的多样性，几乎每一种外来植物都可以找到相似的地理环境，进行引种和繁育。苜蓿的引种路线大致就是后来的"丝绸之路"，由西向东引入，"植之秦中，渐及东土"，"丝绸之路"沿途皆属于北半球中纬度地带，彼此间的作物引种有着较好的风土适应性。苜蓿为豆科植物，所以直接利用种子进行引种。这是一种最简便、最有利于保持其原有性状的办法。

【延伸阅读】

颜师古《汉书注·西域传》曰："今北道诸州旧安定、北地之境，往往有目宿者，皆汉时所种也。"

北地 《史记·平准书》曰：武帝"北出萧关，从数万骑猎新秦中，以勒边兵而归。新秦中或千里无亭徼，于是诛北地太守以下，而令民得畜牧边县。"

北地郡，秦昭襄王三十六年（公元前271年）灭义渠后所置，为秦初36郡之一，郡治义渠县（在今甘肃庆阳市西南）。西汉时北地郡治马岭县（在今甘肃庆阳市环县东南的马岭镇）。东汉时郡治富平县（在今宁夏吴忠市西南），后由于羌族作乱，永初五年（111年）之后，北地郡徙池阳县（在今陕西省泾阳县和三原县附近）。东汉永建四年（129年），北地郡迁回原地（富平县）。永和六年（141年）春，征西将军马贤为羌人击败身亡，东汉惊恐，将北地郡迁至冯翊郡（郡治高陵，今陕西高陵县西南）。汉灵帝中平十五年（185年），北地富平县在过了46年"寄理"的日子后，终于打算从冯翊移回原址。但仅迁徙到彭阳县界就走不动了，这时已是东汉末年，黄巾起义，各地群雄并起，边塞也不安宁，只好再向西南回迁，最后落户在陕西怀德，这就是今天的陕西富平县。

安定 安定郡，东汉安定郡属凉州，改治临泾县，领6县，原领临泾、彭阳、泾阳、祖厉、乌支（乌氏更名）5县，另置阴盘、朝那2县。东汉永初五年（111年）由于羌族攻入安定郡内，郡治徙美阳（今陕西扶风县法门镇）。三国魏安定郡属雍州，治临泾县（今镇原县南），领临泾、彭阳、泾阳、泾阴、阴密、乌支、朝那7县。西晋安定郡仍属雍州，治安定县（今泾川县北），领安定、临泾、乌氏（乌支复名）、阴密（今灵台县西南）、鹑觚、朝那、都卢7县。十六国时期，安定郡先后属前赵

（304～329年）、后赵（319～350年）、前秦（350～394年）的雍州；后秦（384～417年）、西秦（385～431年）的秦州；大夏（407～431年）的凉州。北朝时期，安定郡先后属北魏（386～534年）、西魏（535～557年）、北周的泾州。

隋开皇三年（583年）废入泾州。隋大业五年（609年），废泾州置安定郡。隋安定郡直属朝廷，治安定县（今泾川县北），领安定、良原（今灵台县西北）、鹑觚（今灵台县东北）、朝那（今灵台县西北）、阴盘（今平凉市东南）、华亭、临泾（今镇原县西）7县。唐武德元年（618年）废。

北道 我国古代中原地区连接西域的主要道路之一。据《汉书·西域传》记载，自玉门关和阳关以西，大体经今新疆中部天山山脉和塔里木河之间的通道西行，在疏勒以西越过葱岭，通往今中亚各地。据《隋书·裴矩传》记载，自敦煌取道伊吾，大体经今新疆天山山脉以北和伊犁河流域的通道西行，通往今中亚和西亚。

新秦中 自秦朝统一以后至西汉时期，随着西北边郡移民屯垦事业的发展，农耕经济曾经大幅向西北推进，农耕区域一直扩展到了阴山脚下，自秦长城以南处处阡陌相连、村落相望，其中"河南地"（指关中盆地往北的黄河以南地区）的新兴农业尤为繁荣，堪与关中地区相媲美，在当时被称为"新秦中"。

秦时，蒙恬北逐匈奴，在匈奴退出去的地方设置九原郡，有44个县城，同时将内地人口迁移到河套九原郡屯垦。西汉时，为了抵抗匈奴的侵扰，西汉政府曾多次"募民迁徙塞下，屯田筑城"这便是自秦朝后的又一次大移民。汉武帝一面出兵打击匈奴，一面徙民实边，巩固边防。公元前120年，关东大水，汉朝命令迁移关东贫民70余万充实陇西、北地、西河、上郡等地。此后，汉朝还命令在"上郡、朔方、西河开田官，斥塞卒六十万人戍田之"（《汉书·食货志》）。汉朝还曾经7次向西北边郡移民实边。大量的移民和戍卒，在荒凉的原野上开辟耕地，种植谷物。同时亭燧等防御设施也得到加强，邮亭驿署相望于道。移民实边的结果，使陕北、宁夏和内蒙古鄂尔多斯高原一带的农业经济得到空前发展，以致使这里被称为"新秦中"，也就是说这里的富庶程度不亚于关中平原。这种有计划的移民一直延续到明末清初。

史念海（1988）先生曾作《新秦中考》对"河南地"和"新秦中"进行了探究，得出了"新秦中"和"河南地"可以作为同义语，但也稍有出入，基本上把"新秦中"的地域确定在"阴山之下的黄河以南，南至朝那、肤施之间的秦昭襄王所修筑的长城，东西两侧都到达了黄河"。辛德勇先生则认为"河南地"是指秦昭襄王长城向外推延，直至黄河岸边这一广阔区域。也有学者把"河南地"直接解释为现今的河套地区。晚清的全祖望与王国维在研究九原郡时认为，秦始皇取"河南地"后设置的34县都属于九原郡，即他们理解的"河南地"当指河套平原地区；近代吴晓红《汉代"河南地"移民开发及安边政策考略》同样认为"河南地"指河套平原。

二、苜蓿传播与扩展的动因

苜蓿作为一种域外引进植物，"植之秦中，渐及东土"，能够在全国各地传播开来，并且历经 2000 余年而繁衍不息，既有其固有的自然生态因素，也有一些深刻的社会经济原因。

（一）军事对苜蓿的需求

马在古代作为战略物资，在国家的军事、经济、文化领域占据重要地位，"出师之要，全资马力"，关乎戎事边防等国家大政，对外可以御侮，对内可以靖寇。汉武帝时，苜蓿因汗血马而入中土。汗血马又因军需而入汉。武帝在战争期间，作为战时物力保障的一个重要方面，大力促进马政事业的繁荣发展，他在轮台（今新疆轮台县）诏中说"当今务在禁苛暴，止擅赋，力本农，修马复令，以补缺，毋乏武备而已"。在发展马政事业上，大力提倡养马。在天水、陇西、北地、上郡这些拥有发展畜牧业良好条件的草原，政府设置了许多大马苑，分养了大批的军马。政府设有专门负责养马的机构和职官，如太仆掌马舆，其属官有大厩、未央、家马三令、军府、路、骑马、骏马四令丞等。武帝鼓励私人养马，规定"除千夫、五大夫为吏，不欲者出马。令民得畜牧边县，官假母马，三岁而归，及息十一"；又着令"令封君以下至三百石吏，以差出牝马天下亭。亭有牸马，岁课息"。为发展养马，汉武帝在打通西域以后，从那里引进了苜蓿，在全国广为种植。《史记•大宛列传》记载："宛左右以蒲陶为酒，富人藏酒至万余石，久者数十岁不败。俗嗜酒，马嗜苜蓿。汉使取其实来，于是天子始种苜蓿、蒲陶肥饶地。及天马多，外国使来众，则离宫别馆旁尽种蒲陶、苜蓿极望。"有了充足的军马之后，汉武帝以骑兵取代了车兵，成为汉代军队的主要兵种。

军马喂养繁重异常，当时的马匹饲料种类齐全，既有刍藁、茭等草质类的粗料，也有麦、粟、菽等粮食类的精料。另据《汉书•西域传》，武帝后随着西域良马的引入，苜蓿类饲草也开始在中原栽种。军马饲草料往往混合配置，且有严格的定量标准。西北敦煌悬泉汉简记载，"令曰：未央厩、骑马、大厩马，日食粟斗一升，叔（菽）一升。置传马粟斗一升，叔（菽）一升"。

骑射引进以后，马成了非常重要的一种工具，所以有"苜蓿随天马，葡萄逐汉臣"之句。汉武帝在宫外好几千亩地里种了苜蓿。天马是指西域来的马，阿拉伯古称天方，从那边来的马称天马，只有用苜蓿来饲养，所以在引进马的同时，还要引进苜蓿。这时战车不用了，原来徒步的兵卒，现在已成了马上的骑士，从此军队的活动范围变得既广且远，运输也迅速了，因此战术发生了很大的变化。虽然胡服骑射是外面来的，但进来以后，就慢慢地变成了我们自己的东西了。到汉武帝时，中国已经繁殖了不少的马，战术也变得高明了，所以能把匈奴逐出去。但马的强壮，离不开苜蓿的饲用。

唐朝的尚书省工部屯田司是管理全国屯田事务的最高领导机构。军屯上的耕作主要是各地军、州的士卒完成，收获也一般存于各地军、州，充作军粮。军、州长官要按照所营屯田面积和不同农作物的品种，结合所属士卒合理分配功役。其计算役力的标准是："凡营稻一顷，料单功九百四十八日；小豆，一百九十六日……苜蓿，二百二十八日。"唐《监牧颂》总结了陇右监牧的"八政"举措。计有："停西南两使六顿人夫蒐谷，计八十万工围石，以息人约费，其政一也"，这是说要节省人役耗费，养民之力；"纳长户隐田税三万五千石，以俭私肥公，其政二也"，是说严查田税隐匿行为，增加政府财政收入；"减太仆长支乳酪马钱九千三百贯，以窒隙止散，其政三也"，是要节约开支以富国；"供军筋膏胶十万七千斤（1斤=500g，下同），以收绢缲工，其政四也"，是说足以供给军备所需；"苔莴麦、苜蓿一千九百顷，以菱蓄御冬，其政五也"，是说辟地种植苜蓿等植物，增加养马的草料储备。

《元史·陈思谦》曰，"军站消乏，签补则无殷实之户，接济则无羡余之财，倘有征行，必括民间之马，苟能修马政，亦其一助也。方今西越流沙，北际沙漠，东及辽海，地气高寒，水甘草美，无非牧养之地，宜设群牧使司，统领十监，专治马政，并畜牛羊，数年之后，马实蕃盛，或给军以收兵威，或给站以优民力，牛羊之富，又足以给国用，非小补也。"如此多的牛马羊，是需要大量的优质饲草的，苜蓿就是最好的饲草。

（二）畜牧对苜蓿的需求

苜蓿不但草质柔嫩，适口性好，而且富含蛋白质和多种维生素，具有很高的营养价值，因此极适合作马、牛等牲畜的饲草。苜蓿入汉后，因草质优良，民竞相种，面积之广，数量之多，西至天水，东至河南。"秋打草，夏刈青"，有关中草之称，呈现"牛马兴旺，禾谷丰登"的景象。苜蓿产于大宛，是大宛马的良好饲料。西域许多国家都盛产马匹，如大宛"多善马，马汗血，其先天马子也"，天山以北有乌孙"国多马，富人至四五千匹"，塔里木盆地周围有鄯善"有驴马，多橐它"，葱岭以西有粟弋"出名马"，蒲类"出好马"，昆仑山北麓乌秅国则"出小步马"。这些马中尤以大宛汗血马最佳，在此之前，汉得乌孙马并命名其为"天马"，而知道大宛马之后，便将乌孙马改称"西极"，而称大宛马为"天马"。武帝想要将大宛马引进内地，先是派遣使团用珍贵的"金马"与大宛国交换马种，却遭到拒绝，之后武帝任命李广利为贰师将军，攻下大宛城，用武力得获"善马数十匹，中马以下牡牝三千余匹"，并且和大宛约定每年向汉王朝"献天马二匹",终于将大宛马引入内地。武帝数征大宛,终于得到大宛良马,即"天马",为了解决其饲料问题,汉亦将苜蓿在中国广泛种植。武帝至元帝约50年,关中地区牛质显著改进,后因战争西移,马随军去远,而牛则更盛矣。当地诸相牛人,"择色栗,驱大者供繁育用","饲苜蓿,重改良,牛质佳,昔两牛一乘,今一牛一乘矣"。当时牛肉细嫩具纹,烙饼牛羹,膏脂润香。苜蓿不仅产量高,而且含有大量可消化的蛋白质和多种维生素,营养丰富,适口性好,为家畜生长、发育、繁殖和健康提供物质保障。苜蓿的引入从根本上改变了家畜的饲料结构,并提高了家畜的营养水平。

清朝近300年,关中得天独厚,渭河南北,村落栉比,多种苜蓿喂牛,以耕种田园。当时,秦川牛无疑已作为耕畜使用。据各地县志记载,清代夏秋刈青苜蓿,拌适量麦麸,或谷草和麦秸,冬季苜蓿干草辅以豆喂牛,牛壮健,"千斤牛日食干苜蓿20斤(1斤=500g,余同)左右,鲜草倍之,并补精料3～5斤"。

(三)培肥地力对苜蓿的需求

汉唐时期,茂陵一带广种苜蓿,或以纳入农作制中,试行耕耘灌溉等农艺措施,产量品质不断提高,既促进了畜牧业的发展又肥田益稼。

土壤的作用使苜蓿成为优良的前茬作物,苜蓿也可与作物倒茬轮作,从而进一步拓展了其生存空间。苜蓿的根系上寄生有根瘤,能固定空气中的氮,从而提高土壤中的含氮量,供植物生长。据研究,"每公顷苜蓿一年可以固氮100～300kg,种植苜蓿2～3年后土壤中含氮量增加20%～30%,土壤团粒结构明显改善,后茬作物大幅度增产"。对于苜蓿的这一功用,古人早有认识且进行了利用。《救荒简易书》载:"祥符县老农曰:'苜蓿菜性耐盐,宜种盐地,并且性能吃盐,久种苜蓿,能使盐地不盐'"。道光十三年(1833年)河南《扶沟县志》记载:"扶沟碱地最多,惟种苜蓿之法最好。苜蓿能暖地,不怕碱,其苗可食,又可放牲畜,三四年后改种五谷,同于膏壤矣。"《广群芳谱》中有将苜蓿与荞麦混种的记载:"若垦后次年种谷,必倍收,为数年积叶坏烂,垦地复深,故今三晋人刈草三年,即垦作田,亟欲肥地种谷也"。在今天的甘肃、陕西、山西等省的农业生产中,依然可见苜蓿与小麦、玉米、油菜、棉花等轮作和套种,极大地增加了作物的产量,所以北方流行一则农谚:"一年苜蓿三年田,再种三年劲不完"。

(四)食蔬对苜蓿的需求

苜蓿的食用价值和救荒功能是其能够大范围传播的重要因素。苜蓿除了作饲草外，还可供人们作菜来食用，尤其在粮食缺乏的时候可以用来备荒减灾，得到政府的提倡和普通家庭的喜爱。对于苜蓿的可食用性，在其传入之初人们即有认识。在《四民月令》中有苜蓿被作为蔬菜来栽培的记载；《齐民要术》也记载："春初既中生啖，为羹甚香"；南朝任昉认为：苜蓿本胡中也。在之后的各个朝代中，苜蓿的可食用价值始终没有被忽略，时常出现在百姓家的餐桌上，甚至成了生活清贫的象征，这在一些诗文中得到反映。唐薛令之在《自悼》中写道："盘中何所有？苜蓿长阑干。"宋陆游《书怀》之四："苜蓿堆盘莫笑贫，家园瓜剥渐轮囷。"《农桑辑要》载："凡苜蓿春食作干菜，至益人"。明李时珍在《本草纲目》中将苜蓿列入菜部，并做了记载；清郭云升在《救荒简易书》中载："苜蓿菜若正月种，月月可食，直到大水大雪方止。次年二月，宿根复生，又月可食如前"，"田地背阴，四时可种苜蓿菜"。因为苜蓿具有适应性强、产量高等特点，所以又被人们作为救荒作物来种植。元朝时，政府下令"各社布种苜蓿，以防饥年"。郭云升亦认为苜蓿"歉年能以养人，亦救荒之奇菜也"。

（五）历代政府对苜蓿的重视

历代政府的重视和提倡，在苜蓿的大规模传播过程中发挥了关键作用。一方面，在古代，马是重要的农用动力，又是主要的交通工具，且战马的质量又直接关系到国家的军事作战力，因此古代历朝政府都很重视苜蓿这一重要饲草的种植和推广。正如前文所说，汉朝武帝时，苜蓿在离宫别苑和牧师苑广泛种植；到晋朝时，作为皇家园林之一的乐游苑依然大量种植。据葛洪记载："乐游苑自生玫瑰树，树下多苜蓿"。显然，此处的苜蓿除了用作牧草外，还充当了苑中的观赏植物。唐朝时，凡国家驿马"给地四顷，莳以苜蓿"；唐玄宗时，官员王毛仲"初监马二十四万，后乃至四十三万，牛羊皆数倍"，保证数量如此庞大的牲畜群体的生存绝非易事，所以"莳苘麦、苜蓿千九百顷以御冬"。明朝时期，有专门种植苜蓿的官田"城壕苜蓿地"；嘉靖年间，军队在九门之外种植大量苜蓿，主要用于喂养皇家御马。据记载："九门苜蓿地上，计一百一十顷有余。旧例：分拨东、西、南、北四门，每门把总一员，官军一百名，给领御马监银一十七两，赁牛佣耕，按月采集苜蓿，以供刍牧。至是，户部右侍郎王轼等查议，以为地多遗利，军多旷役，请于每门止留地十顷，令军三十名仍旧采办，以供内厩喂养"。九门苜蓿地有相当大的面积，为了合理利用土地资源，王轼等官员才提出将余地租给农民的策略，《明史》中亦曾载王轼"核九门苜蓿地，以余地归之民"。清朝时，依然存在这种情况。例如，道光年间，壁昌在西北地区做官时，于黑色热巴特地区建立军台，"开渠水，种苜蓿"。另外，为了保证饲草的正常、充足供应，国家还会专门设置官员掌管苜蓿的种植和管理。隋朝时，司农寺下属官吏钩盾"又别领大圃、上林、游猎、柴草、池薮、苜蓿等六部丞",这里的苜蓿丞应是专门负责苜蓿种植的官员。到了元朝,由于其统治者出身于游牧民族,所以更加重视栽培苜蓿。至元二十四年设置了上林署,"掌宫苑栽植花卉,供进蔬果,种苜蓿以饲驼马,备煤炭以给营缮"。另外还有苜蓿园,"提领三员。掌种苜蓿,以饲马驼膳羊"。

第二节 西北苜蓿发展与种植分布

一、西北畜牧及军需马之概况

(一)西北畜牧之概况

自古以来,立国者都重视整饬军备,所谓"国之大事在祀与戎",其意义就在于此。整饬军备必然要注意马匹的来源与饲养。晋平公曾经自诩说:"晋有三不殆,其何敌之有?"其中之一就是马多。到了西汉,就有"凉州之畜为天下饶"的说法。所谓凉州之畜,主要是指武威以西诸郡所产者。凉州以外也盛产马匹,所以当时又说,天水、陇西、北地、上郡的畜牧为天下饶。汉时为了牧马,曾设牧师诸苑36所,分置西北边,牧马30万头。饲养如此多的马需要足够的饲草,特别是更加需要苜蓿,所以这些地方也有苜蓿种植。汉军能够战胜匈奴,马多就是一个重要因素。

隋时也注重养马,而牧马地区就在陇右。当时置有陇右牧,以统诸牧,又有骓骊牧、二十四军马牧、苑川十二牧。苑川牧在今甘肃榆中县,其他不详。唐代重视养马,马在战争中能发挥巨大的作用。唐代前期在和周边各族的战争中累次取得胜利,其原因当然是很多的,但马匹的肥壮、众多实为其中的一个重要因素。唐代到高宗麟德年间(664~665年)唐马已发展到70万余匹。牧马地区最初在陇西(即渭州,治所在今甘肃陇西县)、金城(即兰州,治所在今甘肃兰州市)、平凉(即原州,治所在今宁夏固原县)、天水(即秦州,治所在今甘肃秦安西北)4郡。除平凉郡外,陇西、金城、天水皆隶属于陇右道。此外,河曲(在今青海省东南黄河弯曲处)亦是唐代前期的养马地区。同时,牧马的地方转向东扩展,达到岐(治所在今陕西凤翔县)、邠(治所在今陕西彬县)、泾(治所在今甘肃泾川县)、宁(治所在今甘肃宁县)四州。其时有郗昂者,撰《岐邠泾宁四州八马坊颂碑》,对这几处牧马之地进行过记述。

唐代固原地区社会经济发展最鲜明之特点当是畜牧业的发展,有学者称之为唐代之"马政"。唐代之马政十分发达,而马政之区域亦十分广袤。据《宋书·兵志》

记载，"唐之牧地，西起陇右金城、平凉、天水，外暨河曲之野，内则岐、邠、泾、宁，东接银、夏，又东至楼烦。"这些区域尤以固原地区马政为最。唐代马政之发达，也体现在严密的制度体系，有"八坊"、"四十八监"等马政机构的设置。对于唐代马政之盛行的实际状况，明人赵时春之《马政论》有着翔实而生动的描述。

唐人养马，亦于泾、渭，近及同、华，置八坊，其地止千二百三十顷。树苜蓿、莳麦用牧奚三千，官寮无几，衣食皮毛是资，不取诸官。盖合牧而散畜之，牧专其事，不杂以耕。而太岁张万岁、王毛仲，官职虽尊，身本帝圉，生长北方，贯历牧事，躬驰抚阅。无点集追呼之绕、科索之烦，顺天因地，马畜滋殖。万岁至七十万六千，毛仲至六十万五千六百有奇。色别为群，号称"云锦"。地狭不容，增置河西，史赞其盛，图传至今。

据史料记载，西汉元帝（公元前 49 ～前 33 年在位）时，熟悉边防事务的大臣郎中侯应就指出："阴山东西千余里，草木茂盛，多禽兽，本冒顿单于依阻其中，治作弓矢，来出为寇，是其苑囿。"意即阴山和河套一带是匈奴民族依山（阴山）靠水（黄河），生息繁衍、猎牧为生的"苑囿"和"治作弓矢"的军事手工业基地。司马贞《史记索隐》引证的文字：（祁连）山在张掖、酒泉二界上，东西二百余里，南北百里，有松柏五木，善水草，冬温夏凉，宜畜牧……（焉支山）东西百余里，南北二十里，亦有松柏五木，其水草茂美，宜畜牧，与祁连山同。《史记·匈奴列传》称匈奴人善骑射，"其俗，宽则随畜，因射猎禽兽为生业"，"儿能骑羊，引弓射鸟鼠，少长则射狐兔，用为食"。辽金之际，严羽的《塞下曲》描绘了黄河河套西北部风光："渺渺云沙散橐驼，西风黄叶渡黄河。羌人半醉葡萄熟，寒雁初肥苜蓿多。"与严羽齐名的严仁也写了一首《塞下曲》："漠漠孤城落照间，黄榆白苇满山关。千支羌笛连云起，知是胡儿牧马还。"元代诗人周伯琦赞扬河套地区"朔方戎马最，趋牧万群肥"。

（二）陇右道的军需马

陇右为唐时期的国防重镇，在此地长屯驻重兵，亦资防守。唐睿宗景云二年（711年）始于凉州设河西节度使。其后陆续设置节度使，到开元年间（713 ～ 741 年），全国共有 10 个节度使分布于各边地。其中安西（龟兹，今新疆库车附近）、北庭（庭州，今新疆吉木萨尔附近）两节度使驻陇右道西部，河西（凉州，今甘肃武威）、陇右（鄯州，今青海乐都）两节度使驻陇右道东部，而驻于灵州（今宁夏灵武县）的朔方节度使也和陇右道东部有密切的关系。河西节度使官兵 7.3 万人，马 19 400 匹，陇右节度使官兵 7.0 万人，马 600 匹，朔方节度使官兵 64 700 人，马 4300 匹。可以说，陇右道东部的驻军是全国实力最为雄厚的。

在北宋时期，西北地区（指北宋统治下的河东路、永兴军路和秦凤路）畜牧业有了迅猛发展，尤其是牧马业、牧羊业相当繁盛，牛、驴、驼等大牲畜的饲养较为普遍，养犬、养鸡等养殖业也有一定程度的发展。西北畜牧业的巨大发展不仅满足了当地民户生产和生活的需要，还为宋政府提供了军事作战所用的马匹、交通运输所需的大量畜力、畜禽产品和乳制品，是社会经济中不可或缺的组成部分，是北宋统治赖以存在的重要物质基础。

西北地区是我国历史上传统的畜牧业基地，汉唐时期统治者就在此地大规模地饲养马匹。宋立国之初，宋太祖在永兴军路的同州（今陕西大荔）"葺故地为监"；太平兴国五年（980年），此监改为牧龙坊；咸平六年（1003年），分成二监；景德二年（1005年），又改名沙苑监。随着沙苑监的建立，整个北宋时期西北地区陆陆续续建立了20多所马监。西北地区马监的分布情况如表4-1、表4-2所示。

表4-1　北宋西北地区马监的地域分布

地域	马监名称	属地	性质	设置时间	出处
河东路	太原府太原马监	山西太原	普通	设置时间不详，熙宁五年（1072年）废监，将其马匹可骑乘给义勇	《续资治通鉴长编》卷241，熙宁五年十二月乙酉，第5878页
	太原府交城马监	山西交城	普通	治平四年（1067年）十一月，唐介知太原，请于交城县置监，遂置。熙宁八年（1075年）废监	《宋会要辑稿·兵》21之7，第7128页。《宋史》卷198《兵志》12，第4941页记为1072年废监，待考
	汾州马监	山西汾阳	普通	此地气候凉爽，地接原唐代楼烦监，水草丰美。由于西北所市马匹中有瘠弱者运往京师，道远多死，景德元年（1004年）在此置监	《续资治通鉴长编》卷56，景德元年七月戊戌，第1246页
永兴军路	陕西河苑监	今陕西境内	普通	该监先是隶属于陕西提举监牧，熙宁八年（1075年），河南北八监皆废，唯存此监，自是，复隶属于群牧司	《文献通考》卷160《兵考》12，第1391页
	兴平四马务	陕西兴平	普通	位于该县东南20余里，由飞龙、大马、小马、羊泽4务组成，地跨渭水两岸。庆历年间辟为营田，不久罢废	宋代宋敏求：《长安志》卷14《兴平》，第154页
	同州病马务	陕西大荔	病马监	景德元年（1004年）置监，以沙苑监官管理，饲养本监及各监病马。天圣二年（1024年），另派使臣监管	《宋会要辑稿·兵》21之5，第7127页
秦凤路	凤翔府盩厔县望迁泽马监	陕西周至	普通	嘉祐五年（1060年）八月，薛向领陕西路买马之事，曾规度凤翔府牧地	《续资治通鉴长编》卷192，嘉祐五年八月甲申，第4642页
	岷州床川砦、荔川砦、闾川砦；通远军熟羊砦等牧养十监	甘肃岷县及陇西县北	牧养监	元丰二年（1079年）二月二十九日设置，七月二十日，命凤翔府钤辖王君万负责	《玉海》卷149《马政》下，第2739页。《续资治通鉴长编》卷299，元丰二年七月丁亥，第7272页
	秦州永宁坊	甘肃天水	普通	设置时间不详，庆历八年（1048年）在原址上重新置监	《玉海》卷149《马政》下，第2739页
	青海马监	青海境内	普通	崇宁二年（1105年）三月设置	《宋史》卷20《徽宗纪》2，第374页

表 4-2　北宋马监在现今各省分布数量统计表

省名	河南	福建	甘肃	河北	陕西	山西	山东	青海	合计
马监（个）	34	11	11	10	9	3	1	1	80

从表 4-1、表 4-2 可以看出，北宋西北地区先后建立了 24 所马监，占全国马监数额的近 1/3。需要指出的是，北宋西北地区由于位于边境地带，经常遭受周边其他民族的骚扰，一定程度上影响了马监牧地的建立。另外，北宋时期宋政府推行"守内虚外、强干弱枝"的统治政策，"汉、唐都长安，故养马多在汧陇三辅之间；国家都大梁，故监牧在郓、郑、相、卫、许、洛之间，各取便于出入"。宋政府大力加强京师开封的军事装备，将大量马监牧地集中在开封周边的河南地区，仅现今河南省内就相继建立了 34 所马监，但并不能因此说明河南牧马业最为发达，因为河南的大部分马匹都是从西北地区购买而来。但不可否认的是，牧马监集中于京师周围无疑对西北地区的马监建设造成了一定的影响，所以西北牧马监的建立并不能完全真实地反映当地牧马业的发展状况。与官营牧马业相比，西北地区民间养马业更为兴盛。先看河东路。史载，河东路"山川深峻，水草甚佳，其地高寒，必宜马性。""水草丰美、地气高寒"的条件为马匹生存提供了良好的自然环境。府州（今陕西府谷，北宋时期隶属河东路）的马质量最好，"凡马以府州为最，盖生于子河汊，有善种。"特殊的地理环境造就了优良的品种。隰州（今山西隰县）也盛产马匹，境内石城县东南有一泉，"因山下牧马，多产名驹，故得龙泉之号。"泉因马而名气大噪。岚（今山西岚县）、石州（今山西离石）及汾河一带，草软水甘，唐朝时期这里就设置了楼烦（今山西娄烦）马监。河东路由于民间养马业兴盛，马种优良，早在宋初政府就在其境内的麟（今陕西神木，北宋隶属河东路）、府、丰（不详）、岚州、岢岚（今山西岢岚）、火山军（今山西河曲南）、唐龙镇（今山西偏关唐隆镇）、浊轮砦（不详）等地区，置场买马。宋仁宗天圣四年（1026 年），一次就从河东购得马 34 900 匹，足见民间养马之兴盛。

地处西北的陕西永兴军、秦凤路一带有着发达的畜牧业，民间普遍养马："河北、陕西、河东出马之地，民间皆宜畜马"。"熙河一路数州，皆有田宅、牛马，富盛少比。"养马业是当地的主要产业之一。尤其是熙州（今甘肃临洮）和河州（今甘肃临夏），"出马最多"。永兴军同州一带，"畜宜牛马"。据史料记载：西北土产马匹的地区有陇（今陕西陇县）、泾（甘肃泾川）、宁（今甘肃宁县）、阶（今甘肃武都）等州。耀州（今陕西耀县）土产唛马药，说明形成了与当地养马业发展相适应的兽医药业。据《宋史·马政》载：14 牧监之一，占田 9000 余顷，时称"沙苑马最好"。北宋陕西为重要养马基地。

元朝养马业尤其发达，规模超过了宋代。元代西北畜牧业的情况，通过马祖常"苜蓿春原塞马肥"的诗句可以看到，当时陇东畜牧业较为发达。此外，《元史·兵志·马政》也有西北畜牧经济发达的记载。

> 西北马多天下，秦、汉而下，载籍盖可考已。元起朔方，俗善骑射，因以弓马之利取天下，古或未之有。盖其沙漠万里，牧养蕃息，太仆之马，殆不可以数计，亦一代之盛哉。

> 世祖中统四年，设群牧所，隶太府监。寻升尚牧监，又升太仆院，改卫尉院。院废，立太仆寺，属之宣徽院。后隶中书省，典掌御位下、大斡耳朵马。其牧地，东越耽罗，北踰火里秃麻，西至甘肃，南暨云南等地，凡一十四处，自上都、大都以至玉你伯牙、折连怯呆儿，周回万里，无非牧地。

由此看出，元朝牧监不仅遍设北方，同时也置苑于西南地区。西北便是太仆最重要的养马基地。

二、西北苜蓿之发展

（一）两汉魏晋南北朝苜蓿的发展

陕西　最初汉武帝命人将汉使从西域引入的苜蓿种在了京城（长安）宫院内，如皇家苑囿（上林苑、乐游苑）内，用作马的饲料或观赏植物。据南朝·梁陶弘景记载：长安中乃有苜蓿园。中国古代农业科技编纂组（1980）指出，西汉的京都在长安，苜蓿种在"离宫别馆旁"，当在渭河附近的咸阳、临潼、栎阳一带，要供应天子的很多马和外国使者的马吃草，苜蓿不可能种得过远和过少，势必比较集中。接近京都的关中群众，首先学会种苜蓿的技术，随着苜蓿种植面积扩大和栽培技术的改进，大面积推广也是必然的事，并且苜蓿也逐渐成为除马以外的牛、猪等家畜的一种重要饲草，以及人吃的蔬菜。后苜蓿传至民间，乃至遍于关中，进而在宁夏、甘肃一带推广。周国祥（2008）指出，苜蓿在陕北"天封苑"养马区域广泛种植。据2008年3月24日的西安晚报报道，榆林南郊一处汉墓出土了一批农作物种子，其中间杂有少许苜蓿籽（种子），经有关部门鉴定后认为，这批种子为东汉汉和帝刘肇期间的种子，即89年，距今已有1900多年的历史。这说明东汉时期，榆林地区就已有苜蓿种植。王毓瑚（1981，1982）指出，汉帝国时期，政府在西北一带设立了许多规模很大的养马场，一定是大量种植过苜蓿。以后从三国一直到南北朝末年，4个世纪之中，大部分时间黄河流域处于战乱状态，为了维持大量军马，各族的统治者显然也都重视牧草的种植，特别是对苜蓿的广泛种植，可想而知。唐启宇（1985，1986）亦认为，东汉时作为蔬菜的苜蓿，在黄河流域就有普遍种植。唐欧阳询记载：汉伐匈奴，取大麦、苜蓿等，示广地。又记载，所获其龙驹骥子，百队千群，更开苜蓿之园，方广。

甘宁青 汪受宽（2009）指出，《汉书·西域传》记载："天子以天马多，又外国使来众，益种蒲陶、目宿离宫馆旁，极望焉。"天子的离宫馆都在长安以外，包括甘肃诸郡。颜师古《汉书注·西域传》曰："今北道诸州旧安定、北地之境（两郡毗连，在今宁夏黄河两岸及迤南至甘肃东北等地），往往有目宿者，皆汉时所种也。"汪受宽进一步指出，苜蓿从西域传入汉，河西走廊是第一站，凉州，尤其是河西地区都有苜蓿种植。凉州是西汉武帝所置十三刺史部之一，管辖敦煌（治今甘肃敦煌）、酒泉（治今甘肃酒泉肃州区）、陇西（治今甘肃陇西县）、张掖（治今甘肃张掖甘州区）、武威（治今甘肃武威凉州区）、金城（治今甘肃兰州）、天水（治今甘肃通渭西）、安定（治今宁夏固原）8郡。东汉时凉州部管辖范围扩大，除原辖8郡（天水郡改名汉阳郡）外，又将武都（西汉治今甘肃西和南，东汉治今甘肃成县西）、北地（西汉治今甘肃庆阳宁县西北，东汉治今宁夏吴忠市西南）二郡划归其管辖。总之，所谓两汉的凉州，大体包括今甘肃、宁夏及青海省东部农业区。《中国历史大辞典·历史地理卷》编撰委员会（1996）认为，汉代凉州辖境相当于今甘肃、宁夏、青海湟水流域，陕西定边、吴旗、凤县、略阳和内蒙古额济纳旗一带。这也说明在两汉时期，甘肃、宁夏及青海省东部农业区及内蒙古西部就已广泛种植苜蓿了。据史料记载，汉代敦煌郡就有农业种植，在种植的作物中就有苜蓿，敦煌汉简中记载有粟、苜蓿、糜等农作物。在敦煌设郡后，不断有中原汉族易居敦煌，他们带去中原地区先进的农业栽培技术和农作物品种，苜蓿可能就在其中。另据2002年5月15日新华网报道，从甘肃敦煌汉代悬泉置遗址出土的多种农作物种子与遗存，最近已被确认是2000多年前中国古人的食物。据悉，此次发掘出的农作物多属于西汉时期，其中蔬菜籽有苜蓿籽、韭菜籽和大蒜等。悬泉置遗址位于甘肃省敦煌市与瓜州县之间的交界处，为两地的交通要道，附近有汉、清两个时代的烽燧遗址。这说明在汉代、晋代敦煌市与瓜州县一带就有苜蓿种植。

新疆 据考古资料显示，在两汉魏晋南北朝时期楼兰、尼雅、于阗国、鄯善国、吐鲁番（高昌）等地区均有苜蓿分布。在尼雅遗址出土的佉卢文书（林海村，1988）对苜蓿也有记载，如214号文书："由莎阁提供面粉十瓦查厘，帕利陀伽饲料十五瓦查厘，三叶苜蓿和紫苜蓿三份，直到扦弥为止。"南疆与大宛有道路相通，交往便捷，南疆极有可能在汉代时已经种植苜蓿。从塔里木盆地南缘出土的佉卢文书记载看，东汉至魏晋时期的南疆已有苜蓿的种植。另一佉卢文书（林海村，1988）记载了鄯善国王向其民众征收紫花苜蓿和三叶苜蓿的情况。272号简牍敕谕中称："饲料柴（紫）苜蓿亦在城内征收。"一份国王的敕谕中也提到，要求精绝向各国王的使臣提供三叶苜蓿和紫花苜蓿。魏晋时期在楼兰的军垦地区也广泛种植苜蓿以饲养牲畜。此外，西域诸国用于喂养牲畜的良种饲草苜蓿，魏晋时龟兹也有种植。苜蓿营养价值较高，投之于畜牧业、家庭饲养业，能产生巨大的经济效益。

新安为三国、两晋、南朝、隋等曾设之郡。《新安志》为南宋罗愿所撰，详述宋代以前新安的历史文化，《新安志·物产·蔬茹》记载有胡蒜、兰香、胡荽、苜蓿、军达、颇棱、胡芦葹、胡瓜、越瓜、昆仑瓜，说明在魏晋南北朝时期新安郡是有苜蓿种植的。

（二）隋唐五代苜蓿的发展

陇右、关内、河东三道辖区　陇右道，《唐六典·户部尚书》记载，陇右道辖境："东接秦州，西逾流沙，南连蜀及吐蕃，北界朔漠。"相当于今甘肃陇山六盘山以西，青海省青海湖以东及新疆东部地区。据《元和郡县图志》记载，陇右道辖境秦州、武州、兰州、河州、廓州、岷州、洮州、迭州、芳州、宕州、凉州、甘州、肃州、沙州、瓜州、伊州、西州和庭州。唐前期马政最盛，因"马多地狭不能容"，又将牧监向西延至河曲，向东经岐、豳、泾、宁四州（今甘肃宁县、正宁、庆阳及陕西北部一带），延至盐州及河东岚州。东西跨三道，延伸千余里。

关内道，唐贞观元年（627年）置。《唐六典·户部尚书》关内道"东距河，西抵陇坂，南据终南山，北边沙漠。"相当于今陕西秦岭以北，内蒙古阴山以南，宁夏贺兰山、甘肃六盘山以东地区。

河东道，唐贞观元年（627年）因山川形便，分黄河以东、太行山以西地区置。辖境相当于今山西全境及河北西北部内、外长城间地。

陇右、关内、河东三道苜蓿种植　《隋书·地理志》中特别提到安定（治所在高平县，今宁夏固原县）、北地（治所在今甘肃宁县）、上郡（治所在龙泉县，即今陕西绥德县）、陇西（治所在今甘肃陇西县）、天水（治所在今甘肃天水市）、金城（治所在今甘肃兰州市）6郡，说是"于古六郡之地"；并说其人："勤于稼穑，多畜牧"。隋唐五代苜蓿的发展与其养马业的发展息息相关，"秦汉以来，以唐马最盛。隋唐以来，国家经营有固定的牧马场，称为"牧监"，相当于秦汉的牧师苑。牧监主要集中分布在陇右、关内、河东三道。又以陇右道为集中，唐在陇右置八坊，八坊下置马监四十八所，南自秦、渭二州，北至会州、兰州以东，原州以西，东西600里，南北400里的广大范围，皆为牧监之地。此外，在关中还置沙苑（唐置，今陕西大荔县东南40余里马坊头村），《元和郡县图志》记载：沙苑"今以其处宜六畜，置沙苑监。"以饲养六畜著名。史念海（1987，1988）指出，沙苑亦是唐代的牧马地。谢成侠、王毓瑚亦认为，沙苑监可能是牛、马、羊同时经营，但以养马为主。

在古代，苜蓿是马最好的牧草，苜蓿自汉进入我国，对马业的发展具有积极的促进作用。贞观至麟德的四十年间（627～665年），陇右牧监有马达70.6万匹，杂以牛、羊、驼等，其数量更大。唐李林甫《唐六典·工部尚书》亦载："凡军州边防镇守，转运不给，则设屯田，以益军储。"军粮尚且如此，战马所需牧草更是就地解决，因此边镇周围屯田区外应有大片土地以供军马牧草。为了保证牧草供给建立了庞大的饲料生产基地，保障了不同牲畜的各类饲料供给，郏昂《岐邠泾宁四州八马坊颂碑》记载："八坊营田一千二百三十余顷，析置十屯，密迩农家，悦来租垦。"《新唐书·兵志》记载："自贞观至麟德四十年间，马七十万六千，置八坊岐、邠、泾、宁间，地广千里：一曰保乐，二曰甘露，三曰南普闰，四曰北普闰，五曰岐阳，六曰太平，七曰宜禄，八曰安定。八坊之田，千二百三十顷，募民耕之，以给刍秣。八坊之马为四十八监，而马多地狭不能容，又析八监列布河曲丰旷之野。凡马五千为上监，三千为中监，余为下监。监皆有左、右，因地为之名。"谢成侠（1959）《中国养马史》指出，这些马坊的土地显然只是指耕种的实际面积，绝不是八马坊的全部土地。因"岐、邠、泾、宁间，地广千里，置八坊。"当时在今陕、甘两省的牧马地至少有10万顷以上，而这些地只是唐初成立马坊时为了生产牧草而开辟的。所以在八坊的地域内，划出1230顷作为田地，募民耕种，以其收获牧草。韩茂莉指出，贞观、麟德年间，在岐、邠、泾、宁四州设置八马坊，自此四州收坊之地被统称为岐阳岐地，它在唐前期宫马饲养中所占地位甚重。这时坊地内除牧地外，有地1230顷为耕种牧草（苜蓿）之用，供给京师附近闲厩所需牧草（苜蓿）。《大唐开元十三年陇右监牧颂德碑》记载：时在陇右牧区，"莳蒿麦、苜蓿一千九百顷，以茭蓄御冬"。这是张说在《大唐开元十三年陇右监牧颂德碑》总结陇右监牧的"八政"举措的第五项，是说辟地种植苜蓿等，增加养马的牧草储备以利越冬。在陇右牧监种植蒿麦、苜蓿达1900顷。由此可见，陇右一带苜蓿种植规模之大，亦说明唐代苜蓿作为牧草种植的普遍性和重要性。苜蓿基地的建立及其大量积储，保障了牧草的充足供给，为唐马业的兴盛，提供了物质基础。闵宗殿等（1989）认为，唐代养马业之所以能得到如此惊人的发展，是因为建立了强大的牧草（苜蓿）基地，解决了冬季牧草这个大规模发展畜牧业的关键问题。

唐封演《封氏闻见记》记载："汉代张骞自西域得石榴、苜蓿之种，今海内遍有之。"《汉书·西域传》记载："天子以天马多，又外国使来众，益种蒲陶、目宿离宫馆旁，极望焉。"天子的离宫馆都在长安以外，包括甘肃诸郡，唐颜师古在《汉书注·西域传》曰："今北道诸州旧安定、北地（两郡毗连，则今宁夏黄河两岸及迤南至甘肃东北等地）之境，往往有目宿者，皆汉时所种也。"史为乐（2005）认为，安定郡辖境相当于今甘肃景泰、靖远、会宁、平凉、泾川、镇原及宁夏中宁、中卫、同心、固原、彭阳等县地；北地郡辖境相当于宁夏贺兰山、山水河以东及甘肃环江、马莲河流域。芮传明（1998）指出，汉代的安定、北道等州，地处今甘肃、宁夏，兼及陕西。颜师古谓这些地区的苜蓿皆汉时所种，未必确实，但在他（颜师古）所在的时代，那里颇多苜蓿，则是可以肯定的，是为唐苜蓿种植情况一瞥。这说明陕甘宁地区从汉代就开始苜蓿的种植，延续至唐乃至今。

据《庆阳地区畜牧志》记载："唐代颜师古注：'今北道诸州，旧安定、北地（平凉、庆阳）之境往往有苜蓿者，皆汉时所种也。'"《新唐书·兵志》载："置八坊于岐、豳、泾、宁间，跨陇古、兰州、平凉、天水四郡之地，地广千里。八坊有田一千二百三十顷，募民耕之，以供饲草。"苜蓿引进栽培成功，促进了养马业的发展。当时，在陇东高原设置牧监、牧场，养马达40万匹。古代庆阳地区的位置距汉唐首都长安较近，受其影响，种植苜蓿的历史应在汉唐时期。

唐武后时，朝廷为增强军事力量，欲扩监牧地，曾考虑置监登、莱，诏市河南、河北牛羊，以广军资。登、莱二州，大约是今山东半岛东部地区，也是唐东部的边防要地，张廷以"高原耕地夺为牧所，两州无复丁田，牛羊践暴，举境何赖？"为由加以阻止。至于河西凉州一带，武后时也有一些地方官营畜牧业，至唐玄宗开元年间，命高丽人王毛仲领内外闲厩，王毛仲"于牧事尤，娓息不訾。初监马二十四万，后乃至四十三万，牛羊皆数倍。莳茼麦、苜蓿千九百顷以御冬。""其后突厥款塞，玄宗厚抚之，岁许朔方军西受降城为互市，以金帛市马，于河东、朔方、陇右牧之"。至天宝"十三载，陇右群牧都使奏，马牛驼羊总六十万五千六百，而马三十二万五千七百。"即是说自高宗仪凤以来，至玄宗开元、天宝年间，唐官府畜牧业在一度低迷之后，又走向兴盛。

唐后期，由于周边各族的不断侵扰、境内方镇的争斗，中央官府畜牧业惨遭破坏，官府虽曾一度将监牧地向东南面移徙，但多因农牧矛盾太尖锐而未果，故终唐之世，中央官府的畜牧业生产，始终未得复兴。而一些地方藩镇的畜牧业经济，反倒相应地活跃起来了。除一般监牧外，唐代还有一沙苑监，置在同州（今陕西大荔），各史均未将其列入唐初监牧总数，《大唐六典》（简称《唐六典》）载："沙苑监，掌牧养陇右诸牧牛羊，以供其宴会祭祀及尚食所用。"或以为是一特殊的牧场，"应为输送入京牛羊的储运场，以供宫廷、政府随时取用的。"因其地在唐东西两京之间，地位适中，颇受唐历代帝王重视。唐代帝王常事游猎，行迹几遍于京畿、河南等地，李肇《唐国史补》载如下。

卢杞除虢州刺史。奏言："臣闻虢州有官猪数千，颇为患。"上曰："为卿移于沙苑，何如？"对曰："同州岂非陛下百姓？为患一也。臣谓无用之物，与人食之为便。"德宗叹曰："卿理虢州，而忧同州百姓。宰相材也"。

这说明同州的沙苑监，确是一处牲畜的储存场。宋王谠《唐语林》亦载："德宗暮秋猎于苑中。"此"苑中"疑即沙苑。由此看，早期的沙苑监，既是入京牛羊的储备场，也是供帝王游猎的猎苑。中唐以后，陇右、河曲诸监废弃，沙苑监也就更多地担起了监牧的重任，太和三年（829年）3月，唐文宗"以沙苑、楼烦马共五百匹赐幽州行营将士"一事，说明沙苑监内已饲养着大批的马匹，担起了牧马监的任务。

监牧中的苜蓿　初唐以来，何以能在40年的时间里，将马5000余匹发展到70.6万匹，这里有多方面的原因。其中一个重要的原因是从对一些游牧民族的斗争中，唐获得了大量的牲畜，如贞观四年（630年）对突厥颉利的追击战中，"获杂畜数十万"；贞观九年（635年）在青海追击吐谷浑伏允的战役中，又"获杂畜二十余万"；贞观十五年（641年）在反击薛延陀的战役中，"获马万五千匹"；旋又在破突厥思结的战斗中，"获羊马称是"；到了贞观十七年（643年），薛延陀又"献马五万匹、牛驼一万、羊十万以请婚"。战争和纳贡中获得的这巨大数量的杂畜，自然都会充实到监牧中去。由此可见，40年间，马增至70.6万的数额中，有相当部分是来自少数民族地区的战利品。当然，唐代官牧孳息的马匹，数量也很大。当然，这只是牲畜数量的增加，更重要的还在于质量的保证，这涉及自唐初以来，就逐步建立起来的一整套严密的监牧管理制度，如健全完善的层层管理机构；对畜牧从业人员严格的奖惩制度；牲畜的籍账档案制度和对牲畜草料因时制宜地供给制度等。这些方面，杨际平先生已作较系统的分析和论述，除此以外，还有几个方面可以再做点补充。首先是对牲畜品种的引进与改良。唐武德年间，康居国献马4000匹。《唐会要》载，"康国马，康居国也，是大宛马种。武德中，康国献四千匹，今时官马，犹是其种。"大宛马属优良品种，体型大，用之改造唐马，效果显著。

贞观初年与突厥的交战中，曾获得大量的突厥马，突厥马是蒙古高原上的优良马种，《唐会要》记载如下。

突厥马，技艺绝伦，筋骨合度，其能致远，田猎之用无比。

可见突厥马既机动灵活，又能远行，很适合战争的需要。此外，还有一些域外良种马的引进，如"贞观二十一年八月十七日，骨利干遣使朝贡，献良马百匹，其中十匹尤骏，太宗奇之，各为制名"。

这些域外良种马的引进，给唐代国营的牧马业不断地注入了新的血液，保证了牲畜品种的优势，也带来了牧马业的兴旺。其次，在牲畜的日常牧饲管理上，有一套符合实际，又行之有效的办法。张说《大唐开元十三年陇右监牧颂德碑》，曾对监牧的日常操作有精辟的归纳。

一是"日中而出，日中而入"。这是说牧放与饲养的分界线，"日中"是指昼夜平分之意，即每一年的春分、秋分时节。前一"日中"乃是指的春分，春分时牲畜就应放出到草场上牧放；后一"日中"乃指秋分，秋分时牲畜就应收牧，即入舍饲养。

二是"禁原燎牧，除蓐衅厩"。当原野新草萌发时，要注意保护草场，禁止践踏火烧，这就是"禁原"；"燎牧"是当草场冬天枯萎时，就应烧野，让来年牧草旺盛。"除蓐"，也是缘于古制，《周礼·夏官·圉师》中即有"春除蓐"的说法。蓐者，指马在厩中睡卧的垫草，到了春天，就要将陈蓐除去；马厩也要清理干净。

三是"洁泉美荐，凉栈温"。给马匹饮以清洁的泉水，饲以精美的草料。后一句是说，夏天要给马搭盖凉棚，冬天要保持马厩的温暖。

四是"翘足而陆，交颈相靡"。前一句说的是让马跳跃追逐奔跑；后一句是说让马之间相互亲昵惬意，就是让马在经常的运动中、在自由自在的环境中成长，只有这样，才能"宜其性也"。以上都是对官营监牧的一些规范性的操作所作的总结，这些具体的操作程序，再加上有效的政策法令，还有层层机构的监督检查，使得唐初以来，各监牧的牧马数量，在短短的 40 年间，除了随时的抽调、耗用外，还能保持在 70 万匹的水平，这应该是历史上一个了不起的发展速度。无怪乎张说会发出"秦汉之盛，未始闻也"的赞叹。

建立庞大的饲料生产基地，保证不同牲畜的各类饲草料供给。《新唐书·兵志》载："八坊之田，千二百三十顷，募民耕之，以给刍秣"。这是在八坊的地域内，划出 1230 顷作为田地，募民耕种，以其收获物专供作饲草料用。《大唐开元十三年陇右监牧颂德碑》载：时在陇右牧区，"莳葤麦、苜蓿一千九百顷，以茭蓄御冬"。苜蓿是汉代从大宛引进到中国的一种优良牧草，唐代已经相当普及，至于葤麦，不知为何种植物，疑"葤"字有误，显然也应是一种牲畜喜食的饲料。将这些饲草晒干，晾干称之为茭。"以茭蓄御冬"，是说将干饲草蓄存起来，以备冬天牲畜的需要。这些既切合实际需要、又符合牲畜养殖规律的措施和办法，当然都会促进监牧畜牧业的大发展。

唐人继承和发展了前人的养马经验。首先一点就是建立了强大的饲草料基地，并解决了储备草料过冬的难题。唐初，在陕甘地区设置了广阔的牧场和饲草料基地。《新唐书·兵志》中记载："自贞观至麟德四十年，马七十万六千，置八坊岐、幽、泾、宁间，地广千里……八坊之田，千二百三十顷，募民耕之，以给刍秣""莳葤麦、苜蓿千九百顷以御冬"。由此我们可以看出，唐代马的饲草主要以苜蓿、葤麦、茭等为主。

苜蓿，西汉时自西域大宛传入中国，但大规模的种植还是在唐代。苜蓿为豆科植物，茎直立，分枝，适应力强，产量高。它的茎、叶含有丰富的蛋白质、钙、磷及胡萝卜素和多种维生素。适口性好，营养全面，是饲养马的优质饲草。葤麦、茭也是唐代牧田种植的饲草作物。在《大唐开元十三年陇右监牧颂德碑》中记载养马基地陇右监牧功绩时说："莳葤麦、苜蓿一千九百顷，以茭蓄御冬，其政五也"。大面积种植苜蓿、菖麦等饲草作物，并以茭做冬季储备的饲草，成为陇右牧监卓越的政绩之一。精饲料和饲草均有各种营养成分，对马的生长发育十分有利。

杜甫于秦州的《寓目》即勾勒出眼前所见陇西一带的独特景观，正值秋季，葡萄成熟，苜蓿满目。

《寓目》

一县蒲萄熟，秋山苜蓿多。

关云常带雨，塞水不成河。

谢成侠（1959）指出，杜甫的《沙苑行》是对沙苑监养马的情形的记述，其中饲养的马为汗血马，汗血马嗜苜蓿，"丰草青青寒不死"或指苜蓿，从这里可看出沙苑监中应该种有苜蓿。

《沙苑行》（节选）

龙媒昔是渥洼生，汗血今称献于此。

苑中骡牝三千匹，丰草青青寒不死。

唐岑参《北庭西郊候封大夫受降回军献上》诗曰"胡地苜蓿美，轮台征马肥。""轮台"为唐庭州三县之一（《新唐书·兵志》），苜蓿作马的牧草在轮台（即今新疆轮台县）有种植。岑参另一首《题苜蓿烽寄家人》曰："苜蓿烽边逢立春，胡芦河上泪沾巾。"柴剑虹（1981）认为《题苜蓿烽寄家人》一诗当作于天宝十年（751年）立春时诗人首次东归途中，诗中的胡芦河即玉门关附近的疏勒河，黄文弼（1954年《吐鲁番考古记》）。指出苜蓿烽为一地名，盖因种苜蓿而得名。陈舜臣（2009）指出，乾元二年（759年）杜甫前往秦州（今甘肃省天水市一带）时，作了一首《寓目》诗曰："一县蒲萄熟，秋山苜蓿多。"岑参和杜甫作《题苜蓿烽寄家人》和《寓目》分别距张说《大唐开元十三年陇右监牧颂德碑》（725年）26年和34年，这也验证了当时苜蓿已是唐西北普遍种植的牧草了。

伊州苜蓿　黄文弼（1954）《吐鲁番考古记》有《伊吾军屯田残籍》，其有"苜蓿烽地五亩近屯"记载。据《旧唐书·地理志》记载，"伊吾军，在伊州西北三百里甘露川，管兵三千人，马三百匹。"唐李吉甫《元和郡县志》亦有类似记载，黄文弼（1954）根据《元和郡县志》记载认为，伊州疑即今哈密西之三堡，伊吾军疑在巴勒库尔一带。史为乐（2005）根据《旧唐书·地理志》记载亦认为，伊吾军，唐景龙四年置，在伊州（今新疆哈密市），后移至巴里坤哈萨克自治县西北，黄文弼（1954）指出，文云："苜蓿烽地五亩近屯"，唐岑参有诗"苜蓿烽边逢立春"之句，是苜蓿烽为一地名，盖因种苜蓿而得名。这说明，在唐代伊州有兵马存在，对苜蓿有需求，所以在伊州一带应该有苜蓿种植。

西州（交河）苜蓿　田义久（1984）《大谷文书集》在大谷3049号《唐天宝二年交河郡市估案》有记载，"苜蓿春茭壹束，上直钱陆文，次伍文，下肆文。"《新唐书》记载："西州交河郡，中都督府。"交河郡，北魏时高昌国置，治所在交河城（今新疆吐鲁番市西北二十里亚尔湖西）。唐贞观十四年（640年）改为交河道。刘安志和陈国灿（2006）认为，从吐鲁番所出《唐天宝二年交河郡市估案》云："苜蓿春茭壹束，上直钱陆文，次伍文，下肆文。"可以看出，苜蓿有价，可作为商品出售。在敦煌所出土的张君义两件文书中，其中文书（二）第2行末有"蓿薗阵"三字，刘安志（2006）指出："此'蓿薗'即苜蓿园。苜蓿乃是一种牧草，可供牛马等牲口食用，在西州还可作为商品出售，苜蓿园就是专门种植苜蓿的场所。"

吐鲁番出土《唐开元某年西州蒲昌县上西州户曹状为录申刈得苜蓿秋茭数事》，也是典型的县上州状（吴丽娱，2010）。

状称："收得上件苜蓿、秋茭具束数如前，请处分者。秋刈得苜蓿、茭数，录。"这件文书钤有"蒲昌县之印"二处，其前八行是蒲昌县关于送交苜蓿、秋茭之事申州户曹的状文，第9行是另件牒。由第2～4行"状称"以下语得知，这件状文原来是下级关于收苜蓿、秋茭的报告，蒲昌县录后上申州户曹请求处分。从这些残缺的文书记录中可以窥视出，唐开元年间西州蒲昌县种有苜蓿，并由官方收购。

该状的收文机关是西州都督府。唐代西州所辖高昌、天山、交河、柳中、蒲昌5县，各县上部门有功、仓、户、兵、法等，内容非常丰富，凡官员考课、府史申诉、作人与奴婢身份调查、郡官执衣白直课钱征收、和籴缴纳、户徭承担人员调查、车牛发遣、筑城夫斋料安排、修缮渠堰与驿墙所用的汇报，以及寺院马匹统计、长行官马致死缘由报告、健儿征马调查、车坊与长运坊孳生牛等报告、苜蓿秋茭数统计报告等，皆有涉及。尤其是有关牛马生死问题调查报告的解文，即达11件之多（苜蓿秋茭数统计报告也与牛马相关），更是引人注目。众所周知，在动力机械发明并使用前，牛马等牲畜与交通运输、农耕、边防等问题息息相关，是古代国家政治、经济、军事生活中不可或缺的工具，作用至关重要。西州既是中西交通的枢纽之地，又是唐王朝经营西域的前沿阵地，承担着迎来送往、捍卫边防等重责，其对牛马等交通运输工具的需要至为迫切，当地各级官府对与此相关的问题高度重视，由此可见，种植大量苜蓿，为牛马提供足量的苜蓿亦是必然的。

新疆地区的经济，畜牧业一直占有相当大的比例。因此，对饲料作物的栽培、种植，古代曾给予了很大的重视。吐鲁番地区出土过一件北凉时期的文书，文内提到所有在学的儿童要从役"芟刈苜蓿"。

安西（龟兹）苜蓿　《旧唐书》记载："安西大都护府贞观十四年，侯君集平高昌,置西州都护府治在西州……三年五月,移安西府于龟兹国。旧安西府复为西州。"安西都护府,贞观二十二年(648年),平龟兹,移治所于龟兹都城(今新疆库车),统龟兹、疏勒、于阗、焉耆四镇。《新唐书》记载:"四月癸卯,吐蕃陷龟兹拨换城。废安西四镇。"史为乐指出,龟兹都督府,唐贞观二十二年置,属安西都护府,治所在伊逻卢城(今新疆库车县城东郊皮朗旧城)。庆昭蓉(2004)认为,古代龟兹地区略相当于今阿克苏地区库车、沙雅、新和、拜城。庆昭蓉(2004)根据出土文书《唐支用钱练帐》残片整理,对苜蓿有这样的记载。

支付手段	支付额	事由
铜钱	六文	买苜蓿
铜钱	八文	买四束苜蓿
铜钱	三文	买三束苜蓿

从另一个侧面也可看出,苜蓿作为商品出现在市场上,也说明在唐代安西(龟兹)一带有苜蓿种植。大谷文书中的8074号文书《安西(龟兹)差科簿》对苜蓿有如下记录:张游艺、窦常清,六人锄苜蓿。

刘安志(2004,2006)指出,"本件虽缺纪年,但属唐代文书应无疑义,为《安西(龟兹)职田文书》"。首行两人不知服何役?第2行"六人锄苜蓿",按"苜蓿",乃是一种牧草,可供牛马等牲口食用。"锄苜蓿"意指锄收苜蓿以供牲口,由吴兵、马使两园家人负担,此6名家人均有名无姓,应是吴家的奴仆。唐欧阳询《艺文类聚》记载,龟兹苜蓿示广地。由此可见,唐代龟兹一带苜蓿种植普遍。

毗沙(于阗)苜蓿《旧唐书》记载:"丙寅,以于阗为毗沙都督府"。林梅村(1998)在《唐于阗诸馆人马给粮历》记载了欣衡,他指出,欣衡之名已不见于现代地图,不过伯克撒母之北约45公里(千米)的突厥语地名"必底列克乌塔哈"意为"有苜蓿的驿站",欣衡驿馆似在此地。另外,在今墨玉县北喀瓦克乡的麻札塔格古戍堡,考古工作者的考察也证实了当地城堡主要使用时期是唐代,且有佛教寺庙遗址和大量苜蓿、麦草、芦苇、糜子秆和驼、马、羊的粪便遗迹,可见居民不仅有军人,也有农牧民、僧侣等。

"胡地苜蓿美,轮台征马肥。"这是唐代诗人岑参《北庭西郊候封大夫受降回军献上》中的诗句。它描写了天山北麓"苜蓿美"与"征马肥"的景象。这里的轮台既指唐轮台城(现乌鲁木齐南郊的乌拉泊古城),也泛指整个西部边疆。

(三)宋元时期苜蓿的发展

宋代在全国建立了116所监牧,北宋前期,牧地为7.53万~9.80万顷。为获得更多的饲料来源,宋政府种植了许多牧草,苜蓿就是其中之一。宋司马光《资治通鉴》记载,"大宛周围盛产葡萄,可以造酒;还盛产苜蓿,大宛出的天马最喜欢吃"。宋寇宗奭《本草衍义》记载,"唐李白诗云:天马常衔苜蓿花,是此。陕西甚多,饲牛马,嫩时人兼食之。"唐慎微《重修政和经史证类备用本草》亦引述该内容。宋罗愿《新安志·物产蔬茹》有苜蓿记载,说明新安这一带当时也有苜蓿种植。宋李石诗曰:"君王若问安边策,苜蓿漫山战马肥。宋程俱亦曰:"谁遣生驹玉作鞍,春来苜蓿遍春山。"这些诗句无不反映宋代苜蓿种植情景。为了更有效地保障饲草供给,宋代还置司农寺草料场,宋前期隶提点在京仓场所。元丰改制后隶司农寺,共有草场十二。南宋时京师草料场一,掌受纳京内所输送刍秸秆、豆麦等,以供给骐骥院、牧监、良马院与三衙诸府官马饲料。每场设监官与剩员、专知、副知掌、看守。

北宋初期,长安和关中地区仍一片萧条。宋太宗时,由于讨伐西夏,"关辅之民,数年以来,并有科役,畜产荡尽,庐舍顿空"(《宋史·张鉴传》)。宋仁宗时,余靖又上书说:"今西陲用兵,国帑空竭",陕西一带,"民亡储蓄,十室九空"(《宋史·余靖传》)。至宋真宗以后,才日渐恢复。不过所谓恢复,系指关中地区,与西夏边境地区而今陕北、陇东地区在当时仍然人烟稀少,可这里却是主要前线。因此,这里当为主要屯田地区。屯田的具体计划如下:裁退禁厢诸军,分遣至陕北、陇东屯田。每丁给牛1头,牛1头可抵7～8人,所以每丁垦地90亩,其中30亩种麦、30亩种棉、30亩种苜蓿,分别提供粮食、棉花与牲畜饲料。苜蓿为豆科植物,有固氮功能,可恢复地力。种苜蓿之地,无须精耕细作,主要作为休耕之用,兼以放牧牲畜。如此三块田地,每年一轮,地力可以保障,加上牲畜粪肥的施用,产量应有一定提升。不过,暂且不要提到产量提升,就以平常水平而言,北宋北方"大约中岁亩收一石"(《宋会要辑稿·食货》),所以可得粮食30石。

根据沈括《梦溪笔谈》记载,军士每人日食2升,一年365日要吃730升,有余粮95升(屯丁每年得粮食825升),尚有15亩棉田所产的棉花和15亩苜蓿田所畜养的牲畜(其他棉田与苜蓿田各15亩的出产是地租),这些会是他的积蓄,数年积蓄足够成家。

南宋时期,陆游客居陕西南郑县时作诗《山南行》曰:"苜蓿连云马蹄健,杨柳夹道车声高。"此处遍地都是苜蓿,马食充裕,杨柳夹道,马拉的车辆在驿道上来来往往。大抵在宋金对峙之时,南宋失去战马产区,马匹多赖川马,南郑(今属陕西汉中,与四川相邻)多马,所以能成为具有充裕战略资源的要地。

西夏仿效唐宋马政制度,积极发展地方官牧场,为马政在西北边疆的传承作出了贡献。在马政建设的推动下,西夏大力种植苜蓿,发展栽培作物用于草料,在畜牧业生产技术、管理方式等方面得到提高。文献记载(董立顺和侯甬坚,2013),黑水城大面积种植苜蓿。黑水城出土《圣立义海》,有一首西夏诗歌《月月乐诗》记载,

"四月里，苜蓿开始像一幅幅紫色的绸缎波浪般摇曳，青草戴着黑发帽子，山顶上的草分不清是为山羊还是为绵羊准备的"。可见，夏季草类之茂盛。牲畜夏季主要的食物是牧草，但仅仅依靠天然牧草远远不能满足日益发展的西北牧业的需要，种植牧草是西北牧业进步的重要途径。在西北地区，苜蓿栽培就是采用种植生产方式获取超量牧草的典型，栽培苜蓿作为饲料在西北广泛用于牲畜牧养。中古时期西北畜牧草料分为天然牧草和栽培作物两部分，从黑水城出土的马草料文书可以反映出西夏官牧场大量收割、储存和喂食草料的情况。根据马草料文书记载，投放马匹喂食中，草料占饲料的较大比例，这里的草料指的是人工投放的草料，不是草场放牧时牲畜在草地直接啃食的草料。我们可以推测，在人工投放的草料中，包括苜蓿等栽培种植的作物和人工收割的其他天然草料。我们虽然无法知晓苜蓿占有多大比例，但西夏已经摆脱完全依赖天然草场的历史事实是清楚的。苜蓿种植需要具备较为发达的农业技术。西夏种植苜蓿的技术究竟达到什么水平，目前还没有相关的史料记载和考古发掘，但通过西夏大面积种植苜蓿可知，西夏的栽培技术已经达到发展苜蓿种植所要求的技术水准。由于苜蓿的传入和种植带有一定的政府行为，西夏的畜牧业又是以"国营"为主，所以这些苜蓿草很有可能是西夏政府组织牧民种植的。

据史料记载，西汉元帝时，河套一带是匈奴民族依山（阴山）靠水（黄河）生息繁衍、猎牧为生的"苑囿"和"治作弓矢"的军事手工业基地。《史记·匈奴列传》称匈奴人善骑射，"其俗，宽则随畜，因射猎禽兽为生业""儿能骑羊，引弓射鸟鼠，少长则射狐兔，用为食"。辽金之际，严羽的《塞下曲》描绘了黄河河套西北部风光："渺渺云沙散橐驼，西风黄叶渡黄河。羌人半醉葡萄熟，寒雁初肥苜蓿多。"元刘郁《西使记》记载，"二十六日，过玛勒城，又过诺尔桑城，草皆苜蓿，藩篱以柏。二十九日，过塔舒尔城，满山皆盐，如水晶状。"

另外，据元马端临《文献通考》记载，天禧五年（1021年），垦田五百二十四万七千五百八十四顷三十二亩。种有"谷之品七：一曰粟，二曰稻，三曰麦，四曰黍，五曰穄，六曰菽，七曰杂子。"其中"杂子之品九：曰脂麻子、木子、稗子、黄麻子、苏子、苜蓿子、菜子、荏子、草子"。

元代马业胜过宋代。西北甘肃一带是重要的养马基地，特别是西北农区承担着为军需养马的特殊任务。朝廷"劝农"诏令中，规定有各村、社"布种苜蓿"，"饲喂马匹"。每年征收刍草十分严、急，陕西农民在秋后要将刍草输送京都牧监，这是一项沉重的赋役。《元史·兵志·马政》有如下记载。

每酝都，牝马四十。每牝马一，官给刍一束、菽八升。驹一，给刍一束、菽五升。菽贵，则其半以小稻充。自诸王百官而下，亦有马乳之供，酝都如前之数，而马减四之一，谓之细乳。刍粟要旬取给于度支，寺官亦以旬诣闲阅肥瘠。又自世祖而下山陵，各有酏都，取马乳以供祀事，号金陵挤马，越五年，尽以与守山陵使者。

马祖常（1279～1338年）是元代一位重要的诗人，从他的诗中不难窥视西北苜蓿种植情况和养马的现状。马祖常《灵州》曰："乍入河西地，归心见梦余。蒲萄怜美酒，苜蓿趁田居。少妇能骑马，高年未识书。清朝重农谷，稍稍把犁锄。"与中原之景相异又相似的灵州，同样欣欣向荣：美酒飘香，苜蓿满田，少妇骑马，老翁观田。同样还有《庆阳》一诗说："苜蓿春原塞马肥，庆原三月柳依依。行人来上临川阁，读尽碑词野鸟飞。"即元时的庆阳府，三月时碧草茂盛、牛马肥壮，杨柳迎着春风依依而舞。《题固原鼓楼》曰："千里关河入望微，四山烟雨翠成围。蒹葭浅水孤鸿尽，苜蓿秋风万马肥。"这些诗无不反映了当时的苜蓿景象。

另据《庆阳地区畜牧志》记载："宋代之后，由于战乱频繁，民不聊生，紫花苜蓿除作家畜饲草外，还作为人在荒年渡灾充饥用。旧宁县志中记有荒年一首民诗：'饱餐苜蓿黄昏后，夜渡泾浦到宁州。'可见苜蓿当时在陇东高原普遍种植。"

（四）明代苜蓿的发展

在明代，苜蓿种植较为广泛，朱橚《救荒本草》曰："苜蓿，出陕西，今处处有之。"徐光启《农政全书》亦有同样的记载。姚可成《食物本草》记载，"苜蓿，长安中乃有苜蓿园。北人甚重之。江南不甚食之，以无味故也。陕西甚多，用饲牛马，嫩时人兼食之。"李时珍《本草纲目》曰：苜蓿原出大宛，汉使张骞带归中国。然今处处田野有之（陕、陇人亦有种者），年年自生。"据嘉靖《陕西通志》记载，"宛马嗜苜蓿，汉使取其实，于是天子始种苜蓿，肥饶地，离宫别馆旁，苜蓿极望（《史记·大宛列传》）。乐游苑多苜蓿，一名怀风，时人或谓之光风，风在其间常萧萧然，日照其花有光采，故名，茂陵人谓之连枝草（《西京杂记》）。陶隐居云，长安中有苜蓿园，北人甚重之，寇宗奭曰，陕西甚多，用饲牛马，嫩时无人食之（《本草纲目》）"。《陕西通志》还指出，咸宁民间多种苜蓿以饲牛。据《宁夏通史》记载，明初宁夏军屯、民屯相继发展，洪武十七年（1384年），于灵州故城北7公里（千米）筑成，从此灵州有了枣园、苜蓿等四里民田和土达自种民田。

（五）清代苜蓿的发展

西北地区　黄辅辰《营田辑要》曰："苜蓿，西北种此以饲畜，以备荒，南人惜不知也。"《咸阳市科学技术志》记载，在清代，关中地区不仅普遍种植苜蓿作为家畜的饲草，而且在倒茬作物之中，苜蓿亦一向被当地农民认为是谷类作物，是棉花的良好前茬。杨一臣《农言著实》中有关苜蓿的种、锄、收、挖，成为农民的主要农事活路之一。《秦疆治略》载：（咸阳县）冬小麦加入苜蓿的长周期轮作，一般是种 5 ～ 6 年的苜蓿后，再连续种 3 ～ 4 年的小麦，以利用苜蓿茬的肥力。《咸阳市志》又载：杨秀元（即杨一臣）《农言著实》讲到许多饲养经验，其中讲到苜蓿时曰：正月用苜蓿根喂牛，牛既肯吃，又省草料；冬天喂牛，最好能用草。多种草结合，省料又有营养；麦收前后，铡截苜蓿要根据老嫩取长短。清嘉庆七年（1802 年）陕西的《延安府志》指出："肤施、甘川、延长俱有苜蓿。"《子洲县志》特别提到作为牧草饲料的紫花苜蓿在当地："种植历史悠久，质量最好。"陕西省佳县、米脂县、绥德县和子洲县方志记载了枣、苜蓿（紫花苜蓿）等。乾隆二十五年（1760 年）十一月二十九日，陕甘总督杨应琚为筹划肃州屯田事奏折："……除原报熟田、荒田共四万亩外，其近渠左右与附近地方，尚有可垦荒田数万亩，土色颇肥，放水亦便。乃现在芦草蔓生，或留养苜蓿货卖，别无报承垦之人。"《安塞县志》记载苜蓿："……县境甚多，用饲牛马，嫩时人兼食之。"

乾隆时《高台县志》记有："苜蓿甘（州）、肃（州）种者多，高台种者少。"光绪二十四年（1898 年）《循化厅志》记载："韭、蒜、苜蓿、山药园中皆有之。"光绪《新疆四道志》记载："三道河在城西四十里，其源出塔勒奇山为大西，沟水南流，五十里有苜蓿。"据《清史稿》记载："道光九年（1829 年），壁昌至官，于奏定事宜复有变通，清出私垦地亩新粮万九千余石，改征折色，拨补阿克苏、乌什、喀喇沙尔俸饷，余留叶城充经费，以存仓二万石定为额贮，岁出陈易新，于是仓库两益。叶尔羌喀拉布札什军台西至英吉沙尔察木伦军台，中隔戈壁百数十里，相地改驿，于黑色热巴特增建军台，开渠水，种苜蓿，士马大便。所属塔塔尔及和沙瓦特两地新垦荒田，皆回户承种，奏免第一年田赋，以恤穷氓。乾隆年间，移驻到新疆的察哈尔蒙古在博尔塔拉两岸屯田，不仅作物产量可观，而且作物种类也丰富"。《新疆图志》记载："厥田宜稻麦、栗、粟、高粱、豌豆、胡麻、苜蓿。"

清徐松出嘉峪关，经巴里坤到达伊犁，然后过木素尔岭，经阿克苏、叶尔羌到达喀什噶尔。第二年又返回伊犁，取道与来时不同，经英吉沙尔、叶尔羌、阿克苏、库车、喀喇沙尔、吐鲁番、乌鲁木齐，遍历天山南北。《新疆赋》中记载了作者见到的自然与文化景观。

北路或松雪草场，或沙碛缘表，或海子错布，或岛屿山立，城邑杂处其中，景象各异；牛羊衔尾，汗血驰骋；四叶之菜、千岁之谷、麦子之瓜、柳叶之菊、佩解鹿葱、囊盛莺粟、羊乳垂垂、金散地丁、红攒石竹，令人垂涎；茱苴、萹蓄、豨莶、蒿、苁蓉、苜蓿、勤母、益母、黄结、黄良、冰燕、雪莲、崔芋悉数。

清萧雄（？～1893）在新疆有诗："苜蓿黄芦旧句哀，席其曾借马班才。须知寸草心坚实，堪并琅玕作贡材。"并加注曰："苜蓿，野生者少。各处渠边，暨田园中隙地间有之。余皆专因刍牧，收子播种者。牲畜喜食，易肥壮。史记大宛传，马嗜苜蓿，汉使取其实来，天子命种之。内地之苗相同。嫩时可做菜食，味清爽。"清方希孟作了一首咏迪化（今乌鲁木齐）一带苜蓿的诗："芍药可怜红，芳菲五月中。花娇犹斗雪，叶冷欲翻风。色丽胭脂并，香残苜蓿同。托根依朔漠，何必怨秋蓬。"说明在清代乌鲁木齐已有苜蓿种植。

清代《中卫县志》记载有：沙竹、蒿、沙蒿、苇、蒲、马兰、蓬、苜蓿、登粟等，并对各种草的用途等作了简单的介绍。《朔方道志》记载更为详细：蓝、红蓝、紫草、茜草、苜蓿（一名怀风草，一名连枝草，芽嫩，可食）、马兰、莎、艾、箕箕、烟草、慈姑、黑果、稗、曹、蒿、沙蒿、羊眼豆、詹草、樟柳、沙蓬、水蓬、蒲、直麻、数麻、草、独蒿、鹅郎草、藻、萍等。

（六）民国时期苜蓿的发展

为了加大畜牧业生产，边区于1942年颁布《陕甘宁边区三十一年度推广苜蓿实施办法》，鼓励民众大量种植苜蓿以弥补因畜牧增长过快导致的牧草短缺，办法实施当年，苜蓿种植7954亩，牧草种植112 968亩。

陕甘地区　民国时期，西北广种苜蓿，陕甘地区尤为突出，陕甘农家一般都有苜蓿地。民国十四年（1925年）《安塞县志》记载"苜蓿一名怀风，或谓之光风，茂陵人谓之连枝草（《西京杂记》），县境甚多……"民国二十三年（1934年）《续修陕西通志稿》亦记有："此（苜蓿）为饲畜嘉草……种此数年地可肥，为益甚多，故莳者广，陕西甚多。"民国二十四年（1935年）甘肃的《重修镇原县志》记载："草之属茜草、马蔺、苜蓿其最多也。"

为了加大畜牧业生产，陕甘宁边区于1942年颁布《陕甘宁边区三十一年度推广苜蓿实施办法》（以下简称《推广苜蓿实施办法》），鼓励民众大量种植苜蓿以弥补因畜牧增长过快导致的牧草短缺，边区政府建设厅从关中区调运苜蓿种子，发给延安、安塞、甘泉、志丹、定边、靖边等县推广种植，边区政府推广种植苜蓿达3万亩（约2000.0hm²），其中靖边县种苜蓿2000多亩（约133.3hm²）。陇东分区为促进畜牧业生产发展，发动群众种植苜蓿2.3万亩（约1533.3hm²）。《推广苜蓿实施办法》颁布之后，边区种植苜蓿蔚然成风。1943年，边区政府又购运一批苜蓿种子贷给农民，特别号召农民自备种子，对种植苜蓿成绩优良者给予奖励。边区政府推广种植牧草等措施取得了良好的收效。例如，靖边县1942年修建了4000余亩的牧草园，每亩收割优质牧草500余斤。陇东分区为促进畜牧业生产发展，发动群众种植苜蓿7954

亩，种植羊草 12 986 亩，共割野草 570 多万斤存储冬用。通过推广种植牧草，促进了边区畜牧生产的发展，如靖边县 1942 年"全县辖的 6 万余羔羊都活了，死的很少。大羊与牛驴马等，除个别地方病死了一部分外，一般的死亡率很低"。据统计，1944 年，延川县紫花苜蓿保留面积 2.0 万亩。到 1949 年，陕西全省种植苜蓿约 98.49 万亩（约 6.6 万 hm²），占全省耕地面积的 0.017%，役畜头均苜蓿地 0.484 亩（约 0.03hm²），主要分布在咸阳、宝鸡、渭南地区，榆林、绥德、延安地区有零星栽培。另外，陕甘宁边区运盐道上缺草，严重阻碍着盐运业的发展，边区政府组织群众在盐道两侧大量种植苜蓿及其他牧草，这既保证盐运业又促进了畜牧业的发展。边区养畜的最大困难就是缺草，牧草缺乏，每年冬天大量牲畜因饥饿而死亡，故毛泽东在《经济问题与财政问题》中指出："牧草是牲畜的生死问题"，号召边区大力推广牧草种植，特别是苜蓿。

据调查，抗日战争以前，陕西、甘肃两省的一些地方，苜蓿种植面积占耕地面积的 5% ～ 8%。原西北农业科学研究所（1958）认为，在抗战以前，西北苜蓿栽培面积要比中华人民共和国成立初期多，如陕西黄陵、洛川县一带，抗战前苜蓿栽培面积占耕地面积的 5% ～ 6%，由于大量的苜蓿地分布在国统区常被用于放马，农民收不到苜蓿，就被大量翻耕，到中华人民共和国成立初期苜蓿的栽培面积已不及 1%；又如，陕西绥德县在抗战前苜蓿栽培面积有 12 000 亩（约 800hm²），到中华人民共和国成立初期只剩下 2500 亩（约 166.7hm²），即减少了 80% 多；甘肃河西一带（如安西县）在抗战前苜蓿栽培面积占耕地面积的 8% 左右，中华人民共和国成立时减少到不及 1%。

新疆地区　在汉代，新疆就有苜蓿种植。在民国二十三至二十四年（1934 ～ 1935 年），新疆从苏联引进猫尾草、红三叶、紫花苜蓿等草种，在乌鲁木齐南山种羊场，以及伊犁、塔城农牧场及布尔津阿滩等地试种，到 1949 年新疆苜蓿保留面积达 29 300hm²。

另外，灾害对新疆的苜蓿影响较大。民国二十四年（1935 年）7 月间，沙雅渭干河河水暴发，淹坏民庄、房舍、麦谷、苜蓿、菜籽等。民国二十五年（1936 年），沙雅渭干河河水外溢，冲开决口五处，淹没九庄庄稼，损失甚巨，被水冲塌房屋一百七十六间，小麦籽种六百余石，苞谷一百一十七石七斗，稻谷四百一十七石八斗，菜籽五石四斗九升，冲坏甜瓜、棉花一百三十六石，损坏苜蓿一万六千二百五十束，冲坏树木四千八百十九株。民国三十五年（1946 年）6 月 20 日，迪化（今乌鲁木齐）小地窝、宣仁、二工等地发现蝗虫，秋天苜蓿被噬毁，损失严重，伤糜谷 400 余亩。

甘青地区　全国经济委员会农业处西北畜牧改良场，自改名为西北种畜场后，关于应行举办事项，一概仍由前定计划进行。继续牛乳实验室建设工作，于兰州市河北庙滩子附近觅定新址，从事建筑，仪器设备已运抵兰州。截至 1936 年，在夏河八角城已种植苜蓿 100 余亩，崧尘沟滩种植达 500 亩以上，兰州河北庙滩子播种数十亩，绥远萨拉齐种 2000 亩以上。

民国时期，有关青海地区牧草资源的调查资料很少。直到民国三十六年（1947 年）马鹤天的《甘青藏边区考察记》调查报告的出现，才有了关于青海牧区牧草的种类报道，马鹤天在《甘青藏边区考察记》中记录了黄河流域藏族郭密部落的牧草情况"俗名甘草河，有小河，藏名香儿错，汉人名曰甘草海，因附近产甘草也"；其他地区牧草种类亦较丰富，如"山坡中野花盛开，以黄花为最多，次为蓝花白花，如球如穗，也有紫花类苜蓿"。民国时期的其他资料载："可以作饲食的秣草甚多，若苜蓿草、三叶草，以至燕麦、黑麦等都可以。"

绥远河套地区　成书于 1937 年的《绥远通志稿·物产》记载："苜蓿，野菜也，而绥地亦多种植者……今本省处处有之，以地当西北，盖自昔称陕、陇出产为多也。"1931 年，阎锡山派晋军进驻河套，即开始在河套地区实行屯垦。1933 年，河套垦区开始了农田生产，除进行农作物，如小麦、糜子、豌豆、谷子、扁豆等种植外，还普遍种植了苜蓿，改善了牲畜饲草。绥远五原县在 1932 年进行了苜蓿粮草轮作，1933 年在绥远西部推广了苜蓿粮草轮作技术。另外，还在五原县的份子地农场和狼山县的畜牧试验场建立了苜蓿种子基地。其次，20 世纪 40 年代，还在萨拉齐县试种苜蓿获得成功。

阎锡山的河套屯垦是特定历史条件与环境下的产物，是中华人民共和国成立之前政府有组织地对河套农业经济最后一次大规模的开发，它对当时乃至以后的河套经济产生了一定的影响。至 1935 年，屯垦队在河套各垦区先后划占耕地 16.8 万余亩。1937 年，垦区农、林、牧、副业的发展达到了最高峰。在种植作物中，农作物品种除了采用河套当地的小麦、糜子、豌豆、谷子、扁豆等类外，还推广了苏联大豌豆、山西宿麦，并普遍种植了苜蓿，改良了牲畜饲草。

三、西北苜蓿种植之分布

（一）明清苜蓿种植分布

从资料记载看，明清时期西北有大量的苜蓿种植，主要分布在陕西、宁夏、甘肃、青海和新疆（表 4-3）。

在有些方志中，对苜蓿的种植状况还作了记述。明嘉靖二十一年（1542 年）《陕西通志》中对苜蓿有这样的记载，"宛马嗜苜蓿，汉使取其实，于是天子始种苜蓿，肥饶地，离宫别馆旁，苜蓿极望（《史记·大宛列传》）。乐游苑多苜蓿，一名怀风，

表 4-3　明清时期西北地区苜蓿种植分布

地区	县、府、厅等
陕西	佳县、米脂县、怀远县、绥德县、子洲、洋县、咸宁县、肤施、靖边县、延长、甘泉、泾阳县、白水县、保安县、安塞县、咸阳县、同州、三原县、澄城县、蒲城、汉中府、兴安府、西安府、凤翔、延安、干州、邠州、鄜州
宁夏	固原、花马池县、中卫县
甘肃	肃州、镇番县、肃镇、崆峒山、静宁县、泾州、秦州、合水县、敦煌县、靖远县、山丹县、伏羌县、高台县、甘州府、五凉、西和县、两当县、狄道州、成县、兰州
青海	大通县、循化厅
新疆	吐鲁番、孚远县、精河厅、科尔坪县、焉耆府、若羌县、皮山县、英吉沙尔厅、四道、哈密厅、伊犁、迪化、塔城、叶城、喀什噶尔、博州
绥远	清水河厅、河套、萨拉齐

注：表中涉及的地名以历史文献记载为准，这些地名可能与现今地名有很多不同，这主要是为了保持历史资料的本意。其余类似情况与此相同。

时人或谓之光风，风在其间，常萧萧然，日照其花有光采，故名，茂陵人谓之连枝草（《西京杂记》）。陶隐居云，长安中有苜蓿园，北人甚重之。寇宗奭曰，陕西甚多，用饲牛马，嫩时无人食之（《本草纲目》）"。《陕西通志》还指出，民间多种以饲牛。清嘉庆七年（1802 年）陕西的《延安府志》指出，"肤施、甘川、延长俱有苜蓿。"清乾隆时期甘肃的《高台县志》记载："苜蓿甘（甘州，今张掖）、肃（肃州，今酒泉）种者多，高台种者少。"光绪二十四年（1898 年），青海《循化厅志》记载："韭、蒜、苜蓿、山药园中皆有之。"光绪《新疆四道志》记载："三道河在城西四十里，其源出塔勒奇山为大西，沟水南流，五十里有苜蓿。"

（二）民国苜蓿种植分布

在民国时期，陕西、宁夏、甘肃、青海、新疆和绥远（西部）等省都有苜蓿种植。据不完全考查，约有 52 个县（地区）种植苜蓿，其中以陕西最多，达 22 个县，甘肃次之，为 14 个县，新疆为 20 个县（地区），绥远（西部）为 4 个县，宁夏 2 县（道）和青海 1 个县（表 4-4）。民国二十五年（1936 年）安汉等在《西北农业考察》指出，苜蓿在甘肃中部、西部和青海的东部均有少量种植。

民国二十三年（1934 年）《续修陕西通志稿》亦记有："此（苜蓿）为饲畜嘉草……种此数年地可肥，为益甚多，故莳者广，陕西甚多。"民国二十四年（1935 年）甘肃的《重修镇原县志》记载："草之属茜草、马蔺、苜蓿其最多也。"民国二十五年（1936 年）《绥远通志稿》："苜蓿，野菜也，而绥地亦多种植者。多为饲畜之用，牛马食之，最易肥壮，故晋郭璞作牧畜。言其宿根自生，可饲牧牛马也……今本省处处有之，以地当西北，盖自昔称陕、陇出产为多也。另有一种野生苜蓿，叶较细小，长二三分，夏开紫蓝色小花，连接如穗，亦可饲牛马，然不及种植者之为牛马喜食耳。"

表 4-4　民国时期西北地区苜蓿种植分布

地区	县（道）
陕西	神木、咸阳、宝鸡、榆林、绥德、延安、安塞、甘泉、保安（志丹）、安定、定边、靖边、延川、澄成、黄陵、洛川、富县、渭南、鄜县、蓝田、武功、鳌屋
甘肃	天水、灵台、永昌、岷县、兰州、安西、镇原、华亭、民勤、张掖、灵台、陇东（庆阳）、环县、曲子
新疆	和田、皮山、于阗、墨玉、乌鲁木齐、伊犁、塔城、布尔津、阿克苏、阿瓦提、温宿、柯坪、乌什、焉耆、吐鲁番、库尔勒、托克逊、尉犁、乌苏、轮台
绥远	五原、狼山、萨拉齐、归化
宁夏	盐池、朔方道
青海	大通

第三节　华北苜蓿发展与种植分布

一、华北苜蓿之发展

（一）魏晋唐宋苜蓿

黄河中下游　李长年（1959）研究认为，《齐民要术》所讨论的农业生产范围，主要在黄河中下游，大体包括山西东南部、河北中南部、河南的黄河北岸和山东。《齐民要术·种苜蓿第二十九》所讨论的可能就是这个区域的苜蓿种植管理经验。另外，在北魏孝文帝迁都洛阳后，重建洛阳城，并建了名为光风园的皇家菜园。北魏杨衒之《洛阳伽蓝记》载："大夏门东北，今为光风园（即苜蓿园），苜蓿生焉。"在皇家林园中也建有蔬圃，种植各种时令蔬菜，其中就有苜蓿。另据《述异记》记载："张骞苜蓿园，今在洛中，苜蓿本胡中菜也，张骞始于西戎得之。"

黄河下游流域　缪启愉1981年指出："唐韩鄂《四时纂要》采录的内容主要在北方，特别是苜蓿应该介绍的是渭河及黄河下游流域民间苜蓿种植管理技术。"缪启愉认为，《四时纂要·十月》载："买驴马京中"暗示着他的地域性，唐都长安，五代的后梁都城在开封、洛阳（后唐等亦在此两地），因此韩鄂的地区当在渭河及黄河下游一带。唐薛用弱《集异记》记载："唐连州刺史刘禹锡，贞元中，寓居荥泽（在今郑州西北古荥镇北）……亭东紫花苜蓿数亩。"这也说明唐郑州一带有苜蓿种植。唐苏敬《新修本草》载："苜蓿，……长安中乃有苜蓿园"。唐李商隐《茂陵》曰："汉家天马出蒲梢，苜蓿榴花遍近郊。"茂陵位于今陕西省兴平市东北，咸阳市区西面，渭河北岸，与周至县隔渭河相望。张波（1989）、耿华珠（1995）指出，李商隐的

《茂陵》诗，赞美了关中苜蓿榴花遍近郊的景象。张波（1989）进一步指出，在隋唐苜蓿这种多年生牧草已被纳入农作制中，施行耕耘灌溉等大田栽培措施，使其产量和品质不断提高，更加宜牧益人。张仲葛和朱先煌（1986）亦指出，因西汉的京都在长安，苜蓿种在"离宫别馆旁"，接近京都的关中群众首先学会了苜蓿种植技术，到唐关中苜蓿种植规模不断扩大、栽培技术不断改进，苜蓿逐渐成为牛猪等家畜的重要牧草以及人吃的蔬菜。

（二）元明清时期

元熊梦祥《析津志辑佚·寺观》录阎复《大头陀教胜因寺碑铭》："至元辛巳（1341 年）赐大禅师之号，为头陀教宗师。会诏假都城苜蓿苑，以广民居，请于有司，得地八亩，萧爽靖深，规建精蓝，为岁时祝圣颂祷之所。"

苜蓿是明清时期黄河中下游地区普遍种植的作物，既作肥料，又作饲料，平日可为蔬菜，灾年即能度荒。据地方志记载，不少地方常有十之一二的地种苜蓿。它不仅适于碱地种植，而且能使碱地不碱，河南祥符县老农说："苜蓿菜性耐卤，宜种卤地，并且性能吃卤，久种苜蓿能使卤地不卤，多种苜蓿以备荒年。"

明代苜蓿种植较为广泛，除西北苜蓿种植普遍外，山西（大同县、天镇县、太原县、宝德州）、河北（赵州、河间府）、河南（尉氏县、兰阳县，乃至开封周围）、山东（夏津县、太平县、新城）也种苜蓿。王象晋《群芳谱》记载，"三晋为盛，秦、鲁次之，燕、赵又次之，江南人不识也。"说明苜蓿在黄河流域种植广泛。《山西通志》亦记载："苜蓿，出大同、天镇、应州。……陶隐居曰，长安中有苜蓿园。"《隆庆赵州志》记载："《神农本草》云，常山郡有草，……种他如芦碑、苜蓿之类在有之，不能尽载。苜蓿可以饲马。"

清张廷玉《明史》对苜蓿也有记载。据《明史·志第五十三》记载，"明土田之制，凡二等：曰官田，曰民田。初，官田皆宋、元时入官田地。厥后有还官田，没官田，断入官田，学田，皇庄，牧马草场，城墙苜蓿地，牲地……通谓之官田，其余为民田。"李洵（1982）指出，城墙（音 ruǎn）苜蓿地为近城或城下地，此等地原来是禁止耕种的，16 世纪后准许开垦。清张廷玉《明史·志第六十九》亦有记载，"考洪武朝，官吏军民犯罪听赎者，大抵罚役之令居多，如发凤阳屯种、滁州种苜蓿、代农民力役、运米输边赎罪之类，俱不用钞纳也。"《明史·列传第八十九》还有记载，"核九门苜蓿地，以余地归之民。勘御马监草场，厘地二万余顷，募民以佃。房山民以牧马地献中官韦恒，轶厘归之官。"

明王廷相《浚川奏议集》记载，"看得巡视草场御史等官张心等题称，南京守备衙门占收租银荒熟田地并苜蓿地，共计一十一万二千一百七十七亩有余。"李增高研究指出，"明代御马监的草场在今北京境内面积较大的主要有：顺义县北草场东上林苑监良牧署，养生地并水田共二千六百四十一顷；东直门并吴家驼牛房草场，堪种地四百六十三顷；正阳等九门外苜蓿地一百四十顷；西琉璃厂羊房草场地九顷等"。

　　到清代，苜蓿已在中原及华北地区广泛种植。《广群芳谱》引《群芳谱》记述苜蓿种植情况曰："张骞自大宛带种归，今处处有之……三晋为盛，秦、鲁次之，燕、赵又次之，江南人不识也。"这说明苜蓿的栽培区域主要是在黄河流域，并且清代许多农书，如《农桑经》《救荒简易书》《农圃便览》《增订教稼书》等记述了山东、河北、河南、山西等地的苜蓿农事，如苜蓿的种植技术、盐碱地改良、轮作制度、饲喂技术、食用性、救荒性等。《植物名实图考》对生长在山西的苜蓿植物生态学进行了研究。由此可见，清代苜蓿在该区域种植的广泛性和普遍性。在有些方志中，对苜蓿的种植状况还作了记述。

　　山东种植苜蓿有千年以上的历史，主要产地在西北的德州、聊城、滨州（惠民）和西南的菏泽、聊城南部。无棣县是个种植苜蓿历史悠久的县，据《无棣县志》记载，早在1522年就有苜蓿种植，迄今已有490多年了。河北《巨鹿县志》载，1644年就有苜蓿种植，《阳原县志》亦记载，1711年种有苜蓿。说明这些地方种植苜蓿的历史至少在300年之上。乾隆二十二年（1757年）《宣化府志》载有："成宗元贞二年（1296年）以宣德、奉圣、怀来、缙山等处，牧宿喂马。"乾隆四十四年（1779年）《河南府志》有这样的记载："苜蓿：述异记张骞苜蓿园在洛阳，骞始于西国得之。伽蓝记洛阳大夏门东北为光风园，苜蓿出焉。"这些都反映了当时苜蓿种植地的一些具体情况。河南《汲县志》亦说，"苜蓿每家种二三亩"。嘉庆十八年（1813年）的河南滑县以政令的形式推广苜蓿种植，《抚豫恤灾录》记载了滑县苜蓿种植情况，"沙碛之地，既种苜蓿之后，草根盘结，土性渐坚，数年之间，既成膏夷，于农业洵为有益。"时人黄钊游历开封时目睹了这一变化，并留下了"北去龙沙苜蓿肥，故宫禾黍莽离离"的诗句。这些都反映了当时苜蓿种植地的一些具体情况。俄国化学家门捷列夫（1834～1907年）对中国的兴趣也很浓厚，他对古代和近代中国的研究先后达50年之久，1856年，他正式申请来到设在北京的俄国磁测气象站工作，19世纪60年代，他在俄国自己的园子里，将中国的苜蓿和小麦成功地试种为俄国北方地区的田间农作物。

　　光绪十年（1884年）《畿辅通志》记载："苜蓿原出大宛。汉使张骞带入中国，叶似豌豆紫花，三晋为盛，齐鲁次之，燕赵又次之。"这说明河北省境内早就有种植苜蓿的习惯，借以增加地力，改良土壤，解决养畜的饲草问题。

（三）民国时期

　　华北自古以来就是我国紫花苜蓿的主产区，明王象晋《群芳谱》曰：苜蓿"三晋为盛，秦、鲁次之，燕、赵又次之，江南人不识也。"山西晋中地区、晋南谷盆地区，苜蓿已有 2000 多年的历史。从唐以来，山西、豫西、陕西等地区农牧业很发达，多有牧苑畜马之处，广种苜蓿。因此，苜蓿在该区域种植历史悠久，在长期的栽培过程中，形成了不少适应该地区自然条件的地方品种，如晋南苜蓿。据河南省考查，该省种苜蓿的历史与其临近的陕西省、山西省一样悠久，可以追溯到千年以上。河北省蔚县有的乡叫"苜蓿乡"，蔚县高家烟村在 20 世纪 50 年代即有生长 40 年以上的苜蓿。据测定，有一主根，分若干根颈，生长繁茂，证明苜蓿生长年限很长了。洪绂曾（1989）在《中国多年生栽培草种区划》中明确指出，据蔚县老农说前三辈这里就种苜蓿了，据河北农业大学孙醒东教授生前介绍，在河北蔚县小五台山发现有苜蓿已成野生状，可见历史之悠久。由于蔚县苜蓿种植历史悠久，所以形成了蔚县苜蓿品种。

洪绂曾（1989）指出，山东、安徽、江苏等苜蓿栽培已有近 200 年的历史了，江苏省栽培紫花苜蓿的历史较久，并有地方品种淮阴苜蓿。江苏省和安徽省的淮河和灌溉总渠以南的干旱和沿海地区，中华人民共和国成立前群众均有种紫花苜蓿的习惯，主要刈割作牛、羊、猪的青饲料，幼嫩时也可刈割作家禽的青料。苏北徐淮地区涟水、淮阴、沭阳的农民，在 1900 年前每家种植苜蓿 2～3 亩，多至 10 余亩，饲喂耕牛和猪。经过较长时间的栽培、利用和驯化，逐渐形成了一个适应徐淮地区环境条件的苜蓿品种类型，耐寒、耐热，开花结实多，成熟早、抗病力强，俗称淮阴苜蓿或涟水苜蓿。川濑勇指出，"近年紫花苜蓿的栽培在流行，各地可见到试作，尤其山东省南部接近河南省境的各县更多。在惠民、阳信、无棣、沾化等县已经经过了试作阶段，每户都进行栽培，多数用于青割，早晚收割喂养牛。虽然该地区土壤的土质为碱性，但生长良好，年收割 3～4 次"。据《无棣县志》记载，苜蓿在 1522 年就有种植，到中华人民共和国成立前仍有种植，无棣苜蓿品种的形成与其长期种植分不开。据民国二十四年（1935 年）山东《陵县续志》各种重要物品生产量之统计：全县面积约为二千五百方里，合官亩一百三十五万亩，除碱潦、沙滩、河流、村落宅基地、公共场所、庙宇、道路所占地段外，可供生产之熟地约有三十万零七千五百余亩。每年苜蓿约占地百分之一点五，此数项共合地一万五千三百七十五亩。

民国十八年（1929 年）山西的《新绛县志》亦记载："苜蓿各乡村皆种之，为最佳之牧料。《植物名实图考》《述异记》谓张骞使西域始得苜蓿，则苜蓿非我国有也可知。"民国二十一年（1932 年）河北的《徐水县新志》指出："苜蓿一名木粟，一名怀风，一名光风草，一名连枝草，出大宛国，马食之则肥，张骞使西域带种归，今到处有之。徐水各村隙地种苜蓿者最多，用以饲马。"

20 世纪三四十年代，清苑县（属河北省保定市）种植的作物主要可分为如下三大类：粮食作物，主要包括小麦、玉米、谷子、高粱、大豆和甘薯；经济作物，主要包括棉花和花生；其他作物，主要包括苜蓿、蔬菜和瓜类等。据调查，1933 年山西省阳曲县农村以小麦为基础作物，同时还有高粱、玉米、粟、棉花、胡麻、白菜、胡萝卜、葱、豆类、茄子、黄瓜、西瓜、南瓜、苜蓿草（饲料）等。农民利用这些作物直接满足了粮食、饲料、肥料的消费和生产。

　　解放战争时期，频发的自然灾害对晋绥边区人民的生活产生了严重影响。晋绥边区地处黄河沿岸地区，因为靠近黄河，土多沙质，特别容易受旱，其中，尤其是河保两县靠河，人口较密，遭受旱灾威胁更为严重。"河曲保德州，十年九不收"的农谚，就是这些地区灾情的真实写照。晋绥边区政府每年在此地区进行防旱救灾工作，但是由于战争关系，并没有从根本上解决问题。此地区的生活环境较为安定，生产建设成了主要任务，争取逐年减轻旱灾威胁，最终根本解除旱灾威胁是这一地区的主要目标。通过总结长期与灾荒斗争的经验，制定了防旱、抗旱方案，在农业生产上提倡多种耐旱的植物：①荞麦，此作物在秋季下种，容易出苗，耐旱且能早吃；②草麦，即大麦，因靠河的湿地还有小块水地，多种草麦产量大，且能早吃秋菜；③多种糜黍，早熟而且耐旱。

二、华北苜蓿种植之分布

（一）明清华北及毗邻地区苜蓿种植之分布

　　从所考方志看，明清时期我国华北有苜蓿种植，主要分布于热河、察哈尔、河北、山东、山西、绥远；其中热河1个府、察哈尔4个县（府）、河北21个县（地区）、河南15个县（府）、山东29个县（州）、山西15个县（州）（表4-5）。

表4-5　明清时期华北及毗邻地区苜蓿种植分布

地区	县（府、厅）
天津	天津县
北京	南郊
热河	承德府
察哈尔	怀安县、赤城县、蔚县、宣化府
河北	巨鹿县、阳原县、任邱县、乐亭县、晋县乡、束鹿县、深泽县、鸡泽县、邢台县、宁津县、景州、庆云县、灵寿县、献县、冀州、南宫县、保定县、沧州、唐县、赵州、河间府
河南	兰阳县、新郑县、陈留县、郑州、仪封县、河南府、滑县、鹿邑县、祥符县、汲县、扶沟县、开封、洛阳、信阳县、尉氏县
山东	无棣县、淄川、日照县、金乡县、长清县、即墨县、利津新县、滨州、朝城县、陵县、昌邑县、阳信县、平原县、临邑、掖县、莘县、乐陵县、观城县、巨野县、济阳县、齐河县、高唐州、汶上县、商河县、泰安县、夏津县、陵县、滨州、太平县
山西	河津县、蒲县、隰州、保德州、榆社县、吉县、长治县、大同县、五台县、武乡县、广灵县、荣河县、朔州、辽州、太原县

鄂尔泰等《授时通考》指出：苜蓿"三晋为盛，秦、齐、鲁次之，燕赵又次之，江南人不识也。"据不完全考查，晋、秦、齐鲁和燕赵苜蓿合占清代苜蓿种植的49.4%。黄辅辰《营田辑要》指出："西北多种此（苜蓿）以饲畜，以备荒，南人惜不知也。"

（二）近代华北及毗邻地区苜蓿种植之分布

从所考资料看，近代华北及毗邻地区（河南、苏北）种苜蓿的省份主要有察哈尔、北平、天津、河北、河南、山东、山西、江苏等，其中山东最多，达25个县（地区），其次是河北，达20个县（地区），山西次之，达11个县，其余均为1～4个县（地区）（表4-6）。

表4-6 近代华北及毗邻地区苜蓿种植之分布

地区	县（道）
察哈尔	怀安县、张北县、宣化县
北京	南郊、顺义县
天津	静海县
河北	阳原县、景州、深泽县、秦榆市（山海关）、乐亭县、晋县、鹿邑县、威县、广平县、景县、徐水县、新城县、柏乡县、束鹿县、交河县、霸县、蔚县、清苑县、大名县、高阳
河南	潼关（河南）、豫西、洛宁县
山东	齐河、乐陵、临邑、商河、陵县、惠民地区（阳信、惠民、无棣、沾化、博兴县）、聊城、菏泽、宁津县、金乡县、临清、济南、齐东县、莘县、高密县、昌乐县、德县、夏津县、莱阳县、济阳县、胶澳县
山西	沁源县、晋中地区、晋南盆地、霍山、虞乡县、临晋县、新绛县、襄垣县、介休县、太谷县、翼城县
苏北	沭阳县、涟水县、邳州、淮阴县

第四节　东北苜蓿的发展与种植分布

一、东北苜蓿之发展

清代，奉天（今辽宁）设置辽东、辽西游牧总管，以司群牧事宜，并先后在锦县（今凌海市）大凌河和彰武县等地建立了牧马营。顺治二年（1645年），朝廷批准在彰武县设立皇家牧场，该牧场为盛京三大牧场（养息牧、大凌河、盘蛇驿）之首，牧养牛、羊。顺治八年（1651年）内务府在锦州属界的大凌河西岸建立大凌河牧场，专养马匹。康熙八年（1669年），大凌河牧场有骒马10群。此后马匹不断增多，马

第四章　苜蓿发展与分布

111

群不断扩大。乾隆十三年（1748 年），大凌河牧场的骒马达 36 群，大小骒马 1.97 万匹。乾隆年间，养息牧牧场较为兴旺，乾隆十九年（1754 年）勘定，牛、羊、马发展到 40 多群。奉天养马多充军用，光绪三十三年（1907 年），奉天养马多达 67.7 万匹。

大凌河牧场初隶于兵部，乾隆十五年（1750 年）牧场改隶盛京，由锦州副都统兼摄总管。牧场内部管理体制几经变动后定员，总管 1 员，翼领 2 员，牧长、副牧长、牧副、副牧副等各 34 员。总计员工 136 员，牧丁 526 名。

乾隆十二年（1747 年），大凌河牧场有骒马 36 群，达 19 700 匹，如此多的骒马需要大量的饲草。据赵尔巽《清史稿》记载，乾隆年间，大凌河：爽垲高明。被春皋，细草敷荣。擢纤柯，苜蓿秋来盛。说明在清代大凌河流域就有苜蓿栽种，并且位于大凌河的苜蓿秋天长势旺盛。孙启忠（2017）《苜蓿赋》记载清戴亨诗："辽东东北数千里，连峰迭嶂烟云紫。中产苜蓿丰且肥，春夏青葱冬不死。"乾隆四十四年（1779 年）《盛京通志》记载："羊草生山原间，户部官庄以时收交，备牛羊之用。西北边谓之羊须草，长尺许，茎末园如松针。黝色油润，饲马肥泽。居人以七八月刈而积之，经冬不变。大宛苜蓿疑即此，今人以苜蓿为菜。"胡先骕和孙醒东（1955）认为苜蓿（*Medicago sativa*）的别名亦叫羊草。光绪二十七年（1901 年），俄国人将紫花苜蓿引种在大连，以后逐渐北移至辽阳、铁岭。1907 ～ 1908 年，奉天农业试验场又在昌图分场试种美国苜蓿，生长及适应性良好。

从 1914 年伪公主岭农事试验场开始种植苜蓿，苜蓿在吉林省栽培至今。

在东北三省中，黑龙江种植苜蓿较晚。据《黑龙江省志·畜牧志》，1932 年黑龙江地区沦陷之后，在哈尔滨、佳木斯、克山、肇东等地的农业试验站和开拓团所在地曾进行种植。1940 年《北满及东满地方牧野植生调查报告》中记载：伪三江省中紫花苜蓿 195 公顷，平均每公顷收获苜蓿干草 3154kg，总收获量达 615t。1945 年，依克明安、海伦、苇河、宁安、瑷珲、孙吴等 14 个县（旗）种紫花苜蓿达 481hm^2。

二、东北苜蓿种植之分布

从所考方志看，东北有苜蓿种植，另外，对东北 32 个方志考证，在《盛京通志》和《吉林通志》发现有疑似将羊草（*Leymus chinensis*）作为苜蓿的记载。清代苜蓿主要分布在华北和西北，约占清代苜蓿的 87.1%。

表 4-7　明清时期方志中的苜蓿种植分布

地区	县（府、厅）	个数
辽宁	盛京、昌图县、锦州县、大连、辽阳、铁岭	6

近代东北地区的辽宁、吉林、黑龙江和内蒙古东部均有苜蓿种植，据不完全考证，约有43个县（道/州），其中辽宁12个县（地区）、吉林12个县（地区）、黑龙江14个县（地区），内蒙古东部5个县（地区）（表4-8）。

表4-8　近代东北地区苜蓿种植分布

地区	县（道）
辽宁	大连、旅顺、辽阳、铁岭、鞍山、锦州、熊岳、建平县、昌图、旅顺、哈达河、盘山县
吉林	公主岭、双辽、辉南、珲春、图们、龙井、和龙、延吉、吉林、舒兰县、桦甸县、吉林
黑龙江	克山县、佳木斯、拜泉县、海伦、宁安县、肇东县、哈尔滨、安达、昂昂溪、齐齐哈尔、牡丹江（桦林）、桦南县、通北县、绥棱县
内蒙古东部	扎兰屯、扎赉特、牙克石、大雁、海拉尔

第五节　川滇鄂湘苜蓿发展与种植分布

一、川滇鄂湘苜蓿之发展

郢州　西魏大统十七年（551年）置，治所在长寿县（今湖北钟祥市）。隋大业初改为竟陵郡。唐初复为郢州。贞观元年（627年）废。贞观十七年（643）复置，移治京山县（今湖北京山县）。天宝初年（742年）改为富水郡。干元初复为郢州，治所在长寿县（今钟祥市）。《唐会要》记载："开成四年（839年）正月。闲厩宫苑使柳正元奏……郢州旧因御马。配给苜蓿丁三十人。每人每月纳资钱二贯文。都计七百二十贯文。今请全放。当管修武马坊田地……郢州每年送苜蓿丁资钱。并请全放。"这说明唐代在郢州就有苜蓿种植。

陕川鄂毗邻地区　严如熤《三省边防备览》讨论的区域主要包括四川的保宁府、绥定府，陕西的汉中府、兴安府和湖北的郧阳府、宜昌府，记述了三省之边防事务，分为舆图、民食、山货、策略、史论等，其中"民食"卷曰："苜蓿，李白诗云天马常衔苜蓿花是此。味甘淡，不可多食。"说明三省毗邻地区也有苜蓿种植。

二、川滇鄂湘苜蓿种植之分布

从所考方志和农书记载看出，在民国时期四川省的苜蓿主要种植在川西北、保宁府和绥定府。湖北省则种在郧阳府、宜昌府和郢州等地。湖南省种在慈利县和安化县等地（表4-9）。

表 4-9　明清时期方志中的苜蓿种植分布

地区	县（府、厅）或地区	数量
四川	川西北、保宁府、绥定府	3
湖北	郧阳府、宜昌府、郧州	2
湖南	慈利县、安化县	2

第五章

苜蓿栽培管理技术

汉唐时，苜蓿为天子所重视，而且是供应外使的一项物资。所以接近京都的关中群众，首先学会苜蓿的种植技术，并进行大量推广。唐颜师古《汉书注·西域传》云："今北道诸州，旧安定、北地之境，往往有目宿者，皆汉时所种也。"苜蓿引种陕西关中地区的历史悠久，以后则逐渐推广扩展到其他地区。苜蓿很快被纳入我国农业种植体系中，其种植技术被东汉崔寔和北魏贾思勰所总结，分别记载在《四民月令》和《齐民要术》中，成为记载苜蓿栽培管理技术的最早农书。在之后不少农书中都有苜蓿栽培管理技术的记载。

第一节　苜蓿栽培技术

一、苜蓿适宜土壤

（一）早期对苜蓿适应土壤的认识

为了苜蓿的引种成功，初次种植苜蓿都选择的是上好地，如"始种苜蓿肥饶地"。司马迁《史记·大宛列传》曰："马嗜苜蓿，汉使取其实来，于是天子始种苜蓿肥饶地。"说明最初苜蓿被种在肥沃的土地上。在适应性方面，北魏贾思勰的《齐民要术》曰："地宜良熟，畦种水浇。"

（二）对苜蓿适应土壤的进一步认识

随着苜蓿种植面积的扩大和土壤类型的多样化，以及栽培技术的进步，对种植苜蓿的土壤类型也逐渐放宽。在宋代，苜蓿种植已近精耕细作，对苜蓿地的选择、播种和田间管理都十分注重。宋沈括《梦溪笔谈》记载，"苜蓿，择肥地剧令熟，作垅种之，极益人。"宋陈直《寿亲养老新书》亦有类似记载。宋晁补之《视田五首赠八弟无斁》诗曰："苏秦不愿印，乃在二顷田。东皋五十亩，力薄荆杞填。择高种苜蓿，不湿牛口涎。拙计安足为，朝往而暮旋。"

（三）苜蓿适应多种类型的土壤

在清代，人们对苜蓿耐瘠薄、耐盐碱、抗风沙等特性有了很深刻的认识，并很好地利用了这些特性，将其成功地应用在苜蓿种植中。《救荒简易书·救荒土宜》记载了适宜苜蓿种植的碱地、沙地、石地、淤地、虫地、草地和阴地（表5-1）。

清张宗法《三农纪》（成书时间乾隆二十五年，1760年）中亦有类似的记载："（苜蓿）茎之不歇，其根深，耐旱，盛产北方高厚之土，卑湿之处不宜其性也。"苜蓿多生长于北方土层深厚之地，不宜在低湿地上生长。《农桑经》《蒲松龄集》曰："苜蓿，野外有磽田，可种以饲畜。"说明苜蓿亦宜在土质瘠薄的地上种植。

表 5-1 苜蓿救荒土宜

宜土	特性或效果
碱地	祥符县老农曰，苜蓿性耐碱，宜种碱地，并且性能吃碱，久种苜蓿能使碱地不碱
沙地	苜蓿沙地能成，冀州及南宫县有种苜蓿于沙地者
石地	苜蓿性喜哈寒，宜种于又哈又寒石地
淤地	一劳永逸，生生不穷，苜蓿有此力量，种于刚硬淤地，刚硬不能为害也
虫地	苜蓿芽上无糖，虫不愿食也
草地	苜蓿宜于五六月种，假借草之阴凉以免烈日晒杀，使其因祸为福，化害为利
阴地	田地向阴或山所遮或林所蔽，农民辄叹棘手，若种苜蓿必能茂盛

在苜蓿播种前后，应十分注意地块或土壤的性状。民国二十三年（1934 年）李嘉猷指出，栽种苜蓿前后必须记住以下几点："①注意土壤排水，求土壤理学的状况良好，使根瘤菌活动完善；②层层耕耘土地以增进土壤菌之固定力；③缺乏腐殖质土壤，当补施有机肥，富有腐殖质之土壤，为促进其分解起见，可以施以石灰；④不宜再施或多施氮素肥料，如智利硝石硫酸铵等水溶性氮素肥料，更须忌之，盖氯化合物多时可以妨碍根瘤菌之发育也；⑤大量磷酸肥及钾肥最宜施之于土，盖不独与微生物营养有俾，尚同时为豆科植物本身所必需也；⑥土壤为酸性时，宜施碱性肥料中和之，为碱性时，宜施酸性肥料中和之，则适宜者，不碍菌之发育。"李树茂（1934）亦指出，作物对于土壤酸碱性之抵抗力，随种类而不同。燕麦、黑麦、芜菁及马铃薯于 pH5 ~ 6 时产量最大；小麦、大麦及紫花苜蓿则于中性或微碱性之反应下，生长颇茂。李树茂（1934）又指出，紫花苜蓿属于抗酸力最弱之作物。

民国三十六年（1947 年），汤文通研究指出，紫苜蓿不能耐碱，若土壤排水不良，便将受害。土若有石灰，则生长茂盛。我国西北部及北方诸省雨量少，土壤富含石灰质，紫苜蓿之栽培甚为普遍。南部雨量多，土壤大部为酸性，栽培较不适宜，然排水佳良之旱地，施以相当之石灰，亦未尝不可以栽培。土壤种类对于根系形式影响甚大，坚滞之土壤妨碍根部之发展，支根殊少，若土质轻松，则直根非常发达。

二、苜蓿播种技术

（一）播种时间

最早记载苜蓿栽培技术的是东汉崔寔的《四民月令》，对种植苜蓿的季节有详细记载，即除正月可种苜蓿外，七八月也可种苜蓿。由此可知，在东汉时期，苜蓿就有了春播、夏播和秋播的分期播种技术。虽然苜蓿可在春天播种，但其效果不如秋种，崔寔指出，"（正月）牧宿子及杂蒜，亦可种，此二物皆不如秋。"这是因为春天少雨干旱、多风低温，不利于苜蓿种子萌发，抓苗困难；而七八月（阴历）降雨多，土壤墒情好，温度较高，可满足苜蓿生长过程中对水热配置的特殊要求，有利于苜蓿种子的萌发与幼苗生长。在《四民月令》中，苜蓿出现3个播种期，苜蓿首次播种可在正月进行，七八月可进行第二次和第三次播种，首次播种和其后的播种时间相差五六个月，可见这是有意识的分期播种，目的在延长苜蓿的供应时间。

隋杜台卿《玉烛宝典》记载，牧宿（即苜蓿）子可在二月和七月播种。唐韩鄂《四时篡要》亦云，七月"种苜蓿"。宋吴怿在《种艺必用》中强调了苜蓿的播种时间，曰："正月种葱、芋、蒜、葵、蓼、苜蓿、蔷薇之类。"

明王象晋《群芳谱》中："苜蓿种植：夏月取子和荞麦种……"。徐光启《农政全书》曰：在引述《齐民要术》"种苜蓿"内容后，徐光启指出，"七月八月，可种苜蓿。"戴羲《养余月令》亦记载了类似的内容。

陈淏子《花镜》曰："七月宜事：下种，苜蓿；八月宜事：下种，苜蓿（宜中秋月夜。"《营田辑要》亦主张"苜蓿，七八月种。"另外，为了救荒，郭云升《救荒简易书》主张正月至十月均可种苜蓿（表5-2），并指出："田地背阴四时可种苜蓿。"《救荒简易书》还说："因地向阴，或山所遮，或林所蔽，农民辄叹棘手，若种苜蓿菜必能茂盛"。这说明林间隙地还可种苜蓿，这是林草间作的典范。清代陇南的麦类作物还包括荞麦、燕麦、玉麦、南麦等。荞麦，又名花荞，生长期较短，易收可磨面。一般在立秋前后种植。

表 5-2　苜蓿播种时间与措施

典籍	地域	农艺措施
三农纪	川西北	夏月收子和荞并种
农圃便览	山东日照	夏月取子和荞麦种之
授时通考	黄河中下游，包括山东、河南和山西东南部	七月种之，畦种水浇；夏月取子和荞麦种
农桑经	山东淄川及其附近	六月合收麦种；宜于七八月种
花镜	江浙一带	宜七八月下种
救荒简易书	河南滑县	田地背阴四时可种

（二）水地苜蓿种植

北魏贾思勰的《齐民要术·种苜蓿》对苜蓿种植技术有了更深刻的认识和详细记载。当时苜蓿既在水地上种植，又在旱地上种植，两者在耕作播种技术上有一定的差异。关于在水地上种植苜蓿，贾思勰指出："地宜良熟，七月种之，畦种水浇，一如韭法。亦一剪一上粪，铁耙耧土令起，然后下水。"就是说种苜蓿要选好地，可在七月播种，播种前要作畦，下种后浇水，一切和种韭菜的方法一样。在种植技术上对葱、韭种植技术加以借鉴，融会贯通。种苜蓿法"一如韭法"而"收韭子加葱子法"，采用畦种作垄法，注重追肥和灌溉，使用传统农具窍瓠播种，用批契拖曳镇压，用犁、铁齿耙对其翻耕作垄，松土保墒，"一种多收"。在成熟的、本土化的种植技术保障下，苜蓿成为人们所熟知的"懒人庄稼"。播种的方法与种韭菜相同，即用容量一升大的盏子倒扣在畦面上，扣出圆圈来，将种子播在圆圈内。将熟粪和土对半和匀后均匀盖在种子上面，覆盖达厚约一寸（寸，长度计量单位，1 寸 ≈ 3.33cm）。

园艺生产中的土地利用，使用"畦"的形式在我国由来已久，但畦的具体规格大小，直到《齐民要术》才有所总结。《齐民要术·种葵第十七》载："春必畦种，水浇"（春季多风干旱，非畦不得。且畦者，地省而菜多）。"畦长两步，广一步"，贾思勰在《齐民要术·种葵》中对作畦有详细的说明，畦：长十二尺（两步），阔六尺（一步）（后魏的尺，1 尺 =0.28m），即畦长 3.36m，宽 1.68m。畦大了浇水难得均匀，而且畦里不允许人踏入。把畦土深深掘起，再用熟粪和掘起的土对半相混，然后均匀撒在畦里，厚约一寸，用铁齿耙耧过，把土混和均匀，再用脚踏实踏平；接着浇水，让地湿透。待水渗尽了进行播种。这一记载清楚地表明，畦种与浇水是密不可分的。可以说，畦这种农田形式首先是为了灌溉的需要；在春旱多风的自然条件下，蔬菜生长中更不能不采取畦种的形式。同时，畦种便于提高土地利用率和土地生产效率，及其生长管理，有道是"地省而菜多"。畦的规格是"长两步，广一步"，这是一种小畦。小畦的好处是易于平整，使浇水更均匀。另外，小畦还便于作物田间管理，因为畦小农夫就可以不用进入畦内，站在畦边塄埂（田埂）上可进行操作。查《齐民要术》中畦种的蔬菜有：茄子、冬瓜、葵、蔓菁、韭、芥子、蜀芥、芸苔、蓼、芹、苜蓿等。正是在这种农田形式下，采取"分大水勤"的精耕细作技术，从而获得高产。由此可见，当时苜蓿就被纳入农业生产体系中，与其他蔬菜的地位一样，在进行精耕细作。

唐韩鄂《四时纂要》亦云，七月："畦种一如韭法，亦剪一遍，加粪，耙起，水浇。"

明刘基《多能鄙事》种苜蓿项中曰："七月种之，畦种水浇，悉如韭法，一剪一上粪，耙耧立起，然后下水。"清吴其濬《植物名实图考》曰："（苜蓿）西北种之畦中。"

由此可见，我国古代畦种苜蓿法已达到了精耕细作的水平。

（三）旱地苜蓿种植

贾思勰同时指出了在旱地上种植苜蓿的要求，即"旱种者，重耧耩地，使垄深阔，窍瓠下子，批契曳之。"在大田旱地种苜蓿时，要用耧将地耧过两遍，让垄又深又宽，用窍瓠（点葫芦，即一种手持播种器，内蒙古赤峰地区迄今仍在沿用此播种器）下种，然后拖着批契（一种覆土器）覆土（这种技术类似于现在北方旱地播种苜蓿采用的深开沟浅覆土的方法），并且贾思勰也复引了崔寔"七月八月，可种苜蓿。"可见，他也提倡旱地苜蓿在七八月（阴历）播种为好。

《齐民要术·种苜蓿》："铁耙耧土令起，然后下水。""窍瓠"，魏晋南北朝时期的一种专用播种农具，是用干葫芦硬壳制成，中间贯穿一根空棍，内装种子，手扶入地用以点播，播种起来轻便快速。据传，发明于东汉时期。但"窍瓠"名称始见于《齐民要术·种葱》："两耧重耩，窍瓠下之，以批契系腰曳之。"又《种苜蓿》："旱种者重耧耩地，使垄深阔，窍瓠下子，批契曳之。"

"批契"，播种后用于覆种、压实的辅助农具，系于腰间随下种进行覆土。作为农具名称，最早见于《齐民要术》中。《齐民要术·种葱》："两耧重耩，窍瓠下之，以批契系腰曳之。"又《种苜蓿》："旱种者重耧耩地，使垄深阔，窍瓠下子，批契曳之"。"批契"这一名称在《齐民要术》中作了注音，很可能是从少数民族语言中引进的音译词，这种农具在北方曾得到广泛应用，但"批契"这一名称除了《齐民要术》中出现外，其他文献中鲜少出现，可能也是语无定音，字无定字的原因。

（四）苜蓿起垄（垅）种植

起垄（垅）种苜蓿在唐之前还未曾出现过，而唐孙思邈《千金翼方》提到了垄种，《千金翼方·种苜蓿法》曰："老圃多解，但肥地令熟，作垄种之。"在宋代，苜蓿种植已近精耕细作，对苜蓿地的选择、播种和田间管理都十分注重。宋沈括《梦溪笔谈》记载，"苜蓿，择肥地劚令熟，作垅种之，极益人。"

（五）苜蓿保护播种与林草间作

唐初，关中地区"禾下始拟种麦"，属冬麦与粟复种。此外，还有苜蓿与麦子混播。《四时纂要》云，八月"苜蓿，若不作畦种，即和麦种之不妨。一时熟。"从《四时纂要》中涉及繁多的农业种类，我们可以看到，当时是以粮食、蔬菜为主，农、林、牧、副、渔全面发展的农业特色。而且在果树的嫁接、合接大葫芦、紫花苜蓿与麦子的混种等方面都较前代有所发展。它填补了自《齐民要术》至南宋《陈敷农书》之间相隔6个世纪的空白，为这段时间内的苜蓿保护播种技术提供了宝贵的资料。

明《群芳谱》云"种植，夏月取子，和荞麦种，刈荞时，苜蓿生根，明年自生……"，提到了夏播时苜蓿可与荞麦混播，荞麦成熟后割之，由于苜蓿是多年生牧草，来年会发芽返青。明戴羲撰《养余月令·四月上·艺种》亦载："苜蓿，是月取子和荞麦种之，刈荞时，苜蓿生根明年自生，三年极盛。"

清代《授时通考》引用《群芳谱》的苜蓿播种时间曰："夏月取子和荞麦种，刈荞时，苜蓿生根，明年自生。"《农桑经》《农圃便览》等都记载荞麦和苜蓿混播的经验，苜蓿可于"夏月取子和荞麦种，刈荞时，苜蓿生根。"《救荒简易书》亦指出，"闻直隶老农曰：苜蓿菜七月种，必须和秋荞麦而种之，使秋荞麦为苜蓿遮阴，以免日晒杀"，这说明当时农民已认识到了，保护作物荞麦对苜蓿苗有遮阴保护作用，避免强烈的日晒将苜蓿幼苗晒死。另外《救荒简易书》亦记载了"五月中苜蓿和黍混播"，即在五月播种苜蓿时，可与黍混播。

（六）苜蓿撒播

近代华北　苜蓿一物，在农产中，可以说是最省事的一种，种好之后，每年只割三次而已，没有其他的工作，不用耪更不用整理。齐如山（2007）指出，"近代华北种苜蓿叫糭苜蓿，读如"漫"，散种也，不用耧耩，只用手撒散种子于地便妥。如苜蓿之播种，则永远用手撒，通呼为糭苜蓿，不曰耩苜蓿。不过布（播）种时须注意，因籽粒太小，土不能太松，因籽粒倘被土埋上，则虽生芽亦顶不出来；土皮太硬当然更不合适，地皮须平而软，雨后用手撒于地上便妥。"这个名词叫做糭。苜蓿种好之后，可以生长十余年，在此期内不必另种，惟怕水涝，一经水便算完事。

三、苜蓿种子处理

对苜蓿种子的硬实性，在清代就有了认识，并提倡苜蓿播种前要对其进行处理。中国科学院自然科学史研究所（1978）指出，明清两代的农书记载了在播种前要对苜蓿种子进行碾压搓摩，以提高其发芽率。

四、苜蓿轮作制度

（一）明清苜蓿轮作

明清时期，关中不仅普遍种植苜蓿作为家畜饲草，而且在轮作倒茬作物之中，亦一向被农民认为是谷类作物、棉花的良好前茬作物。明清时期，咸阳及周边地区，以小麦为中心进行轮作倒茬，将苜蓿加入周期性轮作制度中，一般种五六年苜蓿后，再连续种三四年小麦，以利用苜蓿茬的高肥力。所以关中民间流传着由来已久的农谚："一亩苜蓿三亩田，连种三年劲不散"，"倒茬如施粪"和"种几年苜蓿，收几年好庄稼"。李继云（1960）认为，苜蓿能改良土壤，提高其肥力的原因在于：①提高了土壤腐殖质的含量；②通过生物固氮，增加了土壤中的氮素含量；③改善了土壤的团粒结构；④增加了土壤的蓄水能力。

在明代人们已经认识到并开始利用苜蓿根系的固氮作用进行肥田，王象晋《群芳谱》曰：（苜蓿）"若垦后次年种谷，必倍收，为数年积叶坏烂，垦地复深，故三晋人刈草三年即垦作田，亟欲肥地种谷也。"说明苜蓿生长三年后，土壤肥力有明显的提高，可使需氮较多的谷类作物丰产。徐光启《农政全书》曰："苜蓿七八年后，根满，地亦不旺。宜别种之。"现代苜蓿科学也证实了这一点，即苜蓿一般生长七八年就会衰退，主要是由于丰富氮素的积累，磷、钾相对地逐渐贫乏，也越来越不利于根瘤菌的生长，因而，苜蓿开始出现生长不良。由此可见，在明代苜蓿出现在轮作制度中是有一定的科学依据和实践的，并表明我国在明代就有了以苜蓿为主的近乎现代科学的草田轮作。

据乾隆年间《镇番遗事历鉴》记载："今农民为养地力，其法有二：一即歇沙，一为换茬种植。歇沙需深翻，或歇一年，或歇二年，夏种时，大水冬灌，冻泡如酥，遂成沃田。换茬最易，甲年种麦，乙年种糜，亦见奇效。若地力过疲，易之苜蓿，阅二三年，遽成上上之地，盖亦农家经验也。"说明清代镇番县（今民勤县）在农业活动中多采用歇沙或种苜蓿换茬等轮作方式来保持地力不减退。陈恢吾《农学纂要·轮栽停种》曰："凡轮栽，当先栽深根之物，以吸下层养质，次栽中根浅根。凡豆类为深根，甘薯等根为中根，禾类为浅根。小麦、寒麦、萝生、苜蓿及捶油之菜，皆吸食深土之质，大麦、番薯、莱菔皆吸食浅土之质。深根为浅根者吸淡气，引土脉（刈时必留其根），而浅根者遗其根干于地，亦可为深根植物之助。亦有连种而愈佳者，棉、蓝、甘薯是也。"并制定了苜蓿—麦粟类—萝卜薯等作为 3 年轮作制，"豆、苜蓿后，宜麦粟类，后宜萝卜、薯蓣等。谷禾前宜豆，树棉之地，初年种棉，次年禾麦，三年复种棉，皆得益。"陈恢吾总结到，"轮种之法，或三年一周。先停种，次小麦，次雀麦与豆（瘠土宜）。或四五年一周，或七年一周。大率第一年莱菔或各种根菜，次年大麦，次苜蓿，次小麦。或第一年莱菔，次小麦，次大麦，次苜蓿，次小麦。或先莱菔，次大麦，次苜蓿，次雀麦，次番薯，次小麦，均得法。"蒲松龄《农桑经》曰："苜蓿……六七年去根另种。若垦后种谷，必大收。"《营田辑要》亦有类似记载："苜蓿，六七年后，去其繁根便茂，若以种地必倍收。"

（二）近代苜蓿轮作

在近代，苏北盐垦区进行草租，迫使佃农种植苜蓿。苜蓿耐盐性强，成熟快，产量丰，成熟后将其枝叶去、覆盖田面，可起盖草之效，枝叶腐烂后又可增加土壤肥力。例如，如皋垦区，"多数以豆科植物中之金花菜作绿肥"。其他县，"在久垦之熟地，虽有种植豆麦者，亦仍保留苜蓿，于五六尺之宽行中，种豆麦一条而已。"

苜蓿成熟后,会接着种棉花。为节省人工,收获苜蓿和种棉往往同步进行:5 月初、中旬,先"将苜蓿割刈,用锄翻土,使根部翻散地面。"然后用撒播法,将棉籽下种盖土后",最后"用铁塔,将金花菜种子撒播置田间,兼行覆土"。这样,既完成了棉花播种,又借机将苜蓿的种子保存在土壤内,"作为第二期种子",待来春再次破土、发芽。中棉成熟期短,立夏(5 月 5 ~ 6 日)播种,8 月下旬开始收获,9 月下旬可望收获完毕。如天时不利,可将播种时间推迟至 5 月中旬,这样也能赶 11 月初早霜来临前收获完竣。因而,种植中棉与种植苜蓿可相得益彰。改良脱脂棉的成熟时间稍长于小洋花。这就意味着,必须将改良脱脂棉的播种时间提前至立夏以前,这样一来,就面临着苜蓿留种困难,因为此时苜蓿的种子尚未成熟,不宜锄去苜蓿,若将苜蓿锄去,来年须购种子,这是一笔不小的经济、人工支出。倘待苜蓿完全成熟后,边锄去苜蓿,边种棉,虽然保住了苜蓿种子,但棉花因错过了适期播种时间,其收成将受到影响。也就是说,无论是先种改良脱脂棉,还是先锄去苜蓿,佃农的家庭经济都会受到影响。

到 20 世纪 30 年代,西北地区的农民对传统的耕作技术的运用更加得心应手,使生产环节更加完善。耕种制度发展到此时,各地因地制宜地创造了多种科学的轮作方案。据 30 年代调查,陕、甘、宁、青各地都有采取轮作倒茬的经营方式。在陕西苜蓿与小麦轮作倒茬,甘肃河西走廊播种豌豆,在开花前用犁深翻沤肥,都是科学的提高肥力、改良土壤的行之有效的措施。这种豆科作物的根系上的根病菌可将游离氮固定在土壤中,增加氮的含量,其本身还是很好的绿肥,补充了土壤的有机质。前者又是优质牲畜饲料草,嫩叶可供人们食用。轮作倒茬符合现代农业科学原理,不仅有一定的休养地力、防病除虫的作用,还有提高农产品产量的效果。

1932 年,绥远省五原农事试验场利用苜蓿试行粮草轮作,1933 年,五原农事试验场场长张立范,利用苜蓿试行粮草轮作在绥西得到推广。为了解决苜蓿种子问题,在五原份子地农场、狼山畜牧试验场建立了苜蓿采种基地。据黄宗智(2000)调查,1949 年前松江县的小麦往往主要种在较高的旱地。在薛家埭等村,单季稻之后往往种绿肥(苜蓿),而不是小麦。1935 年,开封改良碱土试验场,引种苜蓿等 5 种作物进行耐碱性试验,并对改良土壤效果进行试验。

东北沦陷时期,日本为了更多地掠夺东北资源,在农业上实施"北满改良农法",其重要内容就是推行以苜蓿、燕麦为核心的作物轮作制,实现有畜农业,以增加农畜产品。为了推进该计划的实施,民国二十八年(1939 年)"伪满开拓总局"下设了"开拓农业 42 实验场",并分别在哈尔滨、桦林、弥荣村、水曲柳、哈达河、通北、北学田、王荣庙和阿什河等实验农场中实施"北满改良农法"。从表 5-3 可看出,日伪为了实现有畜农业,很重视苜蓿、燕麦等优良饲草的发展,将其纳入轮作制推广之,以保障家畜的饲草供应和土壤改良。

表 5-3 "北满改良农法"中的作物轮作制

年份	地块					
	第一块	第二块	第三块	第四块	第五块	第六块
第一年	燕麦、苜蓿	小麦	—	大麦、小麦	大豆	—
第二年	苜蓿	大豆	豌豆	—	燕麦	—
第三年	甜菜、马铃薯	甜菜、马铃薯	小麦	大豆	苜蓿	燕麦
第四年	大豆、小豆	燕麦、苜蓿	菜豆、小豆	—	燕麦	苜蓿
第五年	亚麻、玉米	苜蓿	燕麦、苜蓿	大豆	—	大麦、小麦
第六年	—	玉米	苜蓿	—	大麦、小麦	大豆

"—"表示无数据。

据调查，1949 年前松江县的小麦往往主要种在较高的旱地。在薛家垞等村，单季稻之后往往种绿肥（苜蓿），而不是小麦。

第二节　苜蓿管理技术

一、苜蓿田间管理

（一）苜蓿地的冬春季管理

汉魏时期，人们已注意到苜蓿的根部与众不同。"每至正月烧去枯叶"。"地液辄耕垄"，春天返浆时要在苜蓿之间的行间翻耕，"耕垄外，根斩；覆土掩之，即不衰"，用鲁斫掘除宿根外的旁土。苜蓿根系强大，四处延伸，须要耕断旧根束，激新根更新。在苜蓿田间管理方面贾思勰也进行了论述，即"每至正月，烧去枯叶地液，辄耕垄，以铁齿镉榛之，更以鲁斫斸其科土，则滋茂矣。"苜蓿为多年生牧草，秋季枯萎后，宿根上积聚不少枯叶和杂草，对来年苜蓿的返青生长有一定影响，故在每年的正月地解冻前烧掉，既有利于苜蓿的返青生长，又起到了施肥、消灭病虫害和抑制杂草的作用。由此可见，在北魏就将火因子引入苜蓿田间管理了。到地解冻后，要及时耕翻垄（垄背），用铁齿耙耙地一遍（即对苜蓿地进行浅层松土），用鲁斫在其根部附近松土，再用粗锄将科土（生土块）敲碎，这样苜蓿就会生长得很旺盛，不然苜蓿就会生长不良。

《四时纂要》也指出了苜蓿地冬季管理十二月，"烧苜蓿：苜蓿之地，此月烧之，讫，二年一度，耕垄外，根斩，覆土掩之，即不衰。""二年一度，耕垄外，根斩，覆土掩之，即不衰。"就是说每两年在苜蓿根外（即垄被，苜蓿行与行间）进行浅耕松土，还可将苜蓿根进行丛向劈分，以增加苜蓿的分枝数，并将劈分的苜蓿根用土覆盖，这些措施有利于延缓苜蓿的衰老。

明刘基《多能鄙事》云："地液，即搂更，斫劚其科土，则不瘦。"徐光启《农政全书》曰："地液，辄耕垄，以铁齿镉榛之；更以鲁斫劚其科土，则滋茂矣。不尔则瘦。"

《农言著实》还提到了苜蓿地的秋冬季管理，"苜蓿地经冬，先用挖犁在地上下，乱挖几十回，省旁人冬月在地内扫柴火，不大要紧，第二年苜蓿定不旺矣。至于锄，须到来年春暖花开，再教人锄。"是说进入九月（阴历），天气渐冷，苜蓿停止生长后，用齿耙将地面枯枝落叶清理出来，以免冬季别人在地内搂柴火。

（二）火烧苜蓿地

古人早就知道了苜蓿对火的适应性，在《齐民要术》曰："每至正月，烧去枯叶。"唐韩鄂在《四时纂要》中提到了火烧苜蓿，《四时纂要》曰："烧苜蓿：苜蓿之地，此月（十二月）烧之，讫……"。元《王祯农书》在《授时指掌活法之图》中将"烧苜蓿"列为正月的农事操作。这与元大司农《农桑辑要》引述的《四时纂要》"烧苜蓿之地，十二月烧之讫。"略有不同。明刘基《多能鄙事》云："每至正月，烧去枯叶。"可见，我国早就认识到火对苜蓿的作用了。

（三）苜蓿施肥灌水

苜蓿每刈割一次后均要施肥，并用铁耙将表土搂松，然后浇水。《齐民要术·种苜蓿》云："亦一剪一上粪，铁耙楼土令起，然后下水。"另外，在楼兰遗址出土的汉简中对苜蓿灌溉有记载，"城南牧宿六月十八日得水"。胡平生（1990）指出，此简在讲，当时驻扎在楼兰的军队在城南种有苜蓿，赵辩可能奉命到城南苜蓿地执行任务，他在报告中讲，阴历六月十八日苜蓿得到了灌溉，生长情况良好。

宋沈括还强调了苜蓿刈割后的水肥管理，苜蓿"还须从一头剪，每剪加粪，锄"。《寿亲养老新书》曰："苜蓿……还须从一头剪，每剪加粪锄土拥之。"即通过锄地将土壅到苜蓿根颈处。由此看出，古代我国劳动者十分重视对苜蓿地的中耕松土和除草。

明刘基《多能鄙事》种苜蓿项中曰："七月种之，畦种水浇，悉如韭法，一剪一上粪，耙搂立起，然后下水。"清《新疆小正》曰：宿麦始苏，苜蓿灌渝。

（四）苜蓿地更新

在苜蓿生长习性、利用年限和无性繁殖方面，明王象晋有深刻认识，他在《群芳谱》中曰：苜蓿"三年后便盛，每岁三刈，欲留种者止一刈。六七年后垦去根，别用子种。若效两浙种竹法，每一亩今年半去其根，至第三年去另一半，如此更换，可得长生，不烦更种。"说明苜蓿在生长三年后便达到生长旺盛期，每年可刈三次，生长六七年后便可耕翻另种。这样的认识与现代苜蓿科学原理极其相似。彭世奖（2012）认为，《群芳谱》中的"若效两浙种竹法"意思难懂，有待进一步研究。

《三农纪》记载了生长五六年的苜蓿地管理措施，"苜蓿……五六年后根结，宜垦去另植。法当用：每亩分三段，今年锄根一段，明年锄一段，至三年锄一段。去一段，长一段，不烦更种。每牲得种一亩，一岁足用。宜捕鼠除虫，其苗可茂。"《授时通考》亦有相似记载。

关于苜蓿地管理，《农言著实》曰："此月（正月）气节若早，苜蓿根可以喂牛。见天日着火计挖苜蓿。咱家地多，年年有种底新苜蓿，年年就有开的陈苜蓿，况苜蓿根喂牛，牛也肯吃。"《农言著实》（二三月：春季）"挖苜蓿根要细心，叫伙计靠镬子挖。有苜蓿处，不待言也。即无苜蓿处，亦要用心挖。有土墼，务必打碎拨平，过底方妥。所以然者，何也？得雨后，就要种秋田禾。不如，日晒风吹，地不收墒；兼之没挖到处，定行不长田禾。牢记！牢记！"

二、苜蓿草田刈割制度

在苜蓿刈割方面，《四民月令》指出，"五月，刈英刍……又曰，七月，可种目宿……刈刍茭。"1959年，中国农业科学院和南京农学院中国农业遗产研究室指出，《四民月令》所说种苜蓿，也许春初用嫩尖作蔬菜，但作饲草利用是主要的，一年可刈割三次，即五月、七月、八月，《四民月令》所说五月刈英刍，可能是为了当时饲喂（即鲜喂），但七八月刈割苜蓿可能是为了晾晒干草，为冬天和早春储备饲草。缪启愉指出，《四民月令》中的"英刍"就是指开花而未结实的青草。由此可见，在汉代人们就掌握了苜蓿刈割的最佳时期。

人们还认识到苜蓿与原有园艺作物中的韭、葱相类似，具有多年生属性，"一年三刈……此物长生，种者一劳永逸。"《齐民要术》苜蓿地可"一年三刈"，倘若"留子者一刈则止。"苜蓿要"一剪一上粪，铁耙楼土令起，然后下水。"

唐《四时纂要》也指出了苜蓿在六月收获。苜蓿生长期要追肥，唐孙思邈《千金翼方》曰：苜蓿"还须从一头剪，每一剪加粪锄土拥之。"即说苜蓿要从一头开始刈割，割完后要施肥，并锄地将肥与土拥到苜蓿根附近。

明刘基《多能鄙事》云：苜蓿"一年三刈。其留子者一刈即止。此物长生，种不必再尤宜食。"明王象晋指出，六月采收苜蓿。

关于苜蓿刈割，张宗法《三农纪》中载：与荞麦混播的苜蓿，当年收割荞麦后苜蓿自生，"来年只可一刈，三年后更茂，每岁二刈，留种者只一刈。"《授时通考》亦有类似记载。《营田辑要》曰："苜蓿……岁可三刈，欲留种者止一刈。此物长生，一种之后，明年自生，可一刈，久则三刈。"王烜《静宁州志》记载："四月下旬观赏牡丹。这一月鲜花依次开放，小麦开始拔节，苜蓿、苦菜到了收获的季节；六畜开始怀孕；农夫开始播种秋谷。"

齐如山（2007）指出，苜蓿生苗后，本年固然不能割取，次年也就只能割一次，此名曰胎苜蓿，意如小儿刚生也。第三年便每年可割三次，这个名词叫做钐，用杆六七尺，镰刀长尺余，自春天起，每到开花时即钐，因为倘候结子再钐，则其茎已老如木质，牲畜不愿吃。初夏钐者名曰头茬苜蓿，因该时杂草尚未长高，钐得者是净苜蓿，不杂其他草类，所以最好，也最贵。三茬最次，因为钐时他草已长成，都连带钐来，无法挑拣，价较便宜。所以糇苜蓿时，便要审查该地，平常都是生何种草类，因为各种草固然都可以作饲料，但有优劣之分，所以应须注意。他每年除了收割三次之外，确实是没有其他的工作。

三、干草调制

苜蓿一年可割三次。《四民月令》载，五月刈英刍（青刍），供当时饲用；七八月刈茭刍（干刍），大部分供储草，以备冬季和早春的饲草。元俞宗本《田家历》记载，"六月，收李核（便种）、收苜蓿、收槐花（曝干）"。

《农言著实》曰："苜蓿花开园，教人割苜蓿。先将冬月干苜蓿积下，好喂牲口。但割底晒苜蓿，总要留心。午后以前底苜蓿，经日一晒，就可以捆了。午后以后底苜蓿，水气未干，再到第二日收拾。再者，当日捆，当日就要积，还要积在无雨处方妥，倘一经雨，则瞎矣。且当日积下底苜蓿，到底总是绿底，牲口亦肯吃。如果积在廖野处，风吹日晒雨又淋，将来大半是不好底，岂不可惜！所以然者，以其性不敢经风雨也。"《豳风广义》记载："须在三四月间，以羊之多少，预种大豆或小黑豆杂谷，并草留之……八九月间，带青色收取晒干，多积苜蓿亦好。"《豳风广义》还提到了苜蓿草粉的制作，"欲积冬月食料，须于春夏之间，待苜蓿长尺许，俟天气晴明，将苜蓿割倒，载入场中摊开，晒极干，用碌碡碾为细末，密筛筛过收贮"。

四、种子田管理

早在魏晋南北朝时期，人们就认识到了苜蓿种子田的刈割制度与苜蓿草田的刈割制度是不一样的。《齐民要术》曰：苜蓿"一年三刈。留子者，一刈则止。"倘若作种子的地一年只割一次即可，而作草田的地一年可割三次。

《养余月令·卷八·四月上》亦有类似的记载，此外，《养余月令》还曰：苜蓿"欲留种子者每年止可一刈，或种二畦，以一畦今年一刈，留为明年地，以一畦三刈，如此更换，可得长生，不须更种。"就是说今年一畦只割一次留种子田，而另外一畦割三次，作为草田；下一年又将上一年的草田割一次，留作种子田，而将上一年的种子田割三次，作为草田，如此反复更替进行，可延长苜蓿的使用年限。明《群芳谱》曰：苜蓿"欲留种者止一刈。"徐光启《农政全书》曰："一年（则）三刈。留子者，一刈则止……此物长生，种者一劳永逸，都邑负郭，咸宜种之。"

第三节 苜蓿农事月令

一、把握农时的重要性

春秋战国时期，人们已深刻认识农时的重要性，强调在农业生产中要"不违农时"。所谓不违农时，关键在于把握作物的农事在适宜的时机进行。古人把自然界气候变化的时序性称之为"时"，后来把"时"与"天"相联系，称之为"天时"。我国古代农业生产活动中对"天时"的观察可以追溯到农业起源的时代。掌握农时之所以重要，是因为农业是以自然界生物体的自然再生产为基础的，而生物体的生死荣枯与自然界气候的变化有密切关系，人们必须顺应"天时"。对此，当时人们已有所认识，如《吕氏春秋·孝行览·义赏》曰："春气至则草木产，秋气至则草木落。产与落或使之，非自然也。故使之者至，则物无不为，使之者不至，物无可为。古之人审其所以使，故物莫不为用。"这里讲的就是要按照自然界气候变化的规律来进行农事活动。

二、苜蓿农事活动

苜蓿农事活动最早出现在东汉崔寔《四民月令》中。崔寔积累多年经验，深刻地认识到，农业生产及以农业生产为基础的工商业经营，都必须考虑农作物的生长季节变化，加以合理的、妥善的安排，才可获得较多收益。《四民月令》按每年的十二个月和节气先后，安排应该的农事活动。例如，《四民月令》中的苜蓿农时月令（表5-4），正月可种瓜、葵、大小葱、苜蓿及杂蒜芋；五月刈英刍……日至后，可伞麸，暴干，置窑中，密封，至冬可以养马；七月可种芜菁及芥、苜蓿、大小葱、小蒜……刈刍茭；八月刈刍茭……可种苜蓿。之后《齐民要术》亦记载了苜蓿的农事月令，到唐，《四时纂要》对苜蓿农事月令有较为详细的安排，正月耕地……种苜蓿；六月收苜蓿；七月种苜蓿，畦种一如韭法；亦剪一遍，加粪，扒起，水浇；八月苜蓿，若不作畦种，即和麦种之不妨，一时熟；十二月苜蓿之地，此月烧之，讫，二年一度，耕垄外，根斩，覆土掩之，即不衰（表5-4）。

表5-4　苜蓿农事月令

典籍	月份/季节	农事活动	农艺措施要点	适宜区域
四民月令	正	播种	可种瓜、葵、大小葱、苜蓿及杂蒜芋	洛阳地区
	五	收获	刈英刍……日至后，可伞麸，暴干，置窑中，密封，至冬可以养马	洛阳地区
	七	播种、收割	可种芜菁及芥、苜蓿、大小葱、小蒜……刈刍茭	洛阳地区
	八	播种、收割	刈刍茭……可种苜蓿	洛阳地区
齐民要术	七		地宜良熟……七月种之，畦种水浇，一如韭法	黄河中下游，大体包括山西东南部、河北中南部、河南的黄河北岸和东部
四时纂要	正	播种	耕地……种苜蓿	
	六	收获	收苜蓿	
	七	播种、收割	种苜蓿，畦种一如韭法；亦剪一遍，加粪，扒起，水浇	
	八	播种	苜蓿，若不作畦种，即和麦种之不妨，一时熟	
	十二	烧苜蓿	苜蓿之地，此月烧之，讫，二年一度，耕垄外，根斩，覆土掩之，即不衰	
王祯农书	正	烧苜蓿	修农具、粪田、耕地、嫁树、烧苜蓿、烧荒、葺园庐	
多能鄙事	正	烧枯枝	每至正月，烧去枯叶，地液即搂更斫剧，其科土则不瘦	
	七	播种 刈割	七月种之，畦种水浇 悉如韭法，一剪一上粪，耙搂立起，然后下水	
群芳谱	夏	播种	夏月取子（苜蓿子）和荞麦种	
救荒简易书	五	播种	五月种苜蓿也须和黍混播	
	七	播种	苜蓿菜七月种，必须和秋荞麦而种之	
花镜	七	播种	蜀葵、望仙、苜蓿、水仙	
	八	播种	罂粟、洛阳花、苜蓿	
三农纪	夏	播种/收种	夏月收子，和荞并种	

续表

典籍	月份/季节	农事活动	农艺措施要点	适宜区域
农桑经	二	播种	野外有碱田，可种以饲畜	
	四	刈割	四月结种后，芟以喂马，冬积干者	
	六	刈割	合菠麦种。菠刈，苜蓿生根，明年自生	
养余月令	四	播种	是月取子，和荞麦种之，刈荞时，苜蓿生根	
农言著实	正	挖根喂牛	苜蓿根可以喂牛，见天日着火计挖苜蓿	陕西三原
	二	锄草	教人锄麦，地内草多者，要细心锄。再锄苜蓿	陕西三原
	三	收割	苜蓿花开园，教人割苜蓿	陕西三原
	九	残茬出来	苜蓿地经冬，先用挖犁在地上下，乱挖几十回	陕西三原
新疆小正	清明	灌溉	清明风至，苜蓿灌渝	新疆
静宁州志	四月下	收获	小麦开始拔节，苜蓿到了收获的季节	甘肃静宁
豳风广义	春夏之间	制草粉	将苜蓿割倒，晒极干，用碌碡碾为细末，密筛筛过收贮	陕西
	八、九	干草调制	八九月间带青色获取晒干，多积苜蓿亦好	陕西

　　到清苜蓿农事月令更具体、明晰。杨秀元在《农言著实》中提及了当时作物的种植情况，杨秀元的这部书是农业经营管理的优秀作品，他对于精耕细作尤为重视，他认为，一年到头，农业生产应该井然有序，无论是耕地、播种还是收获，农业劳动都要谨慎细心。农人一年到头在田地中劳作，就是为了多收粮食。书中提及每月应该干什么事情，三月苜蓿花开了，就要采苜蓿花，苜蓿花是种来喂养牲畜的，还要收割油菜花。四月要收豌豆和麦。到了五月要锄谷子，七八月就种来年收割的麦子。这个模式与上面提到的《知本提纲》中的种植时间是相似的。之后的《农言著实》的作者杨秀元更是提倡精耕细作的经营思想。书中数次提到了各种农作物收获环节的注意事项，如收割豆子的时候要将豆蔓多抖擞几次，收麦时候用耙耧，不能顺耧，顺耧不容易耧干净，抖擞麦秸要三换手，不至于秸秆中裹有麦粒，运输麦子的时候要注意每车不要多装，以免洒落等。还多次叮嘱家人要注意作物收获时候不能大意，收谷草要跟伙计说连根挖，根在冬天可以烧柴火，挖苜蓿根也要细心，要一撅头接着一撅头，有土块要打碎。菜籽要在黄色时候收，不能待其干了后收，碾过菜籽后要挑菜杆子，要让伙计脱掉鞋子，以免伤到菜籽，秋天的荞麦也要脱鞋。可以看出杨秀元对于农作物收获和储藏的认识分为两个重点：其一是要顺应农时，在适当的时候收获，不能耽误收获时间，尤其是在间种轮作的耕作条件下，耽误收获时间可能意味着下一轮的作物不能及时种植；其二就是精耕细作集约型经营方式，通过他反复强调避免浪费等，可以看出他持有投入较多劳动力，多劳多得的劳动密集型经营思想。

第六章

苜蓿合理利用

　　人们一般认为汉代是西北畜牧技术极为重要的发展阶段，即周秦时萌芽的以精细饲养为特征的传统畜牧技术在不断进步，精饲细养的农区畜牧技术体系正处于完善过程中。正是在这一历史时期，牧草苜蓿开始引入中土，始种于西北农区，极大地提高了家畜的营养水平，在西北乃至全国畜牧史上有着极为重要的意义。苜蓿是多年生牧草，波斯语意为"最好的草"。随着丝路开通，引进良马渐多，外使来者甚众，长安离宫别观旁也尽种苜蓿，以照顾来汉良马嗜苜蓿的习惯。苜蓿既是牧草，又是很好的蔬菜，且可入药，甚至还可作为耐旱的绿化观赏植物种于上林苑。不仅如此，苜蓿还是很好的农田绿肥作物，在培肥地力和倒茬轮作中发挥着重要作用。

第一节　苜蓿的饲用性

一、苜蓿的饲用形态

在古代农书中可以发现，苜蓿以多种形态在饲喂家畜，常见的形态如下。

青饲类　刈割后鲜喂。

干草类　刈割后进行晾晒，调制成干草进行饲喂。

干草粉　将调制成的苜蓿干草粉碎成粉状。

发酵类　将刈割后的苜蓿进行发酵后饲喂。

放牧类　在苜蓿地里进行家畜放牧。

从表 6-1 可以看出，在古代，劳动人民将苜蓿广泛应用在牛、马、羊、猪、鸡、鸭等家畜、家禽中。苜蓿鲜饲料营养丰富，便于猪、鸡、鸭食用，而苜蓿干草耐储藏，

表 6-1　记载苜蓿饲喂家畜、家禽的相关典籍

典籍	家畜或家禽	苜蓿形态	饲喂技术
四民月令		青苜蓿	五月刈英刍（青刍）
		干苜蓿	七、八月刈菱刍（干刍）
齐民要术	马	青苜蓿	（苜蓿）长宜饲马，马尤嗜之
养余月令	马	干苜蓿	苜蓿花时，刈取喂马牛。易肥健。食不尽者，晒干冬月剉喂
豳风广义	猪	青苜蓿发酵	唯苜蓿最善……以此饲猪，其利甚广……春夏之间，长及尺许，割来细切，以米泔水浸入……大瓮内，令酸黄，拌麸杂物饲之
	猪	苜蓿干草粉	若欲积冬月食料，须于春夏之间，待苜蓿长尺许，俟天气晴明，将苜蓿割倒，载入场；中摊开，晒极干，用碌碡碾为细末，密筛，筛过收贮。待冬月，合糠麸之类……而饲之
	鸭与鸡	苜蓿煮熟	饲养鸭与鸡同，用粟豆饲鸭，其利有限，不若细剉苜蓿，煮熟拌糠麸夫饲之，价省功速，亦善法也
	羊	苜蓿青干草	八、九月间，带青色收取晒干，多积苜蓿亦好
农言著实	牛	苜蓿根	（正月）苜蓿根可以喂牛
	牲口	苜蓿鲜草	与牲口吃苜蓿……惟至麦后，苜蓿不宜长，长则牛马俱不肯吃
三农纪	牛、马	苜蓿根	冬春锄根制碎，育牛马甚良
	畜	苜蓿鲜草	夏秋刈苗，饲畜
农桑经	马	苜蓿鲜草	四月结种后，刈以喂马
农圃便览	马	苜蓿鲜草	开花时刈取喂马，易肥
广群芳谱	马、牛	苜蓿鲜草	开花时刈取喂马、牛，易肥健，食不尽者，晒干，冬月剉喂

便于加工成其他形态进行饲喂。苜蓿干草是马的极好饲草。《农桑经·二月苜蓿》云："野外有硗田，可种以饲畜……四月结种后，芟以喂马；冬积干者亦可喂牛驴。"

在苜蓿饲喂的形态中，常常作为拌料与其他饲料一起饲喂，这种形态在猪、鸡饲喂中比较常见。苜蓿干草磨成粉后，与少量麸糠混合，喂猪极好。为猪储备冬季饲料制备苜蓿干草粉时，可用碌碡将晒干的苜蓿碾为细末。《豳风广义》云"若欲积冬月食料，须于春夏之间，待苜蓿长尺许，俟天气晴明，将苜蓿割倒，载入场；中摊开，晒极干，用碌碡碾为细末，密筛，筛过收贮。待冬月，合糠麸之类……而饲之。"《豳风广义》鸡园放之法云："及大鸡时，或将苜蓿煮熟，拌麦麸，或糜面、秫面，或粟豆，或农忙之月场边扫积五谷草子，皆可饲之。"《陈旉农书·牧养役用之宜篇》云："稿草须以时暴干，勿使朽腐。"其目的就是为了使饲草能长久储藏。特别是苜蓿晾干、碾末，制成苜蓿干草粉的方法，是我国劳动人民的一项重要发明。这是冬季幼畜，如犊牛、仔猪、羔羊、马驹、幼雏等的蛋白质、钙、磷及胡萝卜素的最良好的补充饲料。

发酵法或者是青饲料发酵法是我国古代创造的一种调制饲料的方法，特别适用于养猪。在发酵过程中，饲料中繁殖了许多发酵细菌，因而制造出许多的细菌蛋白质，从而提高了饲草的营养价值。此外，饲草经过发酵后，略带酒香和酸味，这对改进饲草的风味，提高其适口性是有帮助的。不仅如此，更主要的是经过发酵后的饲草可延长保存时间，防止像苜蓿这样高蛋白质饲草的腐烂而造成损失。我国最早叙述饲草发酵的方法是在700多年前元代王祯的《王祯农书》（1313年）。《王祯农书·农桑通诀·畜养篇》曰："江北陆地，可种马齿；约量多寡，计其亩数种之，易活耐旱；割之，比终一亩，其初已茂。用之铡（割）切，以泔糟等水浸大槛中，令酸黄，或拌麸糠杂饲之，特为省力，易得肥腯。"到了清代，则用苜蓿作为发酵的原料。清杨屾《豳风广义》云："养猪以食为本，若纯买麸糠饲之则无利。大凡水陆草叶根皮无毒者，猪皆食之，唯苜蓿最善，采后复生，一岁数剪，以此饲猪其利甚广。""春夏之间，长及尺许，割来细切，以米泔水浸入……大瓮内，令酸黄，拌麸杂物饲之。"这是利用饲料发酵技术，改善饲料的适口性，增加猪的食欲，从而提高苜蓿的利用率；另外，经过发酵，苜蓿可长期保持，延长苜蓿的利用时间。

养鸡、养鸭在屯肥时期，《豳风广义》云："细剉苜蓿煮熟，拌糠麸饲之。"《豳风广义》特别强调，用青苜蓿喂鸡时，须将其切碎后煮熟再喂。

二、两汉魏晋南北朝苜蓿的饲用

自汉武帝时苜蓿传入我国，当时主要作为马的饲草进行种植。据考证，汉武帝时有马匹多达40万匹，民马尚不在内，如此庞大的马匹饲养量，需要大量的优质饲草。

所以各郡县太仆属官除厩、苑令丞外，亦专设农官，经营农业，以供饲料。崔寔在《四民月令》中所说种苜蓿，主要还是用于马的饲草，一年刈割三次，即五月（刈英刍）、七月和八月都可"刈刍茭"。崔寔所说的五月苜蓿刈英刍，也许是为了当时的饲喂，但七八两月的刈刍茭大部分是为了预储冬季和春季的饲草。种植、刈割、储藏充足的干草，乃是为牲畜准备富有营养的饲草。所谓"茭"，《说文解字》曰："茭，干刍也。"颜师古在《汉书注·沟洫志》曰："茭，干草也。谓收茭草及牧畜产于其中。"邹介正等（1994）指出，汉代为了发展养马从西域引入紫花苜蓿，并广泛采用"刈刍"和"积茭"的办法储备过冬草料，以保证马匹的安全越冬。贾思勰指出，"（苜蓿）长宜饲马，马尤嗜此物，长生，种者一劳永逸。都邑负郭，所宜种之。"就是苜蓿长大之后，可以喂马，马非常喜欢吃。苜蓿寿命很长，种一次可利用多年。

在吐鲁番地区出土的一件北凉时期的文书，其中提到在学的儿童要从役"茭刈苜蓿"。据柳洪亮（1997）记载："北凉高昌内学司成白请查刈苜蓿牒：'内学司成令狐嗣：辞如右，称名堕军部，当刈蓿。长在学，偶即书，承学桑役。'"《北凉承平年间高昌郡高昌县簿》记载的田地类型包括常田、卤田、石田、沙车田、无他田、无他潢田及桑田、葡萄田、苜蓿田、枣田、瓜田等。苜蓿田属于非粮作田，并记有苜蓿田4亩。1997年吐鲁番洋海一号墓地出土的阚氏高昌文书，其中《阚氏高昌永康年间供物、差役账》有涉及交纳苜蓿等物的内容，如"樊同伦致菽宿""张寅虎致高宁菽宿"。文书中的"致"即为"交纳"的意思。目前对"致高宁菽宿"的解释有两种，即高宁苜蓿是高昌地区所种苜蓿的品种名称，还有人认为高宁苜蓿是指在高宁县征收的苜蓿。高宁为现今的葡萄沟，是当时高昌国赋役负担最繁重的地区。焉耆王一行来到高昌城，需要大量的苜蓿用于他们所乘马匹的饲喂，当地征收苜蓿不够饲喂，所以还得从高宁县征收苜蓿以做补充。尼雅遗址出土的佉卢文书资料中曾有官方征收紫花苜蓿作为皇家牲畜饲料的记载，而根据目前的资料，精绝国种植紫花苜蓿土地的面积当不会小于他们种植粮食的土地面积，这是他们饲养大量的骆驼、马、牛、驴等大牲畜所必需的。吕卓民和陈跃（2010）指出，在楼兰、尼雅出土的佉卢文书中，记有苜蓿作为税种征收，可见当时苜蓿种植的广泛性和普遍性。韩鹏（2011）指出，高昌地区不仅食用羊牛肉，前期"食肉以猪为主，羊、牛次之。鉴于后期猪的饲养量明显减少，而相对粗放的家畜牧放获得很大发展，种植广、产量高的苜蓿满足了家畜及野外放牧对饲草的要求……"

据林梅村（1988）《中国所出佉卢文文书·沙海古卷》记载："现在朕派奥古侯阿罗耶出使于阗。为处理汝州之事，联还嘱托奥古侯阿罗耶带去一匹马，馈赠于阗大王。务必提供从沙阗精绝之饲料。由莎阗提供面粉十瓦查厘，帕利陀伽饲料十五瓦查厘和紫花苜蓿两份。"该文书中还有："再由精绝提供谷物饲料十五瓦查厘，帕利陀伽饲料十五瓦查厘，三叶苜蓿和紫花苜蓿三份，直到扞弥为止。"（214 底牍正面）

的记载。敕谕文书中提到了鄯善国王将马匹作为礼物馈赠给于阗国王的情况，鄯善国王要求沿途各地要为马匹提供紫花苜蓿等饲料。在另一件文书也对紫花苜蓿有记载："国事无论如何不得疏忽。饲料紫花苜蓿亦在城内征收，camdri、kamamta、茜草和 curoma 均应日夜兼程，速送皇廷。"（272 皮革文书正面）。由此可见，紫花苜蓿是一种重要的饲料，作为国事在城内征收。这些文书记载反映了苜蓿在汉晋时期西域的饲用情况。

三、唐宋元苜蓿的饲用

苜蓿自汉始入中原就得到多方面的用途，不仅可以作为牧草，也可以入药，其嫩枝叶还可以作为蔬菜，花可作香料。《四时纂要》记载："紫花时，大益马。六月已后，勿用喂马；马吃着蛛网，吐水损马。"张说《大唐开元十三年陇右监牧颂德碑》："莳茼麦、苜蓿，一千九百顷，以茭蓄御冬"。

敦煌、吐鲁番得丝绸之路要冲地利之便，苜蓿的引种应较内地为早，面积当亦不小。吐鲁番出土的大谷文书《唐天宝二年交河郡市估案》第154行有"苜蓿、春茭壹车，上直钱陆文，次伍文，下肆文"的记录，其前后有"新兴草壹车，上直钱拾叁文，次拾贰文""禾草壹车（后缺）"之类的价格账目，数量以车计，与禾草、新兴苇并列，而且价格较禾草要便宜得多，这可见敦煌、吐鲁番苜蓿确实有大量栽培，主要是用做饲料。

畜牧业兴旺发达离不开饲养技术的发展。根据吐鲁番的文书资料，唐代吐鲁番地区的畜牧业，有圈养和放养两种基本形式，以舍饲为主，适当的时候也进行放养。在特别炎热的时候，还有夜间放马的习惯，《唐永徽三年贤德失马陪征牒》即反映了这方面的内容。饲养牲畜还需要提供合适的饲料，古代新疆绿洲农区采取粮食与草料搭配饲养，草料以苜蓿为主。汉唐时期苜蓿已在新疆广泛种植，苜蓿耐瘠、耐旱、耐寒，且产量高，营养丰富，适口性强，是一种优良的饲料。佉卢文书显示，当时喂养马匹主要是用碾细了的麦粟面粉加上三叶苜蓿和紫苜蓿。

对于唐代马政之盛行的实际状况，明人赵时春之《马政论》有着如下翔实而生动的描述。

唐人养马，亦于泾、渭，近及同、华，置八坊，其地止千二百三十顷。树苜蓿、茼麦，用牧叟三千，官寮无几，衣食皮毛是资，不取诸官。盖合牧而散畜之，牧专其事，不杂以耕。而太岁张万岁、王毛仲，官职虽尊，身本帝围，生长北方，贯历牧事，躬驰抚阅。无点集追呼之绕、科索之烦，顺天因地，马畜滋殖。万岁至七十万六千，毛仲至六十万五千六百有奇。色别为群，号称"云锦"。地狭不容，增置河西，史赞其盛，图传至今。

《新唐书·百官志一》云："尚书礼部有驾部郎中、员外郎各一人：掌舆辇、车乘、传驿、厩牧马牛杂畜之籍。凡给马者，一品八匹，二品六匹，三品五匹，四品、五品四匹，六品三匹，七品以下二匹；给传乘者，一品十马，二品九马，三品八马，四品、五品四马，六品、七品二马，八品、九品一马；三品以上敕召者给四马，五品三马，六品以上有差。凡驿马，给地四顷，莳以苜蓿。凡三十里有驿，驿有长，举天下四方之所达，为驿千六百三十九；阻险无水草镇戍者，视路要隙置官马。水驿有舟。凡传驿马驴，每岁上其死损、肥瘠之数。"

由此可见，唐代马盛与苜蓿密切相关。唐鲍防的《杂感》曰："汉家海内承平久，万国戎王皆稽首。天马常衔苜蓿花，胡人岁献葡萄酒。"这首诗充分体现了苜蓿与马的关系，诗中描述了一个海内承平、国力强大、万国来朝的盛世景象，天下升平日久，边防巩固，外族臣服。天马常以西域引种的苜蓿作为饲料，西北边境的胡人年年献上香醇的葡萄酒。

北宋宋徽宗政和年间（1111～1117年），通直郎寇宗奭在其医药著作《本草衍义》（成书于1116年）卷十九写道：苜蓿"陕西甚多，饲牛马，嫩时人兼食之。"宋人在前代的基础上和长期的摸索过程中，掌握了一套科学的牲畜饲养技术。首先，饲料种类明显增多。为了获得充足的饲料，宋代开辟了许多牧草地，仅官方的就达9.8万顷。这些牧草地在牧放季节可以为牲畜提供营养价值极高的牧草，冬季时还可提供干草。干草的营养比较丰富，含有7%～14%的蛋白质，40%～60%的碳水化合物，还有丰富的矿物质、维生素和微量元素等，这些都是牲畜生长和繁殖必不可少的。一些农作物的籽实、秸秆也是牲畜的重要饲料。为获得更多的饲料来源，宋政府除种植牧草外，还通过和籴、折变等方式向民间征购。以下诗文为证。

> 谁遣生驹玉作鞍，春来苜蓿遍春山。（宋程俱《北山集·偶作三首》）
> 归欤秋满华山阳，苢麦倍收连苜蓿。（宋朱翌《潜山集·观诸公打马诗》）

元朝养马业尤其发达，规模超过宋代。据《元史·兵志》马政篇曰："元起朔方，俗善骑射，因以弓马之利取天下，古或未之有。盖其沙漠万里，牧养蕃息，太仆之马，殆不可以计数。"这里所说的太仆之马即朝廷的养马，元朝牧监不仅遍设北方，同时亦置苑于西南地区。西北甘肃一带，便是太仆最重要的养马基地。为了解决养马的饲草，朝廷"劝农"诏令中，时常规定有各村、社"布种苜蓿"，以"喂养马匹"。每年征收刍草十分严急，陕西农民在秋后要将刍粮输送京都牧监。

四、明清苜蓿的饲用

明刘文泰《本草品汇精要》指出，唐李白诗"马常衔苜蓿花"是此（苜蓿），陕西甚多，以饲牛马，嫩时人亦食之。明王象晋《群芳谱》记载："开花时，刈取喂马、牛，易肥健，食不尽者，晒干，冬月剉喂。"这说明当时王象晋就已经认识到苜蓿开花时营养物质最丰富，这时割取的苜蓿饲喂马、牛最好。苜蓿调制干草时也应在此时收割。《养余月令》亦有类似的记载："苜蓿花时，刈取喂马牛，易肥健食，不尽者，晒干，冬月剉喂。"这一主张为苜蓿的利用提供了理论与实践，也与现代苜蓿利用的理论相一致。明徐光启《农政全书》曰：苜蓿"长宜饲马，马尤嗜之。"《山西通志》记载："苜蓿，史记大宛传马嗜苜蓿，汉张骞使大宛求葡萄、苜蓿归，因产马……今止用之供以畜刍。"《隆庆赵州志》曰："苜蓿可以饲马。"

清代关中地区大牲畜主要靠人力饲养，很少放牧，农民对于牲畜饲养方式、饲料的选择十分讲究，春夏秋多饲苜蓿、青草、豆类、麦麸，冬季多食麦秸。其中苜蓿是喂养牲畜的最主要原料。杨一臣（1821～1850年）称："与牲口吃苜蓿，麦前不论长短，都可以将就。总以铡短为主。惟至麦后，苜蓿不宜长，长则牛马俱不肯吃，剩下殊觉可惜。且要看苜蓿的多少，宁可有余。将头次地挖过，万一不足，牲口正在出力，非喂料不得下来。""各月天气喂牛，和和草最好，兼之省料。所谓和和草者，荞麦秆子、谷草秆子、豆衣子，并夏天晒的干苜蓿，俱用铡子铡碎，搅在一处，晚间添以喂牛，岂不省事？"从这些来看，清代关中地区牲畜的饲养经验是相当丰富的。"秦川牛"虽命名于民国以后，其品种的产出则在清代，乾隆《蒲城县志》载"牛，白头黄身者，为牛中之王，农家畜此，主大富，黄者为上乘"，此时关中地区已培育有良种牛。民国年间史料记载，关中平原区域所产之"平原牛"，是此地经"人工育养程度较高之一种""分布于咸阳、兴平、武功、扶风、渭南、蓝田、大荔、三原、高陵、泾阳、醴泉、干县、鳌屋、鄠县一带之平原耕地。且各县农民多具选择种畜之能力，经营配种事业者不乏其人，配种用之牧牛，因有配种费之收入，饲养比较讲究，而普通农家所畜牝牛或耕牛，仅于耕作时或产犊时给以极少量麸皮与棉籽油渣，寻常则仅以麦秸饲之，其耐粗与抵抗疾病之力甚强"。这种关中平原牛的畜养与配种经验积累决非一时所能完成，参考清代关中农书中有关畜养经验的总结，可以看出，关中人对于本地特产牛的饲养历史悠久，经验丰富，农村畜养业发达。

雍正《畿辅通志》曰："苜蓿，牧草也……春芽时可以采之充蔬。"清代天津常见野菜不少数，如苜蓿，宜饲马，嫩苗亦可食。顾景星《野菜赞》"苜蓿……宛马总肥，堆盘非奢。"乾隆二十五年（1760年）张宗法《三农纪》记载："苜蓿，农家夏秋刈苗饲畜，冬春锄根制碎，育牛马甚良。叶嫩可蔬。"《三省边防备览》曰："苜蓿，李白诗云，天马常衔苜蓿花是此。味甘淡，不可多食。"宣统三年（1911年）陕西的《泾阳县志》记载："苜蓿饲畜胜豆，春苗采之和面蒸食，贫者赖以疗饥。"《安塞县志》曰："苜蓿，大宛国种。乡民饲畜常刍也。初生叶嫩，可作菜。"《重修肃州新志·物产》

亦曰："初生嫩芽可采为蔬，蔓延绵长可饲马。"《高台县志》亦记有"苜蓿，春初生芽人亦采食作蔬食。夏月采割，饲牲畜。"

乾隆三十五年（1770 年）傅恒《平定准噶尔方略》记载："永贵等奏言……臣等酌量赏给阿奇木伯克果园三处，伊沙噶以下伯克四处，又希卜察克布鲁特散秩大臣阿奇木、英噶萨尔阿奇木伯克素勒坦和卓、冲噶巴什布鲁特阿瓦勒比等，各给一处，以为来城住宿之地。其余入官，仍交回人看守采取，赏给官兵。在此等果园内，尚有喂马之苜蓿草，每年可得二万余束，定额征收以供饲牧，俱造具印册，永远遵照。"左宗棠指出："尔不谋长，自求膳粥，乃植恶卉，奸利是鹜。我行其野，异华芳郁，五谷美种，仍忧不熟。亦越生菜，家尝野薇。葱韭葵苋，菘芥莱菔，宜食宜饲，如彼苜蓿，锄种壅溉，饔飧可续。胡此不勤，而忘旨蓄？饥与馑臻，天靳尔禄。大命曷延？俱曷卜？尚耽鸦片，槁死荒谷。"

《康熙字典》曰："【本草】苜蓿……谓其宿根自生，可饲牧牛马也。"《广群芳谱》亦有类似记载。清代近 300 年，关中得天独厚，渭河南北，村落栉比，种苜蓿喂牛，以图耕种。《豳风广义·畜牧大略》曰："昔陶朱公语人曰：'欲速富，畜五牸。'五牸者，牛、马、猪、羊、驴之牝者也……惟多种苜蓿，广畜四牝（注：猪、羊、鸡、鸭），使二人掌管，遵法饲养，谨慎守护，必致蕃息。"夏秋季陕西各地刈青苜蓿草，拌适量麦麸，或谷草和麦秸，冬季苜蓿干草辅以豆，牛壮健。《豳风广义·收食料法》又曰："养猪以食为本，若纯买麸糠则无利。凡水陆草叶根皮无毒者，猪皆食之，唯苜蓿最善，采后复生，一岁数剪，以此饲猪，其利甚广"这说明了以苜蓿喂猪获利多的经验。

苜蓿根系发达，营养物质丰富，农民常用老苜蓿根"追肥"牲畜。杨秀元《农言著实》曰："此月（正月）气节若早，苜蓿根可以喂牛……又省料，又省秸，牛又肥而壮。倘若迟延至苜蓿高了，根就不好了，牛也不肯吃了。"《农言著实》对苜蓿异常重视，曰："与牲口吃苜蓿，麦前不论长短，都可以将就，总以剉短为主。惟至麦后，苜蓿不宜长，长则牛马俱不肯吃，剩下殊觉可惜。且要看苜蓿底多少，宁可有余，将头次地抠过，万一不足，牲口正在出力，非喂料不得下来。"杨秀元将喂牛列为九月的重要农事，因为这时饲草充裕，又当农闲季节，正是牲口养精蓄锐的好时机，若精细喂养，可以增膘长力。他指出喂牲口，不一定多喂精料，关键在上料的方法。牲口开始上槽，饥不择食，要多添草、少拌料，稍后饲草逐渐减少。牛喜食苜蓿，关中自汉至明清时广泛种植，几乎家家户户都种苜蓿，用来喂牛，据说秦川牛的育成就与广种苜蓿有关。苜蓿含蛋白质、钙、维生素等营养成分，牛吃了能长骨架和肌肉。牛自吃苜蓿后，无疑在提质和生产力上起了质的变化，与秦川牛之形成关系极大。至元帝爽"牛马体壮，受草之益大焉"。自武帝至元帝仅约 50年，牛质有显著改进。后因战争西移，马随军去元，而牛则更盛矣。汉以来，民间相牛人"饲苜蓿、重改良、牛质佳，昔两牛一乘，今一牛一乘"，"牛肉"细嫩、具纹，烙饼牛羹，膏脂润香。《农言著实》中讲到，春天苜蓿枝叶幼嫩，不要铡的太短，以免苜蓿体内液体流失过多；夏秋季，苜蓿茎叶变老，必须铡短，否则牲口就不喜食，也不易消化。

谢成侠（1985）指出，晋陕300多年的养牛实践经验证明，这些地区所用饲草主要是苜蓿，足以代替豆料的营养，并证明苜蓿是养牛的理想饲草。蒲松龄《农桑经》曰："苜蓿，可种以饲畜，初生嫩苗亦可食。四月结种后，芟以喂马，冬积干者亦可喂牛驴。"《蒲松龄全集》亦有同样的记述。《农学合编》曰："苜蓿，长宜饲马，尤嗜此物。"乾隆四十四年（1779年）《甘州府志》曰："苜蓿可饲马。"

清代用发酵后的苜蓿饲喂猪，堪称世界首创。《豳风广义·收食料法》曰："大凡水陆草叶根皮无毒者，猪皆食之，唯苜蓿最善，采后复生，一岁数剪，以此饲猪，其利甚广，当约量多寡种之。春夏之间，长及尺许，割来细切，以米泔水或酒糟豆粉水，浸入大瓦窖内或大蓝瓮内令酸黄，拌麸杂物饲之。亦可生喂。"同时《豳风广义·收食料法》还记载了用苜蓿草粉喂猪，将晒干的苜蓿"用碌碡碾为细末，密筛筛过收储。待冬月合糠麸之类，量猪之大小肥瘦，或二八相合，或三七相合，或四六，或停对，斟酌损益而饲之。且饲牧之人，宜常采杂物以代麸糠，拾得一分遂省一分食。"

我国清代就有牛食多鲜苜蓿引发臌胀病的明确记载，并有相应的治疗措施。王树枏《新疆图志》云："秋日，苜蓿遍野，饲马则肥，牛误食则病。牛误食青苜蓿必腹胀，大医法灌以胡麻油，半觔折红柳为衔之流涎而愈。"李春松《世济牛马经》记载："高粱苗，嫩苜蓿、菱草喂牛生胀气，耍时气闷如似鼓，如不放气命瞬息，饿眼穴，速放气，椿根白皮和乱发，香油炸后灌下宜。"

五、近代苜蓿的饲用

1840年，山东《道光济南府志》："苜蓿嫩苗亦可蒸，老饲马。"在静海县，春初"乡人多采食之"的野菜有蕨、马齿苋、苜蓿、荠菜、醋醋榴、老鹳筋、落藜菜等。苜蓿"农家种以喂牲畜，蒸熟人亦可食"。《民国静海县志》记载，"苜蓿：非野生，花黄。农家种以喂牲畜，蒸熟人亦可食。南省菜圃亦有，唯其花紫，名曰草头，炒肉良。"在河北束鹿县，苜蓿也有类似的变化趋势。"本境向多种此饲牲畜，人无食者。后贫人采而为食，毁损根苗，种者遂少。"《光绪鹿邑县志》又曰："苜蓿非止嫩时可入蔬……苜蓿花开时刈取喂牛马易肥健。"1860年河北《深泽县志》："苜蓿……可饲牛马也，嫩时可食。"1900年山东《宁津县志》："苜蓿……可饲牧牛马。罗愿尔雅翼作木粟，言其荚米可炊饭，可酿酒也。"1910年，河北《晋县乡土志》亦记载：

"苜蓿早春萌芽，人可食，四月开花时，马食之则肥。叶生罗网，食之则吐，种者知之。"

清宣统元年（1909 年）《甘肃新通志》记载："燕麦，一名苜麦。《天下郡国利病书》：唐于泾渭间置八马坊，地二百三十顷，树苜蓿、苜麦，可饲牲畜且不待粪壅，故植者颇获其利。"

在华北苜蓿饲喂家畜时视其为精饲料，主要将苜蓿与其他粗饲料搭配饲喂。齐如山（2007）指出，"苜蓿喂牲畜极好，所谓苜蓿随天马等等，见于记载者很多。农人知之，但不肯完全喂此，大多数是铡为花草，花草之中共有七八种原料。"所谓花草这个名词，除华北人，大概知者不多，花草主要的原料为白薯蔓、花生蔓，一部分豆秧、高粱之绿叶、滑秸（麦秆之上截），苜蓿、干野草等，都铡到一起，以之喂牲畜，是极好的饲料。

苜蓿既可饲牛马又可人食，民国时期在西北尤为普遍。据民国八年（1919 年）青海的《大通县志》记载，"苜蓿《群芳谱》一名木粟，一名光风草，一名连枝草，春初芽嫩可食。"民国十四年（1925 年）《安塞县志》记载，苜蓿"县境甚多，用饲牛马，嫩时人兼食之。"民国十五年（1926 年）陕西的《澄城县志》记载："苜蓿各处皆有，嫩叶作菜食，长大以喂牲畜，惟种者甚少，乡氏夏秋取。"同年，甘肃的《民勤县志》亦记有"苜蓿可饲牛马。"宁夏的《朔方道志》记有"苜蓿一名怀风，一名连枝草，嫩时可食。"民国二十二年（1933 年）甘肃的《华亭县志》指出："苜蓿亦张骞西域得种，嫩叶作蔬，长苗饲畜。"民国二十三年（1934 年）《续修陕西通志稿》称苜蓿"此为饲畜嘉草……故莳者以广。"民国二十四年（1935 年）甘肃《重修灵台县志》曰："苜蓿春初芽可食及夏干老花开俱喂牲畜。"民国三十四年（1945 年）春，西北役畜改良繁殖场在武功杨陵地区调查，农民饲养牲畜均为舍饲。厩舍形式，房厩占20%，窑洞草棚占80%。槽多为木或石制一字形。牛、马、驴混饲一槽。粗饲料有麦草、谷草、玉米秆、麦糠及野草，其中以麦草、谷草最多，以苜蓿之效果为最优，对于改良土壤效果良好的豆类作物农民乐于种植。精饲料有豌豆、大麦、玉米、麸皮、油饼等。驮鞍和套具粗糙者居多，马、骡、驴患鞍疮者十之八九，牛肩伤甚众。同年，西北役畜改良繁殖场令各配种站派员到农村利用乡间集会展览本场优良种畜，宣传役畜改良繁殖选优汰劣标准、饲养管理、家畜卫生、使役限度、苜蓿增产、玉米秆青贮以及厩舍、役具、牧具之改进方法，举行种畜、役畜评品奖励，收效甚大。1949 年，甘肃《新修张掖县志》记有"苜蓿可饲马"。

新疆在用苜蓿饲喂牛马过程中发现，青绿苜蓿饲喂牛后会发生膨胀病。民国十九年（1930 年）的《新疆志稿》记录："（伊犁）秋日苜蓿遍野，饲马则肥。牛误食则病。牛误食青苜蓿必腹胀，医法灌以胡麻油半斤，折红柳为枚卫之流涎。"另外，在民国二十九年（1940 年）于阗县政府对当年苜蓿收获情况进行了记录。

第二节　苜蓿的蔬食性

一、苜蓿蔬菜的雏形

苜蓿因味道鲜美，也可作蔬菜食用。王逸《楚辞章句·正部论》："张骞使还，始得大蒜、苜蓿"。西晋张华《博物志》："张骞使西域还，得大蒜、安石榴、胡桃、蒲桃、胡葱、苜蓿等"。南朝任昉《述异记》载："张骞苜蓿园，今在洛中，苜蓿本胡中菜也，张骞始于西戎得之。"南北朝时北魏贾思勰著《齐民要术》，其卷三载：苜蓿"春初既中生噉，为羹甚香"。李时珍《本草纲目·菜二》引齐梁间道士兼医学家陶弘景语曰："长安中乃有苜蓿园，北人甚重之，江南不甚食之，以无味故也。"关于"江南"人不甚食苜蓿，笔记小说多以薛令之因不愿食苜蓿而丢官为例。南宋初年曾任宰相的朱胜非所编《绀珠集》卷九"古今诗话"第二条《苜蓿盘》所载最为简明："薛令之开元中为右庶子，时官僚清淡。令之为诗曰：'朝日上团团，照见先生盘。盘中何所有，苜蓿长阑干。'上幸东宫见之，题其傍曰：'若嫌松桂寒，任逐桑榆暖。'令之乃谢病。"薛令之，福建长溪人，为"闽中第一进士"，唐玄宗时任太子李亨之师，他之所以天天吃苜蓿，与其和李林甫有隙而遭打击有关，不料因发牢骚而丢官。另外，薛令之所食苜蓿无味，可能与厨师不认真烹调有关。南宋福建晋江人林洪，自称为林和靖七世孙，不仅善诗文书画，也精于美食，所著《山家清供》二卷，专述宋人山家饮馔。该书卷上就有一则苜蓿菜精心制作的记载："偶同宋雪岩伯仁访郑埜钥，见所种者，因得其种并法。其叶绿紫色而灰，长或丈余，采用汤灼油炒姜盐，随意作羹，茹之皆为风味。"

汉代开辟的"丝绸之路"沟通了我国与中亚、西亚各国的商业渠道。先后引进了苜蓿、大蒜等蔬菜，其后在我国各地普遍栽种。崔寔在《四民月令》中既将苜蓿当饲草栽培，亦将其作蔬菜栽培，在其提到的二十余种蔬菜中，记载了苜蓿在一年可分三次播种，首次播种在正月，其余两次可在七月、八月两个月播种，前后两次播种期相隔五六个月之久，苜蓿幼嫩时可食。可见这是有意的分期播种，目的在提高土地利用率和延长苜蓿供应时间。贾思勰亦指出，"春初既中生，噉为羹，甚香……都邑负郭，所宜种之。"就是在初春（菜少）时候，苜蓿可以生吃，作汤也很香。据南朝·梁陶弘景《本草经集注》记载："长安中乃有苜蓿园，北人甚重此，江南人不甚食之，以无气味故也。"与秦汉前期相比，自汉武帝之后蔬菜种类明显增多，特别是在东汉，苜蓿已被列入一般农业生产的范围，在黄河中下游地区既作为饲草，又作为蔬菜被广为栽培。至今陕西民间还流传着"关中妇女有三爱，丈夫、棉花、苜蓿菜"的谚语。

据对《四民月令》和《齐民要术》的统计，汉代的栽培蔬菜有 21 种，苜蓿就在其中，到北魏《齐民要术》所栽培蔬菜增至 35 种，苜蓿仍在其中。

二、苜蓿蔬菜的兴盛

根据敦煌出土文书《敦煌宝藏（第 122 册）·敦煌俗务名林》记载："大约有十几种蔬菜品种被记录在册，主要包括葱、蒜、蔓菁、菘、姜、生菜、萝卜、葫芦、苜蓿等。"唐杜佑在《通典》中将苜蓿与竹根、黄米、粳米、糯米、蔓菁、胡瓜、冬瓜、瓠子等一起荐为新物，即新的食物。《通典》记载："荐新物皆以品物时新堪供进者。所司先送太常，令尚食相知拣择，仍以滋味与新物相宜者配之以荐，皆如上仪。"由此可知，苜蓿品物时新与滋味鲜美而被荐为新物。《四时纂要》记载："凡苜蓿，春食，作干菜，至益人。"唐苏敬《新修本草》记载："苜蓿，味苦，平，五毒。主安中，利人，可久食。长安中乃有苜蓿园，北人甚重此，江南人不甚是之，以无气味故也。"唐孙思邈《备急千金要方》亦记载："苜蓿，味苦，涩，无毒。安中，利人四体，可久食。"

唐代以苜蓿为蔬菜，最有名的逸事是薛令之《自悼》诗事件。薛令之进士出身，肃宗为太子时，以右补阙兼太子侍读，但是俸禄很低，生活过得很清苦，经常以苜蓿当菜又当饭。盘子里除了苜蓿还是苜蓿，于是他写了抱怨境遇不好的《自悼》诗："朝日上团团，照见先生盘。盘中何所有，苜蓿长阑干。饭涩匙难绾，羹稀箸易宽。只可谋朝夕，何由保岁寒。"玄宗幸东宫，览之，也毫不客气，索笔题其旁曰："啄木嘴距长，凤凰羽毛短。若嫌松桂寒，任逐桑榆暖。"于是薛令之遂谢病归。薛令之为了给饭食不好写照，特地举出苜蓿，可见在唐代这是不怎么上台面的菜蔬，倒不一定是味道不好。

众所周知，最初当作马饲料，后来亦充作蔬菜。宋苏东坡《元修菜》："张骞移苜蓿，适用如葵菘。"说的就是此事，葵是冬葵，菘是白菜。但苜蓿不是常蔬，只有蔬菜供应不及或贫穷人家才会采食。譬如宋人陈造《谢两知县送鹅酒羊面》诗句："不因同里兼同姓，肯念先生苜蓿盘。"及王炎《用前韵答黄一翁》："细看苜蓿盘，岂减槟榔斛。"两者都说明"苜蓿"为穷困时的食物或穷人的粗菜。陆游就很喜欢食苜蓿，其诗中多次写到食苜蓿。如《书怀》说，苜蓿味美如鸭："苜蓿堆盘莫笑贫，家园瓜瓠渐轮困。但令烂熟如蒸鸭，不着盐酰也自珍。"《小市暮归》中写道，虽然身体不好，由小孙子陪同到地摊上吃几杯小酒，喝一碗苜蓿羹也感到十分舒心："野饷每思羹苜蓿，旅炊犹得饭雕胡。"晚年的他更是无所求，《对食作》写道："贱士穷愁殆万端，幸随所遇即能安。乞浆得酒岂嫌薄，卖马偿船常觉宽。少壮已辜三釜养，飘零敢道一袍单？饭余扪腹吾真足，苜蓿何妨日满盘！"——只要每日有苜蓿就心满意足了。

苜蓿为下酒的好菜，它常与葡萄酒相伴，如谢应芳《龟巢稿》言："酌来天上葡萄酒，洗去胸中苜蓿盘。官样文章新制作，老夫刮目待归看。"王逢着重亦对葡萄酒在官府中的流传做过一些描述，"刺史蒲萄酒，先生苜蓿盘。一官违壮节，百虑集征鞍。"

元贾铭《饮食须知》曰："苜蓿，味苦涩、性平。多食令冷气入筋中，即瘦人。同蜜食，令人下痢。"此外，一些文人士大夫也会学习蔬菜种植，开辟一些菜圃用来自娱自乐。比如元许有孚的《蔬圃》一诗中说自己是："自甘学圃为小人，爱此菜茹画苜蓿。"

三、苜蓿蔬菜的普遍性

明代李时珍《本草纲目》记载：苜蓿"今处处田野有之，陕、陇人亦有种者。年年自生，刈苗作蔬。""二月生苗，一棵数十茎，茎颇似灰藋。一枝三叶，叶似决明叶，而小如指顶，绿色碧艳。入夏及秋，开细黄花。结小荚圆扁，旋转有刺"。苜蓿易生长，古代百姓荒年采摘作粮充饥，故苜蓿又一直被视为生活清贫的象征。如唐代教书秀才薛令之不满生活清淡，写下《自悼》诗："朝日上团团，照见先生盘。盘中何所有，苜蓿长阑干。"陆游也有过"苜蓿堆盘莫笑贫"之句。现在我国大部分地区均有栽种，春季采其嫩苗作蔬菜炒食，清香柔滑，鲜嫩可口。

明鲍山《野菜博录》记载："苜蓿食法，采嫩苗叶，煠熟油盐调食。"即采摘苜蓿嫩苗叶，先漂洗干净，再用油炸熟，用盐调食之。明王象晋《群芳谱》曰："苜蓿制用。叶嫩时煠作菜，可食亦可作羹。忌同蜜食，令人下痢。采其叶，依蔷薇露法蒸取馏水，甚芬香。"加水蒸煮，浸淘、漂洗换水、浸去异味、异物然后食用。明徐光启《农政全书》曰："春初既中生啖，为羹甚香"。"玄扈先生曰尝过嫩叶恒蔬。救饥：苗叶嫩时，采取炸食。江南人不甚食；多食利大小肠。玄扈先生曰：尝过。嫩叶恒蔬。"《正德颍州志》曰：苜蓿苗可食。明《徽州志》曰："苜蓿汉宫所植，其上常有两叶册红结逐如稔，率实一斗者。春之为米五升，亦有籼有糯，籼者作饭须熟食之，稍冷则坚，糯者可搏以为饵土人谓之灰粟。"《本草纲目》说：苜蓿"数荚累累，老则黑色，内有米如稔，可为饭，又可酿酒"。程登吉《幼学琼林》在论"师生"中曰："桃李在公门，称人弟子之多；苜蓿长阑干，奉师饮食之薄。"

自汉代苜蓿引入我国就不失为很好的蔬菜，常在人们的餐桌上出现。《回疆通志》

所记载南疆二十余种蔬菜，苜蓿在其中。同样，《哈密志》也将苜蓿列举为三十余种蔬菜之一。《广群芳谱》曰："述异记·张骞苜蓿园，今在洛中。苜蓿，本塞外菜也。"《广群芳谱》还曰："叶嫩时煤作菜，可食，亦可作羹，忌同蜜食，令人下痢。采其叶，依蔷薇露法蒸取，馏水甚芬香。"《营田辑要》曰："苜蓿，言其米可炊饭也。叶似豌豆……春初可生啖熟食。"薛宝辰《素食说略》曰："干菜曰菹，亦曰诸。桃诸、梅诸是也。脯干肉，呼菜脯也。如胡豆、刀豆……苜蓿、菠菜之类，皆可作脯。"《素食说略》又曰："秦人以蔬菜和面加油、盐拌均蒸食，名曰麦饭……麦饭以朱藤花、楮花、邪蒿、因陈、同蒿、嫩苜蓿，嫩香苜蓿为最上，余可作麦饭者亦多，均不及此数种也。"

何刚德《客座偶谈》曰："科举时代，儒官以食苜蓿为生涯，俗语谓之食豆腐、白菜；秀才训蒙学，资馆谷以终身，卒未闻大家有闹饭者。知吃饭之人必须安分，否则未闻有不乱者也。"龚乃保《冶城蔬谱》曰："苜蓿……阑干新绿，秀色照人眉宇。自唐人咏之，遂为广文先生雅馔。"清闵钺《本草详节》曰："苜蓿生各处，田野刘苗做蔬……结小荚圆扁，老则黑色，内有米如穄子，可为饭酿酒。"谈迁《北游录》曰："云飘短麈旃檀屑，杯泛绿醅苜蓿香。"

清代张克嶷为官重清廉讲勤政，清贫一生，不嫌弃吃苜蓿，他在《送友人之广文任》诗中曰：

少年开口话伊周，壮志空存老未酬。
吾道尊非因及第，人师贵岂让封侯。
于今绛帐稀黄发，自古青毡重白头。
边地莫嫌官署冷，饱餐苜蓿又何求。

王仁湘（2006）《往古的滋味：中国饮食的历史与文化》记载了咸丰十一年十月初十日，皇太后慈禧所用的早膳中，有寿意苜蓿糕。看来慈禧太后对苜蓿糕也是情有独钟。

齐如山（2007）在《华北的农村》记载了苜蓿的食用性，其实人亦可食，且吃得很多，滋养料亦极富，所吃只有两种，一是春初之嫩苜蓿，二是苜蓿花。齐如山在《华北的农村》中记载了苜蓿的食用方法。嫩苜蓿可熟吃，亦可生吃。熟吃者即把苜蓿加盐，与谷类之渣合拌，以玉米、小米、高粱等为合宜，拌好蒸食或炒食均可；生食则洗净抹酱夹饼食之，味亦不错。且滋养料极富，乡间吃得很多，也可以说是种此者之小小伤耗。每到春天，苜蓿刚发芽，长至二三寸高，则必有妇孺前来摘取。这个名词叫做揪苜蓿，地主还是不能拦，这与高粱擘叶子一样，可以算是不成文法，意思是你喂牲畜的东西，我们人吃些，你还好意思拦阻吗？地主因倘不许揪，则得罪穷人太多，不但于心不忍，且于平日作事诸多不便，于是也就默认了。苜蓿花的吃法与嫩苜蓿一样，唯不能生吃。且摘此花者，只能在熟人家地中摘取，不能随便摘，但有极穷之人来摘，则亦只好佯为没看见，因此尚虽不说是应该，但也不能算是偷也。

苜蓿在江浙一带又叫金花菜，以太仓所产最为有名。长期居住在苏州的今人范烟桥著《茶烟歇》，其在"苏蔬"条中说："苏州人好吃腌金花菜，金花菜随处有之，然卖者叫货，辄言来自太仓，不知何故，且其声悠扬，若有一定节奏者。老友沈仲云曾拟为歌谱，颇相肖也。山塘女子，稚者卖花，老者则卖金花菜与黄连头，同一筲篮臂挽，风韵悬殊矣。

早在汉代苜蓿传入我国初期，苜蓿的饲用性和食用性就得到人们的普遍利用，到明清，苜蓿的饲用性与食用性得到了更广泛的利用和发展，苜蓿饲蔬利用被许多方志所记载（表6-2）。

表6-2　明清方志中的苜蓿饲蔬

典籍/方志名	朝代	蔬菜种类
陕西通志	明	李白诗云天马常衔苜蓿花是此，（苜蓿）味甘淡，不可多食
弘治徽州府志	明	苜蓿汉宫所植，其上常有两叶册红结稜如穄，率实一斗者。春之为米五升，亦有粎有糯，粎者作饭须熟食之，稍冷则坚，稬者可搏以为饵土人谓之灰粟
甘州府志	清	苜蓿可饲马，汉史外国采回，武帝益种于离宫馆旁
高台县志	清	苜蓿，春初生芽人亦采食作蔬菜。夏月采割，饲牲畜
泾阳县志	清末	苜蓿饲畜胜豆，春苗采之和面蒸食，贫者赖以疗饥
保德州志	清	苜蓿可饲马
道光济南府志	清	苜蓿嫩苗亦可蒸，老饲马
深泽县志	清	苜蓿，草本，一名牧蓿，其宿根自生，可饲牛马也。嫩时可食
宁津县志	清	苜蓿，郭璞作牧宿，谓其宿根自生，可饲牧牛马。罗愿尔雅翼作木粟，言其荚米可炊饭，可酿酒也
光绪束鹿县志	清	苜蓿：陶云，北人甚重此，南人不甚之，以无味故也。本境向多种此，饲牲畜，人无食者。后以贫人采而为食，毁损根苗者逐少
光绪鹿邑县志	清	苜蓿非止嫩时可入蔬，可防饥年……苜蓿花开时刈取喂牛马，易肥健
晋县乡土志	清	苜蓿早春萌芽，人可食，四月开花时，马食之则肥。叶生罗网食之则吐，种者知之

苜蓿的食用性与饲用性，在民国时期的华东、华北和西北等地区亦得到了较好的利用（表6-3）。

表6-3　民国时期方志中的苜蓿饲蔬

典籍/方志名	年份	蔬菜种类
交河县志	民国五年	苜蓿或作莜蓿，可饲牛马
大通县志	民国八年	苜蓿，《群芳谱》一名木粟，一名光风草，一名连枝草，春初芽嫩可食
虞乡县新志	民国九年	苜蓿可作牲口细草，嫩时人亦好作吃

典籍/方志名	年份	蔬菜种类
邠志补	民国十二年	唐薛令之为东宫侍读官作首蓿诗以自乐：朝日上团团，照见先生盘，盘中何所有，首蓿长阑干。《元史·食货志》：至元七年，颁农桑之制，令各社布种首蓿，以防饥年，则古人所常食也。《唐书·百官志》：凡驿马给地四顷，莳以首蓿，又以饲马。邠人多于树边种之，以饲牛马，亦间有采为蔬者
涡阳县志	民国十四年	首蓿：尔雅作木粟，言其米可炊饭也；郭璞作牧宿，谓其宿根，可牧牛马也
阳信县志	民国十五年	首蓿为畜牧药品，嫩叶可食
澄城县志	民国十五年	首蓿，各处皆有，嫩叶作菜食，长大以喂牲畜，惟种者甚少
朔方道志	民国十五年	首蓿一名怀风，一名连枝草，嫩时可食
民勤县志	民国十五年	首蓿可饲牛马
翼城县志	民国十八年	首蓿喂马用，春季初生嫩苗人家亦多采食者
威县志	民国十八年	尔雅翼作木粟，言其米可炊饭也；郭璞作牧宿，谓其宿根自生，可牧牛马也
新疆志稿	民国十九年	（伊犁）秋日首蓿遍野，饲马则肥。牛误食则病。牛误食青首蓿必腹胀，医法灌以胡麻油半斤，折红柳为枚卫之流涎
景县志	民国二十一年	首蓿……刈苗作蔬，一年可三刈，亦可饲牛马。首蓿原系蔬种植物。尔雅翼作木粟，言其米可炊饭也。陶弘景曰长安中乃有首蓿园，北人甚重之，南人不甚之，以无味故也。今见邑人种首蓿于春季嫩时偶然采作蔬用，其大宗全作饲牛马，并无专种之以作蔬者
徐水县新志	民国二十一年	首蓿……出大宛国，马食之则肥，张骞使西域带种归，今到处有之。徐水各村隙地种首蓿者最多，用以饲马
华亭县志	民国二十二年	首蓿亦张骞西域得种，嫩叶作蔬，长苗饲畜
清苑县志	民国二十三年	首蓿初生叶可食
夏津县志续编	民国二十三年	首蓿味甘甜，可饲牲畜
昌乐县续志	民国二十三年	首蓿叶小花紫，可蒸食，亦可饲畜。相传自汉时其种来自西域
济阳县志	民国二十三年	为畜产要品，嫩叶可食，且蜜源级富，附近宜于养蜂
续修陕西通志稿	民国二十三年	此（首蓿）为饲畜嘉草，嫩时可作蔬，凶年贫民决食以代粮
重修灵台县志	民国二十四年	首蓿春初芽可食及夏干老花开俱喂牲畜
新城县志	民国二十四年	《史记·大宛列传》：马嗜首蓿，汉使取其实来。《元史·食货志》：世祖初令各社种首蓿防饥年；群芳谱一名木粟，一名怀风，三晋为盛，齐鲁次之，赵燕又次之。葛洪《西京杂记》：乐游苑树下多首蓿，一名怀风，时人或谓之光风，风在其间萧萧然，日照其花有光彩，故名，茂陵人谓之连枝草。首蓿宿根，根最长入土最深，初生时人多采食之，一岁三岁割以之饲牲畜。杜甫诗云：宛马总肥春首蓿
广平县志	民国二十八年	六月种，嫩苗杂面蒸食，荄叶以饲牛马
新修张掖县志	民国三十八年	首蓿可饲马，由外国采回，武帝种于离馆旁

四、首蓿救荒

根据考证发现，救荒植物的食用性具有不确定性，如菖蒲、栗、首蓿等，其食之对人体健康有益，则食用性较高；而再如：蒟蒻、蕨、梅等，具有一定的可食性，但是多食对人体健康有一定的副作用，则其食用性较低。首蓿是历朝历代很好的救荒植物。除了粮食生产，元明清统治者还很重视督促民间种植杂果、苜蓿等救荒植物。如元朝的"种植之制，每丁岁种桑枣二十株。土性不宜者，听种榆柳等，其数亦如之。种杂果者，每丁十株，皆以生成为数，愿多种者听。其无地及有疾者不与。所在官司申报不实者罪之。仍令各社布种苜蓿，以防饥年"。明朝政府同样实行督种桑枣等树的政策。明代宗景泰四年（1453 年）十月，令各处镇守、巡抚等督促府县屯堡官，"其地土宜桑、枣、漆、柿等木，随官酌量丁田多寡，定与数目，督令栽种，务在各乡、各村家家有之……仍将开垦种过田地并桑枣数目，造册缴报"。直到清朝，从中央政府到地方官员都很重视督民种植杂果、苜蓿等救荒植物的事。

乾隆四十四年（1779 年），湖南发生严重的自然灾害，出现了"安化大饥、草木皆尽，道有死者"的惨景，就连生活富裕的陶澍家也出现数日断炊，常采苜蓿以佐食。嘉庆十九年（1814 年）二月，巡抚方受畴在巡察河南时看到多余的闲置地，即提出"豫省农业失勤，生植不广，是以麦秋偶歉，民食无资。现当春泽优沾，亟宜劝耕教植，以收地利。"并提倡在灾区种植苜蓿、油菜，以充饥。派人到陕西购买苜蓿种子，发至郑州、新郑、兰阳、陈留县、祥符等县劝民种植。通过种植苜蓿、油菜等，灾后困难时期，补充了民食，缓解了灾害带来的负面影响。方受畴《抚豫恤灾录》记载了滑县和仪封县对种苜蓿的反映和效果，其中滑县知县孟纪瞻指出："前奉饬发菜种，现俱播种长大，藉供菜蔬之需。今又奉发苜蓿籽粒，四散布种，以饶物产，从此淹传广布，于民生大有裨益。"还有仪封县通判黄兆枢亦指出："将奉发苜蓿籽粒均匀发给，领回布种，并将物微利薄、大益耕农备细传谕。农民等皆叩头称谢，鼓舞欢欣，地方极为宁贴。"同治四年（1865 年）陕西巡抚刘蓉在陕甘办捐时发现，"迨接见委员询悉军营情状，苦不可言。从前每人每日给灰面一斤，各军士日食三餐，不得一饱，迨后军粮益匮，每名仅给灰面半斤，搭放榆皮四两、苜蓿四两，且有不继之。"

清末发生过一次罕见的旱灾，始于光绪二年（1876 年）间，到光绪四年（1878 年）才得以缓解，史称"丁戊奇荒"。旱灾从直隶（河北）省开始，其中旱情以山东、河南、直隶、山西、陕西五省为最重。关中地区的蒲城是当时灾情发生最重的地方，"六月以来，民间葱、蒜、莱菔、黄花根皆以作饭，枣、柿甫结子即食，榆不弃粗皮，或造粉饼持卖，桃、杏、柿、桑干叶、油渣、棉子、酸枣、麦、谷、草亦磨为面，槐实、马兰根、干瓜皮皆为佳品，苜蓿多冻干死，乃掘其根并棉花干叶与蓬蒿诸草子及遗根杂煮以食。"到1879 年，直隶省"灾区甚广。即有田顷许者，尚且不能自存，下户疲氓，困苦更难言状。春间犹采苜蓿、榆叶、榆皮为食，继食槐柳叶，继食谷秕糠屑麦秸。"

光绪二十二年（1896 年），郭云升在《救荒简易书·救荒月令》中总结了黄河中下游地区苜蓿从正月至十月的救荒农事活动（表 6-4），由表 6-4 可知，为了救荒，河南滑县正月至十月均可种苜蓿食之。

表 6-4　苜蓿救荒月龄

月份	农事意向	农事措施或效果
正月	正月种，二月可食，春霜春雪不畏也	苜蓿若正月种，月月可食，直到大水大雪方止，次年二月，宿根复生。月月可食如前，丰年能肥牛马，欠年能以养人，亦救荒之奇也
二月	二月种，三月可食	苜蓿二月三月即可食也
三月	三月种，四月可食	苜蓿三月种，据《农政全书》而种之
四月	四月种，五月可食	苜蓿四月种，据《农政全书》而种之
五月	五月和黍种，六月可食	闻直隶老农曰，苜蓿五月种，必须和黍种之，使黍为苜蓿遮阴，以免烈日晒杀
六月	六月和荞麦种	闻直隶老农曰，苜蓿六月种，必须和荞麦种之，使荞麦为苜蓿遮阴，以免烈日晒杀
七月	七月和荞麦种	闻直隶老农曰，苜蓿七月种，必须和秋荞麦而种之，使秋荞麦为苜蓿遮阴，以免烈日晒杀
八月	八月种，九月可食	苜蓿八月种，据《农政全书》而种之
九月	九月种，十月可食	苜蓿九月种，据《农政全书》而种之
十月	十月种，能在地过冬	苜蓿十月种，为其嫩苗深冬方尽，宿根早春即生也

据民国《万泉县志·卷一·物产》记载："苜蓿，'一岁三剪，花叶皆可食。'本为牲畜食物，但光绪庚子年（1900 年），粟贵，人乏食，贫家和面作茹，村人日需以千斤计，省粟无算，是荒年一大接济也"。

在民国山西地区，常见的用来备荒的野菜主要有苦菜、苜蓿、蔓菁、荠、甜苣、苦苣、苋等。苜蓿作为一种畜牧饲料，亦可为民食。《民国虞乡新县志·卷四·物产》"苜蓿，可作牲口细草，嫩时人亦好作菜吃"。可见，苜蓿的食用也是要在其嫩芽时期采食，而且吃法多种多样，"苜蓿，芽花伴麦蒸食，牲刍极品，多植"。

在民国时期，苜蓿除用于家畜外，幼嫩时可当蔬菜食用，在灾荒年也是百姓很好的救荒食物。人们将苜蓿根、榆树皮蒸馍吃，大量食用榆树皮的后果是"人面黄肿"。安邑县在 1920 年华北大灾时期："贫者食树叶、苜蓿，次贫者食玉谷、高粱，冬春之间必更形饥苦。"

光绪三十一年（1905 年），蒋式芬被提升为两广盐运使。他为官清廉，拒收贿赂，生活俭朴。辛亥革命胜利后，蒋式芬全家回归故里，隐居田园，勤于书法。民国十一年（1922 年）蠡县灾荒严重，蒋式芬将自家的几十亩苜蓿供人们采摘充饥。

1928～1930 年，西北大旱灾以陕西为中心，遍及甘肃等省，甘肃受灾 65 县，灾民 240 多万人，"少壮者奔走远方，以求食，老赢者则不免饥疫而死，幸而存活者，则食油渣、豆渣、苜蓿、棉籽、麸糠、杏叶、地衣、槐豆、草根、树皮、牛筋等物，尤有以雁粪作食者，计瘠若者不可胜数"。

《申报》1929 年 5 月 8 日报道，"陕灾情愈重：饿殍载道伏尸累累，春雨失时生机断绝。近日陕省饿毙之饥民，仅西安一隅日必数十人。市面死尸累累，触目皆是。赈务会每日接到灾民饿死照片，盈千累万。陇县铁佛寺原本有烟户 60 余家，现在绝户已 10 余家；房已拆完，死亡 40 余口；活埋妻者 10 余人；逃亡在外者 20 余口。顺八渡以南，本有 48 户，现在仅剩 8 户。民食仅有苜蓿一种。真是民有菜色，面皮青肿。每斗麦价已涨至 10 元。"

1929 年 6 月 26 日，《申报》报道甘肃"全省 78 县至少有四成田地，未能下种子"，"遭旱荒者至 40 余县"，灾民"食油渣、豆渣、苜蓿、棉籽、秕糠、杏叶、地衣、槐豆、草根、树皮、牛筋等物，尤有以雁粪作食者。"民国十八年（1929 年）入春霜冻煞苗，从初夏起，又遭连续大旱。饥民成群挖野菜、剥树皮，糊口充饥。苜蓿一角银币买 3 斤。

1934 年的《续修陕西通志稿》就说苜蓿"嫩时可作蔬，凶年贫民抉食以代粮，种此数年地可肥，为益甚多，故莳者以广"，而"陕西甚多"，其他地区地方志的记载也莫不如此，说明其受重视的程度。据民国三十年（1941 年）《续修蓝田县志》记载，"苜蓿种出西域，农家多种以为刍秣之用，春初嫩苗可为蔬菜，饥年贫民藉以充腹尤可贵也。"

民国时期西北多旱灾，大旱年赤地千里，寸草不生，百姓常靠挖苜蓿根救济牲口，也不失为一种应急保畜措施。苜蓿根系发达，营养丰富，后来发展成一种肥育方法。农民专用老苜蓿根"追肥"牲畜，挖过苜蓿的田地又是下茬作物增产的理想前茬，因此苜蓿在西北地区农区粮草轮作中占有极其重要的地位。

民国十八年（1929 年），当年萨拉齐、托克托县两县旱饥，对于该地经济社会的发展构成了巨大威胁。史银堂《民国十七、十八年萨拉齐天灾人祸史料辑录》中对于这一时期萨拉齐地区的受灾情况进行了详细的叙述。

在民国十七年（1928 年）的前两年就连续干旱，成灾甚重。民国十六年（1927 年），各县以去岁兵、旱灾甚重，民已无力备种，春耕大半停辍，夏复大旱，下种之田秋收无望，又成饥年，灾情甚重。到了民国十七年（1928 年），萨拉齐一带春夏大风无雨，干旱十分严重，农民无法下种，生活没有着落，困苦不堪，当时的国民政府赈务处编印的《各省灾情概况》载"民国十七年入春大旱……萨拉齐、托克托两县向为繁盛区域，其牛马骆驼亦皆烹食，有因挖食田鼠猫犬而致疫疬者，有因食苜蓿蒺藜而致病者，有因食树皮草根枯槁而死者不下数万人，逃往甘肃外蒙不下数万人。"民国十八年（1929 年），春夏滴水未落，荒旱再起，禾皆枯死。

1947 年冬春之际的旱灾，加上胡宗南占领陕西佳县带来的破坏，造成佳县出现普遍灾荒，北部佳芦、古木、响石、车会、开光、双建、常乐更为严重。到 1948 年农历年后，群众见五谷者已属少数，"就树剥皮""搅拌糠秕"已是普通食品，甚至杀狗杀猫，不但吃肉，兽皮也食光。据调查，佳县政府非常重视群众救济工作，提出"保证不饿死人"的口号，要求各地土改干部在土改的同时，更加重视救荒工作。

对苜蓿合理调剂，普遍发动种春菜，尽量解决吃粮困难。

第三节　苜蓿的生态性

一、苜蓿绿肥

　　苜蓿等牧草的种植，首先为当地牧业的发展提供得天独厚的资源。金元时期，女真、蒙古等族在河北地区圈地发展牧业，之后回族人进入当地，也选择了一些适牧土地建立草场、马场。而当地土壤的盐渍化，则非常适合苜蓿等牧草的生长，可以为牧业提供良好的自然条件。于是由元至清，政府在此地建立了很多马场和草场，并常从此区域买马，如"自冠、恩、高唐购八万匹"。除了提供牧草来源，苜蓿还可以改良土壤肥力，在当时人们就总结出了苜蓿改良土壤的规律。

　　苜蓿作为绿肥，在明代就应用，明《群芳谱》指出西北地区多种苜蓿，几年后垦去种谷，能大幅度增产，因苜蓿能肥土。《群芳谱》曰："（苜蓿）若垦后次年种谷，必倍收，为数年积叶坏烂，垦地复深，故今三晋人刈草三年即垦作田，亟欲肥地种谷也。"徐光启《农政全书》："江南三月草长，则刈以踏稻田，岁岁如此，地力常盛"一语作注时说："江南壅田者，如翘荛、陵苕，皆特种之，非野草也，苜蓿亦可壅稻"。可见徐光启对绿肥轮作的重视。周广西（2005）指出，徐光启《粪壅规则》："真定人云，每亩壅二三大车，问其粪，则秋时锄苜蓿楂子载回，与六畜垫脚土积，上田也"（垫脚土，是指牲畜圈里经牲畜踩踏过的土与垃圾、粪尿等充分混合而成的一种厩肥）。

　　早在北魏时期我国就知道苜蓿能肥田的特性，特别是苜蓿的绿肥特性早已在我国被利用。明《农政全书·农桑通诀·肥壤篇》曰："江南壅田者，如翘荛、凌苕、皆特种之。恐苜蓿亦可壅稻"[翘荛即紫云英（*Astragalus sinicus*）；有人认为此处提到的苜蓿可能是指南苜蓿，即金花菜]。《农政全书·木棉》亦曰："有种晚棉用黄花苕饶草底壅者"，梁家勉（1989）在《中国农业科学技术史稿》中指出，苕饶即苜蓿，这是说头年秋种黄花苜蓿，第二年春割苜蓿壅稻，留苜蓿根翻入田中，种棉花。这是因为要优先保证水稻的基肥，所以把苜蓿的地上部分割下来壅稻，只留根部作为棉田的基肥。如果棉田要多施基肥，即把苜蓿全部翻在棉田中。

　　清代承袭明代仍将苜蓿作为绿肥，广为种植。许多典籍亦有记载，《授时通考》复引明王象晋《群芳谱》曰："苜蓿，若垦去次年种谷，必倍收。为数年积叶壤烂，垦地复深。故今三晋人刈草，三年即垦作田，亟欲肥地种谷也。"《农学合编》亦有同样的引述。

1909 年，美国土壤学家富兰克林（Franklin）专程来我国考查了浙江、江苏和山东等的绿肥种植应用情况，并对苜蓿绿肥作了详尽的考查和记载。他在《四千年农夫》（*Farmers of Forty Centuries*）记有："到那时（到水稻插秧时节），苜蓿要么被直接翻到地里，要么被（用）从运河底挖出的泥土浸湿之后堆放在运河的边上，发酵 20～30 天，再将发酵好的苜蓿运到地里。之前我们认为这些农夫很无知，但事实上，这些农夫很早就认识到豆科作物（苜蓿）的重要性，并将苜蓿列入轮作作物之列，作为一种不可或缺的作物。"另外他还观察到江苏、浙江一带的苜蓿堆肥制作过程："先将粪便（如马粪）放在从运河挖出的淤泥之间，让其发酵，然后将这些混合肥放入坑里，几乎将整个坑填满。之后将旁边种植的已开花的苜蓿砍下来填到坑（装有混合肥）里。每个坑堆放的苜蓿 5～8 英尺（152.4～243.8cm）高，中间夹杂着一层层的淤泥，这些淤泥将苜蓿浸湿，最终使这些苜蓿发酵。20～30 天后，苜蓿的汁液完全被下面的混合肥吸收，使混合肥进一步腐熟。苜蓿堆肥直到种植下一季作物时才施入地里。然后这些与淤泥一同发酵形成的有机物质会被人们分三次，每次好几吨地运送到田里。"这些粪便收集、装载好之后，通过 15 英里[①]的水路运送到目的地。船靠岸后，它们就被卸下，然后与淤泥混合在一起。这块地上之前种有苜蓿，现在被挖了几个坑，坑里堆放有冬季的混合肥。砍了一些苜蓿之后，人们会用肩膀将它们扛到坑旁，然后将它们一层苜蓿一层淤泥地堆好。形成肥料之后，它们会被分配到田里，之前坑里挖出来的泥土这时会被填进坑里。在水稻插秧前，将这些绿肥均匀地撒在地里，再进行犁地。在《四千年农夫》中还有这样的记载："冬小麦（*Triticum aestivum*）或大麦（*Hordeum vulgare*）与一种作绿肥的中国苜蓿并排生长，此种苜蓿翻耕后作为棉花的肥料。棉花播种成行与大麦相对。"另外，还记载了稻田垄上种苜蓿绿肥："在稻田的垄上种有作为绿肥的苜蓿，在秋季收割水稻之后播种苜蓿，在稻田被犁耕的时候它们（苜蓿）就成熟了，并且能被割下来埋在地里作为绿肥。这里种植的苜蓿产量每英亩[②]8～20t（每亩 1.34～3.29t）。"

如民国《景州志》云："（种苜蓿）宿根至三年以上，则硗瘠可变肥沃，以碱地其下层有硬沙，坚如石，水不能渗，故泛而为卤。"三年以后即可种植作物。民国三十三年（1944 年），甘肃粮食增产总督导团在粮食增产工作报告中记述："徽县指导农民收割苜蓿、紫云英翻压作绿肥"，"徽县农民在麦作收获后播种豆科植物增加土壤有机质，推广 1231 亩。天水在该县东北两乡种植绿肥 500 亩"。

---

① 1 英里 =1609.344m，下同。

② 1 英亩 =4046.856 422 4m²，下同。

二、苜蓿改良盐碱地

　　山东有大片碱地、沙地，弃置实在可惜。盛百二认为："土各有所宜，利在人兴"，主张用人力去改造治理。他提出，碱地，有水源的，"宜种粳稻"，田中水需流动，能蓄能排，用以洗碱，无水源的，先种苜蓿，四年后，再改种五谷、蔬果等，"无不发矣"。对沙碱薄地，著者提出，要因地制宜深栽树木，将柳插下九分，外留一分，压桑"入土八分，外留二分"。这样深植柳桑，可防碱，又盗贼难拔，牲畜难咬，十年以后，沙地、碱地"如麻林一般矣"。还提到，治沙碱地，只要"勤力有志者"，都可以做得到。这对我们改造自然，有一定的启发作用。

　　清代，观城在今聊城莘县南部，深受盐碱地困扰。苜蓿在此期间常用来治理盐碱地。道光《观城县志》专设《杂事志·治碱》，详细记述了苜蓿治理盐碱地的方法。

　　薄地碱地，不生五谷。然沙薄者，一尺之下常湿；斥卤者，一尺之下不碱。山东之民掘碱地一方径尺、深尺，换以好土，种以瓜瓠，往往收成，明年再换沮濡以栽蒲苇箕柳。

　　沙薄地大路边头三二尺下有好跟脚，卤碱之地三二尺下不是碱土，掘沟深二尺，宽三尺，将柳橛如鸡卵粗者砍三尺长小头削光，隔五尺远一株，先以极干桑枣槐老木如大馒头粗者三尺半长，下用铁尖，上用铁束做个引橛，拽一地眼，将柳橛插下九分，外留一分，乃将湿土填实，封个小堆，得一两月芽出，任其几股。二年后就地砍之，三年发出粗大茂盛，要做梁檩，只留一二股，不消十年，都成材料。其次于正月后二月前，或五六月，大雨时将柳枝截三尺，长掘一沟，密密压在沟内，入土八分，留二分。伏天压桑亦照此法，十有九活。盗贼虽拔，牲畜难咬，天旱封堆不干，天雨沟中聚水，又不费浇，根入地三尺，又不怕碱，十年之后，沙地碱地如麻林一般矣。按：碱地寒苦，苜蓿能暖地，性不畏碱，先种苜蓿数年，改艺五谷蔬果，无不发矣。又碱喜日而避雨，或乘多雨之年栽种，往往有收。又一法，掘地方尺深之三四尺，换好土以接引地气，二三年后则周围方丈之地亦变为好土矣。闻之济阳农家云，则知新吾之言不谬。以上诸法，在勤有志者为之。苜蓿一法，闻之沧州老农，亦甚验。

　　在盐碱地改良方面，我国积累了不少传统经验和技术。苜蓿是改良盐碱地的先锋植物，其耐盐、改碱、肥田特性早已为人们所熟知和利用，但关于其改良盐碱地的技术和效果的记载到清代才出现。史仲文（1994）指出，清代（不迟于乾隆四十三年，即 1778 年）已出现种植苜蓿等绿肥的先行暖地，治盐改土的办法。清盛百二《增订教稼书》［成书于乾隆四十三年（1778年）］曰："碱地有泉水可引种者，宜种秔稻。否则先种苜蓿，岁夷其苗食之，四年后犁去其根，改种五谷蔬果，无不发矣，苜蓿能暖地也。又碱喜日而避雨，或乘多雨之年耕种，往往有收。有一法：掘地方数尺，深之三四尺，换好土以接地气，二三年后，周围方丈之地亦变为好土矣。闻之济阳农家，则志新吾之言不谬。苜蓿方得之沧州老农，甚。"在之后的许多地方都应用了这一治盐改土技术，《巨野县志》引《治碱法》曰："碱地苦寒，惟苜蓿能暖地，不畏碱。先种苜蓿，岁夷其苗食之，三年或四年后犁去其根，改种五谷蔬果，深四五尺换好土以接引地气，二三年后则周围方丈地皆变为好土矣。"闵宗殿（1992）指出"种植绿肥，能增加地面覆盖，减少水分蒸发，可减轻或防止耕层返碱，同时又能增加土壤的有机质，改善土壤结构，至今仍为现代科学所提倡的一种治碱方法。"在运河区域，除《巨野县志》外，《干隆济宁州志》和《道光观城县志》也有类似的记载。

《观城县志》卷十《杂事志·治碱》《中国地方志集成·山东府县志辑》（第91册）《巨野县志》等就有相似记述。在治碱改土方面，郭云升《救荒简易书》曰："祥符县老农曰：苜蓿性耐碱，宜种碱地，并且性能吃碱。久种苜蓿，能使碱地不碱。"种苜蓿改良盐碱地的经验在清代河南、河北、山东等地的不少方志中均有记载。河南《光绪扶沟县志》（清道光十三年，1833年）记载："扶沟碱地最多，惟种苜蓿之法最好，苜蓿能暖地，不怕碱，其苗可食，又可放牲畜，三四年后改种五谷。同于膏壤矣。"山东《宁津县志》（光绪时期）曰："土性之经雨而胶粘者宜种之（苜蓿）。"山东《金乡县志》［清同治元年（1862年）］记载，"苜蓿能暖地，不畏碱，碱地先种苜蓿，岁刘其苗食之，三四年后犁去，其根改种他谷无不发矣，有云碱地畏雨，岁潦多收。"河北《光绪鹿邑县志》指出："苜蓿多自生无种者。种三后积叶坏烂肥地，垦种谷必倍……功用甚大。"这说明在清代种植苜蓿改良盐碱地已是常法。众所周知，种植苜蓿能增加地面覆盖，降低土壤水分蒸发，缓解或减少土壤盐分的上升或耕层返碱，由于苜蓿根系发达，并有固氮能力，在改善土壤结构的同时，苜蓿也能增加土壤氮素和有机质，所以这一技术至今仍在沿用。

齐如山（2007）的《华北的农村》描述20世纪40年代华北地区利用苜蓿改良盐碱，他指出，"苜蓿宜于碱地，凡带卤性之田，都可种此，过十年八年，根太老后，便可铲去另种其他谷类，且一定变成上地，因为该地之碱性，已被苜蓿吸收净尽也。"据1862年山东《金乡县志》记载，"苜蓿能暖地，不畏碱，碱地先种苜蓿，岁刘其苗食之，三四年后犁去，其根改种他谷无不发矣，有云碱地畏雨，岁潦多收。"苏北盐垦区原属淮南盐场旧地，晚清以来，历届中央和地方政府都鼓励民间力量在此围滩垦殖。苜蓿具有耐盐性，冠丛大，具有一定的覆盖面积，繁茂枝叶和发达根系腐烂后又可增加土壤肥力。在苏北盐垦区，种植苜蓿改良盐碱地已有丰富的经验，为了防止盐分上升，冬季种绿肥作物，如苜蓿蚕豆之类，来春种棉花，刈之覆地，效果与盖草同。民国年间，当地种植苜蓿既可省去买草的费用和运输草的人力，草租缴纳后，多余部分就可卖出，所以垦区"普通冬季均种植苜蓿"。赵伯基指出"在久垦之熟地，虽有种植豆麦者，亦仍保留苜蓿，于五六尺之宽行中，种豆麦一条而已。"来年苜蓿刈割后即可种棉花，往往割苜蓿和种棉同步进行，即先"将苜蓿刈割，用锄翻土，使根部翻散于地面。"然后将棉子撒播后覆土。孙家山（1984）指出，"种植苜蓿改良盐碱地的经验，在苏北滨海南部，也是广泛地流传着。清朝末年起，盐垦公司，由南而北，次第兴起，这一经验，也就由南通海门一带的农民代着而遍传北部，终之，成为本地区东部亦即盐垦公司垦区的较为普遍的改良盐土的技术措施之一。"

第四节　苜蓿的观赏性

一、苑囿

苑囿是指划定一定范围的（如墙垣等），具有生产、游赏等功能的皇家专属领地。先秦时多称"囿"，汉多称为"苑"。"苑囿"合称也较为常见。"苑囿"一词常见于古籍中。出处《史记·秦始皇本纪》："嫪毐封为长信侯。予之山阳地，令毐居之。宫室车马衣服苑囿驰猎恣毐。事无小大皆决于毐。又以河西太原郡更为毐国。"汉董仲舒《春秋繁露·王道》："桀纣皆圣王之后，骄溢妄行。侈宫室，广苑囿，穷五采之变，极饰材之工。"汉扬雄《羽猎赋》："立君臣之节，崇圣贤之业，未遑苑囿之丽，游猎之靡也。"唐·杜甫《八哀诗·赠太子太师汝阳郡王琎》："忽思格猛兽，苑囿腾清尘。"清·唐甄《潜书·善游》："台榭太高，则不安；苑囿太旷，则不周。"鲁迅《汉文学史纲要》第十篇："故虚借此三人为辞，以推天子诸侯之苑囿。"

苑囿单叫作苑，有时也叫作园。汉代的苑有两种，一种是牧场，另一种是离宫似的东西。在《景帝纪四年注》所引汉注里可以看到，太仆的苑三十六所，分布西北边，牧养马匹，就是牧场。上林苑、甘泉苑等是离宫性质的，单称作苑。于西汉宫苑的情况，晋代葛洪《西京杂记》、南朝人编著的《三辅黄图》、清代顾炎武《历代宅京记》诸书记述甚为翔实，其他的古籍中也有片段记载。根据这些文献所提供的资料，西汉的众多宫苑之中最具代表性的当为上林苑。上林苑位于渭河南岸，南接终南山，北抵九峻山，是一处功能齐全的旅游休闲胜地，山水动植物、楼台宫观样样具备，是中国历史上最大的一座皇室园苑。全苑分为36小苑、70处宫馆。司马相如的《上林赋》记载："离宫别馆,弥山跨谷,高廊四注,重座曲阁。"真是"天上人间诸景备","多少功夫筑始成。"

据《长安志》引《关中记》:"上林苑门十二,中有苑三十六。"苑即园林,也就是三十六处"园中之园"。其中的一部分是保留下来的秦代旧苑,大部分是武帝时期及以后陆续兴建的,一般都建置在风景优美的地段作为游憩的场所。例如,宜春下苑,武帝时建,内有曲江池,"其水曲折有似广陵之江,故名之",原为秦代宜春苑旧址。又如,乐游苑,宣帝时建,在杜陵西北的乐游原上。

二、苑囿中的苜蓿

先人在有效利用苜蓿的实用价值的同时,也发现了苜蓿的审美价值。苜蓿入汉后,首先被种植在"离宫别馆"。现今可以找到关于大宛苜蓿入汉后的最早记载,是在《史记·大宛列传》:"宛左右以蒲陶为酒,富人藏酒至万余石,久者数十岁不败。俗嗜酒,马嗜苜蓿。汉使取其实来。于是天子始种苜蓿、蒲陶肥饶地。及天马多,外国始来众,则离宫别观旁尽种蒲陶、苜蓿极望。"可见,苜蓿自汉代从西域引进,多种植于皇宫苑囿,乃是皇宫贵族享用之物,并未向社会推广种植。

苜蓿之花相当鲜艳,其紫色花也很具观赏性,并且花期较长,故引种到内地后,除野外种植外,也在长安城大量种植,包括离宫别馆,洛阳种植得也不少。乐游苑建于汉宣地神爵三年(公元前59年),在杜陵(今雁塔区曲江街道三兆村南)西北,《汉书·宣帝纪》曰:"三年春,起乐游苑。""乐游苑,在杜陵西北,宣帝神爵三年(公元前59年)春起"。苑在曲江池北,今铁炉寺村周边的王家村、铁炉庙村、延兴门村一带,内有乐游庙,汉宣帝立,《关中记》:"宣帝许后葬长安县乐游里,立庙于曲江池北,曰乐游庙,因苑为名"。乐游苑也种有苜蓿,别名怀风草,又有自然生长的玫瑰(*Rosa rugosa*)丛。汉刘歆著、晋代葛洪辑录的《西京杂记》卷一云:"乐游苑自生玫瑰树,树下多苜蓿。苜蓿一名怀风,时人或谓之光风,风在其间常萧萧然。日照其花有光采,故名,茂陵人谓之连枝草。"乐游苑,宣帝时建,在杜陵西北的乐游原上。梁刘昭注司马彪《续汉书·百官志》"长乐廱丞一人"下曰:"《汉官》曰:员吏十五人,卒骑二十人,苜蓿苑官田所一人守之。"可知苜蓿汉代以来即于皇家园林有种植,且有专人守卫。

北魏时曾任过期城(今河南泌阳)太守的杨衒之,其《洛阳伽蓝记》卷五中就记载了官宦园林中的苜蓿:"中朝时,宣武场在大夏门东北,今为光风园,苜蓿生焉。"《晋书·华廙传》曰:"帝后又登陵云台,望见广苜蓿园,阡陌甚整,依然感旧。"则表明魏晋时期京城地区部分上层人士也会营造专门栽种苜蓿的苑囿。任昉在《述异记》有这样的记述:"张骞苜蓿园,今在洛中……"

原为唐玄宗诸子创作查找事类编纂的《初学记》中有"蒲萄苜蓿"的事，可知时人心目中，两者是绝佳的天然对偶物，例举了《晋宫阁名》所言"洛阳宫有琼圃园、灵芝石祠，园邺有鸣鹄园、蒲萄园"，又言及"晋宫阁名有灵芝园、蒲萄园，皆因草木树果以立名也"，所引南朝宋《仇池记》则云"城东有苜蓿园"，仇池国国都城东（今甘肃陇南）有苜蓿园，显然也是以这里广种苜蓿而命名。

立石于元大德七年（1303年）的《大头陀教胜因寺碑》，是由元好问亲自校选的"东平四杰"之一，时拜翰林学士承旨、正奉大夫、知制诰兼修国史阁复的撰文，记述了雪庵禅师兴造头陀教最大道场胜因寺的功德。碑云：大头陀教胜因寺，圆通玄悟大禅师溥光所造也。始祖曰纸衣和尚，立教于金之天会（1123～1137年），示灭之后，门人嗣法，自河涧铁华、兴济义熙、双桧春、燕山永安、蓬莱志满、真教猛觉、临漪觉业、普化守戒、清安练性、白雷妙一，十有一传而至溥光大禅师。师五岁出家，十九受大戒，励志精勤，克嗣先业。虽寓迹真空，雅尚儒素，游戏翰墨，所交皆当代名流。世祖皇帝尝问宗教之源，师援引经论，应对称旨。至元辛巳（1281年，元世祖至元十八年），赐大禅师之号，为头陀教宗师。会诏假都城苜蓿苑，以广民居。请于有司，得地八亩。萧爽靖深，规建精蓝，为岁时祝圣颂祷之所。

苜蓿之美，美在六七月间。那时苜蓿开花了，夏天的繁花铺满草原，清人称之为"斗芳菲"。1805年，谪戍伊犁的祁韵士在他的万里行程中写到了日暮时分的苜蓿之美："欲随青草斗芳菲，求牧偏宜野蓰肥。几处嘶风声不断，沙原日暮马群归。"

第五节　苜蓿的本草性

一、本草苜蓿的发展

苜蓿入药始载于南朝梁人陶弘景《名医别录》，中医认为其性平味苦涩无毒。能清热利湿，和脾止血，利大小肠，凡湿热黄疸、水肿、小便不利、尿路结石等病症，均为适宜。

最早记载苜蓿本草性的是《名医别录》，载："安中利人，可久食"。唐代名医孟诜谓其"利五脏，轻身健人，洗去脾胃间邪气，诸恶热毒"。《日华子本草》曰："去腹脏邪气，脾胃间热气，通小肠"。《本草衍义》谓之"利大小肠"。民间常取鲜苜蓿、茵陈各15g，加水煎汤饮服，每日一次，可治湿热黄疸。取鲜苜蓿90～150g，捣烂绞取汁液，调入适量蜂蜜饮服，可治湿热、小便不利、淋沥涩痛、膀胱尿路结石。取苜蓿叶15g，焙干研末，豆腐一块，猪油90g，炖熟一次服下，可治水肿。取鲜苜蓿 30g，水煎后分二次服，每日一剂，连服一至三星期，可治风湿筋骨痛。取鲜苜蓿 150g，加水煎汤，经常饮服，可治紫癜性出血、脂溢性脱发。宁夏民间以苜蓿 15g，水煎，早晚各服一次，治白血病。

唐苏敬《新修本草》记载："苜蓿茎叶平，根寒。主热病，烦满，目黄赤，小便黄，酒疸。"捣取汁叶，服一升，令人吐利，即愈。唐孟诜《食疗本草》亦记载：苜蓿"利五脏，轻身健人。洗去脾胃间邪热气，通小肠热毒。"唐王焘《外台秘要》记载："苜蓿、白蒿、牛蒡、地黄苗甚益人，长吃苜蓿虽微冷，益人，堪久服。"又记载："此病（骨蒸之病）宜食煮饭、盐豉、豆酱、烧姜、葱韭、枸杞、苜蓿、苦菜、地黄、牛膝叶，并须煮烂食之。"另有记载："患疮唯宜煮饭，苜蓿盐酱，又不得多食之。"

苜蓿根亦可入药。《唐本草》谓其："主热病烦满，目黄赤，小便黄，酒疸"。《本草纲目》称之"治砂石淋痛"。用苜蓿根 15～30g，加水煎汤服用，可治黄疸。取鲜苜蓿根捣汁，每次半杯，一日二次温服，可治尿路结石。用鲜苜蓿根 30g，洗净切碎煎汤，连渣一起服食，每日一次，可治夜盲症。

宋寇宗奭《本草衍义》记载："微甘淡，不可多食，利大小肠。"宋唐慎微《大观本草》亦记载："苜蓿，味苦，平，无毒。主安中，利人，可以食。"唐慎微《大观本草》还记载了："苜蓿茎、叶平，根寒。主热病，烦满，目黄赤，小便黄，酒疸。捣取汁，服一升，令人吐利，即愈。"唐慎微："患疸黄人，取根生捣，绞汁服之，良。又，利五脏，轻身；洗去脾胃间邪气，诸恶热毒。少食好，多食当冷气入筋中，即瘦人。亦能轻身健人，更无诸益。日华子云：凉，去腹脏邪气，脾胃间热气，通小肠。"唐慎微《大观本草》最后指出，苜蓿"彼处人采根，作土黄耆也。又，安中，利五脏，煮和酱食之，作羹亦得。"《重修政和经史证类备用本草》亦有类似记载。

明刘文泰《本草品汇精要》记载："苜蓿，无毒。主安中利人，可久食。"姚可成《食物本草》亦记载："苜蓿味苦，平、涩、无毒。主安中利人，可久食，五利藏，轻身健人，洗去脾胃间邪热气，通小肠诸恶热毒。煮和酱食，亦可作羹。利大小肠，干食益人。根味苦，寒，无毒。主热病烦满，目黄赤，小便黄，酒疸，捣取汁服一升，令人吐利即愈。捣汁煎饮，治沙石淋痛。苜蓿不可同蜜食，令人下利。"皇甫嵩《本草发明》有类似的记载。缪希雍《神农本草经疏》记载："苜蓿，酒疸非此不愈。疏：苜蓿草嫩时，可食，处处田野中有之，陕陇人亦有种者。木经云，苦、平、无毒。主安中利人。可食，久食然性颇凉，多食动冷气，不益人。根苦寒，主热病，烦满目黄，赤小便，黄酒疸，捣汁一升服，令人吐利，即愈。其性苦寒，大能泄湿热，故耳以其叶煎汁，多服专治酒疸大效。"

清张宗法《三农纪》指出：苜蓿"味甘，性平。健脾宽中，清热利水。子可壮目，叶可充饥，忌与蜜同食。"杨巩《农学合编》曰："苜蓿，味苦五毒，安中利五脏，洗脾胃间恶热毒。"丁宜会《农圃便览》亦曰："苜蓿能洗脾胃诸恶热毒。"

民国陈存仁（1935）《中国药学大辞典》为当时最具影响力的中药辞典，该书收"苜蓿"词目如下。

【苜蓿】古籍别名木粟。光风草。（纲目）怀风、连枝草、牧宿。（郭璞）草头、金花菜。

外国名词　*Medicago denticulate* Willd。

基本　系豆科苜蓿属。

产地　生于原野间。

形态　苜蓿为菜类之越年生草本。平卧地上。长二尺余。叶作羽状复叶。自三小叶成。无卷须。托叶细裂。叶腋出花轴。生三花至五花。花小黄色。蝶形花冠。实为荚果。呈螺状。有刺。头尖锐。中有黑子如稗米。可作饭与酿酒。其茎叶可作菜茹与供药用。

性质　苦平清，无毒。

主治　安中利人，可久食。

历代记述考证　唐孟诜食疗本草论苜蓿曰：利五脏，轻身健人，洗去脾胃间邪热气。通小肠诸恶热毒。煮和酱食。亦可作羹。宋寇宗奭本草衍义论苜蓿曰：利大小肠。宋苏颂图经本草论苜蓿曰：干食养人。

参考资料　（一）苜蓿多食则冷气入筋中，令人复（孟诜）；（二）苜蓿同蜜食令人下利（李廷飞）。

【苜蓿根】性寒无毒。

主治　热病烦满。目黄赤，小便黄。酒疸。捣服令人吐利即愈。

历代记述考证　明李时珍本草纲目论苜蓿根曰：捣汁煎饮。治沙石淋病。

从拉丁名看，陈存仁（1935）《中国药学大辞典》中的苜蓿指的是南苜蓿。

现代医学研究发现，苜蓿含有蛋白质、糖类、胡萝卜素、维生素 A、维生素 C、维生素 E、维生素 K 族及 B 族维生素，以及多种矿物质。还含有苜蓿酚、大豆黄酮、苜蓿素、果胶酸等成分。所含苜蓿素有轻度抗氧化作用，可防止肾上腺素氧化。动物实验显示，对离体豚鼠肠管有松弛作用和轻度的雌激素样作用。所含维生素 A、维生素 C、维生素 E，进入人体后可抑制抗氧化脂质的形成，能润泽皮肤，减少皮肤色素沉着，保持皮肤细腻，消除皱纹，有抗皮肤衰老作用。全草提取物能抑制结核杆菌的生长，并对小鼠骨髓灰质炎有效。此外，还有止血及去脂作用，对预防动脉粥样硬化有效。

苜蓿属渗利之品，脾胃虚弱或消化不良者，不宜多食、久食。

二、南苜蓿与紫苜蓿的本草性差异

（一）对南苜蓿本草性能的质疑

1992年《吉林中医药》发表了杨建书等的"南苜蓿功用考证"，文中对南苜蓿的药性提出了质疑，现录如下。

南苜蓿（*Medicago hispida*），又名黄花草子、黄花苜蓿、苜蓿等，为豆科草本植物。笔者自1970年至今，对其功效进行了应用观察，发现其与《本草纲目》中之"苜蓿"形态相近而作用各异，故在此与同道商榷。

根据中医理论，南苜蓿根白入肺，籽黄入脾，种子肾形而入肾。味甘而温和，故认为其有益气健脾温肾作用，试用于临床，对于治疗尿频、遗尿、泄泻等证，颇具疗效。如1970年6月治李姓男患，43岁，因胃脘痛并重度贫血入乡卫生院治疗。近20天来，精神疲惫，面色苍白，尤苦于小便频数，日20～30次，夜间尤甚，欲尿立解，常常失禁。查其舌淡，脉弱无力。诊为久病体弱、气虚不摄所致的尿频症。予南苜蓿鲜草60g水煎服，次日尿次减少，连服10日而愈。同时，食欲渐增，精神转好。

在临床中，我们根据《本草纲目》记载，苜蓿"苦寒平，治砂石淋痛，小便黄"，对热淋病人试用南苜蓿治疗，结果适得其反，例如曾于1978年6月治疗刘某，男，28岁，其人少腹不适，尿频尿痛，尿色黄赤，灼热难忍，心烦闷，舌红苔黄，脉滑数。给予鲜南苜蓿50g，水煎服，次日来告，尿频稍转而热痛复甚，再服无效，后改用八正散而治愈。

《本草纲目》载："苜蓿原出大宛，汉使张骞带归中国"据《辞海》载："古代所称苜蓿，专指紫苜蓿（*Medicago sativa*）而言"。《史记·大宛列传》："（大宛）俗嗜酒，马嗜苜蓿，汉使取其实来，于是天子始种苜蓿、蒲陶肥饶地"，可知，从大宛引种来的苜蓿即《本草纲目》之苜蓿当为紫苜蓿。然而，紫苜蓿为"多年生宿根草本……茎光滑多分枝……花紫色，荚果无毛"，与《本草纲目》中的描述有异。我们认为，"南苜蓿性耐寒，紫苜蓿性喜温"，其功效不同，应对南苜蓿、紫苜蓿的功能做临床验证和药理研究，以免贻误。

➤➤➤杨建书.南苜蓿功用考.吉林中医药.1992，（5）：37.

（二）南苜蓿的本草性

最早记载苜蓿的花为黄色的是《尔雅》："权，黄华今谓牛芸草，为黄华，华黄叶似苜蓿"［罗桂环（2005 年）认为牛芸草可能是黄花苜蓿］。在宋朝梅尧臣诗中云："有芸如苜蓿，生在蓬翟中，黄花三四穗，结穗植无穷"。与《中国高等植物图鉴》（1972）对照，马爱华（1994 年）认为此处所指是黄花苜蓿（*Medicago falcata*）而非南苜蓿（*M. hispida*）。理由有二：①以上句中指苜蓿应为 *M. sativa*，只有 *M. falcata* 的叶与 *M. sativa* 的叶相似为倒披针形，而 *M. hispida* 叶为宽倒卵形；②从产地来看，*M. falcata* 主要分布于东北、西北等地，不同于 *M. hispida*。《辞源》解释苜蓿谓："蔬类植物，原野自生，大别为 3 种，一曰紫苜蓿，茎高尺余，叶为羽状复叶，似豌豆而小，开紫花，荚宛转弯曲，一曰黄苜蓿，茎不直立，叶尖瘦，花黄三瓣，荚状如镰，二者皆产于北方……同类而异种。一曰野苜蓿，亦曰南苜蓿……茎卧地，叶为三小叶合成，小叶倒卵形，顶端凹入，花小色黄，其形似蝶，荚作螺旋形，有刺；南方随处有之"。详细地记述了 3 种苜蓿的形态特征及产地。

《本草纲目》云："西京杂记言，苜蓿出大宛，汉使张骞带回中国，然今田野处处有之，陕陇人也有种者，年年自生，刈苗作蔬，一年可三刈，二月苗，一科十茎，茎颇似灰翟。一枝三叶，绿色碧艳，入夏及秋，开细黄花。结小荚圆扁，旋转有刺，数荚累累，老则黑色，内有米如穄，可为饭，又可酿酒"。对照《辞源》，马爱华（1994年）认为李时珍所言苜蓿并不是最早之苜蓿（*M. sativa*），而应为 *M. hispida*（南苜蓿），南苜蓿主产于江南一带。

（三）紫花苜蓿的本草性

苜蓿，始载于《名医别录》，陶弘景将其列为菜部上品："味苦，平、无毒，主安中，利人，可久食"。"利五脏，轻身健人，洗去脾胃间邪热之气，通小肠诸恶热毒，煮和酱食，亦可作羹"。"长安中乃有苜蓿园，北人甚重此，江南人不甚食之，以无味故也，外国复别有苜蓿草，以疗目，非此类也"。《本草衍义》云："唐李白诗云，天马常衔苜蓿花是此，陕西甚多，以饲牛马，嫩时人亦食之，微甘淡，不可多食，利人大小肠，有宿根。刈讫又生"。"其根酷似黄芪，故土人采之以乱黄芪也"。《重修政和经史政类本草》谓："苜蓿茎叶平，根寒，主热病，烦满，目黄赤，小便黄，酒疸，捣取汁服一升，令人吐利即愈"。对照《中国高等植物图鉴》（1972 年）收载的苜蓿属 6 种植物，马爱华（1994 年）认为以上本草书籍所说苜蓿为紫苜蓿，其理由有三：①产地相符。古之长安即现今陕西省西安附近，与紫苜蓿（*Medicago sativa*）多产于我国东北、西北等地相符合。②有宿根，现今有些地区把 *M. sativa* 的根作为土黄芪用。③从其功效看，*M. sativa* 有清热解毒、凉血通淋之功，与以上本草所说效用颇相似。《群芳谱》谓："苜蓿，苗高尺余，细茎，叶似豌豆，每三叶生一处，稍间开紫花，结弯角，有子季米大，状如腰子，三晋为盛，秦、齐鲁次之，燕赵又次之，江南人不识也"。不仅明确阐述了 *M. sativa* 的原植物形态特征，也指出其产地不在江南而在北方。

【延伸阅读】

1. 南苜蓿与紫苜蓿植物学特性

张平真（2006）指出，紫苜蓿原产于地中海沿岸地区，而南苜蓿则原产于印度。两汉时期，经由"丝绸之路"的南北道分别从中亚和南亚地区传入我国。《史记·大宛列传》记述了汉使从大宛国带归苜蓿种子的故事。从中我们知道，紫苜蓿是沿着"丝绸之路"的北道引入我国的。关于南苜蓿的引入，此前相关的记述大多语焉不详。张平真认为，南苜蓿起源于印度，大概是在汉代从南亚的克什米尔地区沿着"丝绸之路"的南道传入我国的。

孙醒东（1954 年）在《重要牧草栽培》中对紫苜蓿（*Medicago sativa*）、野苜蓿（*M. falcata*）和南苜蓿（*M. hispida*）的植物学特征、特性进行了研究，结果表明，不论是在生长习性、根特性还是在茎、叶、花、果实及种子等方面，紫苜蓿和南苜蓿均有明显差异（表 6-5，图 6-1）。

表 6-5 《重要牧草栽培》对 3 种苜蓿特征特性的记述

特征、特性	紫苜蓿	野苜蓿	南苜蓿
生长习性	多年生宿根性草本	多年生草本	一年生或越年生草本
根	主根很深，一直向下，是很发达的，1～2 年老主根的长度可达 2～5m		主根细小而旁根发达，深可达 85cm
茎	茎直立	半直立	茎多匍匐或直立
叶	叶是三小叶组成，小叶长圆形，仅上部尖有锯齿		有三小叶，小叶倒卵形，或倒心形，先端稍圆或凹入
花	花紫色，成总状花序	花黄色，总状花序	花黄色，在上部成头状花序
花期	在保定为 5 月上下旬		开花期：在保定 7 月初
果实及种子	荚果是盘圈环绕状，2～4 绕不等，荚平滑无毛。种子肾形	荚果扁长形，或稍带弯形，光滑	荚果螺旋形，边缘毛状，疏刺突起。种子肾形

"—"表示无记述。

2. 紫苜蓿与南苜蓿混淆原因

马爱华（1994 年）研究指出，《中药大辞典》《新华本草纲要》《中医大辞典》

紫苜蓿 *Medicago sativa*　　　　　　南苜蓿 *Medicago hispida*

图 6-1　紫苜蓿和南苜蓿素描（引自孙醒东，1954）

中药分册等现代药物学著作均认为 *M. sativa* 和 *M. hispida* 有相同功效，这主要是受《本草纲目》的影响。他进一步指出李时珍可能没见过紫苜蓿，认为南苜蓿即是《名医别录》所言苜蓿，并把其功效移过来，放到《本草纲目》中，南苜蓿即有了紫苜蓿之功效。李时珍是一位划时代的医药学家，《本草纲目》具有广泛而深远的影响，也因为他对南苜蓿与紫苜蓿原植物方面的失误，可能引起后来的药学书籍把南苜蓿与紫苜蓿并在一起，统称为苜蓿，并说其功效相同的原因。拾録（1952 年）研究认为，李时珍在《本草纲目》苜蓿项的集解中说："入夏及秋，开细黄花"，而没有提及开紫花，故遂引起程瑶田的误会。实则李时珍所指大概是 *Medicago denticulate*，故不能说错误。但没有提到紫花种，亦不是无疏漏之嫌（拾録，1952）。

苜蓿科技

　　汉唐盛世，西北"丝绸之路"通畅繁荣，随着各民族、地区、国家间经济文化的交流、发展，先后形成两次引种高潮。丝路传入的良种一般总是"植之秦中，渐及东土"。苜蓿则是在汉代被引入我国，被种在皇家苑囿，由农艺技术精湛的园丁利用优越的管理条件进行引种试验。随后在关中及毗邻的甘宁地区种植，由于苜蓿种植广泛，甚至出现了地方俗称，"茂陵人谓之连枝草"。在明清，随着我国传统植物学研究达到新的高度，苜蓿植物生态学研究也随之达到高峰，研究水平堪称世界一流，研究结果影响至今。

第一节　苜蓿植物生态学研究

一、古代对苜蓿植物生态学的研究

（一）两汉魏晋南北朝时期

自西汉开始栽培苜蓿，我国先辈就十分重视苜蓿植物形态学和生长习性的观察研究和知识的累积，包括对苜蓿植株各器官辨认、命名和有关特征和特性的描述。东汉许慎《说文解字》是目前发现最早的与苜蓿植物形态学有关的典籍，《说文解字》云："芸，艸也。似苜蓿。"清吴其濬《植物名实图考》曰："芸似苜蓿。"《尔雅注疏》曰："权，黄华"。郭璞注："今谓牛芸草为黄华。华黄，叶似苜蓿。"胡奇光认为，权又称黄华，即野决明，以说牛芸草。

据中国科学院中国植物志编辑委员会（1998）《中国植物志·第43卷（2）册芸香科》考证，《尔雅》《说文解字》《梦溪笔谈》中提及的"芸""芸草""芸香草"……或可能是菊科或豆科植物。中国科学院中国植物志编辑委员会（1998）在《中国植物志·第42卷（2）册豆科》中明确指出，草木樨（*Melilotus officinalis*，亦称辟汗草）在我国古时用以夹于书中，称芸香，野决明别名黄华。管锡华在《尔雅译注》中指出："权又称为黄华，即牛芸草或野决明［野决明，豆科植物，叶（羽状复叶）、果实（荚果）与苜蓿相似］。"由此知，早在汉代我国先民就熟知苜蓿植物形态学，之后人们常常用苜蓿植物学特征与其他植物进行比较。

另外，汉刘安《淮南子》说"云草，可以复生。"这说明古人早已认识到苜蓿多年生的习性，不仅如此，还认识到了苜蓿的宿根习性和再生性。北魏贾思勰《齐民要术》曰："一年三刈。"又曰："此物（苜蓿）生长，种者一劳永逸。"即种一次生长多年，一年可以刈割三次。

（二）唐宋元时期

唐韩鄂在《四时纂要》写道："（苜蓿）紫花时，大益马。"缪启愉在注释中明确指出，从"紫花"可知《四时纂要》所说是紫花苜蓿（*Medicago sativa*），比较耐寒、耐旱，栽培于北方。《四时纂要》又云："大如黍及大麻子，黄黑似豆。高五六尺，叶如细槐,亦如苜蓿枝间微刺。"唐苏敬《新修本草》将云实的植物特征与苜蓿的进行比较,发现亦有类似。

到了宋代,人们对苜蓿的形态学特征有了更细微的观察研究。宋陈景沂《全芳备祖》曰:"决明夏初生苗,根带紫色,叶似苜蓿。"宋郑樵在《昆虫草本略》写到"云实叶如苜蓿,花黄白,荚如大豆。"云实、野决明、苜蓿都是豆科植物,这3种植物的叶(羽状复叶)、果实(荚果)也极其相似。这些形态上的差异在当时都能区分得很清楚,运用同科植物器官来作比拟,有助于对植物的准确认识,这说明人们通过观察,已掌握了一定的植物形态学知识。宋苏颂《本草图经》云:"(决明子)叶似苜蓿而阔大,夏花,秋生子作角。"宋梅尧臣《书局一本》诗曰:"有芸如苜蓿,生在蓬蘲中。"南宋罗愿《尔雅翼》对苜蓿的结实性进行了描述:"秋后结实,黑房累累如稷子,故俗人因为之木粟。"这是我国古代早期对苜蓿植物学特性的认识。宋寇宗奭《本草衍义》亦曰:"苜蓿有宿根,刈讫又生。"说明宋代人们明确认识到苜蓿是宿根植物,并可刈割后再生这一特性。

另外,古人亦知道采取适宜的农艺措施可延缓苜蓿衰老,元司农司《农桑辑要》在征引《齐民要术》"此物(苜蓿)长生,种者一劳永逸"的基础上,并复引了《四时纂要》苜蓿"二年一度耕垄外根,即不衰"。就是说每两年在苜蓿根外(即垄被,苜蓿行与行间)进行浅耕松土,这样有利于延缓苜蓿的衰老。

(三)明朝时期

明朝对苜蓿植物学有了更进一步的认识,并开展了较为系统的研究,如《救荒本草》《食物本草》《本草纲目》《群芳谱》《农政全书》等典籍对苜蓿植物学特性有较为详细的研究记述。朱橚是对苜蓿植物学特征和特性进行较为系统观察研究的开拓者,《救荒本草》的问世将我国古代植物研究推到了一个新的高度。朱橚《救荒本草》植物学术语丰富、精确,如苜蓿茎分叉而生,对花色有明确记载,对荚果种子形态的描述近乎现代,"苜蓿苗高尺余,细茎,分叉二生,叶似锦鸡儿花叶微长,又似豌豆叶,颇小,每三叶攒生一处,梢间开紫花,结弯角儿,中有子如黍米大,腰子样。"这说明朱橚观察非常细致,并熟知植物学术语。徐光启的《农政全书》亦作了同样的记述。这些对苜蓿形态特征的描述,说明作者观察细致,准确地突出了苜蓿的形态特点。不仅如此,朱橚还将苜蓿与其他植物进行了比较(表7-1)。可以看出,朱橚在对苜蓿形态详细观察和认识的基础上,采用类比法,对苜蓿与豆科其他几种植物进行了比较,除小虫儿卧单[据王家葵(2007)考证,该种为地锦草 *Euphorbia humifusa*]为大戟科外,其他的都是豆科植物,特别是能将与苜蓿极为相似的兰香草木犀区分开,并能掌握各自的植物学关键特征,实属不易,这说明朱橚对豆科植物的形态特征，特别是苜蓿的植物学特征已相当熟悉。

表 7-1 《救荒本草》中苜蓿植物学特性与其他植物相似性的比较

植物名	考订植物名	拉丁名	植物学特性相似性描述
草零陵香	兰香草木犀	*Melilotus coerules*	叶似苜蓿，叶长而大，微尖，茎叶间开小淡粉紫花，作小短穗，其子小如粟粒
小虫儿卧单	地锦草	*Euphorbia humifusa*	苗拓地，叶似苜蓿叶而极小，又似鸡眼草，叶亦小
铁扫帚	截叶铁扫帚	*Lespedeza cuneata*	苗高三四尺，叶似苜蓿，叶细而长，又似细叶胡枝子叶，亦短小
胡枝子	胡枝子	*Lespedeza bicolor*	胡枝子叶似苜蓿叶而大，花色有紫白，结子如粟粒大
野豌豆	野豌豆	*Vicia sativa*	苗长二尺，叶似胡豆叶，稍大，又似苜蓿叶，亦大，开淡粉紫花
山扁豆	豆茶决明	*Cassia nomame*	根叶比苜蓿叶长，又似初生豌豆叶

　　明王象晋《群芳谱》云："马蹄决明［据中国科学院中国植物志编辑委员会《中国植物志·第 42 卷（2）册 芸香科》考，该种为决明（*Cassia tora*）］，高三四尺，也大于苜蓿而本小末奢。"另外，《群芳谱》对苜蓿的描述与《救荒本草》既有相似之处，也有不同：苗高尺余，细茎分叉而生。叶似豌豆，每三叶攒生一处。梢间开紫花，结弯角，有子黍米大，状如腰子。刈荞时，苜蓿生根，明年自生，止可一刈。三年后便盛，每岁三刈。欲留种者，止一刈。六七年后垦去根，别用子种。王象晋除对苜蓿形态特征进行了准确描述外，对苜蓿生长习性有了更进一步的认识。他指出，苜蓿生长 3 年后进入旺盛生长期，每年可刈割 3 次，6～7 年后可以将其耕翻，这一研究结果与现代研究结果极其相似，可见研究结果的精准性和科学性。对于苜蓿的绿肥性，王象晋已有了深刻的认识："若垦后次年种谷，必倍收，为数年积叶坏烂，垦地复深，故三晋人刈草三年即垦作田，亟欲肥地种谷也。"由此可知，我国早在古代就已经开始利用苜蓿的固氮特性了，种植 3 年苜蓿提高土壤肥料后，改种需氮多的谷类作物，以获得丰收。另外，也说明合理轮作在古代就已经开始了。

　　明李时珍《本草纲目》在决明条目记载到："此马蹄决明也……茎高三四尺，叶大于苜蓿，而本小末奢，昼开夜合，两两相帖"。在苜蓿条目［时珍曰］："（苜蓿）年年自生。刈苗作蔬，一年可三刈。二月生苗，一科数十茎，茎颇似灰藋。一枝三叶，叶似决明，而小如指顶，绿色碧艳。入夏及秋，开细黄花。结小荚圆扁，旋转有刺，数荚累累，老则黑色。内有米如穄子……。"同时，李时珍亦证实了苜蓿具有宿根性，曰："苜蓿，郭璞作'牧宿'，谓其宿根自生，可饲牧牛马也。"卢和在《食物本草》中征引了李时珍的上述内容，并指出苜蓿有宿根，刈讫复生。

（四）清朝时期

　　到了清朝，人们对苜蓿的研究就更加系统科学，如程瑶田（1725～1814 年）和吴其濬（1789～1847年）等。程瑶田自己种植苜蓿和草木樨（据中国科学院中国植物志编辑委员会考证，该种为 *Melilotus officinalis*）进行植物学特性的比较研究，并在《程瑶田全集·释草小记》中对苜蓿和草木樨植物学特征进行了较为全面系统的描述。《程瑶田全集·释草小记》曰："苜蓿（种子）与前（草木樨种子）大异，形如腰子，似豆，又似沙苑蒺藜，而极小，仅如粟大。有薄衣，黄色。衣内肉，淡牙色。中坚而外光。丁巳二月布种。谷雨后始生，采其嫩者，煮而炮食之，有野菜味。其梗细甚，然已觉微硬。长者梗硬如铁线，屈曲横卧于地。间有一二挺出者，则其短者也，体柔而质刚。叶则一枝三出，叶末有微齿。初生时，掘其根视之，一条独行。是年未开花。明年戊午春，宿根生苗。四月廿一日，芒种前二日，见其作花，如鸭儿花而较小，连跗约长三分许，淡紫色，四出。花中有心，作硬须靠大出，末有黄蕊。其作花也，于大茎每节叶尽处，生细茎如丝，攒生花四五枝，一簇顺垂，不四向错出。其花自下节生起，次第而上，下节花落，上节渐始生花。此则与群芳谱大合。"

　　吴其濬在《植物名实图考》和《植物名实图考长编》中对苜蓿植物学特性进行了研究和描述。吴其濬曰："（苜蓿）宿根肥雪，绿叶早春与麦齐浪。"即苜蓿是宿根植物（冬季茎叶枯死但根不死），早春长出枝条返绿。在记述苜蓿植物学特征的同时，吴其濬又记述了2种野苜蓿的特征。野苜蓿一：俱如家苜蓿而叶尖瘦，花黄三瓣，干则紫黑。唯拖秧铺地，不能直立，移种亦然。《群芳谱》云紫花，《本草纲目》云黄花。野苜蓿二：生江西废圃中，长蔓拖地，一枝三叶，叶圆有缺，茎际开小黄花，无摘食者。李时珍谓苜蓿黄花者当即此，非西北之苜蓿也。

　　清闵钺《本草详节》曰："苜蓿生各处，田野刈苗做蔬，一年可刈三次。二月生苗，一科十茎，一枝三叶，似决明叶而小。秋开细黄花，结小荚圆扁，老则黑色，内有米如穄子，可为饭酿酒。"清张宗法在《三农纪》中亦有类似的记载："（苜蓿）春生苗，一科数十茎，一枝三叶，叶似决明而小，绿色碧艳。夏深及秋，开细黄花，结小荚，圆扁，旋转有刺，数茎累累，老变黑色，内米如穄子，可饭可酒。"

　　清鄂尔泰《授时通考》和清杨巩《农学合编》都复引了朱橚《救荒本草》中对苜蓿形态特征的描述，清圣祖敕《广群芳谱》在苜蓿植物学方面全部继承了《群芳谱》对苜蓿特征的描述。

（五）典籍中的苜蓿图

　　明末西洋科学技术渐渐传入，对我国科学技术的发展有一定的影响，明代的植物学著作比之前也有长足的进步。明代前期有我国历史上第一部专著《救荒本草》问世，中期有影响世界的植物学、药物学巨著《本草纲目》诞生。之后又有一部经济植物巨著《群芳谱》出现。

到了清朝的雍正、乾隆年间，清王朝经济进入极盛时期，由于雍正、乾隆比较重视自然科学技术的发展，在他们的主持下，集中一批人才，于康熙四十七年（1708年）编纂完成了有关经济植物的巨著《广群芳谱》，乾隆七年（1742年）完成了重要农书《授时通考》。随着社会经济的发展、医药和农业的需要，推动了植物学的研究和发展。道光二十八年（1848年），代表我国传统植物学研究最高水平的巨著《植物名实图考》出版。幸运的是，苜蓿在上述著作中都有记载，并附有植物图。

明永乐四年（1406年），我国出现了一部以救荒为宗旨的植物专著《救荒本草》。该书由朱橚完成。朱橚为明太祖朱元璋的第五子，在他四哥朱棣登基后，由云南蒙化被召返至开封封地，朱橚被封地后就组织了王府的人力，着手从民间搜集野生可食植物，得400余种，并将它们种在王府的植物园中，俟其滋长成熟，乃召画工，绘之为图，并描述其形态、生境及可食部分与食法，苜蓿就在其中。《救荒本草》记述了苜蓿的分布、生长特性、形态特征（特别是花色），这是非常重要的。自唐末韩鄂《四时纂要》记述苜蓿开紫花以来，朱橚可能是第二个记载苜蓿开紫花的人，这一研究结果被之后的许多典籍引用。同时，《救荒本草》还附有苜蓿图（图7-1）。《救荒本草》中的苜蓿图，作为15世纪初绘制的植物图来说是非常漂亮、科学精准的。胡道静于1962年在《我国古代农学发展概况和若干古农学资料概述》中指出，美国植物学家李德（H. S. Reed）在他的《植物学简史》（*A Short History of the Plant Sciences*）中也称誉本书所画的植物图精确，说欧洲当时没有这样好的书。

图 7-1 《救荒本草》（1406 年）中的苜蓿图

需要说明的是朱橚显然能很好地辨认豆科植物，并能准确地将苜蓿与锦鸡儿的花叶、豌豆的叶进行比较，并归之为一类，苜蓿与锦鸡儿、豌豆均为豆科植物，叶为羽状三出复叶，花冠蝶形；苜蓿结弯角儿（螺旋状），种子腰子样（肾形）。更为精巧的是，他通过绘图来说明它们的区别，这是他对苜蓿乃至植物学的最大贡献。

明代李时珍所撰《本草纲目》（1578 年）是一部系统总结我国 16 世纪前药学成就的巨著。该书是李时珍在唐慎微《证类本草》的基础上，参考经、史、子、集、地志等 800 多家文献编纂而成。它不但是一部综合性本草学巨著，而且在考证药物基原品种方面也创获殊多，具有承前启后的重要价值。全书载药 1892 种，附药图 1000 多幅，针对每味药一一考核名实，探讨名义，综括众说，补阙正误，内容和规模之庞大均属空前，苜蓿就在其中。《本草纲目》不仅对苜蓿的生长特性和形态特征有描述，而且还附有苜蓿图（图 7-2）。

图 7-2 《本草纲目》（1578 年）中的苜蓿图

比较《救荒本草》和《本草纲目》对苜蓿特征特性描述和苜蓿图发现，在两者之间有很大的差异。最大的不同是花色不同（表 7-2），《救荒本草》曰"紫花"，而《本草纲目》则曰"黄花"，再者就是荚果的形状不同，《救荒本草》曰"结弯角儿"，而《本草纲目》则曰"结小荚圆扁，旋转有刺"。从图 7-1 和图 7-2 看出，《救荒本草》苜蓿小叶近乎倒卵形或披针形，而《本草纲目》小叶则近乎宽倒卵形。

对比《中国高等植物图鉴》中苜蓿特征特性描述的表 7-3 和图 7-3，可以看出，《救荒本草》中的苜蓿与《中国高等植物图鉴》中的紫苜蓿相近，紫花，荚果螺旋形

（弯角），种子肾形；《本草纲目》中的苜蓿与《中国高等植物图鉴》中的南苜蓿相近，黄花，荚果螺旋形，边缘具疏刺，刺端钩状，种子肾形。

表 7-2 《救荒本草》《本草纲目》中对苜蓿特征特性的记载

特征特性	救荒本草	本草纲目
生态环境	出陕西，今处处有之	今处处田野有之（陕、陇人亦有种者）
生长习性	—	年年自生；一年可三刈。二月生苗
植株（茎）	苗高尺余，细茎，分叉而生	一科数十茎，茎颇似灰藋
叶	叶似锦鸡儿花叶，微长，又似豌豆叶，颇小，每三叶攒生一处	枝三叶，叶似决明叶，而小如指顶，绿色碧艳
花	梢间开紫花	入夏及秋，开细黄花
果实及种子	结弯角儿，中有子如黍米大，腰子样	结小荚圆扁，旋转有刺，数荚累累，老则黑色
根	根寒	宿根自生；彼处人采其根作土黄芪也
其他性状	味苦，性平，无毒	苦、平、涩、无毒

表 7-3 《中国高等植物图鉴》中对苜蓿特征特性的描述

特征特性	紫苜蓿	野苜蓿	南苜蓿
异名	紫花苜蓿、蓿草、苜蓿	连花生	草头、黄华草
生态环境	栽培植物	分布于西北、华北、东北	全国各地普遍栽培，长江下游亦有野生
生长习性	多年生	多年生	—
植株（茎）	多分枝	多分枝	茎匍匐或稍直
叶	小叶倒卵形或披针形，先端圆，上部叶缘有锯齿	小叶椭圆形至倒披针形，先端钝圆或微凹，上部叶缘有锯齿	小叶宽倒卵形，先端钝圆或凹入，上部具锯齿
花	紫花	黄色	黄色
果实及种子	荚果螺旋状，种子肾形	荚果扁，矩形	荚果螺旋形，边缘具疏刺，刺端钩状，种子肾形

"—"表示无记述。

清代吴其濬《植物名实图考》（1848 年）的问世，将我国传统植物学研究推上了一个新的高度。《植物名实图考》是我国历史上第一部专门以"植物"命名的植物学专著，这本著作的问世，打破了我国历史上植物研究以本草为中心的限制，极大地拓展了我国植物学的研究范围，标志着植物开始成为独立的研究对象。日本近代植物研究者伊藤圭解对《植物名实图考》给予了高度的评价："《植物名实图考》辩论精博，图写亦甚备。"在《植物名实图考》中，吴其濬对同物异名或同名异物的植物都进行了考订，特别是针对那些古籍中对于某类植物描述不一致的地方，使植物名与实一致，对植物学分类提供了宝贵的资料；书中所绘的植物形态图精细而近于真实。幸运的是苜蓿也被吴其濬选为研究对象，可以看出苜蓿在当时的重要性和普遍性。吴其濬综合了前人对苜蓿的研究成果，结合自己长期对苜蓿的观察研究结

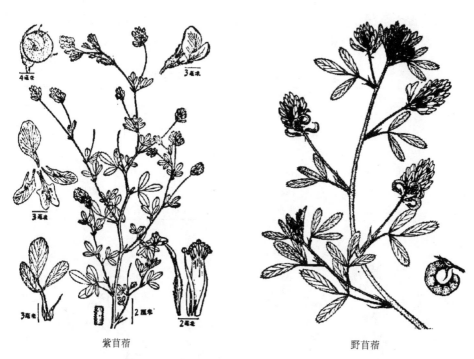

紫苜蓿 野苜蓿

南苜蓿

图 7-3 《中国高等植物图鉴》中的 3 种苜蓿图

果，首次将古代苜蓿分为 3 种进行叙述（表 7-4），并分别附图（图 7-4），将苜蓿近乎分到种，这一结果被《中国植物志》所采用。

表 7-4 《植物名实图考》中的苜蓿特性

特征特性	苜蓿	野苜蓿（一）	野苜蓿（二）
生态环境	西北种之畦中	—	生江西废圃中
植株	—	秋铺地，不能植立	长蔓拖地
根	宿根肥雪	—	—
叶	绿叶早春与麦齐浪	如家苜蓿而叶尖瘦	一枝三叶，叶圆有缺
花	夏时紫萼颖竖	花黄三瓣	茎际开小黄花
其他性状	味如豆藿	—	李时珍谓苜蓿黄花者，当即此，非西北之苜蓿也

"—"表示无记述。

苜蓿　　　　　　　　　野苜蓿（一）　　　　　　　野苜蓿（二）

图 7-4 《植物名实图考》中的苜蓿

清代吴其濬认为《本草纲目》中的苜蓿不是西北苜蓿，在《植物名实图考》指出，"李时珍谓苜蓿黄花者，当即此，非西北之苜蓿也。"1952 年，拾录认为中国称 *Medicago* 为苜蓿。唯独中文所谓苜蓿，恐实在是包含 *M. sativa*、*M. denticulata*（=*M. hispida* 南苜蓿）、*M. lupulina*（天蓝苜蓿）等几个种，其中或开紫花，或开黄花。拾录进一步指出，李时珍在《本草纲目》苜蓿项的集解中说："入夏及秋，开细黄花"，而没有提及开紫花，故遂引起程瑶田的误会。实则李时珍所指大概是 *M. denticulata*，故不能说错误。唯独没有提到紫花种，亦不是无疏漏之嫌。2008 年，倪根金在《救荒本草校注》中将苜蓿确定为紫花苜蓿（*M. sativa*）。

吴其濬《植物名实图考》中记述了苜蓿、野苜蓿（一）和野苜蓿（二）植物形态特征特性，并分别绘图（图7-4），这是难能可贵的。说明吴其濬能很好地辨认这3种苜蓿，并能准确地将之分开。更为精巧的是，他通过3种苜蓿的绘图来说明它们的区别，这是他对苜蓿的最大贡献。对比《植物名实图考》中的3种苜蓿特征和特性表7-4和图7-4，有一定的差异。生态环境，苜蓿主要生长在"西北种之畦中"。而野苜蓿（二）则"生江西废圃中"；植株性状，野苜蓿（一）"秧铺地，不能植立"，而野苜蓿（二）"长蔓拖地"；叶，野苜蓿（一）"如家苜蓿而叶尖瘦"，而野苜蓿（二）"叶圆有缺"；花，苜蓿紫色，野苜蓿（一）和野苜蓿（二）为黄色。

在吴其濬《植物名实图考》中，两种野苜蓿均开黄花，只是一种"叶尖瘦"，一种"叶圆有缺"，观其图，前者为苜蓿属一种，为南苜蓿（*Medicago sativa*）。在这一条中，吴氏曰："群芳谱云紫花，本草纲目云黄花，皆各就所见为说"。当时一般认为苜蓿开紫花，生北方，而野苜蓿开黄花，生南方，吴氏也这样认为，但吴氏反对李时珍认为的苜蓿也应开黄花的观点。

对照《中国高等植物图鉴》（1972）中紫苜蓿、野苜蓿和南苜蓿的特征、特性和插图（图7-3），《植物名实图考》中的苜蓿与紫苜蓿相近，野苜蓿（一）和野苜蓿（黄花苜蓿）相近，野苜蓿（二）与南苜蓿相近。1954年，孙醒东《重要绿肥作物栽培》指出，《植物名实图考》中的苜蓿为紫苜蓿（*Medicago sativa*），野苜蓿（一）为野苜蓿（*M. falcata*），野苜蓿（二）为南苜蓿（*M. polymorpha*）。

《植物名实图考》的问世标志着我国古代植物学研究的进步和发展，是我国19世纪出现的一部学术价值很高的植物研究专著，是具有划时代意义的代表性成果。罗桂环（2005）在《中国科学技术史·生物卷》中指出，《植物名实图考》"插图准确，是我国古代生物学著作中插图最准确的作品，大部分的图都很逼真。文字说明也相当详细，代表着我古代植物学研究的最高峰。"

二、古代苜蓿物种考证

（一）古代对苜蓿花色的研究

苜蓿自汉代传入我国是无疑的。但从上述内容可知，古代对苜蓿花色的记述还存在差异，既有记载开紫色的，也有记载开黄色的（表7-5）。从表7-5中可以看出，开紫花的苜蓿最早被唐韩鄂《四时纂要》所记载，但未引起后人的重视。宋代诗人梅尧臣是描述苜蓿开黄花的最早之人，他在《咏苜蓿》诗中曰："苜蓿来西域，蒲萄亦既随。胡人初未惜，汉使始能持。宛马当求日，离宫旧种时。黄花今自发，撩乱牧牛陂。"到了明代，我国苜蓿植物学研究进入新的阶段，朱橚《救荒本草》和王象晋《群芳谱》指出苜蓿梢间开紫花。黄以仁（1911）认为，言苜蓿为紫花者，始于《救荒本草》，而李时珍《本草纲目》则认为：入夏及秋，苜蓿开细黄花。之后，不论是开紫花的还是开黄花的苜蓿，都得到了广泛的征引。

表7-5　苜蓿花色的研究记载

作者	年代	典籍	花色与结实性的描述	备注
韩鄂	唐（945～960年）	四时纂要	紫花时，大益马	
朱橚	明（1406年）	救荒本草	梢间开紫花，结弯角儿，中有子如黍米大，腰子样	
李时珍	明（1596年）	本草纲目	入夏及秋，开细黄花。结小荚圆扁，旋转有刺。数荚累累，老则黑色	
卢和等	明末	食物本草	入夏及秋，开细黄花	引《本草纲目》
程瑶田	清	释草小记	四月廿一日，芒种前二日，见其作花，如鸭儿花而较小，连跗约长三分许，淡紫色，四出	
吴其濬	清	植物名实图考	《群芳谱》云紫花，《本草纲目》云黄花	引《救荒本草》
张宗法	清	三农纪	秋开细黄花，结小荚圆扁	引《本草纲目》
圣祖敕	清	广群芳谱	梢间开紫花，结弯角儿	引《群芳谱》
闵钺	清	本草详节	秋开细黄花，结小荚圆扁	引《本草纲目》
鄂尔泰	清	授时通考	梢间开紫花，结弯角儿	引《群芳谱》
杨巩	清	农学合编	梢间开紫花，结弯角儿	引《群芳谱》
郭云升	清	救荒简易书	花紫而长	引《庶物异名疏》

（二）苜蓿种的确认

由于苜蓿花色的差异，从古到今对我国古代苜蓿种的认识还存在一定的偏差。清代程瑶田是最早用试验法考证我国苜蓿种的人。程瑶田《程瑶田全集·释草小记》曰："〈说文解字〉：'芸似目蓿。'〈尔雅〉'权，黄华。'郭璞注'今谓牛芸草为黄华。华黄，叶似苜蓿。'〈梦溪笔谈〉言'芸类豌豆'，〈群芳谱〉亦言'苜蓿叶似豌豆'。因诸说，乃遂兼考苜蓿焉。"他在比较《群芳谱》和《本草纲目》对苜蓿植物学特征描述的基础上，结合自己的试验研究结果认为，《群芳谱》和《本草纲目》所记述的苜蓿植物学特征基本相同，唯独一开黄花，一开紫花。他的研究结果与《群芳谱》记述特征相吻合，而与《本草纲目》记述特征有异。

吴其濬在《植物名实图考长编》和《植物名实图考》中曰："〈释草小记〉：艺根审实，叙述无遗，斥李说之误，褒群芳之核。但李说黄花者，亦自是南方一种野苜蓿，未必即水木樨耳。"吴其濬在《植物名实图考》中记述了3种苜蓿的特征和特性（并附有图），即苜蓿、野苜蓿（一）和野苜蓿（二）。

1907年，日本著名植物学家松田定久研究指出，吴其濬《植物名实图考》中提到的 3 种不同的苜蓿种，分别如下。

（1）苜蓿为紫花苜蓿（*Medicago sativa*），西北种之畦中，宿根肥雪（多年生），绿叶早春与麦齐浪，被陇如云怀风之名，信非虚矣。夏时紫萼颖竖，映日争辉。

（2）野苜蓿（一）为黄花苜蓿（*M. falcata*），黄花三瓣，干则紫黑，唯拖秧铺地，不能直立。

（3）野苜蓿（二）为南苜蓿（*M. denticulata*），生江西废圃中，长蔓拖地，一枝三叶，叶圆有缺，茎际有小黄花，无摘食者，李时珍谓苜蓿黄花，常即此，非西北之苜蓿也（时珍又说荚果有刺，很明显指的是此野生品种）。

1919 年，劳费尔研究指出，寇宗奭于 1116 年所著的《本草衍义》说苜蓿盛产于陕西，用以饲马牛，人亦有食之者，但不宜多吃。在元朝种植苜蓿的事很受赞许，尤其为了防免饥荒。有园圃种苜蓿以喂马。据李时珍说，当时苜蓿是田间常见的野草，但在陕西、甘肃也有人工种植的。经考证，吴其濬图解苜蓿（*M. sativa*）之后，接着又图解两种野苜蓿——一种是天蓝苜蓿（*M. lupulina*），另一种是黄花苜蓿（*M. falcata*）。

中国科学院中国植物志编辑委员会（1998）《中国植物志·第 42 卷（2）册 芸香科》采用了吴其濬的研究结果，并指出《植物名实图考》中的苜蓿即为紫苜蓿（*M. sativa*）。这充分说明吴其濬对苜蓿研究的科学性和精准性。

缪启愉（1981）指出，从紫花可知《四时纂要》所说是紫花苜蓿（*M. sativa*）。孙醒东（1953）明确指出，在古代所称的苜蓿专指紫花苜蓿。1952 年，于景让指出，在汉武帝时，和汗血马联带在一起，一同自西域传入中国者，尚有饲料植物 *M. sativa*，这在《史记》和《汉书》中皆作"目宿"被记载。倪根金在《救荒本草校注》中指出，苜蓿即指豆科苜蓿属多年生植物紫苜蓿（*M. sativa*）。董立顺和侯甬坚（2013）研究指出，西夏宫廷类诗歌《月月乐诗》记载，"四月里，苜蓿开始像一幅幅紫色的绸缎波浪摇曳；青草戴着黑发帽子，山顶上的草分不清是为山羊还是为绵羊准备的。"张永禄（1993）指出，古代所称苜蓿专指紫苜蓿。

中华本草编辑委员会（1999）根据《本草纲目》和《群芳谱》中对苜蓿特性的描述，认为《本草纲目》中所叙述的开黄花的苜蓿为南苜蓿 [*M. hispida*（*M. denticulata*）]，《群芳谱》中所叙述的开紫花的苜蓿为紫花苜蓿（*M. sativa*）。

虽然汉代传入我国的苜蓿为紫花苜蓿得到广泛认可，但分歧仍然存在。1991 年，吴征镒指出：公元前 2～前 1 世纪由张骞自西域引来，最早记载苜蓿的花为黄色的是在宋朝梅尧臣诗中："有芸如苜蓿，生在蓬蒿中，黄花三四穗，结穗植无穷"。都说明其是黄色的，根据分布地区来看，应是黄花苜蓿（*Medicago falcata*），而《群芳谱》中的苜蓿即为紫花苜蓿（*M. sativa*），吴征镒进一步指出，南苜蓿（*M. hispida* 或 *M. denticulata*）《本草纲目》始载之，但仍以苜蓿为其名，李氏认为本种即为最早之苜蓿，并开黄花，但不同于正种的原植物 *M. falcata*。南苜蓿应该是《植物名实图考》中记载的野苜蓿的一种。

1952 年，拾録认为，中国称 *Medicago* 为苜蓿，惟中文所谓苜蓿，恐实在是包含 *M. sativa*、*M. denticulata*（=*M. hispida* 南苜蓿）、*M. lupulina*（天蓝苜蓿）等几个种，其中或开紫花，或开黄花。拾録进一步指出，李时珍在《本草纲目》苜蓿项的集解中说："入夏及秋，开细黄花"，而没有提及开紫花，故遂引起程瑶田的误会。实则李时珍所指大概是 *M. denticulata*，故不能说错误。唯独没有提到紫花种，亦不是无疏漏之嫌。

2002 年，杨勇在考证《汉书·西域传》《西京杂记》《齐民要术》中苜蓿，结合《洛阳伽蓝记》中的苜蓿时认为："古代苜蓿应该是花小色黄，蝶形花冠，荚果，呈螺旋状，有刺，俗称金花菜或草头，即南苜蓿。"上海市农业科学研究所（1959）认为，古代苜蓿即为 *M. hispida*（南苜蓿）。1990 年，杭悦宇指出："《植物名实图考》中的 2 种野生苜蓿，'叶圆有缺，茎际间开小黄花'者为南苜蓿；而'叶尖瘦'者是黄花苜蓿（*M. falcata*）"。

三、民国时期对苜蓿植物生态学的研究

（一）对古代苜蓿起源与种类的考证

1911 年，黄以仁在《东方杂志》发表了"苜蓿考"，从苜蓿的起源、种类、栽培利用等方面，对我国古代苜蓿进行了考证。黄以仁依据典籍（如《史记》《汉书》《博物志》《述异记》）认为，我国汉代苜蓿的原产地为西域的大宛和罽宾，携带苜蓿的汉使为张骞。他指出，在古代，我国北方既栽培有黄苜蓿（*Medicago falcata*），也栽培有紫苜蓿（*M. sativa*），两者合称苜蓿，来自西域，并进一步指出，《植物名实图考》中关于苜蓿的三幅图，第一图即紫苜蓿，第二图即黄苜蓿，第三图为金花菜（*M. denticulata*）。黄以仁认为我国苜蓿属植物已知者有 5 种，除紫苜蓿、黄苜蓿和金花菜（亦称野苜蓿）外，还有小苜蓿（*M. minima*）和天蓝苜蓿（*M. lupulina*）。桑原隲藏（1934）对黄以仁论述的苜蓿由张骞引入汉代有不同看法，他认为，所谓张骞以苜蓿输入汉土者，恐以西晋张华之《博物志》或传称梁代任昉所作《述异记》等记载为嚆矢，至其后之记录，不遑一一枚举。在清末有所谓黄以仁所著"苜蓿考"中，根据《博物志》与《述异记》等，谓：晋梁去汉不远，所闻当无大谬。说苜蓿与葡萄同系张骞引入我是不赞成的，根据《史记》和《汉书》中对苜蓿与葡萄（*Vitis vinifera*）的记述，可知苜蓿的引入是在张骞出使西域之后的事，其事甚明。

目前，人们对张骞带归苜蓿种子的认识还不统一。在黄以仁发表"苜蓿考"的

当年，松田定久对其评述指出，在上海发行的《东方杂志》第八卷第一期上刊登了一篇黄以仁写的"苜蓿考"。黄以仁所著举证其要点为，根据历史文献记载，在中国北部有开紫花的苜蓿（*Medicago sativa*）和黄花苜蓿（*M. falcata*），据说从西域引入进来后得到繁殖。黄花的苜蓿大约与吴其濬的《植物名实图考》中的野苜蓿同种，相对于紫花苜蓿称之为黄花苜蓿。黄以仁认为，黄花者为劣，紫花者为优，凡物劣者先出，优者后生，然则紫花苜蓿为同属中最后生之种。黄以仁虽然没有明言，但推其意，黄花苜蓿古代被引入中国后产生了变种紫花苜蓿，但需要用古代记录来证明，从而没有断言，但确定了如今在中国北部的苜蓿有黄紫两种。

1929 年，向达在《自然界》也发表了"苜蓿考"，虽然是翻译发表，但亦不亚于考证，对文中内容进行了详细的考证解释，仅注释就有 70 余条。他主要介绍了包括中国在内的苜蓿的起源与传播，指出宛马食苜蓿，骞因于元朔三年（公元前 126 年，原文为公元前 136 年可能是笔误）移大宛苜蓿种归中国，张骞所携回者初名目宿，后世加草头，成为苜蓿，且对苜蓿名称的来历作了详细的论述（向达注释，苜蓿二字在《汉书》中无草头，郭注《尔雅》作牧蓿，罗愿作《尔雅翼》又书为木粟；其音则一也。安南音作 muk-tuk）。古代关于苜蓿的产地记载甚少，而《汉书》则对此有弥补。据《汉书》所记，大宛之外，罽宾（今克什米尔）亦产苜蓿，此为古代苜蓿地理分布的重要史料。

1945 年，谢成侠根据《史记·大宛列传》和《汉书·西域传》等史料汗血马和苜蓿的记载指出，第一考苜蓿传入我国的年代，可能是在张骞回国的这一年，即公元前 126 年（武帝元朔三年）；第二考汉代苜蓿的来源地为大宛和罽宾两国。罽宾汉时在大宛东南，当今印度西北部克什米尔地区，这些地方均有过汉使的足迹，所以可以肯定地说，中国的苜蓿应该是由大宛带回来的。谢成侠进一步指出，"苜蓿"是外来语，可能是根据大宛当时的方言音译而来的，在《汉书》中称"目宿"，《尔雅》称"牧宿"，《尔雅异》则称"木粟"，《西京杂记》曰："苜蓿一名怀风，时人或谓光风……茂陵人谓之连枝草。"这些都是汉以后给他取的美名，但 2000 多年来的农民终究沿用了《史记》上的名称。谢成侠（1945）明确指出，汉代苜蓿是紫苜蓿。不过李氏所指的苜蓿是黄花，可能是南方土生的另一种类。近至 1848 年（道光廿八年）吴其濬的《植物名实图考》，更绘出苜蓿及野苜蓿三幅写真图，其逼真的程度并不逊于西方科学书籍上所载的。

谢成侠（1945）带有批评性地指出，随着西方科学的输入，苜蓿竟然一度成为一种新的外来牧草，而且还有人说苜蓿是用了新大陆和西欧的种籽才开始作实验的，以致紫苜蓿和苜蓿还被人当作二物，甚至于有人认为苜蓿是指野生或黄花的同种植物，好似北方最普遍的苜蓿就应该称紫苜蓿而不应称苜蓿似的。西洋的紫苜蓿和本国代表性的苜蓿由于异地所产，虽不能说毫无差别，但强调洋种，又不免有外国月亮更美之感了。

（二）苜蓿标本的鉴定

在清末民初，国内缺资料少标本的条件下，要将采集来的植物鉴定出种属，还是有一定困难的，所以有些标本不得不寄往国外求助，如有些标本经黄以仁介绍寄送日本植物学家松田定久鉴定，1908 年松田定久于《植物学杂志》发表了"从中国北部采集的苜蓿属植物标本"。他指出，近来从中国北部采集的苜蓿属植物腊叶标本如下。

（1）*Medicago sativa* 紫花肥马草（苜蓿），采于甘肃省兰州附近的平原；

（2）*M. lupulina* 麦粒肥马草（天蓝苜蓿），采于同上地点的田间；

（3）*M. minima* 小肥马草（小苜蓿），采于陕西省西安南门外。

松田定久进一步指出："本杂志去年 12 月发行刊上记载了 *M. sativa* 在中国西北部有分布，现在在兰州找到该标本，该地区称其为苜蓿"。他认为，*M. lupulina* 作为田间杂草分布广泛，*M. minima* 的标本相当受损，暂且定为 *M. minima*，（1）和（2）均确定了新的分布地区。另外，同一地尚未采到普通肥马草（野苜蓿），即 *M. denticulata*。

（三）苜蓿根瘤菌

1883 年，法国人包桑歌尔首先研究了豆科植物固氮、改土、肥土作用，其通过实验证明了豆科类植物能固氮的事实，这是发现豆科植物根瘤菌以前 50 年的事。1931 年，我国的秦含章从以下 4 个方面对苜蓿根瘤及其根瘤菌的形态进行了研究：一是苜蓿的根瘤；二是苜蓿根瘤菌的接种与培养；三是苜蓿根瘤菌的检查；四是苜蓿根瘤菌的形态及其变化。根据试验研究，秦含章得到如下结论。

（1）苜蓿根瘤是受到苜蓿根瘤菌的寄生所分泌的一种毒素刺激而膨胀起的，根瘤着生于苜蓿根上的方法，是以根瘤基点连贯于根的柔膜组织内，初起由维管束相通，依赖维管束以吸取寄主的养分，后来到本身能制造养分时，靠细胞膜的渗透作用，就供给寄主生长出必需的氮素。所以苜蓿根瘤菌和苜蓿本身是先后营共生作用，相互为利的。

（2）苜蓿根瘤内部白色的浆汁是苜蓿根瘤菌生长的结果。自根瘤直接取出汁液来检查，大多为一种叉状的菌体；分叉状的，就有吸收固定空气中游离氮的能力。最后，此分叉状菌再变化而成淡白色的黏液物质。大约豆科植株的营养特殊处，就是同化此富有氮化物的细菌产物。

（3）将苜蓿根瘤菌接种于人工的培养基中，细菌原来的状态就要变异，自杆状，而丝状,再至于分叉状或黏汁,甚至杆状（在苜蓿结实以后的根瘤中,取出菌体培养）,这样循环变化,以延续其生命。

（4）苜蓿根瘤菌的体积较小,需要放大至 1500 倍,才能看清目标物,同时要进行染色,以复红染剂染色,颇为简便,如取碘液为染剂,菌体虽不受染,但其他物质,则多变为黄色或褐色,观察可明白何为苜蓿根瘤菌。

秦含章（1931）指出（图 7-5）,研究根瘤菌很重要。一是因为它有直接固定游离氮素的能力,给寄主充分的养料,让寄主枝叶扶疏,结实丰满,以增加苜蓿栽培收益;二是应用它来蓄积肥分,改良农田,以扩张农地耕种的面积;三是利用苜蓿根瘤菌以缩短农地休闲的时间,如将苜蓿根瘤菌人工繁殖,可和砂土拌在一起,分装玻璃瓶中,在农地需氮作物已连作数年,非休闲二三年不能恢复地力的情势之下,马上栽培一季苜蓿,加入适量人工苜蓿根瘤菌,不需任何肥料,不费任何资本,一年后,就可抵得休闲三年的效果,而农地不致休闲过久而减少收益。

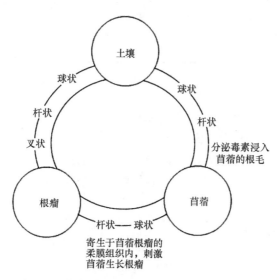

图 7-5　苜蓿根瘤杆菌生长循环与形态变化

四、苜蓿资源调查

20 世纪 30 年代中期,"振兴西北畜牧"成为全国上下的共识。民国二十三年（1934 年）,佟树蕃在"关于牧草"一文中介绍了苜蓿特性,"alfalfa 紫花苜蓿,学名 *Medicago sativa*。紫花苜蓿为世界栽培最早之牧草,多年生,花紫色,茎直上,高约一尺七八寸至二尺七八寸,根极深,普通为六尺余,有时能达至四十五尺至六十余尺,适于碱性土壤中,最怕酸性,排水亦须良好,其营养价值甚高,每亩之产量亦大。"1934

年，绥远农业学会组织绥远农业考察团，对绥远省农林现状及农业经营情形进行考察，考察项目包括作物、土壤、森林、经济、水利、畜牧等项，考察区域包括包头、萨县、五原、归绥、丰镇五县。1936年，李松如在《绥远几种牧草调查及改进本省畜产业的意见》一文中介绍了绥远地区家畜所食用的牧草，包括紫花苜蓿、黄花苜蓿、酸苜蓿（酸金花菜）、黄三叶草（或称野苜蓿）、菊科牧草，对这些牧草的属性、特点、地位等做了详细介绍。绥远农业考察团所采得的牲畜所食用的20余种植物其学名大部分已请植物学专家林镕先生定出，将植物科名、学名、中文名、俗名（采集地之土名）、采集地点、采集日期及所嗜食之牲畜做成表格，鉴定完毕。其中学名及俗名未能查出及未知其详者，只得从略。其鉴定结果如表7-6所示。

表7-6　绥远农业考察团采集牲畜食用的草本植物

科名	学名	中名	俗名	采集地	采集期	所嗜动物
豆科	*Medicago sativa*	紫苜蓿	苜蓿	绥远	七月	各种家畜
豆科	*Medicago lupulina*	野苜蓿	黄苜蓿	五原	八月	各种家畜
豆科	*Melilotus alba*	黄金花菜	马层	五原、包头	八月	马、牛等
豆科	*Melilotus parviflora*	—	畚箕条草	包头	八月	牛、马等

"—"表示无记述。

李松如对紫苜蓿有较为详细的记述，他指出："紫花苜蓿（Alfalfa 或 Lucerne），学名 *Medicago sativa*……紫花苜蓿占豆科牧草之第一位，性宿根。老者根可入土一丈余，故不遭旱灾，花紫色至青色，十年后生长仍茂盛，在干燥之气候下，不畏炎热，耐冷力亦强，据欧洲之记载，在无雪覆盖之情形，非有华氏表零下三度之低温，不足为害，恶潮湿之气候；在半干旱之区域中，各种土壤，皆可生长，尤以土层深而富含石灰之处为最宜。但如土壤湿润之处，则必须有适当之排水。"李松如又指出："紫苜蓿之特点，约有五端，①营养高而味美，为牧草中最富于营养者；②收获量多；③根深，不畏旱害；④生长年龄长；⑤质甚柔软，乳牛极喜食之。"李松如根据紫苜蓿上述性质指出："可知宜乎在牧草中占首要之地位也；又就其对于土壤气候之适应性言之，西北之环境，亦适与之相合；今绥省既找的此种苜蓿，应更进而精确研究其性质及产量，对于畜业前途，关系极大。"《绥远通志稿·物产》曰："另有一种野生苜蓿，叶较细小，长二三分，夏开紫蓝色小花，连接如穗，亦可饲牛马，然不及种植者之为牛马喜食耳。"

民国二十五年（1936年）《绥农》报道了"绥远省立归化农科职业学校农场民国二十四年度作业报告书"，其中"绥远省立归化农科职业学校农场民国二十四年作物试种记录表"中记载了4种牧草试种情况（表7-7）。从表7-7中可以看出，紫苜蓿的播种面积较大，达2.5亩，在4月23日播种，播种当年生长良好。同年归化农科职业学校在牧场种植苜蓿50亩。

表7-7　归化农科职业学校农场作物种植

牧草种类	播种面积/亩	播种期（月.日）	管理状况	生长状况
紫花苜蓿	2.5	4.23	除草一次	较佳
高燕麦	0.04	4.28	同上	不良
红高罗花	0.03	4.28	同上	同
白高罗花	0.03	4.20	同上	同
合计	2.6			

国立西北农林专科学校也专门开展过牧草资源的调查活动，调查区域集中在陕西境内。1936年，该校植物分类学教师孔宪武受辛树帜嘱托，调查了陕西渭河流域的武功、咸阳、泾阳、富平等18个县，采集到杂草标本240余种，之后他对这些标本进行了科学的植物学分类和详细的植物特性研究，而且对其牧草性能做了分析。两年后，该校沙凤苞又再次调查了陕西渭河流域的23个县及彭阳、陇县两县内的畜牧与水草情形，各县内分布的牧草品种是重点考察内容之一，如富平县北乡丘陵地草类多细软之蟋蟀草、狗尾草、马蹄草等；而陇县的草多为酸性草类，以薹草属（Carex）、羽茅两种为最多。在《陕西关中沿渭河一带畜牧初步调查报告》中，沙氏有不少关于牧草的结论值得重视，一是陕西牲畜体型瘦小的缘由是牧草质量不佳，并认为紫花苜蓿（Medicago sativa）和一种须芒草为牛羊的最佳牧草，应大力推广育栽。

第二节　苜蓿栽培加工农艺技术研究

一、苜蓿引种与技术示范

（一）古代苜蓿引种与技术示范

汉武帝时，中外交往频繁，形成了我国历史上第一个引种高潮，在此期间，朝廷从域外引进了各种珍禽奇兽、名花异木及农作物佳种，如大宛马（汗血马）、苜蓿、石榴、胡桃（核桃）等。伴随着域外物种的输入，作物栽培技术、畜种的放牧、培育、饲养及管理技术也随之引进，汉人在学习外来农艺的同时结合传统的农耕经验，对这些域外新物种采取试验的方法将其安置于上林苑，进行精心培育和集约化管理，在熟悉其生长、生活习性，掌握栽培、饲养要领之后，再向其他地方普及，实现了

"植之秦中，渐及东土"。苜蓿在汉代引入我国，被种在皇家苑囿，由农艺技术精湛的园丁利用优越的管理条件进行引种试验。随后在关中及毗邻的甘宁地区种植，由于苜蓿种植广泛，甚至出现了地方俗称，"茂陵人谓之连枝草"。

汉初，我国精耕细作的农业生产技术已基本形成。牛耕和铁农具得到推广，整地、播种、灌溉、施肥、防虫等田间生产技术取得进步，园艺技术也更为精细。引种初期，苜蓿种植于皇家苑囿之中，使中央集权的国家权力直接参与到引种试验之中，皇家园林有经验丰富的农人或园丁悉心照料，苜蓿在皇家苑囿中得以存活。苑囿试验具有过渡性，经过试种，苜蓿在皇家园林中能够茁壮成长，展现出优良品质，终由园丁、仆人、风媒或其他途径有意或无意使苜蓿"飞入寻常百姓家"。经过过渡性、渐进式的苑囿试验，苜蓿适应了长安附近的自然环境，但向更广地域的扩展则需要系统的农业技术支持。在中原深厚的农耕文明影响下，游牧地区的苜蓿融入到精耕细作的农耕体系之中，因地制宜地形成农耕地区苜蓿种植技术。传统农学理论和重要技术也用于苜蓿种植上。

因此，上林苑在客观上成为了国家引进新品种的培育中心、传播中心和推广基地。苜蓿的传播与推广即是证明：苜蓿，古时又名"怀风""连枝草"，原产于大宛国（今中亚地区），伴随大宛马等西域优良马种的引进而传入，"（大宛）俗嗜酒，马嗜苜蓿。汉使取其实来，于是天子始种苜蓿、蒲陶肥饶地。及天马多，外国使来众，则离宫别观旁尽种蒲陶、苜蓿极望。""贰师将军破西域，佳种传来满中国。上林苑里栽更多，铨曹遗老曾亲食。爱兹品味珍且长，朝回墨洒云烟香。"对于苜蓿、葡萄之类的域外物种来说，上林苑是最早得以引进的苑囿之一，试种成功后，逐渐向关中其他地区甚至全国各地广泛传播开来，历经两千余年而繁衍不息。

东汉时期，人们已探索出苜蓿最佳的种植季节。东汉崔寔曰"正月……苜蓿及杂蒜亦可种，……七月八月可种苜蓿。"旨认为应当于秋冬种苜蓿，尤以秋种为上。苜蓿原产地接近地中海气候，人们打破春种秋收的固有规律，采取反季节种植，以满足苜蓿生长过程中对水热配置的特殊要求。

剖析我国汉代引种苜蓿成功的原因，不难看出气候相似性引种和娴熟的栽培技术是保障苜蓿中土成功的关键。"丝绸之路"沿线国家与关中地区大致都处于中纬度地带，因此，气候条件存在相似之处。而引种地与引种源地间气象条件相似程度的大小是决定引种能否成功的关键，所以，从西域远道而来的物种对关中平原有着较好的风土适应性，很容易引种成功。另外，这一时期，园圃业所提倡的集约经营生产技术，如防旱保墒技术、施肥、种子处理、扦插、嫁接和家畜的精细饲养、杂交等方法为上林苑更好地培育苑中的域外物种提供了一定技术和经验指导。更为重要的一点是，苜蓿种植为皇帝所倡导，作为非常重要的事情。"汉使取其实来，于是天子始种苜蓿、蒲陶（葡萄）肥饶地"，所以在引进关中之后，短时间内便得到成功栽培。"离宫别观旁尽种蒲陶、苜蓿极望"表明苜蓿和葡萄不仅得到成功试种，且有了一定的种植面积。

从客观上讲，西汉除利用苑囿进行农业生产外，还用其作为农业试验场地。除了推广域外物种及其培育技术，上林苑还是先进农业生产技术的示范与推广基地。以代田法为例，武帝时期的赵过，任用离宫中的士卒耕种宫殿内外之间的土地作为试验，在取得"课得谷皆多其旁田亩一斛以上"的成效后，才"令命家田三辅公田，又教边郡及居延城"，这之后，边境上的城市、河东、弘农、三辅、太常地区的百姓才都认识到了代田法用力少却得到的谷多的优势。对于从域外引进的畜牧等技术，在政府的高度重视下，理应也得到了类似的推广。

（二）近代苜蓿引种与技术示范

西北地区　据 1922～1928 年绥远地区的实业档案记载，苜蓿为绥远地区牧畜的主要农作，其根深入土，有改良土壤的作用，可作饲料；绥附近设农业实验总场，面积在 10 顷左右，改良各种农作物并试种苜蓿、甜菜等。1929 年，绥远政府在"自养""自卫""自治"的口号下，通过组织模范新村以资推进西北农垦工作，于萨拉齐县设立了新农农业实验场。实验场还与全国经济委员会（简称经委会）合办苜蓿采种圃。经委会在青海和甘肃开办分场，试验表明了苜蓿具有防风固沙、饲养牲畜的作用。因此，经委会向黄河水利委员会建议，将黄河流域划为潼汜、泾渭以及萨韩（萨拉齐至韩城）三大区，各设苜蓿采种圃一处，其中萨韩一区即希望与实验场合作。1935 年 11 月，经委会致函该场，商洽合办改良畜牧事宜，该场亦积极赞同。后经双方协商，由经委会负担办公与作业费用及技术人才，由实验场负责规划圃田、建设房屋，截至 1936 年 10 月，实验场已经在场内北区平绥路两旁勘定 10 顷，东南区勘定 5 顷，后又在大青山牧场场址附近暂定 5 顷，共计 20 顷。所勘定圃田，由经委会指派技术人员，实验场配合试办。1939 年制定了《萨拉齐县新农实验场利用计划书》。该计划书认为，虽然这里的土地属于碱性土壤，并有无法利用民生渠之水进行灌溉的不利因素，但因地制宜，该农场仍有继续利用之价值，即在可耕地内栽培高粱、糜子、莜麦、大豆等普通民需的耐旱性作物及饲料作物燕麦、紫花苜蓿等。20 世纪 40 年代，绥远先后成立农事实验场、萨拉齐新农农事实验场、农业改进所等机构，从事农、牧、林、果树等科研和生产，下设农场、苗圃、果园、畜牧试验场、林业试验场，并试种苜蓿、甜菜成功。

在 20 世纪 30 年代的西北大开发中，一些学者呼吁改良西北畜牧事业，并认为改良畜牧事业要从定牧、调查、设立畜种改良场、牧政、举办畜种比赛、推广、管理、设立兽疫防治所、组织畜产品制造厂、培养畜牧及兽医人才等方面着手。在有识之士的呼吁下，在 30 年代国民政府甘宁等地成立种畜场及农业改进机关，均参与了畜牧改良事业。

1934 年 6 月，经委会在甘肃夏河县甘坪寺设立西北畜牧改良场，主要职责是家畜繁殖与改良、家畜纯种的饲养与保护、家畜杂交育种试验、畜种比较试验、饲料营养试验、饲料作物栽培、民间畜配种、种畜推广及指导、畜产调查研究、牲畜产品运销合作等。

1936 年 8 月，该场被实业部接管，改名为西北种畜场。西北种畜场的主旨有六端，其第四条规定如下。

　　饲料及饲养之方法，均须有切实之改良，方可生产优良之畜种，故牧草种类之增加、耕种培植之方法，与夫青饲干料之储藏，均有改良推广之必要。

从 1940 年起，甘肃省农业改进所致力于向美国、澳大利亚及国内各方收集优良牧草资源，截至抗战结束前夕，共收集了牧草品种禾本科者 161 种，豆科者 39 种，其他科属 24 种，合 224 种（其中由美国华莱士副总统赠送者计 42 种），经在皋兰、河西、甘坪寺等地试验观察，结果具有耐旱能力、生长优良而适于本省者为禾本科披碱草、冰草及豆科苜蓿、草木樨等。

在 1942 年，甘肃天水水土保持实验区，由美国引来包括紫苜蓿在内的一批牧草种子在天水试种。美国副总统华莱士在 1944 年 6 月 30 日访问中国时，带来包括紫苜蓿在内的 92 种牧草种子赠送给甘肃省建设厅张心一，并在天水水土保持试验站进行了试种。是年，河西绵羊改良推广站在永昌农田试播苜蓿 36 668.5m²。经 3 年试验观察，苜蓿不适应高寒地区，但在永昌关东和低洼地带种植较为成功，每公顷收获苜蓿 15 000 ～ 22 500kg，收种子 187.5 ～ 225kg，可以大量推广。但在盐碱地或高寒地不适宜种植。同时，陇南绵羊改良推广站在岷县野人沟试播苜蓿，生长不良。农林部天水水土保持试验站将华莱士带来的牧草种子赠予西北羊毛改进处 88 种，其中就有格林苜蓿。1947 年，河西草原改良试验区苜蓿栽培获得成功。试验表明，6 月中旬播种，灌溉水 4 次，生长普遍高达 78cm，8 月中旬开始放花，约在 10 月上旬收割，与其他草料（如秸秆）加工调制后，饲喂家畜效果显著。西北羊毛改进处要求向草原地区推广，农民自行采购苜蓿种子。1943 年，叶培忠先生参加西北水土保持考察团工作结束后，被留在农林部天水水土保持实验区工作，直至 1948 年在天水工作的 5 年多时间里，做了大量水土保持与牧草试验研究。从引种的 300 多个牧草中，筛选出包括苜蓿在内的 60 多个在西北地区有推广价值的优良草种。他指出，来自美国及陕甘各地的苜蓿有 16 份，均分别种植，为多年生草本，根深入土中等，为最普通之牧草。1948 年，岷县闾井、野人沟栽培的牧草有燕麦（*Avena sativa*）、苜蓿等。同年 11 月，陇东站在甘盐池草原先后采集野生草本标本 98 种，其中有豆科野苜蓿等 16 种。当年向农民贷放苜蓿种子 182.5kg。

民国天水水土保持实验区　与国内各个科研机构和政府部门的交流合作，是天水水土保持实验区获取牧草品种的重要途径。中央农业实验所作为国家级的农业科研机构，成立于 1932 年 1 月，它的主要工作之一是从事畜牧兽医、草业科学的研究。20 世纪 30 年代，它先后从美国引进 10 多份豆科、禾本科牧草种子，进行栽培试验。1944 年，中央农业实验所把其所获得的牧草品种赠送给天水水土保持实验区，帮助其进行牧草育种试验（表 7-8）。

表 7-8　国内科研与政府机构赠送的牧草品种

来源	牧草名称
中央农业实验所	史氏鹅冠草、长毛鹅冠草、细长鹅冠草、麦氏鹅冠草、西伯利亚鹅冠草、弗尔威扁穗鹅冠草、标准扁穗鹅冠草、光雀麦、加拿大牧草、印度稻草、鞭草、稗子（稻田稗）、堤沟稗、稗子、绿色针状羽茅
中央畜牧所	猫尾草、牛苜蓿
甘肃农业改进所	扁穗鹅冠草、疏花鹅冠草、史氏鹅冠草、野牛草
农林部西北推广繁殖站	德国苜蓿、格林苜蓿、蒙池内苜蓿、苜蓿、堪萨斯苜蓿、明尼苏达苜蓿、紫花苜蓿

新疆在 1934～1935 年从苏联引进紫苜蓿、红三叶（*Trifolium pratense*）、猫尾草等，分别在塔城、伊犁、乌鲁木齐南山种羊场和布尔津阿留滩地区试种。

华东地区　1955 年，谢成侠指出，20 年前旧句容种马牧场牧草实验区及放牧区开始用河北省保定一带出产的苜蓿（紫花）为主，进行较大规模的科学试验和应用，并和其他欧美的牧草作比较，也许这是本国苜蓿在江南有计划移植的第一次。20 世纪 30 年代至 1949 年，我国曾从美国、日本、苏联引进了一些牧草。在华东地区，中央农业实验所和中央林业实验所，由美国引进 100 多份豆科和禾本科牧草种子，主要有紫苜蓿、杂三叶（*Trifolium hybridum*）、百脉根（*Lotus corniculatus*）、胡枝子（*Lespedeza bicolor*）、各种野豌豆（*Vicia* spp.）、多花黑麦草（*Lolium multiflorum*）、多年生黑麦草（*Lolium perenne*）和苏丹草（*Sorghum sudanense*）等，在南京进行引种试验。1945 年，金陵大学的胡兴宗亦进行了苜蓿研究。1946 年，联合国救济总署援助中国 21 个牧草种或品种的种子，总重量达 15t，分配给全国 78 个农业试验站、畜牧试验场（站）和教育机构，供其栽培试验用，其中有 2 个苜蓿品种，一是两年生苜蓿（约 900.7kg），另一个是 Grimm 苜蓿（约 908kg）。南京中央农业试验所、中央畜牧实验所、中央农业试验所北平工作站等都进行了苜蓿引种试验。1946～1947 年我国曾从美国引进苜蓿品种 12 个试种。

东北地区　我国的苜蓿引种历史虽然很悠久，但东北地区引种时间却较短。清光绪二十七年（1901 年）俄国人将紫花苜蓿引入大连中央公园试种，不久又将从俄国引进的紫花苜蓿北移至辽阳和铁岭的种畜场进行大面积推广种植，并扩展到锦州、熊岳等地。据《辽宁省志·畜牧业志》记载，光绪三十二年（1906年），奉天官牧场（今黑山县）试种苜蓿40.5亩，当年收获干草7500kg，平均每亩产干草185kg。同年，奉天农业试验场、铁岭种马场等官办牧场均有苜蓿种植，总面积达100.5亩，用于调制干草饲喂马牛等种畜。

1907年秋，奉天（今沈阳）留学美国农科毕业生陈振先回国，被委任为奉天农业试验场主任。他进一步扩大了试验场的规模，场地扩大为一千三百五十余亩，全场划分为试验区、普通耕作区、蔬菜园、果树园、苗圃、桑园、牧草地、树林地8个部分。奉天农业试验场在1907~1908年试种的外国品种达185种，其中有玉蜀黍类14种，麦类9种，豆类18种，瓜菜萝卜类84种，棉花类1种，牧草类37种，树木类12种；昌图分场曾试种美国苜蓿草，"生育甚良"。1908年日本人亦将苜蓿引种在大连民政署广场附近种植，之后又在大连星浦公园和熊岳城苗圃栽植。

1914年，伪公主岭农事试验场亦将苜蓿引入，之后在郑家屯、辽阳、铁岭等地进行试验栽培。1914~1925年伪公主岭农事试验场对当地引进的牧草品种进行筛选，选出紫花苜蓿、无芒雀麦、披碱草等牧草在生产上推广应用。吴青年（1950）指出，通过1914~1950年37年的苜蓿引种栽培试验，各地得到的试验结果表明，除在强酸性与强碱性土壤及低湿地等局部地区外，苜蓿皆能生育繁茂，并具有抗寒、耐旱、丰产、质优的特点。1922年，伪公主岭农事试验场又将美国"格林"（Grimm）引入，经过连续26年10多次多代大面积的风土驯化，自然淘汰后的群体作为育种材料，于1948~1955年通过表型选择抗寒性强、成熟期一致和高产性能稳定的单株，进行连续4代的选优去劣，最后形成今天的'公农1号'苜蓿。为了选择适合东北生长的牧草，伪公主岭农业试验场于1926年开展了牧草试验栽培研究。先后从外国引进紫花苜蓿、鸭茅（*Dactylis glomerata*）、猫尾草（*Phleum alpinum*）等牧草40种。大部分牧草因干旱和严寒，发芽不良和生长不好。而紫花苜蓿表现出了较好的适应性，生长良好，产量也较高，得到广泛种植。20余年间，试验场发表了《紫花苜蓿的栽培》《紫花苜蓿栽培法》等一批图书和刊物（www.gongzhuling.gov.cn）。日本人于1938年又引进美国格林苜蓿等牧草在伪公主岭农业试验场试种。1941年，Kawase总结了苜蓿在东北地区的适应性、物候期、产草量和栽培技术等。

1931年，伪满洲国在延吉、辉南、图们、佳木斯、克山、肇东、哈尔滨等地的农牧业试验站、畜牧场和"开拓团"大面积种植苜蓿。在伪满时期，珲春、和龙、龙井等地种有大面积的苜蓿，辉南县种畜场的一个队为日伪"义和乳牛场"种苜蓿、红三叶和胡子枝等，辽宁省建平县沙海乡四家子村日伪时期种苜蓿30亩。伪公主岭农事试验场畜产系的3000亩饲料地，1933~1945年，经常保持25%的耕地种植苜蓿与无芒雀麦，同大田作物进行轮作，以保持地力。1937年12月1日，日本与伪满签订了所谓的"《关于在'满洲'废除治外法权及移交南满附属地行政权的日满条约》",规定："日本政府废除治外法权,将满铁附属地行政权移交满洲;日本臣民的神社、教育及军事行政,采取属人主义。"随着"满铁"将附属地行政权移交伪满政府,农试场有必要完成产业政策的一贯性,须陆续移交给伪满政府。移交时,农业改良主要成果有大豆、谷子、甜菜、洋麻等作物的育种,1937年伪满在关东州普及果树,特别是苹果的栽培,奖励烟草、棉花、苜蓿种植。至1942年,仅三江地区种植的紫花苜蓿就近万亩。滨州和滨绥铁路沿线两侧的10km以内,种有紫花苜蓿、无芒雀麦、白三叶等。1949年4月,东北行政委员会农业部公主岭农事试验场苜蓿种植面积达87.4hm^2。

另外,黑龙江肇东县20世纪30年代从外地将紫花苜蓿引种到原肇东种马场,形成了今天的肇东苜蓿。40年代,内蒙古扎赉特旗图牧吉军马场种有苜蓿。

南方　张仲葛于1942年在广西某牧场进行包括苜蓿在内的牧草栽培利用试验。其中包括马唐草（*Digitaria dahuricus*）、狗尾草（*Setaria viridis*）、猫尾草、苜蓿等。试验结果表明,紫花苜蓿发芽速度最快,平均为3.7天。通过这一试验,得出的结论是豆科牧草以紫花苜蓿最优。

二、苜蓿栽培生物学特性

（一）苜蓿品种类型与特性

紫苜蓿为一杂合体,由于品系或品种不同,性状也不同。1947年,汤文通研究指出,紫苜蓿有耐寒品系、土耳其品系、德国品系、美国品系、阿拉伯品系和秘鲁品系及Baltic品系等。他认为,耐寒品系（如Grimm苜蓿）有耐寒性,即含有抗寒黄花苜蓿（*Medicago falcata*）之几分血统。Grimm苜蓿系耐寒品系,Grimm苜蓿确具杂种特性,包括亲本系紫苜蓿及黄花苜蓿。苜蓿抗寒性与根冠（crown,即根颈）之性质密切相关,不耐寒的紫苜蓿有一直立生长的冠部,只有少数的芽及枝条,自地下发育;耐寒的紫苜蓿冠部较展开,从地下发出的芽及枝条甚多,其幼芽及枝条逐为土壤所保护而免于冻害。许多植物学家认为San Lucerne（*Medicago medio*）系*M. sativa*与*M. falcata*间之天然杂种,亦有学者认为是一不同物种。San Lucerne花的颜色自蓝、紫至黄均有,并具各种中间色度,其种子较普通紫苜蓿种子轻,为耐寒形式。汤文通进一步指出,土耳其斯坦品系于1898年得自俄属土耳其斯坦,植物通常较其他普通种为小,叶亦狭而多毛,需水量不多,且能抵抗极低温。德国品系紫苜蓿与土耳其斯坦紫苜蓿相似,但耐寒力较差,且产量逊于美国品系。美国品系为美国西部最普遍之紫苜蓿。阿拉伯品系是不耐寒品种,故其在美国的栽培只限于温暖的各州,如亚利桑那州、新墨西哥州、得克萨斯州以及加利福尼亚州等。秘鲁品系生长繁茂，适宜栽培于冬天气候温和，且便于灌溉的美国西部。Brand 建议将秘鲁品系为一不同品种，即 *M. sativa* var. *polia*，植株较高，分枝较少，在种植之后，生长与再生亦较普通栽培的紫苜蓿为快，花稍长，花苞较萼齿和萼管均长。

（二）苜蓿生长之需水量

植物需水量（water requirement of plant）是植物造成单位干物质所需的水分，即造成干物与植物蒸腾（transpiration）水分的比（transpiration ration）。需水量之大小以植物种类、气候及土壤类型而异。民国二十三年（1934 年）杨景滇对比了几种作物的需水量（表 7-9）指出，作物需水量之最经济者谓粟、玉米、甜菜，次为小麦、大麦、燕麦，红花苜蓿（红三叶）、紫苜蓿等。

表 7-9　作物需水量之比较

作物	平均需水量 /mm
粟	310
玉米	322
小麦	513
大麦	534
燕麦	597
甜菜	397
马铃薯	636
大豆	571
红花苜蓿	797
紫花苜蓿	831

1947 年汤文通也做了同样的对比研究（表 7-10），从表 7-10 中可以看出，2 种苜蓿需水量最大。汤先生指出，"紫苜蓿虽需要比较多水分，但亦能抵抗旱热，此乃其根系深长，能吸收较下土层之水分也。"

表 7-10　紫苜蓿与其他作物需水量之比较

作物	作物需水量 /mm
粟	310
高粱	322
玉蜀黍	368
小麦	513
燕麦	597
马铃薯	636
苜蓿 Peruvian S. P. L.	651
紫苜蓿 Grimm S. P. L.	963

（三）苜蓿栽培生长特性

王栋 1942 年从英国留学回国后，在陕西国立西北农学院任教期间一直从事牧草（苜蓿）的栽培利用、加工与储藏研究，主要内容如下。

（1）苜蓿种子田间及室内发芽试验之比较研究，包括 3 份苜蓿种子，结果表明苜蓿种子室内发芽率较田间发芽率高出 4 倍之多。在苜蓿种子不同储藏期的发芽试验中，苜蓿种子发芽率无论在田间还是在室内，储藏 2 年的要比储藏 1 年的高；并且在发芽速度上亦表现出不同，储藏 1 年的苜蓿种子其发芽速度明显慢于储藏 2 年的苜蓿种子，储藏 2 年的苜蓿种子的发芽速度与储藏 3 年的相当。

（2）苜蓿幼苗时期根茎生长之比较，试验结果为苜蓿苗期根的发育较早较快，而茎的发育则较迟较缓。苜蓿在不同时期表现出不同的生长速度，一般在幼苗期苜蓿植株增长较慢，而在发育期则表现出较快的增长速度；花期后由于种子发育需要养分供应，因此种子成熟期苜蓿植株高增长较慢，而在种子成熟后植株又表现出较快增长，但此时苜蓿植株纤维含量明显增加并老化。鉴于此，王栋建议苜蓿宜在盛花期收割。此时苜蓿草营养丰富，并且产量高。通过做苜蓿叶、茎、花、荚果等各器官比例的统计，结果发现苜蓿越老，茎的营养成分亦越低。

（3）苜蓿产量与刈割次数关系：结果表明，春播苜蓿当年的产草量随着刈割次数的不同亦表现出不同的反映。间隔 56 天刈割 1 次，虽然对苜蓿生长发育影响较小，但比间隔 42 天刈割 1 次产量要低，以间隔 42 天刈割 1 次为最高；间隔 14 天收割 1 次，则连割两次引发较多的植物死亡；间隔 28 天刈割 1 次，也影响苜蓿生长，并产量也较低。

（4）苜蓿产量年际变化：苜蓿播种后，生长 2 年的产量较高，生长 3～4 年产量逐渐降低，至生长 5 年则降低甚多。苜蓿在一年中，各月份产量亦表现出不同：其中以 4 月产量为最高，约占全年的 1/3，5 月和 9 月次之，产量在夏季较低，到 10 月苜蓿停止生长直至翌年 2 月。

1947 年汤文通指出，苜蓿生长年限视环境及品种而异，平均 5～7 年，在半干燥地有生长 20～25 年者，并已认识到了不同苜蓿品种间的抗寒差异，他认为在苜蓿近地面处有一短而坚实之茎（冠部 crown，即现在称之为根颈）生 20～25 分枝。冠部之性质与耐寒性有密切关系，不耐寒之紫苜蓿有一直立生长之冠部，只有少数的芽及枝条自地下开始发育，而耐寒性之冠部较开展，从地面下发出的芽及枝条甚多。在后一情形下，幼芽及枝条遂为土壤所保护而免于冻害，如 Grimm 及 Baltic 皆系耐寒品系。其观察认为，紫苜蓿之茎较细长而分枝亦较多，普通紫苜蓿无根茎，黄苜蓿的若干品种则有之，又间或见于若干斑色品种。

汤文通（1947）亦指出，紫苜蓿能抵抗空气干燥和高温，但高温如伴以潮湿之空气，则将受致命之损害。因此紫苜蓿特别适合种植于干燥的热带或亚热带。其对于低温的耐受力因品种而异，与耕种方法略有关系，Grimm 及 Baltic 品系即较普通紫苜蓿受害较轻。紫苜蓿为消耗土肥的作物（heavy feeder），据研究测定，3.0t 苜蓿干草含氮 72.0kg、磷 7.7kg、钾 44.9kg 及钙 40.9kg。同时，苜蓿也是耗水植物（表 7-11），紫苜蓿虽需要较多量水分，但亦能抵抗旱热，是因其根系深长能吸收深层水分。

表 7-11　紫苜蓿与其他作物需水量比较

作物名称	需水量 /mm	作物名称	需水量 /mm
粟	140.7	燕麦	271.0
高粱	146.2	马铃薯	288.7
玉蜀黍	167.1	苜蓿	295.6
小麦	232.9	紫苜蓿	437.2

三、苜蓿栽培与草原改良

（一）苜蓿栽培试验

1926 年，伪公主岭农事试验场开展了饲料牧草栽培试验，对包括梯牧草、鸭茅草等 28 种禾本科牧草和紫花苜蓿等 12 种豆科牧草进行试验，主要研究其生长适应性、生产力和栽培技术等。结果表明，大部分牧草生长不良，表现为因干旱发芽不良、对寒冷适应性差、因春季至夏季的干旱而大部分牧草被淘汰，而紫花苜蓿表现出良好的生长性能和产量，被扩大种植面积。1928 年，日伪科研人员根据在伪公主岭农事试验场进行的实验结果撰写了《紫花苜蓿栽培方法》，并对不同花色（紫花种、杂花种、黄花种）的苜蓿适应性进行了研究，他们指出紫花种除了普通种外又含温暖种和土耳其种，在伪公主岭试验场表现最好的为 Gurimu serecutedde，其次为 Montana graon 和 Canada graon，土耳其种表现最差。在黄花系中，黄花苜蓿（*Medicago falcate*）的表现最好，春播的话发芽及生长良好，幼苗对干旱的抵抗力较强。在公主岭地区越冬良好，4 月中旬返青（15 日前后），6 月中旬开花，株高可达 75.5cm，干草产量仅为 55.9kg/ 亩。黄花苜蓿具有匍匐性，耐牧性强，可在东北地区推广种植。伪公主岭农事试验场 1932 ～ 1942 年重点对苜蓿的播种期、播种量、施肥管理、刈割期、刈割次数等栽培技术进行了试验研究。从试验看出，公主岭、郑家屯、铁岭、辽阳和大连等苜蓿的返青期大约在 4 月中下旬，返青状况良好，公主岭和郑家屯一年内仅能刈割 2 次，而铁岭和辽阳一年内能刈割 3 次。第一次刈割时间辽阳、铁岭较早，在 6 月初即可进行，郑家屯居中，在 6 月 10 日左右，而公主岭最晚，在 6 月中旬（17 ～ 20 日）；第二次刈割辽阳、铁岭在 7 月中旬（14 ～ 17 日），公主岭在 7 月中旬（18 ～ 22 日），郑家屯较晚，在 9 月 12 日；第三次刈割铁岭在 8 月中下旬（17 ～ 26 日），辽阳在 9 月中旬（19 日）。苜蓿在公主岭、郑家屯、铁岭和辽阳初花期株高分别为 57.0 ～ 65.0cm、72.4cm、81.0cm 和 80.0 ～ 110.0cm。苜蓿干草产量以铁岭和辽阳较高，分别为 109.4kg/ 亩（1 亩约为 666.7m^2，下同）和 105.8kg/ 亩，大连苜蓿干草产量居中，为 87.2kg/ 亩，而公主岭和郑家屯苜蓿干草产量较低，分别为 66.5kg/ 亩和 62.6kg/ 亩（表 7-12）。

表 7-12　东北沦陷时期东北苜蓿刈割试验

| 地区 | 返青期（月.日） | 返青状况 | 刈割时期 | | | 初花期株高/cm | 干草产量/（kg/ 亩） |
			第一茬	第二茬	第三茬		
公主岭	4. 14 ～ 28	良好	6. 17 ～ 20	7. 18 ～ 22	—	57.0 ～ 65.0	66.5
郑家屯	4. 28	良好	6. 10	9. 12	—	72.4	62.6
铁岭	4. 25	良好	6. 1	7. 14	8. 17 ～ 26	81.0	109.4
辽阳	4. 20	良好	6. 2	7. 17	9. 19	80.0 ～ 110.0	105.8
大连	—	—	—	—	—		87.2

1937 年 9 月，在伪公主岭农事试验场举办的 25 周年纪念业绩展览会和农机实际表演展览会上，进行了苜蓿干草捆包实地表演。1946 年，国民党政府接管公主岭农业试验场，在东北地区对苜蓿、白三叶、红三叶、猫尾草等多种牧草进行了引种适应性试验研究，其中苜蓿以在公主岭、铁岭、辽阳、爱河、大连等地生长良好。

（二）应用苜蓿改良草原

1933 年，王高才在《改良西北畜牧之管见》一文中指出，甘肃传统草原之牧草品质不高，缺乏优良品质之牧草，难以供给牲畜生长所需要之营养。其中，豆科类植物缺乏尤甚，对牲畜生长发育极为不利。"豆科植物仅有苜蓿及紫云英等，为数甚少。其在秋夏之际，或不乏豆科植物以供给蛋白质，惟在冬季，蛋白质必为最缺乏之饲料。且青草缺乏，故生活素自亦缺乏，因此形成极高之幼畜死亡率，及生长迟缓现象。"而且，多数农牧民只知道利用天然草原，不知栽种牧草，夏天尚有牧草可食，寒冬来临，牲畜则无草可食，饥寒交迫而死者众多。故而，发展改良畜牧之首要问题，当在繁殖优良牧草和储藏饲料等事项。1948 年，政府为推动西北畜牧业发展，在甘肃岷县设立了西北羊毛改进处。羊毛改进处成立后，在牧草栽培及草原改良，如苜蓿栽培试验（在河西）、优良牧草栽培试验（在河西）、野生牧草调查（在陇东、永昌)、干草储存试验(陇南)、干草制造试验(中宁)等方面作了初步研究。还有在岷县进行草原改良实验,如实行轮牧、贷放苜蓿种籽、根除毒草、采集优良野生牧草种籽等项。

西北羊毛改进处在牧草选育方面也做了大量工作。该处在岷县陇南牧场利用广大山坡进行苜蓿栽培试验,观察其生长情形以便于推广。甘肃岷县民间向来没有栽种苜蓿之习惯,该处特地在该县闾井设立苜蓿栽培示范区两处,以资提倡。同时还派员到永昌五龙、宁远两乡劝导农户栽培苜蓿。

除选育优良牧草外,还栽培优良饲料作物。该处在陇南站播种之燕麦、蚕豆,陇东站播种之燕麦、粟、稷等,河西站栽培之苜蓿及宁夏站播种之高粱、苜蓿等均生长旺盛,并分别于抽穗或开花时刈割,储为冬草,以备种羊越冬季节时饲用。

(三)苜蓿改良碱地试验

1936 年,尊卤提议要进行牧草栽培试验。首先,是碱地试种苜蓿。河西地区碱地随处可见,尤以永昌最多,该种土地作物不能生长,任其荒芜,殊为可惜。本区对其试种苜蓿,藉以利用。但因土中含碱过重,试验并不成功。如若利用碱地,则必须设法除去土中碱质。其次,是宾草根栽培试验。该区前曾奉建设厅厅长张心一之命大量采集宾草种子,用以引种他方,但宾草种子颗粒甚小,兼以容易脱落,不易大量采集。后来在本地参观农家耕地,发现田中蓄积了大量宾草根,故萌生以宾草根代替宾草种籽的想法,并进行了栽培试验。试验结果表明宾草根栽培繁殖工作,宜在 4 月间实施。

绥远农学会已沟通农政、农学和农业为宗旨,民国二十一年(1932 年)出版《会刊》,之后不久易名为《寒圃》,民国二十五年又易名为《绥农》。不论是《寒圃》还是《绥农》,发行期间均刊载了大量有关苜蓿的调查报告、研究综述或试验报告及相关农业政策等。

民国二十三年(1934 年),《寒圃》刊发了李法天(1934)"碱土的几项改善法",在文中提到了用耐碱植物改良之方法,"适宜植物之栽培——许多植物皆不宜于碱性土壤,因受其碱性毒害,而不能发育也,但苜蓿、甜菜等植物有抵抗此碱性之能力,且将土壤中之钾素渐次吸收而亦可减轻其碱性之毒害也。"民国二十五年(1936 年),《绥农》载李树茂在"绥远土壤碱性之初步的研究"一文中指出,野生牧草中耐碱力甚强者,有黄金花菜、紫苜蓿、野苜蓿等。紫苜蓿根数丈,可利用下层之水分,虽酷旱之年,也无所畏。

四、苜蓿加工调制与饲喂

（一）苜蓿青贮试验

就整个 20 世纪 40 年代西北地区的牧草栽培试验而言，以国立西北农学院王栋开展的时间最长，成绩也最突出。从 1942 年起，王栋就着手于牧草栽培试验前的各项准备工作，如收集草籽、规划实验区等。1943～1946 年王栋教授在武功进行了 4 次苜蓿与玉米的青贮试验。用长方形（长×宽约 6.0m×1.8m）土窖，1 份苜蓿加 3 份玉米（全株）进行混贮，苜蓿在盛花期刈割，玉米在乳熟期刈割，由于人工切碎较慢，其苜蓿和玉米整株青贮。一般做法为：先在窖底铺一层厚 2.5～5.0cm 麦秸，然后开始装填青贮料，两层玉米间铺一层苜蓿，直至青贮窖装填满，窖上盖约 5.0cm 的麦秸，其上再封以厚 33.0～35.0cm 的细土，将其踏实密封。青贮约 3 个月后开封。王栋教授指出，青贮好的料除窖体接触土壁的部分稍有霉烂外，其他青贮料色味皆俱佳，即窖顶层和底层的料也相当好，尤属难得。制成之青贮料，其成分酸度与各种有机酸之多少以设备不齐，药品缺乏，未能分别加以测定，而观其色味符合青贮料的要求。青贮好的料味芳香并带酸味，色呈棕黄色，在饲喂家畜过程中，家畜尤为喜食。他进一步指出，青料宜老嫩适宜，玉米与苜蓿必须按照适当比例逐层相间青贮，青料宜铺散均匀而平整，每层铺完后须多践踏以压实之，靠壁及四角处尤须特别注意，窖底和窖顶皆须加秸秆（约 5.0cm 许），窖顶并须堆积尺（33.0～35cm）许厚之土层，堆成弓形，且踏实以密封之。

王栋的 4 次青贮试验，均以苜蓿与玉米（*Zea mays*）青贮。不过前两年因青料未经切碎，不易压紧，有一部分草料发生霉烂。后将玉米先行切碎，然后积贮，效果上佳。

据王栋本人评价："青料色泽棕黄，气味芳香，略带酸味，各种家畜甚喜食。诚可推广于西北各处地势高燥之区域，以供冬春时期各种家畜之辅助饲料"。而且与国外多采用青贮塔相比，王栋采用的窖藏试验法无疑更适合我国当时的国情，基本做到了"方法简单，费用省俭，俾易推行"。

（二）苜蓿干草调制

1943 年夏秋之季，王栋教授在陕西武功进行了苜蓿干草调制试验，试验的主要目的是探讨使苜蓿鲜草含水量降至 20%，同时必须力求营养物质损失之减少，保持其高度之营养价值，及芳香气味之浓烈，以增进其优美之口味，研究表明，湿度、

第七章 苜蓿科技

温度、风速，以及草层薄厚、草质老嫩对苜蓿水分蒸发的速度有显著的影响。他建议在调制苜蓿干草时，要将草条铺薄，多次翻转，在天气干燥晴热时，应在上午刈割，当天就可调制成功；如遇阴雨天气，则需数日才可蒸发至适宜含水量；草质老嫩影响其水分散失，草质越嫩水分之蒸发越快。通过试验测定的结果，"在调制干草时，须薄铺草层，多行翻转，如逢天气晴热干燥，则上午刈割，当时即可调制成功；若逢阴雨，则须数日，方可蒸发至适宜程度。"这一试验成果，对畜牧生产具有很大的实用价值。

（三）苜蓿饲喂

日伪时期，东北地区在进行引种苜蓿试验外，还进行了苜蓿利用试验研究。在猪的饲养试验中进行：①高粱、豆饼及苜蓿喂猪早期肥育试验，用土种猪作对照进行杂交猪或改良猪的肥育试验，试验用出生后 4 个月的杂种猪，用东北利用最广的高粱及豆饼和优良苜蓿粉，结果表明，在有旱田放牧的情况下，90% 的高粱和 10% 的豆饼配合效果最好，秋天出生的猪仔配合苜蓿干草和 90% 的高粱及 10% 的豆饼则最经济，而在上述情况下，饲料的饲喂量以猪体重的 3% 为最适宜。②苜蓿草粉的给量试验，以 95% 的高粱及 5% 的豆饼作基础饲料，分别配合 10%、15%、20% 的苜蓿草粉做对比试验，结果表明以 15% 的苜蓿草粉为最适宜，其次为 20% 的苜蓿草粉，10% 的苜蓿草粉最差。

五、苜蓿种子生产

（一）苜蓿种子圃的建立

1935 年 9 月，水利专家李仪祉致电全国经济委员会，提议"于西北各省山坡之地，种植苜蓿以期土质纠结牢固，防止冲刷"，这样做不仅帮助治理沿黄河地区水土流失，而且有助于改良牧场饲料，并将稻产改良费二万元挪用，作为第一年试办费，因此牧草试验点得以扩充，最终确定为"青海之八角城，甘肃之兰州、平凉、临潭、崧山、天水、山丹，绥远之萨拉齐，陕西之三原、武功、西安、泾阳、潼关，山西之太原，宁夏之宁夏（县），河南之洛阳等十六处"。为了比较中外牧草品种之优劣，除了由美国购到优良牧草种子外，西北畜牧改良场决定"派员在陕西、甘肃兰州及河西等地，收集单粒双粒大小畜牧种子"，将在 1936 年做对比试验。为了方便采集苜蓿种子，西北畜牧改良场还在各地设置了采种圃，计有八角城、崧山、潼汜区、萨韩区采种圃，泾渭区采种圃计划与西北农林专科学校合办。据 1936 年 4 月报告，"八角城采种圃，圃地已派工整理预备播种,将来种子可供沿黄河之清水河、大夏河、洮河等流域推广之需;崧山采种圃,现已将圃地垦竣,正在购置肥料调整土地,将来种子可供黄河沿岸由循化至中卫之山岭及沿黄河支流如湟水、大通河、镇羌河、山水河等流域推广之用;萨韩采种圃,该区系与绥远省立萨拉齐新农试验场所合办,面积二千亩,计沿平绥铁路千亩,大青山中五百亩,新村附近五百一十亩⋯⋯已由畜牧场派技术员前往担任技术指导,现各地均已垦竣,下月即可播种,将来所采种子,可推广于萨拉齐韩城之间沿黄河各地;潼汜区采种圃,该区系与黄河水利委员会所合办,由该会在潼关、博爱两苗圃拨地一百三十亩,繁殖苜蓿,现已将苜蓿种子寄往准备种植,将来所收种子,可供潼关以上各地沿黄推广之用;泾渭区采种圃,现正与陕西武功西北农林专校接洽合办事宜,俟陕西畜牧分厂成立时,即可开始工作,将来所收种子,即可推广于天水平凉以东,沿经纬两河流域各地。"自 1935 年西北畜牧改良场种植苜蓿以来,收获种子较多,西北各处索取种子者甚多,1936 年春季,将收到苜蓿牧草各种,分赠各处种植,请其试验以资比较。在牧草推广方面,通过调查择富含营养、生长力强、适宜栽培推广的苜蓿、芨芨草、芦草、施风草、锁木子草、狗尾草、莎鞭、碱蒿、马莲草、红柴和登苏等品种在八里桥牧场、谢家寨林场和张政桥农场等地栽培试验。

　　1934 ~ 1935 年,新疆曾从苏联引种猫尾草、红三叶、紫花苜蓿等草种,在乌鲁木齐南山种羊场、伊犁农牧场、塔城农牧场及布尔津阿魏滩等地试种。

　　延安时期,陕甘宁边区农业科技政策的推行,使得边区群众逐步认识到农业科技对具体农业生产的指导作用,并对边区农业的发展起到明显的促进作用。从国内外进入的优良农作物品种在边区也得到了推广,边区引进的品种主要有狼尾谷、金黄后玉米、棉花、大豆、马铃薯、苜蓿。

(二)苜蓿繁殖推广

　　在改良牧草的过程中,苜蓿的改良和繁殖尤被重视。1936 年,尊卣就指出:"西北气候寒冷,冬季较长;而牧民不知利用储粮,供其冬日之需要,以致冻饿而死。盖刈取草类制成干草,储以备冬,乃轻而易举之事。苜蓿之饲养价值高,无论制成干草,藏以备冬,或青刈而饲养,均不失为最合理之粗糙饲料。"有鉴于此,该区对于牧草栽种与草原改进均极力提倡,除宣传劝导并协助牧民购买苜蓿种子指导种植外,并自行租地栽培以收示范之效。苜蓿乃西北原有优良牧草,但大批种子不易得到。加之牧民墨守成规,只知道利用天然草原放牧,不知栽种牧草,夏秋两季尚有草可牧,待到天寒地冻之时,即放任家畜在冰天雪地中,觅食残草,聊充饥肠,导致畜体羸瘦。故而河西一带,每年春季三四月间,羊只死亡率极大,其主要原因便是营养不良。

对此，该区对于牧草栽种与草原改进均极力提倡，除宣传劝导、协助牧民购买苜蓿种子、指导种植外还自行租土地栽培以收示范之效。

(三) 影响苜蓿种子产量之因素

苜蓿为异花授粉植物，故授粉昆虫繁多者可增加种子产量，但授粉昆虫较少的地方，也有获得较高产量的。在湿润地区通常种子产量较少，当苜蓿花期时过多的灌水会降低种子产量。汤文通 (1947) 指出，苜蓿荚形成视花粉能否发挥正常功能而定，花粉需要一定的水量以发芽，当花粉落于柱头上时，其所获水分与柱头水分之供给及空气湿度有关，唯其发芽所需水分供给量可因土壤水分或植物附近的空气湿度而改变。

六、苜蓿的水土保持试验

以现代科学理论所进行的水土保持试验研究，就数甘肃省天水水土保持试验站研究项目最为齐全。成立于 1942 年 8 月的天水水土保持试验站，开展了多项水土保持试验。

(一) 径流小区试验

径流小区试验的目的在于研究坡度农田水土流失的基本情形及减少水土流失的方法，以增进坡度农田的合理利用。这项试验设计于 1943 年，地点为南山实验场梁家坪，全部计划用 4 年完成。1944 年 6 月开始，筑成受水槽 19 个，水泥积水沉积池 2 个，积水沉泥缸 35 个。当年，通过对 5 次径流记录的分析，研究认为：同一坡度，各种作物对水土流失的影响不同，以荞麦区为最大，以苜蓿区为最小。

(二) 梯田沟洫试验

梯田沟洫试验是指在坡地挖掘梯田沟洫，举行梯田沟洫类型及梯田斜度与容蓄量之研究，并指导农民仿行，以保留农田表面之肥沃土壤而增加生产。1943 年，试验区在吕二沟口西坡试验场范围内，划出 10hm² 地作各项蓄水保土工程，开掘蓄水沟 981m，筑地埂 238m，挖排水沟 69m，同时在新筑地埂之上种植苜蓿做保土试验。1946 年，试验区各实验场站整修旧沟 2742m，开挖新沟 9684m，并沿梯田沟洫田岸种植保岸类草带。试验发现，以草木樨、苜蓿、高粱及糜子等混合播种，淤土护岸，既能保持水土又不减生产。

（三）沟冲控制试验

沟身冲蚀控制始于 1944 年，试验区在天水南山试验场大柳树沟内筑成柳篱坊堰，以为防止沟壑荒坡径流冲刷，后被洪水冲毁而失败。1948 年，则建成阶式砌石坊堰 2 座，并培修土堤分区留淤，唯是年雨量过小，无法完成检测工作。沟身两坡冲蚀控制则种植各种保土植物，以观察保持水土的效果。为此，试验区先后在土坡石壁上播撒鸡眼草、胡枝子、苜蓿、草木樨、芨芨草等草籽，试验发现以苜蓿、草木樨固土效果较好。

上述研究表明，种植作物每年每亩地上流失水分 18.54t，冲去土壤 2.78t；种植苜蓿的同样坡地，每年每亩仅流失水分 1.16t，冲去土壤 0.32t。两者相比，种作物的地，水的流失是苜蓿地的 16 倍，土壤流失的 9 倍，由此可见苜蓿对保持水土的作用要大于其他作物。

七、苜蓿绿肥试验

20 世纪 30 年代在宁夏境内兴起的农业技术改良运动主要内容涉及作物品种和农具改良、品种选播、田间管理、园艺事业等各个方面。这一时期田间管理的科技知识引起了人们的重视，1929 年设立的宁夏农业改进所下设有土壤肥料研究室。在绿肥试验方面，开展以高粱、苜蓿、大豆为材料，混施人粪尿后，种植小麦，同时对种植棉花进行氮、磷、钾的混施试验，积极推广科学施肥。

第三节　苜蓿科技知识的传播

一、报刊电台对苜蓿科技知识的传播

自 1897 年《农学报》创刊以来，苜蓿科技知识就得到了广泛的传播，如 1900 年《农学报》就刊登了"论种苜蓿之利"的文章，在之后的几年中《农学报》也发表了不少有关苜蓿的文章（表 7-13）。除《农学报》发表苜蓿文章外，也有不少其他报刊发表了苜蓿文章，如《东方杂志》、《自然界》、《农科季刊》、《农智》、《农事月刊》、《农林新报》、《西北农林》、《农学报》和《畜牧兽医月刊》等都对介绍和传播苜蓿科技知识发挥了积极的作用。这些期刊的文章，有的是翻译文章，有的是试验研究报告，无论哪种文章对今天的苜蓿研究乃至苜蓿生产都有现实指导意义。

表 7-13　近代苜蓿研究论文

作者	发表时间（年）	题目	报刊
不详	1899	放羊于嫩草时注意第十五	农学报（0059 期）
藤田丰八译	1900	论种苜蓿之利	农学报
不详	1900	轮栽法（第二杂种）	农学报（0118 期）
不详	1900	重要饲料之成分及其消化量	农学报（0119 期）
不详	1900	诸植物及农产制造物之主要灰成分	农学报（0119 期）
罗振玉	1900	僻地粪田说	农学报（0122 期）
吉川佑辉，藤田丰八译	1901	苜蓿说	农学报（0133 期）
不详	1901	植物肥料	农学报（0135 期）
不详	1901	豆科植物之研究	农学报（0138 期）
不详	1901	循环法轮作	农学报（0143 期）
不详	1902	论栽培苜蓿之有利	农学报（0200 期）
不详	1903	绿肥植物之一种	农学报（0214 期）
不详	1905	农学津梁	农学报（0280）
不详	1905	种苜蓿（第六十章）	农学报（0281 期）
黄以仁	1911	苜蓿考	东方杂志
冯其焯，王廷昌	1922	亚路花花草	农智
纪利巴着，唐鸿基译	1922	法尔法牧草种植简要	农事月刊
霍席卿	1925	苜蓿收割次数的研究	农林新报
凌文之	1926	豆科植物之记载	自然界
薛树熏	1927	苜蓿	养蜂报
向达	1929	苜蓿考	自然界
路仲干	1929	爱尔华华草（alfalfa）之研究（上）	农科季刊
路仲干	1930	爱尔华华草（alfalfa）之研究（下）	农科季刊
不详	1930	苜蓿之栽培与农家的利益	农译
秦含章	1931	苜蓿根瘤与苜蓿根瘤杆菌的形态的研究	自然界
王高才	1933	改良西北畜牧之管见	寒圃（第 3、第 4 合期）
佟树蕃	1934	关于牧草	寒圃（第 3、第 4 合期）
李树茂	1934	畜产与农业	寒圃（第 3、第 4 合期）
尊贞	1936	改良西北畜牧业应当注意之苜蓿	新青海（第 4 卷第 5 期）
李树茂	1936	绥远土壤碱性之初步的研究	绥农（第一卷第 4 期）
未署名	1936	绥远省立归化农科职业学校农场民国二十四年度作业报告书	绥农（第一卷第 7～第 8 期）

作者	发表时间（年）	题目	报刊
李松如	1936	绥远几种牧草调查及改进本省畜产业的意见	绥农（第一卷第14～第15期）
孙醒东	1937	苜蓿育种问题	播音教育月刊
沙凤苞	1938	陕西畜牧初步调查	西北农林
顾谦吉	1942	西北畜牧调查报告之设计	西北农林
张仲葛	1942	牧草引种试验	西北农林
王栋	1943	牧草之重要	西北畜牧（第1卷第2期）
王栋	1945	牧草栽培及保藏之初步研究	畜牧兽医月刊
王栋	1945	牧草栽培及保藏之初步研究（续）	畜牧兽医月刊
王栋	1945	牧草栽培及保藏之初步研究（续完）	畜牧兽医月刊
卢得仁	1946	第二年牧草栽培试验报告	畜牧兽医月刊
王栋	1947	牧草栽培与保藏试验之简要报告	畜牧兽医月刊

1934 年，王高才指出，西北天然草原虽适于游牧，但仅能使牲畜饱食，不能供给其生长所需的所有饲料，其育肥则需要合理的草料搭配，尤其是以豆科植物最为迫切，如果以精细饲料喂之，则成本太高，而草原所生长之"豆科植物仅有苜蓿及紫云英等，为数甚少"。1934 年，尊卣得知政府方面将在西北大批试种苜蓿后，特撰《改良西北畜牧业当注意之苜蓿》的技术报告，于 1936 年发表在《新青海》。

1943 年，王栋就畜牧业与牧草之间的关系曾言："若饲料缺乏，或成分不合，难有优良之种畜，亦不能充分发挥其特点，而身体不健，病疫随之"，欧美有谚语云"家畜者，牧草之化身也"，由此可知，牧草之于畜牧业的重要性。

绥远农学会已沟通农政、农学和农业为宗旨，民国二十一年（1932 年）出版《会刊》，之后不久易名为《寒圃》，民国二十五年（1936 年）又易名为《绥农》。

为了宣传普及苜蓿知识，孙醒东教授于 1937 年 4 月 14 日、16 日、18 日和 19 日在中央广播电台作了 4 次苜蓿育种问题的专题讲座，讲稿在《播音教育月刊》上发表。孙先生主要介绍了苜蓿的价值、植株生长发育特点、结荚习性、根部生长特性和苜蓿刈割的最佳时期，以及与苜蓿育种相关的问题。

1942～1944 年，延安《解放日报》记者生本在《张清益的宣传方式》专题报道中，介绍了张清益向群众宣传苜蓿的事迹。张清益十二三年来为革命服务的经验和知识，一天天地在工作中得到发挥，在关中分区好多次群众集会中，他以群众宣传家的形象，从实际工作中给予了群众以兴奋和鼓舞。特别是他宣传群众种苜蓿，在雷庄已获得很大的成绩。"去年，雷庄还只有他和别的两家种，今春种的已有十二家。现在，全村三十二家都准备种。"在这方面，张清益宣传了这样的道理："我们的牛为啥乏力呢？大家都说是缺草，缺好草，那我们为啥不种两三亩苜蓿呢？大家又说：地窄

（贫瘠）！可大家为啥不想想：自家的地施不到肥，多打不出粮食呢？又为啥施不到肥呢？牛巴不下多的粪来，是的，你种上二三亩苜蓿，牲口吃的饱饱的，又有力又能多巴粪。"

二、苜蓿相关著作

（一）记载有苜蓿的相关专著

近代论述苜蓿栽培利用的专著较多，如 1900 年罗振玉在《农事私议·僻地肥田说（卷之上）》倡导苜蓿绿肥的使用。1911 年北洋马医学堂与陆军经理学校合译并出版了《牧草图谱》，对苜蓿进行了介绍。1941 年孙醒东发表《中国食用作物》，将苜蓿纳入其中。

1945 年，谢成侠发表了《中国的马政史》，对古代苜蓿的栽培利用技术进行了研究，谢先生认为祖先仅就苜蓿一物在栽培和利用方面早就有了不少珍贵的研究传留下来。他对北魏贾思勰的《齐民要术》、明初朱橚的《救荒本草》和王象晋的《群芳谱》中有关苜蓿栽培利用的技术进行了研究，他指出这些西汉以来论苜蓿栽培利用的古文献中，《齐民要术》虽是写在 1400 年前，但它是一册总结古代农业（包括畜牧）技术的经典著作，其中对苜蓿的栽培法叙述虽很简洁，但这些史料如果农学及畜牧界加以作科学解释的话，那就不是简单的事了。

1947 年，中美农业技术合作团将其对中国农业考察结果形成了《改进中国农业之途径》技术报告，在发展畜牧业章节中提出以发展苜蓿为重点饲料作物种植的建议，同年，汤文通（1947）在台湾发表了《农艺植物学》，在其中介绍了紫苜蓿品种的类型与特性及适应性，苜蓿对环境条件的要求和苜蓿之收割制度与营养物质含量变化，以及苜蓿的用途等。

（二）苜蓿相关研究著作

1918 年，商务印书馆出版了《植物学大辞典》，收录了"苜蓿"和"紫苜蓿"词条（表 7-14），在其下列出了中文名、拉丁学名、日文名、形态描述、产地、用途以及中文名别名的古书考证等。在苜蓿植物学方面，1941 年孙醒东在《中国食用植物》中，讨论了苜蓿的分类特征和中文名、俗名和英文名，分别为紫苜蓿、蓿草和 alfalfa。还有 1947 年，汤文通在《农艺植物学》中，除论述苜蓿生态生理学特性乃至苜蓿属分类特征外，还论述了苜蓿的农艺学性状，如品种或品系类型、不同品种生长性状与抗寒性、再生特性及牧草生产力和影响种子产量之因素等。

表 7-14　近代苜蓿相关研究著作

作者	著作	内容	出版年
孔庆莱等	植物学大辞典	苜蓿、紫苜蓿条目	1918
Laufer	*Sino-Iranica*	Alfalfa	1919
祁天锡	江苏植物志	紫苜蓿	1921
安汉	西北垦殖论	苜蓿	1932
桑原隲藏	张骞西征考	西域植物之输入	1934
孙醒东	中国食用植物（下册）	豆科植物分类·苜蓿属	1941
曾问吾	中国经营西域史	两汉之经营西域·两汉通西域及中西文化之交流	1936
谢成侠	中国马政史	秦汉的养马业·西域良马及苜蓿的输入	1945
汤文通	农艺植物学	豆科植物·苜蓿	1947

　　1934 年商务印书馆出版发行了桑原隲藏《张骞西征考》，对黄以仁在 1911 年《东方杂志》"苜蓿考"发表的"苜蓿由张骞输入中国之观点"提出异议，并且考证了苜蓿亦称目宿、牧宿和木粟等古代别名。1936 年曾问吾在《中国经营西域史》中，对汉代苜蓿的起源、传入路径等进行了考证研究（表 7-14）。1945 年，陆军兽医学校印刷出版了谢成侠的《中国马政史》，书中介绍了西汉时代大宛马和苜蓿种子传入中国的历史，及其对我国畜牧业乃至农业所起的作用，还考证了苜蓿传入我国的年代，苜蓿种子带归者、苜蓿的确实来源、苜蓿名词来源和汉代苜蓿是紫苜蓿，并非开黄花的苜蓿，同时也介绍了 2000 多年来我国苜蓿的栽培利用研究。汤文通（1947）在《农艺植物学》中对苜蓿品种类型、生理生态学特性进行了研究。

三、苜蓿植物生态学知识的累积

（一）明清时期对苜蓿植物生态特性的认识

　　随着明清时期对苜蓿生态植物特征和特性的深入研究，人们对苜蓿的生物学和生态学特性有了较清晰的认识，对苜蓿植物学和生态学特征、特性的掌握近乎于现代知识。明《陕西通志》记载，"苜蓿有宿根，刈讫复生。"清咸丰十一年（1861 年）河北的《深泽县志》亦认为："苜蓿草本，一名牧蓿，其宿根自生。"同治八年（1869 年）湖南的《续修慈利县志》对苜蓿的生物学特性描述更细致："二月生苗。一科数十茎，一枝三叶，叶似决明，小如指。秋后结实，黑黄米如稌。"光绪二十六年（1900 年）山东的《宁津县志》记载："苜蓿郭璞作牧宿，谓其宿根自生。"宣统三年（1911 年）陕西的《泾阳县志》中对苜蓿的生长利用年限有记载："苜蓿宿根刈后复生，三四年不更种。"另外，河北的《晋县乡土志》还记载了苜蓿的播种时间，"苜蓿来自大宛，小暑后细雨蒙蒙播种于地。"

根据方志记载可知,在清代河北种植的苜蓿可能有两种,一是紫花苜蓿(*Medicago sativa*),二是黄花苜蓿(*M. falcata*)。据光绪三年(1877年)河北的《乐亭县志》记载:苜蓿《广群芳谱》云,叶似豌豆,紫花,三晋为盛,齐鲁次之,燕赵又次之。苜蓿二月生苗,一科十茎,一枝三叶,叶似决明子,小如指,顶可茹。秋后结实,黑房,米如穄,俗呼木粟。乾隆四年(1739年)察哈尔的《怀安县志》亦记载:"苜蓿茎长、叶小、花黄,生于山野,亦有成亩播种者,以饲牛马。"查证《河北植物志》可知,《乐亭县志》记载的应该是紫花苜蓿,而《怀安县志》所记载的开黄花的苜蓿应该是《植物名实图考》中的野苜蓿(*M. falcata*),即现在的黄花苜蓿。

另外,据清乾隆四十四年(1779年)《盛京通志》记载:"羊草生山原间,户部官庄以时收交,备牛羊之用。西北边谓之羊须草,长尺许,茎末圆如松针。黝色油润,饲马肥泽。居人以七八月刈而积之,经冬不变。大宛苜蓿疑即此,今人以苜蓿为菜。"光绪十七年(1891年)《吉林通志》引用了《盛京通志》疑是羊草为苜蓿的记载。植物学家胡先骕等亦根据《盛京通志》指出,苜蓿(*M. sativa*)亦称羊草,对此还有待于进一步考证。

(二)民国时期对苜蓿植物生态学特性认识的提高

有些方志中对苜蓿植物生态学特性做了详细的记述。在民国十八年(1929年),河北的《威县志》记载,"苜蓿:汉书作目宿;尔雅翼作木粟;郭璞作牧宿,谓其宿根自生;李时珍谓种出大宛,汉张骞带入中国;《西京杂记》曰,乐游苑自生玫瑰,树下多苜蓿,一名怀风,时人或谓光风草,风在其间萧萧然,日照其花有光彩,故名,茂陵人谓之连枝草。"民国二十二年(1933年),河北的《顺义县志》指出:"苜蓿菜叶似豌豆,可茹,其苗春生,一棵数十茎,一茎三叶,紫花,秋结实似穄入药。"民国二十四年(1935年)河北的《张北县志》记载:"苜蓿茎长二尺余,平卧于地上,叶羽状复叶,叶腋出花,轴花小黄色,发芽时坝下清明,坝上立夏、立秋后收割,坝下多产之作为喂养牲畜之用。"民国二十三年(1934年),河北的《怀安县志》记载:"苜蓿茎长、叶小、花黄,生于山野,亦有成亩播种者。以饲牛马。"民国二十一年(1932年),河北的《景县志》记载:"苜蓿种出大宛,汉时张骞始带入中国,分紫黄二种。据《群芳谱》,张骞所带入者即紫苜蓿,今则处处有之,种后年年自生。"民国二十八年(1939年),河北的《广平县志》记载,"苜蓿,李时珍曰原出大宛,张骞带入中国(本草纲目);叶似豌豆,紫花,三晋为盛,齐鲁次之,燕赵又次之(群芳谱)。又一种花黄色,宿根。"考证《河北植物志》可知,民国时期河北种植的2种苜蓿应该是紫花苜蓿(*Medicago sativa*)和黄花苜蓿(*M. falcata*)。

民国二十三年（1934 年），山东的《昌乐县续志》记载，"苜蓿叶小，花紫。"民国二十四年（1935 年），山东的《德县志》记载："苜蓿，大别有二种，一曰紫花苜蓿，茎高数尺，羽状复叶，夏初开小紫花，春日苗芽嫩时亦可食，北方多种之。《史记·大宛列传》中有马嗜苜蓿，汉使取其实来，于是始种苜蓿，《群芳谱》谓即苜蓿南方无之，有一种野苜蓿亦曰南苜蓿或称金花菜，茎铺地，叶为三小叶合成，小叶倒卵形，顶端凹入，花小色黄，形似蝶，荚作螺旋形，有刺，入药者即此，南方随处有，北方地无之。"从上述记载可知，在民国时期德县种植的苜蓿有两种，一是紫花苜蓿，二是南苜蓿（*M. hispida*）。民国二十四年（1935 年），山东的《莱阳县志》记载："苜蓿有紫苜蓿、黄苜蓿、野苜蓿三种。"考证《植物名实图考》和《山东植物志》可知，莱阳县所记载的 3 种苜蓿分别为：紫花苜蓿（*M. sativa*）、黄苜蓿（*M. hispida*，南苜蓿）和野苜蓿（*M. falcata*）。

第八章

苜蓿政策与经济

从汉代，苜蓿进入中原不久，我国就将其纳入了农业生产体系中，并发挥着重要作用，这与当时乃至之后各朝代对苜蓿的重视不无关系。各朝代为了发展苜蓿经济，制定了不少的相关政策，苜蓿种植乃至苜蓿经济才得以长久不衰，形成了不少苜蓿产品，产生了不少苜蓿税制。

第一节　苜蓿发展政策与建议

一、苜蓿发展的政策

历代官府对苜蓿的种植都有些规定或政策。汉武帝时，苜蓿种在离宫别苑。到了唐代，随着驿站的发展，对苜蓿种植有了新规。

（一）古代苜蓿相关政策

1. 驿站中的苜蓿

自古以来，唐驿站是最完备、最发达的。驿田是驿站的重要组成部分之一，是驿马的饲料田，犹牧监有之牧田也，用于种植驿马所需之苜蓿等草料田。驿田亦叫牧田，《新唐书》记载："贞观中，初税草以给诸闲，而驿马有牧田。"唐杜佑《通典》记载："诸驿封田皆随近给，每马一匹给地四十亩。若驿侧有牧田之处，匹各减五亩。其传送马，每匹给田二十亩。"《册府元龟》亦有同样的记载。《唐六典》记载："每驿皆置驿长一人，量驿之闲要以定其马数：都亭七十五匹，诸道之第一等减都亭之十五，第二、第三皆以十五为差，第四减十二，第五减六，第六减四，其马官给。"据此整理驿站等级如表 8-1 所示。

表 8-1　驿站等级与规模

驿等级	驿马/匹	驿丁/人
都亭驿	75	25
诸道一等	60	20
诸道二等	45	15
诸道三等	30	10
诸道四等	18	6
诸道五等	12	4
诸道六等	8	3

凡国家驿马"给地四顷，莳以苜蓿"；唐玄宗时，官员王毛仲"初监马二十四万，后乃至四十三万，牛羊皆数倍"，保证数量如此庞大的牲畜群体的生存绝非易事，所以"莳茼麦、苜蓿千九百顷以御冬"。唐朝时，驿的管理体制，在驿内设有驿长、驿夫、

驿舍、驿船、驿马。根据《新唐书》记载，根据官员级别，分别供应相应数量的马数，"凡驿马，给地四顷，莳以苜蓿。凡三十里有驿，驿有长，举天下四方之所达，为驿千六百三十九；阻险无水草镇戍者，视路要隙置官马。水驿有舟。凡传驿马驴，每岁上其死损、肥瘠之数。"并且供给驿马相应的土地，种植苜蓿。驿内设有驿长，唐初以富户作为驿长，大致唐代宗以后，由朝廷委派官员。驿内除了马之外，还有驴子，每年须汇报数量及马的肥瘠。

楼祖诒（1939）指出："依据《册府元龟》都亭驿应有驿田 2880 亩，道一等驿应有驿田 2400 亩，即四等驿亦应有驿田 720 亩，驿田之性质与牧田同。"至所谓苜蓿者，《史记·大宛传》记载："马嗜苜蓿，汉使取其实来，于是天子始种苜蓿"。苜蓿为饲马唯一草料，汉时始自大宛移至中国，驿田以苜蓿专供马料，不作他用。楼祖诒又指出："《通典》与《册府元龟》所在相同，按驿田亩数寡多，大概每驿有地 400 亩莳以苜蓿，足敷马食之用。"据《册府元龟》记载，唐代上等驿，拥有驿田达 2400 亩，下等驿也有驿田 720 亩。这些驿田，用来种植苜蓿，以解决驿马的饲料问题，其他收益也用作驿站的日常开支。根据《唐六典》记载的驿站马匹数量，最大的都亭驿站有驿马 75 匹，应有种植苜蓿等饲料的驿田 3000 亩，最小的驿站有驿马 8 匹，应有种植苜蓿等饲料的驿田 320 亩。吴淑玲（2017）亦持同样的观点。《唐六典》记载："凡三十里一驿，天下凡一千六百三十有九所。二百六十所，一千二百九十七陆驿，八十六所水陆相兼。"从驿站分布与众寡看，足见唐代苜蓿种植的规模之大、分布之广。

2.《厩牧令》中的苜蓿

唐代的驿站制度高度发达，对驿田与驿马，苜蓿的种植与供应有明确的规定。《天圣令·厩牧令》中的唐 27 就规定了驿田苜蓿种植与驿马苜蓿供应制度，现摘录如下。

诸当路州县置传马处，皆量事分番，于州县承直，以应急速。仍准承直马数，每马一匹，于州县侧近给官地四亩，供种苜蓿。当直之马，依例供饲。其州县跨带山泽，有草可求者，不在此例。其苜蓿，常令县司检校，仰耕耘以时，勿使荒秽，及有费损；非给传马，不得浪用。若给用不尽，亦任收茭草，拟至冬月，其比界传送使至，必知少乏者，亦即量给。

3. 农桑中的苜蓿

到元代，为了发展苜蓿和防灾，种苜蓿已有政府规定，并设有专人负责。在《农桑》之十四条里就规定："仍令各社布种苜蓿，以防饥年"。至元二十三年（1286 年），朝廷所定"条画"，规定有"随社布种苜蓿，初年不须割刈，次年收到种子，转展分散，务要广种"(《元典章》卷 23《农桑·劝农立社事理》,《通制条格》卷 16《农桑》亦同)的任务。大都留守司的上林署还有"种植苜蓿以饲驼马"的"苜蓿园",更是设官"掌种苜蓿,以饲马驼膳羊"(《元史》卷 90《百官志》)。虽然都是为饲养宫廷驼马之需,亦属牧业生产范围。民国柯劭忞《新元史》亦有同样的记载。《元史》和《新元史》都记载:"都城种苜蓿地,分给居民,省臣因取为已有,以一区授绍,绍独不取。"张宗法《三农纪校释》记载:"《元史》世祖命民种苜蓿,各社植之,以防年凶。叶与子可以充饥,茎根可以饲牲,大益于农家。"

元代中期曾任彰德路(今河南省北部安阳市一带)总管的王结劝导百姓说:"今农民虽务耕桑,亦当于近宅隙地种艺蔬菜,省钱转卖。且韭之为物,一种即生,力省味美,尤宜多种。其余瓜、茄、葱、蒜等物,随宜栽种,少则自用,多则货卖。如地亩稍多,人力有余,更宜种芋及蔓菁、苜蓿,此物收数甚多,不惟滋助饮食,又可以救饥馑、度凶年也。"

(二)民国时期苜蓿相关政策

1. 伪满政府产业开发中的苜蓿行动

民国二十年(1931 年)"九一八"事变后,日本占领全东北,加快了掠夺东北资源的步伐。在民国二十六年(1937 年)之前,在实施"家畜之改良"计划中,将苜蓿改良纳入其中,在"民国二十三年之后,开始分配苜蓿种子,使各地种植,用充家畜之饲料。"民国二十六年,伪满开始实行"第一次产业开发五年计划"(1937~1941 年),制定了马、绵羊、牛和猪的发展目标,为实现其目标,提供和保障充足的饲草是必需的。计划规定"为圆满供应家畜饲料,计划增植苜蓿草,利用荒地及蒙人之垦地,尽量种植。"民国三十一年(1942 年)伪满又开始了"第二次产业开发五年计划",增加了"牧野及饲料方略",计划产苜蓿 414.3 万 t,其措施为:"第一确保家畜增殖上必要之牧野,并指导牧野之经济管理及改良;第二为确保饲料资源,奖励饲料之增产、培植,奖励种苜蓿草……将饲料作物(苜蓿)纳入军需饲料,列入'物资动员'计划中……对种苜蓿者支给奖金,并代为斡旋输入饲料作物(苜蓿)种子,努力于粗饲料作物增产。"

1937 年,伪满农政审议委员会的"《伪满洲国经济建设纲要》"规定,图特殊农产物的增产可牺牲普通农作物,苜蓿、燕麦、棉花、米、大麦、小麦、蓖麻、洋麻、亚麻等属特殊农物。该规定的宗旨就是减少普通作物的种植面积,力求特殊农产物(特别是军需农产品)的种植面积和单位面积产量的增加。同时,又将苜蓿、大麦、荞麦划为增产的补助军需作物。

日本为了满足侵华战争之需,通过制定五年计划加强对我国东北地区开发的同时，又要适应日本的"物资动员计划"，于是1938年5月对产业开发五年计划做了较大的改变。将我国东北地区的主要农产品全部列为加强生产的对象，特别是有关军需的物资包括紫花苜蓿、燕麦、大麦、蓖麻、亚麻和水稻等均列为增产对象。

2. 哈萨克苏维埃政府苜蓿发展计划

1931年，《哈萨克苏维埃社会主义自治共和国政府关于共和国苏维埃经济和文化建设状况的报告所作的决议》中要求："建设国营农场和加强现有国营农场和加强生产合作化，巩固饲料基地，改良牲畜品种，加强兽医畜牧措施，开展水利建设等"。"在每个集体农庄设置牧场，扩大苜蓿和其他饲草的种植面积"；在冬牧场上建筑牲畜御寒的场所，储备科技饲料；所有集体农庄和遥远牧场上设立兽医处及其分处；创办高等专科学府，为畜牧业培养熟练的干部。

政府在三年计划中"提倡草料类作物（如苜蓿）之推广种植，以改善并充足牲畜饲料，由政府向国外订购各种种子，分发民间，以资推广"，即是为了提供并满足牲畜赖以生存和繁殖的草料需要。为了补充新疆自然草料的不足，1934～1935年，新疆从苏联引种猫尾草、红三叶、紫花苜蓿、苏鲁（燕麦）等草种，在乌鲁木齐南山种羊场、伊犁、塔城农牧场及布尔津阿魏滩等地试种，取得了良好的成效，解决了部分地区牲畜过冬草料少或无草料的难题。

3. 西北畜牧中的苜蓿发展计划

民国时期的西北畜牧，经委会关于农业建设的全部内容，就是按照1934年3月26日，经委会第七次常务委员会上公布的《全国经济委员会二十三年份事业进行计划及经费之支配》报告书来进行的，这些工作大部分都是在1934年和1935年进行的。西北的经委会在青海甘坪寺设置"西北畜牧改良场"，作为改良西北畜牧事业的中心机关。设置牲畜改良场的目的在于："一为羊毛研究，以期毛质增优，产量进步；一为乳业改良，以期产量增加，品质改进，乳产制造得宜；一为牧草及饲养试验，以期改进西北牧草之品质，及推广优良饲料作物之栽培；一为畜牧兽医推广人员训练班之设立，以养成改良畜牧人才。为改良牧草并辅助防治黄河冲刷起见，决定沿黄河中游支干，广植苜蓿。现已于绥远萨拉齐、河南潼关及西北畜牧改良总分场，各设苜蓿采种圃。宁夏、陕西两省，亦拟各设一圃。最近即可成立。一面又与黄河水利委员会会同调查沿黄土质，以为推广种植苜蓿之准备。"

4. 发展苜蓿治理黄河

民国全国经济委员会设立畜牧改良场从事西北牧业的开发，不仅重视畜种改良、兽疫防治，还注重牧草改良工作与水土保持工作，与黄河水利委员会合作在黄河上游、中游种植苜蓿。

在 1934 年制定的《治理黄河工作纲要》中将植林工作作为治理黄河的计划之一，主张沿着黄河大堤内外以及河滩、山坡等地培植森林。其次，种植苜蓿，纠结土质。黄河泥沙主要来源于西北黄土高原的土壤冲刷，因此要想治理黄河的泥沙，就要想办法阻止土壤冲刷，很多人认为在西北种植森林就可以，但是李仪祉认为不然，因为西北气候干燥少雨，而且交通不便，不适宜树木生长，加上西北面积广大，种植森林，收效缓慢，因此他认为"诚能使西北黄土坡岭，尽种苜蓿，余敢断言黄河之泥至少可减三分之二。"他建议由政府行政院通令陕西等西北各省，在没有经过垦种或已经垦种但是不丰收的山坡之地上一律改种植苜蓿，因为"查苜蓿为耐旱之植物，人畜皆可食，故美国经营西方，首先广种苜蓿，不惟可供食料，并可改良土质。"李仪祉认为种植苜蓿的好处很多。首先，苜蓿抗旱，不需要灌溉，只需要种植一次以后就可以年年生长，并且人和动物都可以食用，在干旱年中可以为人类提供食物，使人不至于由于饥饿而死，而且牛马等牲畜酷爱食用苜蓿，广种苜蓿可以增加饲料产量，能够使农民不至于在旱年中由于没有饲料喂养进而卖掉牛马而失去耕作的有力工具；其次，种植苜蓿可以改良土壤性质，在贫瘠的土地上种植苜蓿四五年之后就可以使土质得到改良，之后再种植其他农作物就可以得到好的收成。因此，李仪祉建议应该效法美国的例子，由政府督令人民广种苜蓿来纠结土质，防止冲刷。具体种植办法为由各县县长派人到本县或外县采购优良的苜蓿品种，分给农民种植，农民按其所有的田亩数量必须种植一定数量的苜蓿。例如，有旱田十亩必须有一亩种植苜蓿，有五十亩必须种植四亩，十亩以下可以自愿种植，种植苜蓿的地，除了须照常缴纳正粮外，不需缴纳任何附加税，对于不肯种植苜蓿或者偷窃别人苜蓿的人处以重罚。这样不但可以使田地不再荒芜，而且由于苜蓿的根深入土里很深，还能固定土壤，比树木更能防止河流、雨水的冲刷力。

1935 年大水灾时，行政院曾综合各方专家的意见提出一套治黄方案，"于黄河上游至郑州为止之沿河植树造林，兼种苜蓿，使两岸泥沙固结，郑州以下，两岸筑堤，以至于海，严密规定坡度，沿堤以内亦一律植树造林，使河床固定节制洪水量，并从事上下游全局测量，于必要地点引水，开渠，分段治导，采取放淤办法，以期宣其壅积，增大容量……"，这项方案在理论上是合理可行的，但是具体实施过程中需要大量资金作保证，为此，山东省府向人民加征河工附捐，"每丁银一两征八角八分，年有二百八十余万元"，可惜这笔款项常被政府移作他用，治河工作往往因资金不足而被延误。

5. 边区种草（苜蓿）政策

在延安时期，毛泽东就指出："牲畜的最大敌人是病多与草缺，不解决这两个问题，发展是不可能的。首先，疾病的破坏力很大……再则牧草不足，又极大地阻碍牲畜的繁殖。"为此，毛泽东要求推广牧草种植，指出："边区牲畜大多数是放牧，牧草不佳，容易生病。因此应该普遍推广苜蓿的种植。""此外应动员农民，秋季大量割野草，贮备冬用，不但可免牲畜因吃冷草生病，而且可免农民因无冬草卖掉牲口。"同时毛泽东要求做好防疫工作，指出防疫是"研究防止兽瘟与医治兽瘟的简单办法""向牲畜较多的农家劝导实行，这是普遍易行的。"中华人民共和国成立后毛泽东又指出："农业问题：一曰机械、二曰化肥，三曰饲料。"为着解决饲料问题毛泽东提出"田头地角，零星土地，谁种谁收，不征不购"的饲料政策，同时毛泽东要求必须适当留给每户社员一份耕地以便大搞饲料生产，这些主张的提出为畜牧业的全面发展提供了条件和保障。

边区政府在农业生产建设中，在积极组织粮食生产的同时，制定和实施一系列包括推广牧草种植在内的政策和措施，以促进边区畜牧生产的发展。1938 年 9 月，边区建设厅在训令中指出："发展畜牧，特别注意大量养牛、养羊、养驴等，对于防疫工作尤应注意。在秋季多准备冬天遇雪时喂牲畜的草料，冬日好好照护饲料，以免来年春季疫病与疲毙。"1941 年 4 月，陕甘宁边区政府主席林伯渠在《陕甘宁边区政府工作报告》中指出："牲畜是边区最重要的富源，贫中富农的分界不决定于土地的多少而决定于有无牲畜。如一个人一年掏地六垧，一牛则可掏地二十垧，羊可剪毛，畜粪可肥地。所以帮助贫农发展牲畜，应该是繁荣农村的要政之一。"正因为这样，边区采取发展畜牧业的主要措施之一，就是推广牧草种植，主要是种植苜蓿、割秋草等。为了发展畜牧业，边区政府建设厅还会同植物学会的有关同志，进行了边区牧草生产的调查，在此基础上于 1941 年 5 月 26 日发布了大量种储牧草的指示，划定延安、安塞、甘泉、志丹、鄜县、靖边、定边、盐池、曲子、环县、庆阳等县为推广种植牧草的中心区域。推广种植的牧草主要是苜蓿，其次是燕麦。据武衡《抗日战争时期解放区科学技术发展史资料》记载，1941 年 9 月边区政府公布了《陕甘宁边区政府建设厅关于种牧草的指示信》，信中第三条"关于种植苜蓿的办法"指出："（一）山谷地、河滩地、山屹崂等都可种，以及准备要荒芜的熟地，和已荒芜一年者亦可种植。（二）在荞麦地里带种或规定农户在荞麦地里带种一至三亩，在交通要道附近或设运输站区域，更应发动群众多种。（三）增开荒地种植苜蓿更好……"正因为这样，边区采取措施发展畜牧业。第一，推广牧草种植，主要是种植苜蓿、修建草场、割藏秋草等。1941 年春季，靖边县牲畜缺草，大批死亡，县人民政府领导农民当年割秋草 25 万斤。翌年种苜蓿 2000 多亩，修曹园 4000 余亩。1942 年全县产的 6 万多只羊羔大都成活。《武衡抗日战争时期解放区科学技术发展史资料》又记载，1942 年边区政府又颁布了《陕甘宁边区卅一年度推广苜蓿实施办法》，边区政府建设厅从关中分区调运苜蓿种子，发给延安、安塞、甘泉、志丹、富县、定边、靖边等县推广种植。其中当年陇东区种植苜蓿 2.3 万亩。

1942 年 3 月 1 日，盐池县参议会讨论了春耕问题，并形成了以下决议。

（1）在春耕期间禁止轻易动员人力物力。

（2）发动地方有威望人士组织春耕委员会。

（3）发动群众施肥，广种油籽麻籽。

（4）收割山草和白草根来补充牲口草料。

（5）种苜蓿两千亩。

（6）强制流氓生产，否则驱逐出境。

（7）调剂耕牛，租牛死了由政府赔偿。调剂贫富麻籽。

（8）政府工作人员、干部亦参加生产，帮助民众春耕，每月彻底检查一次。

1943 年将延安、安塞、甘泉、志丹、富县、靖边、定边等县划为苜蓿推广中心。边区政府还特别号召农民自备种子，并对种植苜蓿成绩优良者给予奖励，增加牧草饲料，使边区畜牧业生产得到稳步发展，1944 年 8 月 7 日，陕甘宁边区政府为号召广种苜蓿颁布命令。命令要求边区各机关、部队"皆须大量种植苜蓿""并要积极倡导，推动人民"广为种植。陕甘宁边区时常从关中运进苜蓿种子鼓励农民种植。当时边区运盐道上缺草，严重阻碍着盐运业的发展，边区政府组织群众在盐道两旁大量种植苜蓿及其他牧草，既保证盐运业又促进了畜牧业。

抗战时期，为了增加粮食生产，政府开始倡导和制造肥料，进行肥料的推广和使用。甘肃省颁布的《甘肃省各县推广冬耕实施办法草案》中规定："凡地力瘠薄，肥料缺乏，须一律督饬种植绿肥，代替空白休闲。"根据以上规定，徽县农业推广所"指导利用稻田休闲地，种植苜蓿、黑豌豆，备作来年绿肥"；榆中推广所指导农民在"冬耕之际，将八月份种植之苜蓿耕翻土内，以增地力"；张掖推广所"于各乡设置绿肥特约农户十户，经常指导，以资提倡"。1947 年，并划定天水、张掖、徽县为绿肥示范推广区，3 县参加示范的农户有 39 户，种植绿肥作物 103 亩。

6. 苜蓿发展条例

1934 年 3 月 26 日，全国经济委员会第七次常务委员会议决定，"为改良牧草并辅助防治黄河冲刷起见，决定沿黄河中游支干，广植苜蓿。现已于绥远萨拉齐、河南潼关及西北畜牧改良总分场，各设苜蓿采种圃。宁夏陕西两省，亦拟各设一圃。最近即可成立。一面又与黄河水利委员会会同调查沿黄土质，以为推广种植苜蓿之准备。"

冀南解放区，针对畜力短缺问题，1948 年 8 月下旬，冀南行署颁发保护与奖励增殖耕畜的四项办法，其中第四条规定，"保护并提倡大量种植苜蓿，以保证牲畜的饲料。"1949 年 6 月，为解决家畜饲草问题，临清县在大力提倡广种苜蓿的同时，还提出 10 亩以上的地需种 1 亩苜蓿，并规定苜蓿地第一年不纳负担。

日伪 1945 年华北政务委员会施政纪要（畜牧兽医部分），以及山西省政府施政纪要畜牧兽医部分第六条记有："奖励牧草之栽培：本年全省预计栽培苜蓿 21 000 亩，并利用之堤防两侧奖励栽培 2000 余亩，预计 7～8 月可以播种。"1946 年，太原县实施了苜蓿工程。同年，河南省政府施政纪要畜牧兽医部分第四条亦记有："推广苜蓿种子事宜。"

二、苜蓿种植的政府管理

（一）古代的政府管理

1. 苜蓿苑

自张骞通西域后，由于中西方文化交流频繁，交通驿传四通八达，加之周边守卫与四方征战对马匹的需要，汉景帝时朝廷开始设苑养马，可是主要在北地，当时尚不包括河西走廊。汉武帝时才在河西各地设立苑监牧养马匹，每匹马每天食粟一斗五升，这可是不小的粮食消耗，促成苜蓿的广泛种植，官方的职能机构设置中，也出现了专司苜蓿养殖与配给的机构与从业人员。汉长安长乐厩就有苜蓿苑官田所，并由专人守护，如《后汉书·百官志》记载"目宿宛宫四所，一人守之。"这设置好似一个农场主任指挥 4 个生产队。这是我国记载苜蓿管理机构的最早史料。另据孙星衍《汉官六种》载："长乐厩，员吏十五人，卒驺二十人，苜蓿苑官田所一人守之。"此"卒驺"即乃马匹的饲养管理人员；"守之"者即乃守吏。就是说京师长乐厩有专门种植苜蓿的苑田，并有一守吏。《汉律摭遗·厩律》也记有"苜蓿苑"。

至晚唐时，宫苑闲厩的机构已相当庞大，以致冗员繁杂，开销巨大。《唐会要》中载录闲厩宫苑使柳正元上陈其中弊端的奏章，从陈言可知，鄩州曾因御马，配给苜蓿丁三十人，每年供奉开支巨大。记叙如下。

开成四年正月，闲厩宫苑使柳正元奏："……今请于使司所给料钱数，克减十千。添给所由二十人粮课，巡官二人。请勒全停。鄩州旧因御马，配给苜蓿丁三十人……"敕旨："正元条陈利病，实谓推公。所请割属留守，及停废职员，并依……鄩州每年送苜蓿丁资钱，并请全放，实利疲甿，宜依。

史书所载苜蓿事务与人员设置史实，从另一侧面看出汉唐时期，苜蓿栽植的广泛程度，不仅宫苑中广为种植，在地方的养马机构中亦曾大量种植，而沿途的驿传亦因驿马食用的原因，配给专门的苜蓿种植园，边境屯田处也会大量种植苜蓿。而苜蓿管理机构从庞大到削减的过程，亦暗示着唐王朝从繁盛到没落的整个过程。

2. 上林署

负责"掌宫苑栽植花卉，供进蔬果，种苜蓿以饲驼马"，还有"掌种苜蓿，以饲马驼膳羊"的苜蓿园以及职能中包括"圈槛珍异禽兽"的仪鸾局。上林苑经济收入还用来供给军需，《汉旧仪》载，"武帝时，使上林苑中官奴婢，及天下贫民赀不满五千徙置苑中养鹿。因收抚鹿矢，人日五钱，到元帝时七十亿万，以给军击西域"。《史记·平准书》载，"天子为伐胡，盛养马，马之往来食长安者数万匹"。《汉官旧仪》云："天子六厩，未央厩、承华厩、厩骑马厩、大厩，马皆万匹"。上林苑等皇家御苑豢养"苑马"多达"三十万匹"。为养马，苑中广植苜蓿，《史记·大宛列传》记载："宛左右以蒲陶为酒……俗嗜酒，马嗜苜蓿，汉使取其实来，于是天子始种苜蓿、蒲陶肥饶地，及天马多，外国使来众，则离宫别馆旁尽种蒲陶、苜蓿极望"。到了元代，苜蓿的种植引起政府的重视，设置上林署掌栽苜蓿以饲驼马，政府并规定"仍令各社布种苜蓿，以防饥年。"

3. 苜蓿部丞

苜蓿隋朝司农寺下设钩盾署又设有六部，其中就有专设的"苜蓿部丞"，足见隋时苜蓿之重要，据《隋书》记载如下。

> 司农寺，掌仓市薪菜，园池果实。统平准、太仓、钩盾、典农、导官、梁州水次仓、石济水次仓、藉田等署令、丞。而钩盾又别领大囷、上林、游猎、柴草、池薮、苜蓿等六部丞。

由此看出，在隋朝设有掌管种植苜蓿的部门。隋朝时，司农寺下属官吏钩盾"又别领大囷、上林、游猎、柴草、池薮、苜蓿等六部丞"，这里的苜蓿丞应是专门负责苜蓿种植的官员。到了元朝，由于其统治者出身于游牧民族，所以更加重视栽培苜蓿。清代，依然存在这种情况。例如，道光年间，壁昌在西北地区做官时，于黑色热巴特地区建立军台，"开渠水，种苜蓿，士马大便"。另外，为了保证饲草的正常、充足供应，国家还会专门设置官员掌管苜蓿的种植和管理。

4. 苜蓿丁

至唐代，则有多个机构涉及苜蓿耕种、管理事务。《唐六典》在说明屯田郎中的职责时，叙及屯分田役力的各自程数，从中可知当时屯田的作物种类，苜蓿亦在边防屯田的诸多作物之列。

> 屯田郎中、员外郎掌天下屯田之政令。凡军、州边防镇守转运不给，则设屯田

以益军储。其水陆腴瘠，播植地宜，功庸烦省，收率等级，咸取决焉。诸屯分田役力，各有程数（凡营稻一顷，料单功九百四十八日；禾，二百八十三日……苜蓿，二百二十八日）。

《唐会要》亦记载，"开成四年正月，闲厩宫苑使柳正元奏……郓州旧因御马，配给苜蓿丁三十人，每人每月纳资钱二贯文……郓州每年送苜蓿丁资钱，并请全放。"唐代有苜蓿丁，掌种苜蓿，以饲马等。据《新唐书》可知，掌管驿传、厩牧马牛杂畜事务的驾部，会根据驿马的数量，配给栽植苜蓿的土地，唐玄宗时任监牧史的毛仲，亦曾为监管的四十三万马匹移植菖麦、苜蓿千九百顷以御冬，并因为牧事上的特殊才干，被唐玄宗称赞，从中足见唐代种植苜蓿的广度。

驾部郎中、员外郎各一人，掌舆辇、车乘、传驿、厩牧马牛杂畜之籍。凡给马者，一品八匹……凡驿马，给地四顷，莳以苜蓿。

王为皇太子，以（王）毛仲知东宫马驼鹰狗等坊……初监马二十四万，后乃至四十三万，牛羊皆数倍。莳菖麦、苜蓿千九百顷以御冬。

至晚唐时，宫苑闲厩的机构已相当庞大，以致冗员繁杂，开销巨大。《唐会要》中载录"闲厩宫苑使柳正元上陈其中弊端"的奏章，从陈言可知，郓州曾因御马，配给苜蓿丁三十人，每年供奉开支巨大。

开成四年正月，闲厩宫苑使柳正元奏："……今请于使司所给料钱数，克减十千。添给所由二十人粮课，巡官二人。请勒全停。郓州旧因御马，配给苜蓿丁三十人……"敕旨："正元条陈利病，实谓推公。所请割属留守，及停废职员，并依……郓州每年送苜蓿丁资钱，并请全放，实利疲甿，宜依。"

5. 牧监中的苜蓿基地

隋唐以来国家经营马有固定的牧马场，称为"牧监"，相当于秦汉的牧师苑。唐在陇右置八坊，八坊下置马监四十八所，皆为牧监之地。此外，在关中还置沙苑，沙苑亦是唐代的牧马地。

关于牧监，在清代的诗歌中也有记载，如下清代魏元旷的《沙苑行》所载。

《沙苑行》（节选）
清·魏元旷

龙媒远出渥洼水，绝态雄姿日千里。转悲良骥老始成，请看神驹已如此。
麟蹄隅目信希有，不用终须伏枥死。沙苑秋风苜蓿肥，往往娇嘶思北鄙。
秫饲同登监牧门，千群万匹如云屯。世无伯乐骅骝贱，仆有王良腰袤尊。

贞观至麟德四十年间（627～665 年），陇右牧监有马达 70.6 万匹，杂以牛羊驼等，其数量更大。《新唐书·兵志》记载："八坊之田，千二百三十顷，募民耕之，以给刍秣"这是在八坊的地域内，割出一千二百三十顷作为田地，募民耕种，以其收获专供作饲用。《大唐开元十三年陇右监牧颂德碑》记载：时在陇右牧区，"蒔茼麦、苜蓿一千九百顷，以茇蓄御冬"。这是张说在《大唐开元十三年陇右监牧颂德碑》总结陇右监牧的"八政"举措的第五项，是说辟地种植苜蓿等，增加养马的牧草储备以利越冬。在陇右牧监种植茼麦、苜蓿达 1900 顷。由此可见，陇右一带设置了苜蓿种植基地。文中所言王毛仲的陇右监牧官职与具体事务，亦隐含着苜蓿进入中土后的独特境遇。因与大宛马的独特生养关系，苜蓿具有军备物资、国家安全、宣示国威、皇家特需等重要功用，以至于从苜蓿在汉代传入中国起，各朝代就设置专门的苜蓿种植、养护、管理机构。《资治通鉴》载：开元七年（719 年）三月，"以左武卫大将军、检校内外闲厩使、苑内营田使王毛仲行太仆卿。毛仲严察有干力，万骑功臣、闲厩官吏皆惮之，苑内所收常丰溢。上以为能，故有宠"。《资治通鉴》没有明言"苑内所收"与屯田有关，但称王毛仲担任职务之一为"苑内营田使"。

据《新唐书》可知，掌管驿传、厩牧马牛杂畜事务的驾部，会根据驿马的数量，配给栽植苜蓿的土地，唐玄宗时任监牧史的毛仲，亦曾为监管的 43 万马匹移植茼麦、苜蓿千九百顷以御冬，并因为牧事上的特殊才干，被唐玄宗称赞，从中足见唐代种植苜蓿的广度。

驾部郎中、员外郎各一人，掌舆辇、车乘、传驿、厩牧马牛杂畜之籍。凡给马者，一品八匹……凡驿马，给地四顷，蒔以苜蓿。王为皇太子，以（王）毛仲知东宫马驼鹰狗等坊……初监马二十四万，后乃至四十三万，牛羊皆数倍。蒔茼麦、苜蓿千九百顷以御冬。

吐鲁番阿斯塔那 607 号墓出土《唐神龙二年七月西州史某牒为长安三年七至十二月军粮破除、见在事》中有三行释文，其中一行如下。

八十九石三斗九升九合粟，历元年官人职田苜蓿地子，征马成。

监牧既是养马的场所也是牧草生产之地，宋代在全国建立了 116 所监牧。为了获得更多的饲草料来源，宋政府种植了许多包括苜蓿在内的牧草，还设置了饲草料的专门机构，以负责牧草生产。

6. 驿站苜蓿田

唐朝规定，全国各地的邮驿机构，各有不等的驿产，以保证邮驿活动的正常开支。

这些驿产，包括驿舍、驿田、驿马、驿船和有关邮驿工具、日常办公用品和馆舍的食宿所需等。唐朝的驿田，按国家规定，数量也较多，据《册府元龟》记载，唐朝上等的驿，拥田达2400亩，下等驿也有720亩的田地。这些驿田，用来种植苜蓿，解决马饲料问题，其他收获，也用作驿站的日常开支。至于全国的驿马，也给地"莳以苜蓿"。由于苜蓿所含蛋白质高，是马牛等牲畜喜食的饲草，故大量种植。如其晒干、晾干就成了干饲草，称为荄。"以荄蓄御冬"，是说将干草蓄存起来，以备冬天牲畜的需要。用现代理论来看，这些都是符合现代科学的行为。

"牧田"（种植驿马所需之苜蓿等草料）也是"营驿"的范围。唐制所给牧田，杜佑《通典》说："诸驿封田皆随近给，每马一匹给地四十亩。若驿侧有牧田之处，匹各减五亩。其传送马，每匹给田二十亩。"《新唐书》说："凡给马者，一品八匹，二品六匹，三品五匹，四品、五品四匹，六品三匹，七品以下二匹；给传乘者，一品十马，二品九马，三品八马，四品、五品四马，六品、七品二马，八品、九品一马；三品以上敕召者给四马，五品三马，六品以上有差。凡驿马，给地四顷，莳以苜蓿。"根据上文所言，皆是国家供给官员马匹，不同等级马匹数量亦不同，而明确给官员用以"传乘"者，一品可达十匹，按一匹马给牧田四十亩测算，恰好可达四顷（四百亩）。这里，很显然不是说明驿馆牧田的最高限度，当然不适合用于驿馆牧田数量的估算。况且这已经是宋人的记载，在没有唐人记载的情况下可用此数据为证，而当有唐人记载时，宜以唐人记载为准。《唐六典》是唐人的记载，没有明确限定牧田数字。而且，根据实际情况推测，一匹马就可以给牧田四十亩，十匹马就能够达到四百亩，八匹马是最小的驿馆，牧田可达三百二十亩，接近"四顷"之数，如果最高限度的牧田是400亩，恐怕最大的有75匹马的都亭驿馆之牧田数字与最小的六等驿馆牧田数字就只有80亩的差别，大小驿馆牧田数量如此接近不符合唐代驿馆的等级差别实况，且400亩的牧田恐怕也不能供养都亭驿馆75匹驿马、驿站相关工作人员以及传马等各方面所需。由此推测，大的驿馆牧田应该能达到3000亩。

《新唐书》又曰："凡驿马，给地四顷，莳以苜蓿。凡三十里有驿，驿有长，举天下四方之所达，为驿千六百三十九；险阻无水草镇戍者，视路要隙置官马。水驿有舟。凡传驿马驴，每岁上其死损、肥脊之数。"

从史料记载可以看出，苜蓿是驿站中的重要物质保障，驿田种植苜蓿是驿站的重要工作内容，是不容忽视的。

7. 苜蓿园

《唐景云二年（711年）张君义勋告》文书有"蓿园阵"记载，此"蓿园"即苜蓿园。苜蓿园就是专门种植苜蓿的场所。

```
1  勅 (四镇经略使前军          牒张君) 义
2  六 日 …………………………………………………… 蓿阑阵
3  同 日 …………………………………………………… 碛内阵
```

到元代为了发展首蓿和防灾，种首蓿已有政府规定，并设有专人负责。元廷为了发展蒙古草原的畜牧业，往往派人到北边草原地区浚井，如延佑七年（1320 年）七月，调左右翊军赴北边浚井。除此，大德十一年（1307 年），朝廷曾发行盐券，向农民换取秆草、牧草近 1300 万束。大都留守司，专设有首蓿园，掌种首蓿，用以饲马驼，膳羊。据明宋濂《元史》记载，"上林署，秩从七品，署令、署丞各一员，直长一员，掌宫苑栽植花卉，供进蔬果，种首蓿以饲驼马，备煤炭以给营缮……首蓿园，提领三员，掌种首蓿，以饲马驼，膳羊。"朝廷还颁布"劝农条画"，令各村社广种首蓿，喂养牲畜。漠南地区的官牧场，由地方政府提供人力、物资，普遍搭盖棚圈。

8. 首蓿官地

明朝时期，有专门种植首蓿的官田"城壕首蓿地"；嘉靖年间，军队在九门之外种植大量首蓿，主要用于喂养皇家御马。据记载："九门首蓿地土，计一百一十顷有余。旧例：分拨东、西、南、北四门，每门把总一员，官军一百名，给领御马监银一十七两。赁牛佣耕，按月采集首蓿，以供刍牧。至是，户部右侍郎王轺等查议，以为地多遗利，军多旷役，请于每门止留地十顷，令军三十名仍旧采办，以供内厩喂养"。九门首蓿地有相当大的面积，为了合理利用土地资源，王轺等官员才提出将余地租佃给农民的策略，《明史》中亦曾载王轺"核九门首蓿地，以余地归之民"。

据《宪宗实录》记载，成化廿三年（1487 年）太监李良都督李玉等，在京城九门外有首蓿官地 100 顷。

9. 御马监

明代南京御马监不同于北京御马监，没有管理监督一些军队的权力，其职掌应是洪武旧制，"掌御马及诸进贡并典牧所关收马骡之事"，但在迁都之后，南京御马监养马的诸多问题也凸现出来。其一是马少役多，景泰时南京山西道监察御史李叔义已经奏请此事，至正德时，"南京御马监马骡八十余匹，初非御用，而役旗军七百余人，其外又用军民及匠不知其几"，马与养马旗军的比例几近 1∶10，相差悬殊极大。其二是马少料多，南京御马监征收南直隶的细稻草 45 000 包、各种豆类上千石，而所养马骡极少，"岁耗粮料草束多为无益之费"。至嘉靖七年，南京给事中丘九仞言："太平等府解纳南京御马监马料，每豆一石价止二钱七分，而每石使用则至一两有奇为养马器用之费，甚为民患，宜令器用另派，或取办于本监草地租银，毋得科害解户"，问题方得以解决。其三是养马的苜蓿地问题。"至永乐年间迁都北京，而南京御马监别无大马，原种苜蓿的土地又被势要占去，本监仍要各卫出办苜蓿，因无所产，只得出办价银"，可见，迁都之后，南京御马监的马匹已非良种，而所谓养马用的苜蓿地已经名存实亡,反而加重诸卫负担。御马监送往北京的贡物是苜蓿种 40 扛,用船 2 只。成化时，南京诸臣奏请免除此项贡物，"南京御马监岁运苜蓿种子至京，皆南京养马军卫有司办纳，今北方已种六七十年，宜免运纳，以省科扰"，宪宗仍命依旧。

（二）苜蓿种子圃

民国西北畜牧改良场拟"先从试验着手，即在各区域内进行观察及采种，然后再确定何等牧草适合于何地面推广"，为了方便采集苜蓿种子，西北畜牧改良场还在各地设置了采种圃，计有八角城、崧山、潼汜区、萨韩区采种圃，泾渭区采种圃计划与西北农林专科学校合办。据 1936 年 4 月报告："八角城采种圃，圃地已派工整理预备播种，将来种子可供沿黄之清水河大夏河洮河等流域推广之需；崧山采种圃，现已将圃地垦竣，正在购置肥料调整土地，将来种子，可供黄河沿岸由循化至中卫之山岭及沿黄支流如湟水、大通河、镇羌河、山水河等流域推广之用；萨韩区采种圃，该区系与绥远省立萨拉齐新农试验场所合办，面积二千亩，计沿平绥铁路千亩，大青山中五百亩，新村附近五百一十亩……已由畜牧场派技术员前往担任技术指导，现各地均已垦竣，下月即可播种，将来所采种子，可推广于萨拉齐韩城之间沿黄各地；潼汜区采种圃，该区系与黄河水利委员会所合办，由该会在潼关、博爱两苗圃拨地一百三十亩，繁殖苜蓿，现已将苜蓿种子寄往准备种植，将来所收种子，可供潼关以上各地沿黄推广之用；泾渭区采种圃，现正与陕西武功西北农林专校接洽合办事宜，俟陕西畜牧分厂成立时，即可开始工作，将来所收种子，即可推广于天水平凉以东，沿经纬两河流域各地。"自 1935 年西北畜牧改良场种植苜蓿以来，收获种子较多，西北各处索取种子者甚多，1936 年春季，将收到苜蓿牧草各种，分赠各处种植，请其试验以资比较。

民国二十二年（1933 年），绥远五原农事试验场场长张立范（解放后曾任绥远省农林厅厅长），利用苜蓿试行粮草轮作，在绥远西得到推广。为解决苜蓿种子问题，在份子地农场、狼山畜牧试验场建立苜蓿采种基地。

三、发展苜蓿建议

（一）发展苜蓿种植为西北畜牧发展提供优质牧草

1927 年，畜牧专家崔赞丞在《改良西北畜牧意见书》中提出西北畜牧业发达取决于十条准绳，其中之一就是"牧草须繁盛也"，他认为紫花苜蓿在西北遍地皆是，发育程度也盛于他草，所以以之饲养牛羊最为适宜。

1936年，张建基指出，种植牧草以解决牲畜在冬季食物不足的问题是发展畜牧业必须要解决的问题。青海土壤多碱性且富含石灰质，适合栽培苜蓿、燕麦等高质量的饲料，且这些饲料也比较符合家畜口味，产量高、耐寒、生长期长，还可以制成干草或青贮以供冬季使用。种植牧草不仅改变了家畜的营养状况，也使家畜在冬季有充足的食物，不致因缺乏食物而死亡。青海粗放型的畜牧业不注重对牧草的合理分配，往往任其自由生长，家畜随意食用。畜牧和农垦（种植牧草）相结合，适当调配家畜放牧区域，合理利用和保护牧草的生长，既有利于保护生态环境，也可以使家畜有稳定的食物来源。

1938年，沙凤苞在《陕西关中沿渭河一带畜牧初步调查报告》中有不少关于牧草的结论值得重视，一是陕西牲畜体型瘦小的缘由是牧草质量不佳，并认为紫花苜蓿（*Medicago sativa*）和一种须芒草（*Andropogon virginicus*）为牛羊的最佳牧草，应大力推广育栽。

（二）种苜蓿培植草原之提议

李烛尘于1942年10月29日在兰州考察农业改进所发现该所种有苜蓿，11月2日在给友人的一封信中提出，西北土地，并不是不能生草木。眼下宜研究何种草木适于耐旱，再将培植草木之地。据近来此地农业改进所之研究，谓苜蓿根入土深，且能耐旱，去年（1941年）试种后，天旱时亦枯黄，旋得秋雨，即转现青色。"苜蓿随天马"，本汉朝移自西域，今连此且须栽培，可见人畜摧残之甚。然茫茫大漠，濯濯之牛山尽是也，夫岂一人一手所能？苟其法之可行。则家喻户晓，其推行之人，又非任劳任怨，视为终生之事业不可。其事故甚难，惟其能如此尽人事，自可变更地利，感召天和，而草木繁茂，牛羊蕃息也……然假使能培植草原，防治兽疫及冻毙，其数绝不止此，此为救济西北事业之较简单者。

1944年，耿以礼、耿伯介父子对甘肃、青海草地类型和草地利用进行了考察。在着重对草地利用和草地改良进行了全面的分析研究后指出：山坡牧草质量欠佳，系放牧过度所致，平原优良草类亦显著，面积有限；改良牧草先要清除有害的醉马草 [*Achnatherum inebrians*（Hance）Keng]、极恶草等毒草，然后用"粗穗野麦"替代"醉马草"，用苜蓿和芫香草替代"极恶草"，用"鹅冠草"（*Roegneria kamoji* Ohwi）替代"羽毛属植物群"。

（三）种苜蓿救荒与治水土流失

1931 年，即陕西连遇 3 年大旱之后，李仪祉在任陕西省建设厅厅长时，在向政府提出的《救济陕西旱荒议》中，把广种苜蓿列为议案的第一条措施。他认为："查苜蓿为耐旱之植物，人畜皆可食。故美国经营四方，首先广种苜蓿。不惟可供食料，亦可改良土质。关中农人，向来种苜蓿，亦不少……宜急由政府督促，令人民广种苜蓿，以备旱荒……苜蓿为牛马最嗜之品，牛马为农人必具之力，而乃自绝养畜之源，无怪乎一遇旱年，牲畜无食，只得卖掉，以致农耕无力，用事草率，五谷不登……近年以来，苜蓿减少 95%，而养蜂之业亦歇矣。"所以李仪祉提出："宜急由政府督办，令人民广种苜蓿，以备旱荒。"建议：①由县及建设厅负责采购佳种散与人民；②凡家有旱地 10 亩，即责令以 1 亩种苜蓿；有 50 亩必须以 4 亩种苜蓿；百亩者种 8 亩，10 亩以下，任之；③凡种苜蓿之地，除征粮外，免除一切附加税；④凡不肯种而偷刈别人苜蓿者，处以重罚。

同年，李仪祉指出："黄河之患，在乎泥沙……防制冲刷，论者多以宜在西北遍植森林。"然而"但森林之效颇不易获"，"窃以为与其提倡森林，不如提倡畜牧，与其提倡植树，不如提倡种苜蓿……诚能使西北黄土坡岭，尽种苜蓿，余敢断言黄河之泥至少可减三分之二。"李仪祉作为西北本地人，非常了解在西北植树的种种困难，因此另辟蹊径，提倡种植苜蓿以解决黄河的泥沙问题。如此一来，既能促进西北畜牧业的发展，又能起到环保作用，真可谓一举两得。

李仪祉对种植苜蓿的好处颇有认识。首先，苜蓿抗旱，不需要灌溉，只需要种植一次以后就可以年年生长，并且苜蓿人畜都可以食用，在干旱年中可以为灾民提供食物，使人不至于因饥饿而死，而且牛马等牲畜酷爱食用苜蓿，广种苜蓿可以增加饲料产量，能够使农民不至于在旱年中由于没有饲料喂养进而卖掉牛马而失去耕作的有力工具；其次，种植苜蓿可以改良土壤性质，在贫瘠的土地上种植苜蓿 4～5 年之后就可以使土质得到改良，之后再种植其他农作物就可以得到好的收成。还有，苜蓿生长快，覆盖地面好，既能有效防冲减沙，又能发展畜牧，而且由于苜蓿的根入土深，还能固定土壤，比树木更能防止河流、雨水的冲刷力。因此，李先生从大农业、生态环境和经济效益的宏观上强调综合治理，他主张广种苜蓿，肥田养畜、发展畜牧。1933 年，在他任黄河水利委员会委员长期间，正当国人提倡"森林治黄论"之际。他认为"倡森林，不如倡畜牧。与其提倡种树，不如提倡种苜蓿。"并在委员会上提出《请本会积极提倡西北畜牧以为治理黄河之助敬请公决案》，把在西北黄土地区广种苜蓿作为防止土壤冲刷，减少入黄泥沙的一项重要措施，提到黄河治本大业的日程上来。他在议案中写到"诚能使西北黄土坡岭，尽种苜蓿，余敢断言黄河之泥至少可减少三分之二"。这个议案曾经得到全国经济委员会的赞成，拟定了《沿黄支干种植苜蓿之初步实施计划》，于 1936 年 5 月 7 日令饬河南、陕西、山西、甘肃、宁夏省政府"积极提倡，以期普及"。陕西潼关苗圃被指定为苜蓿引种繁殖的基地之一。唯值这一计划刚刚起步，筹措种子之际，爆发了抗日战争，计划也因此夭折。

1941 年 10 月 4 日，林山在《解放日报》上发表《陕甘宁边区的黄土》，提出对改良土壤的意见，重要的一条就是进行水土保持。他认为，为了改善农业气候，保养水源，防止土壤冲刷和水旱灾害，必须保护和培植森林。办法是合理管理和开发现有森林；在水源、河岸和山坡地带，培植防风和防冲林；严格划分农林牧区，凡斜度在 45° 以上的地带划为林地，15° ～ 45° 的地带划为牧地，15° 以下的地带才准耕种；在倾斜农田上方的坡地上，挖缓冲沟，培植防风定沙草木，种苜蓿以进行轮作。

（四）发展苜蓿绿肥

为解决人烟稀少的偏远地区肥料之不足问题，罗振玉（1900）在《农事私议·卷之上》提议："在僻远之区，人烟稀少，以村落之粪粪其田而不足，又无川流以输入肥粪之来自远方者，于是地方年瘠一年，必成石而后已。然则僻地粪田之述不可不特地请求矣……一曰种牧草以兴牧业，今试分农地为二，半种牧草，半种谷类，以牧草饲牲而取其粪地为牧场，溲溺所至，肥沃日增，必岁易其处，今年之牧场为明岁之田亩，如是不数年瘠地沃矣……三曰用绿肥……取植物枝叶沤腐以供肥壅，一切植物皆可用，而以豆科植物为尤，若豌豆、若紫云英、若苜蓿之类是也。"他在《农事私议·卷之下》又指出："为五大林区至七月更增为六大林区至七月，劝农居购买英国小麦、马铃薯、苜蓿等佳种，改驹场农学校试业科"。

（五）粮草轮作

民国二十三年（1934 年），李树茂在"畜产与农业"一文中提出，"且经营畜产，可以栽培豆科之牧草与禾本科之牧草，互相轮作；或以深根之作物与短根之作物亦可轮作，以吸收土壤深层之养料。例如，豆科牧草中之紫苜蓿（alfalfa）其根常有二三丈，最长有达七八丈者，是为一般作物根中之最长者；而此种作物生长力强，出产量最多，若土壤性质与气候条件适宜时，几为牧场中不可少之作物，是经营畜产可以善尽地力也。"

抗战期间，《陕甘宁边区的黄土》一文中指出："为了维持地力，应采用轮作法。在轮作上有两点值得注意：一是提倡与豆科作物（苜蓿、大豆之类）轮作，二是让山地合理休闲，如耕耘而不种植，或以种苜蓿的办法替代放任丢荒的耕耘法。"这就是说，要采用豆谷轮作或粮草轮作乃至合理休闲的办法，来培肥地力。

在倾斜农田上方的坡地上，挖缓冲沟，培植防风定沙草木，种苜蓿以进行轮作。

（六）加强苜蓿生产与研究

1945 年 10 月，中国向美国政府提出农业技术合作之建议。1946 年 6 月，中美两国农业专家组成联合考察团，从以下 3 个方面对当时农业现状与全国经济有关之问题进行考察。一是农业教育研究与推广之机构及事业；二是农业生产、加工及运销情形；三是苜蓿调查与研究建议。

与农村生活及水土利用有关之各项经济及技术问题，考察历时十一周。考察结束后形成了《改进中国农业之途径》的技术报告。在其"改良绵羊及羊毛之长期计划"内容中指出，改良羊毛之计划除非包含改良草原管理及增产饲草之计划以增进羊群营养，将一无价值。报告明确指出，依据各国草地饲养牲畜经验所示，补充饲草如苜蓿干草等极为重要。1938 年，沙凤苞在《陕西关中渭河一带畜牧初步调查报告》中亦指出，西北地区牛、羊矮小瘦弱的原因之一是牧草质量不佳，他认为应该减少耕地面积以栽培牧草，并推荐以紫花苜蓿等为最佳草类，既可作牧草，又可保持水土，一举多得。

另外，报告还指出，在甘肃河西走廊，苜蓿、紫云英（*Astragalus sinicus*）均生长良佳，放牧或制干草两者咸宜。目前似亟应举行试验，以研究收割野生牧草及豆科牧草干制之法。此等试验应包括牧草之品种、灌溉、种植、收割及储制等事项。在甘肃河西走廊耕作土地常有因人工肥料及水源之不足而休闲者，似可以此项土地之一半用以种植苜蓿。盖栽培苜蓿需要及少之人工与灌溉，而所长苜蓿以之喂养牲畜不仅可生产更多之家畜，并可以其肥料用以肥田。河西农民乐于栽植苜蓿，其所以不能栽植者因限于下列二原因：一是农民难以得到苜蓿种子，政府所设各场所应代其收购；二是耕地税甚重，荒弃不种可申请免税，而栽植苜蓿其税率与耕种作物相同，但苜蓿之收入极微不足以负此重税。为鼓励充分利用土地种植苜蓿发展畜牧，政府对于以耕地栽培苜蓿似应减免其税率也。

（七）苜蓿等饲草研究计划

中美农业联合考察团其成员之一麦克凯氏（Harold C. M. Case），于 1946 年为中央农业实验所北平工作站起草了"饲料作物草地及草地管理研究大纲"，其中主要研究计划如下。

（1）研究引进禾本科牧草、紫云英、苜蓿及当地品种之适应性。

（2）研究引进之新品种，包括农林部为北方、西北及东北所定购者。

（3）技术方面：①在雨季可移植期前 6～8 星期，于平坦地及温室开始播种；②移种于小盆内，每盆只种一株；③其在盆内将根部发育完成后，移植于地上；④禾本科行距株距约为 60cm，苜蓿及紫云英各约为 76cm。

（4）试验各种牧草之混合栽培，如禾本科、苜蓿、紫云英等，研究其干草收量及干物质收量，并进行营养成分分析。

四、保护苜蓿村规

陕西是我国历代苜蓿的重要产区，这与当地官宦和百姓对苜蓿的重视和保护分不开，如澄城县各村就有苜蓿保护条例。嘉庆八年（1803 年）澄城县韦家村社为了保护苜蓿，制定了如下村约："盗割苜蓿罚钱一百文。"道光元年（1821 年）澄城县的另一个村社其村规中也有保护苜蓿的内容："一、招场窝赌，罚钱二千文；二、攀折树木，罚钱二千文；三、偷糜掐谷，罚钱一千文；四、偷割草苗，罚钱五百文；五、盗采苜蓿，罚钱一百文；六、纵放六畜，践踏青苗，骡马，罚钱四百文。"

第二节　苜蓿经济与商品

一、政府间交流的苜蓿财政支出

佉卢文书的记载中，反映了汉晋时期苜蓿在国家征税中的作用。新疆所出土的佉卢文文书中记载了大量鄯善国的征税情况，通过这些文书可以管窥鄯善国的财政状况，发现苜蓿在其支出之中。鄯善国与周边政权建立了非常密切的政治联系，特别是同处西域的于阗，整个西域南道由鄯善与于阗控制，一些小国也从属这两个西域强国，"南道西行，且志国、小宛国、精绝国、楼兰国皆并为鄯善也。戎卢国、扜弥国、渠勒国、皮山国皆并属于阗"，西域各国间的政治交往密切，鄯善国也花费大量的钱财在政治交往上，特别是与临近的于阗国。

政府常常派遣使者前往于阗，这些开销都需要政府予以负责，具体主要由途经的各地政府提供，从鄯善至于阗行程困难，常常需要使用大牲畜，这些牲畜固然是需要政府提供，但是牲畜途中所需的粮草、看护等费用照样需要政府承担，214 号文书载："应发给该马从舍凯至凯度多之食料：舍凯发给粗粉 10 瓦查厘，帕利陀伽饲料 10 瓦查厘，紫苜蓿 2 袋，到里米为止，凯度多发粗粉 15 瓦查厘，帕利陀伽饲料 15 瓦查厘，紫苜蓿 3 袋，到支摩为止。"在使者出行途中，牲畜的各类草料，政府都予以供给，同时政府并不是无限供给，根据每段路的路途远近，限定给予的数量，这也是政府控制财政支出的一种措施。

鄯善国信差每月到固定地点收取信件、粮食、礼物等。佉卢文第 272 号文书到："又信差有紧急事情应来此处皇廷，让彼从任何人处取用牲口一头，租费按规定租价由国家支付，无论如何，国家不得疏忽。饲料紫苜蓿亦允予在市镇征收。"该文书属于国王敕谕，不难看出：鄯善国信差可以从任何一个百姓家里征取坐骑，但并不是无偿的，而是由政府向牲畜的主人支付统一标准的租费，而且饲料也由国家统一征收。

上林苑经济收入还用来供给军需，《汉旧仪》载："武帝时，使上林苑中官奴婢，及天下贫民赀不满五千徙置苑中养鹿。因收抚鹿矢，人日五钱，到元帝时七十亿万，以给军击西域"。《史记·平准书》载，"天子为伐胡，盛养马，马之往来食长安者数万匹"。《汉官旧仪》云："天子六厩，未央厩、承华厩、厩骑马厩、大厩，马皆万匹"。上林苑等皇家御苑豢养"苑马"多达"三十万匹"。为养马，苑中广植苜蓿，《史记·大宛列传》记载："宛左右以蒲陶为酒……俗嗜酒，马嗜苜蓿，汉使取其实来，于是天子始种苜蓿、蒲陶肥饶地，及天马多，外国使来众，则离宫别馆旁尽种蒲陶、苜蓿极望"。

二、苜蓿税（制）

《新唐书·食货志》云："观中，初税草以给诸闲，而骚马有牧田。"亩税二升的义仓税，始自贞观二年，税草始于"贞观中"，是地税制的补充，此后，草税附加于地税之上，据青苗簿每年征收。税草的用途，《新志》只称为"给诸闲"，但唐前期各地税草并不皆是充"给诸闲"之用，能够"给诸闲"的税草是有地区限制的。《文苑英华》卷五四三《贮菜判》对云："株马所资，唯草是用，征科百里，输纳六闲。""百里"，即指五百里，这一地区税草因要"愉纳六闲"，故税草量较其他地区为重。全国税草总数，史籍无记载，今以西州为例，约略推算。西州某年亩税草量 3.5 束。西州为西北地区军事重地，军事邮骚需马较多，故税草额较大，全国若均以亩祝 1 束计算，620 万顷土地共税草 62 000 万束。《新唐书·兵制》记载："八坊之田，千二百三十顷，募民耕之，以给刍秣"。时在陇右牧区"时尚麦，苜蓿一千九百顷，以茭蓄御冬"。由此可见，苜蓿是唐代最普遍的牧草，征税是必然的。

唐代馆驿的建设及其日常运转开支十分庞大，根据有关资料记载，唐王朝主要采用三个财政渠道来解决其经费来源。第一个渠道是给馆驿分驿田。唐初人少地多，实行土地国有化的均田制，政府按每匹骑乘的驿马给田 40 亩，每匹拉车的传马给田 20 亩的标准进行分配，但一般一个驿站配田总数以不超过 400 亩为限。驿田除了种苜蓿等饲草以外，主要是租给农民耕种，每亩收取"税粟三斗，草三束，脚钱一百二十文"。

近代苏北盐垦区是一个赤贫型的佃农社会，农业收入无法养活全家，小佃农只能将农业当作副业，因而对棉种改良不感兴趣。草租迫使佃农种植苜蓿。苜蓿，又称黄花菜、金花菜，在垦区俗称草头。它耐盐性强，成熟快，产量丰，成熟后将其枝叶去、覆盖田面，可起盖草之效，枝叶腐烂后又可增加土壤肥力。由于在田场里种植苜蓿可省去购草费和运草人工，缴纳草租后，有余部分还可出售，故垦区"普通冬季均培养苜蓿"。

北洋政府新疆田赋名目繁多居全国第一。式田赋有赋粮和武草，不包括亩捐监课与粮票费等。草税除赋草外还有草捐、草耗等（北疆各县一向不征草税）。其他有不同的称谓但是也属于田赋有地课、把田课、银地课、户课、地租、金地课、栏杆课、苜蓿课、棉花地税等等诸多繁杂名目。例如，疏勒、莎车之芦课，因乃人民用官荒草滩生长的芦苇织席，应酌量征收。叶城栏杆税、塔城苜蓿课也属于租给人民的官地，也应酌量征收。上述办法可以作为钧部以后归并赋目之标准。

1916～1917 年，北洋政府先后派调查员林竞、谢彬赴新疆进行财税调查，调查后林竞、谢彬共同拟写《民国北京政府财政部新疆调查员有关新钧财税状况的总报告暨意见书》（以下简称《意见书》）写到，"田赋乃我国财政收入之大宗，如要增加财政收入，做好国家理财，从治标方面来讲，只有整顿田赋为唯一办法。"新疆田赋名目繁多居全国第一，有不同的称谓，但是也属于田赋，有地课、把田课、银地课、户课、地租、金地课、栏杆课、苜蓿课、棉花地税等等诸多繁杂名目。《意见书》又提到，"塔城苜蓿课也属于租给人民的官地，也应酌量征收……叶城在旧官地征收苜蓿课，每年在数百元以上。"《意见书》还提到，"现在征收的官地租、芦课、栏杆课、苜蓿课这些官地，可以招民承办出售或者缴纳地价以充当国家直接或暂时收入。"由此可见，在民国时期，苜蓿是新疆的重要税种之一。

三、苜蓿苑囿收入

上林苑是重要的苑囿，其中有不少的苜蓿种植。上林苑，初建于战国时期的秦国，至迟在秦惠王时已出现。秦朝建立后，大规模营建宫殿及园林，《史记·秦始皇本纪》载，秦始皇二十六年（公元前 221 年），"徙天下富豪于咸阳十二万户。诸庙及章台、上林皆在渭南"，又"营作朝宫渭南上林苑中"。至汉武帝时，开始大规模营建上林苑，"阿城以南，盩厔以东，宜春以西，提封顷亩，及其贾直，欲除以为上林苑，属之南山"。至此，园林规模达到鼎盛。汉中后期，上林苑逐渐衰落，《盐铁论·园池》载，"三辅迫近于山、河，地狭人众，四方并凑，粟米薪菜，不能相赡……先帝之开苑囿，可赋归之于民，县官租税而已"。上林苑的部分土地赠予农民耕种，其面积逐渐萎缩。

汉时期的苑囿池是财政收入的重要组成部分，马大英《汉代财政史》说："苑囿的收入，在山川园池收入中，也是一个重要项目"。扬雄《羽猎赋》称："宫馆台榭沼池苑囿林麓薮泽财足以奉郊庙，御宾客，充庖厨而已，不夺百姓膏腴谷土桑柘之地。女有余布，男有余粟，国家殷富，上下交足"。上林苑丰富的资源，构成了皇室收入的重要组成部分。上林苑经济收入还用来供给军需，《汉旧仪》载，"武帝时，使上林苑中官奴婢，及天下贫民赀不满五千徙置苑中养鹿。因收抚鹿矢，人日五钱，到元帝时七十亿万，以给军击西域"。《史记·平准书》载："天子为伐胡，盛养马，马之往来食长安者数万匹"。《汉官旧仪》云："天子六厩，未央厩、承华厩、厩骑马厩、大厩，马皆万匹"。上林苑等皇家御苑豢养"苑马"多达"三十万匹"。为养马苑中广植苜蓿，《史记·大宛列传》记载，"宛左右以蒲陶为酒……俗嗜酒，马嗜苜蓿，汉使取其实来，于是天子始种苜蓿、蒲陶肥饶地，及天马多，外国使来众，则离宫别馆旁尽种蒲陶、苜蓿极望"。这样苜蓿的种植为养马提供了充足的饲草，同时也增加了上林苑的经济收入。

四、苜蓿官田

明代土地也有官田和民田两种，初期官田主要包括宋元时期就存在的官田，获得的敌对势力的土地，战乱中的抛荒地，抄没的罪犯者的土地以及江河湖海新增加的沙田、湖田等等，为国家所有，禁止买卖私占。这些官田主要有屯田和学田，还有代替俸禄的职田、赐与公侯功臣作庄田的赐田、作为边臣的养廉田、卫所军的牧马草地、植饲料的苜蓿地等。其中屯田、学田等官田中有一部分是佃给佃农耕种的。民田包括官僚、地主和小自耕农所有的田地，可以自由买卖。

五、苜蓿产量与收益

民国时期，南开大学经济研究所对河北省高阳县作物种植效益进行了调查，其结果在吴知《乡村织布工业的一个研究》中有所体现。从表 8-2 中所列的 14 种作物的平均亩净收益可以看出，可将 14 种作物的平均亩净收益分为三类，第一类收益最高为 6.50～9.07 元，如山药、花生、黑豆；第二类居中，为 2.14～3.33 元，如青豆、黍子、苜蓿等；第三类最低，为 1.07～1.84 元，如绿豆、麦子、玉米、高粱等。在

14 种作物中有 6 种作物的平均亩收益超过苜蓿，即山药、花生、黑豆、青豆、小麻和黍子，而作物中种植面积较广的如高粱、小麦、谷子、玉米、棉花之类，其平均亩净收益则低于苜蓿。

表 8-2　高阳地区三百五十七户农家耕地种类、亩数、产量及平均亩收益

农作物	作物面积 / 亩	产量	净收益 / 元	平均亩收益 / 元	种植家数 / 户
棉花	371.50	2520.00 斤	795.18	2.14	50
高粱	2455.75	5124.59 斗	3362.49	1.37	271
谷子	1180.10	2079.40 斗	1297.63	1.10	176
麦子	1485.70	3062.70 斗	2370.60	1.60	137
玉米	425.50	958.49 斗	689.70	1.62	64
绿豆	96.80	163.00 斗	178.20	1.84	24
花生	9.50	1820.00 斗	84.00	8.84	6
黑豆	65.00	75.60 斗	42.50	6.50	13
山药	7.50	4500.00 斤	68.00	9.07	4
小麻	2.50	1000.00 斤	7.00	2.80	1
青豆	1.20	4.00 斗	4.00	3.33	1
稻子	30.00	80.00 斗	32.20	1.07	4
黍子	3.00	2.00 斗	8.50	2.83	2
苜蓿	22.00	12 240.00 斤	61.00	2.77	5

来源：根据吴知《乡村织布工业的一个研究》（商务印书馆，1936）第 7 页的表格内容所得。

据 1940 年新疆部分经济作物的统计（表 8-3），有 12 个地区或县种有苜蓿，总产量达 5107.8 万斤，其中阿克苏最多，达 1890.0 万斤，阿瓦提次之，达 1500.0 万斤，库尔勒第三，达 1005.0 万斤。

表 8-3　1940 年新疆部分经济作物产量　　（单位：万斤）

地区	苜蓿草	棉花	落花生
阿克苏	1890.0	50.5	
阿瓦提	1500.0	20.0	
温宿	50.0	10.0	
柯坪	170.0	10.0	
乌什	60.5		
焉耆	25.0	40.0	
吐鲁番	350.0	2000.0	300.0
库尔勒	1005.0	256.4	300.0
托克逊	35.5	20.0	
尉犁	14.5	15.0	
乌苏	2.3		
轮台	5.0	3.0	
总计	5107.8	2424.9	600.0

六、苜蓿商贸

两汉时期，通过甘肃境内北地、陇西、金城和河西诸郡的物品主要有丝绸、铁、漆器等物品，输入的主要有以汗血马为代表的马匹，苜蓿、核桃、胡麻及其他西域特产。中原王朝与周边少数民族的贸易已初显绢马贸易的特色。

早在汉代苜蓿就已成为商品进行买卖交易。据《敦煌汉简》记载："恐牛不可用今致卖目宿养之目宿大贵束三泉留久恐舍食尽今且寄广麦一石"。古代"买卖"同字。简文中记述的是王莽时期物价上涨后，每苜蓿束3泉（钱），主人担心买来的苜蓿不够喂牛，于是主人又准备了一石麦（类）作为牛的饲料。由此看出，在汉代苜蓿已成为一种商品在出售，同时也反映出当时敦煌地区苜蓿种植面积之大。

在《大谷文书集成》中的3049号《唐天宝二年交河郡市估案》有记载："苜蓿春荄壹束，上直钱陆文，次伍文，下肆文。"

吐鲁番所出《唐天宝二年交河郡市估案》云："苜蓿春荄壹束，上直钱陆文，次伍文，下肆文。"可见，苜蓿有价，可作为商品出售。

西州（交河）苜蓿 《新唐书》记载："西州交河郡，中都督府。"交河郡，北魏时高昌国置，治所在交河城（今新疆吐鲁番市西北二十里亚尔湖西）。唐贞观十四年（640年）改为交河道。刘安志（2006）等认为，从吐鲁番所出《唐天宝二年（743年）交河郡市估案》云："苜蓿春荄壹束，上直钱陆文，次伍文，下肆文。"可以看出，苜蓿有价，可作为商品出售。在敦煌所出土的张君义两件文书中，其中文书（二）第2行末存\蓿蔺阵\三字，刘安志（2006）指出："此\蓿蔺\即苜蓿园。苜蓿乃是一种牧草，可供牛、马等牲口食用，在西州还可作为商品出售，苜蓿园就是专门种植苜蓿的场所。"

吐鲁番出土《唐开元某年西州蒲昌县上西州户曹状为录申刈得苜蓿秋荄数事》，也是典型的县上州状。

状称：收得上件苜蓿、秋荄具束数如前，请处分者。秋刈得苜蓿、荄数，录。

吴丽娱（2010）指出，这件文书钤有"蒲昌县之印"二处，其前八行是蒲昌县关于送交苜蓿、秋荄之事申州户曹的状文，第9行是另件牒。由第2～4行"状称"以下语得知，这件状文原来是下级关于收苜蓿、秋荄的报告，蒲昌县录后上申州户曹请求处分。从这些残缺的文书记录中可以窥视出，唐开元年间西州蒲昌县种有苜蓿，并由官方收购。

安西（龟兹）苜蓿 《旧唐书》记载："安西大都护府贞观十四年（640年），侯君集平高昌，置西州都护府治在西州……三年五月，移安西府于龟兹国。旧安西府复为西州。"安西都护府，贞观二十二年（648 年），平龟兹，移治所于龟兹都城（今新疆库车），统龟兹、疏勒、于阗、焉耆四镇。《新唐书》记载："四月癸卯，吐蕃陷龟兹拨换城。废安西四镇。"史为乐指出，龟兹都督府，唐贞观二十二年（648 年）置，属安西都护府，治所在伊逻卢城（今新疆库车县城东郊皮朗旧城）。庆昭蓉（2004）认为，古代龟兹地区略相当于今阿克苏地区库车、沙雅、新和、拜城。庆昭蓉根据出土文书《唐支用钱练帐》残片整理，对苜蓿有以下这样的记载。

支付手段	支付额	事由
铜钱	六文	买苜蓿
铜钱	八文	买四束苜蓿
铜钱	三文	买三束苜蓿

从另一个侧面也可看出，苜蓿作为商品出现在市场上，从而也说明在唐代安西（龟兹）一带有苜蓿种植。《大谷文书集成》中的 8074 号文书《安西（龟兹）差科簿》对苜蓿有如下记录：张游艺，窦常清；六人锄苜蓿。

民国十九年（1930 年）程先甲在《游陇丛记》记述了兰州市场上的苜蓿，曰"苜蓿：其肥过于江南，兰州买卖佣呼为荠菜，犹之江南呼之木荠菜也。"由此可见，苜蓿作为农产品在民国时期就进入了兰州市场。

七、苜蓿香品

佛教传入中国后，其熏香和以香汤沐浴的习俗也随之传入并获得僧众普遍认可。《不空羂索神变真言经》卷二十《溥遍轮转轮王神通香品第四十四》中的一个香药方如下记叙。

一百八分沉水香；干陀啰娑、安悉香，二香分各三十二；新郁金香、小甲香，此二种香各八分；苜蓿、白胶、苏合香、娑攞枳香、多诚罗、娜攞那香、白檀香、惹莫迦斤逻反香、甘松香，如斯九香各三分；新干陀钵怛啰香、乌施罗香、莲华须、婆攞迦同上香、夜合华、新好毕哩阳愚香、新名夜反甄其乙反啰娜怯香、翳罗香八各二分；龙脑、麝香各二分；石蜜量香五分二；和白胶香销和合，总先一一净加持。精洁择持而合治，首末真言常加持，瓷器银器任盛置，合斯香者闲净处。

隋代释宝贵所合《合部金光明经》卷六《大辩天品第十二》中，收录了阇那崛多所补译的一个药方，如下记叙。

是故我说咒药之法：取好菖蒲、雄黄、苜蓿香、尸利沙合欢、苫松香、奢弥苟杞草、藿香、嵩高草、沉香、桂皮、丁香、风（枫）香、白胶香、安息香、阿萝娑煎香、零陵香、艾纳香、栴檀香、石雄黄、青木香、郁金香、附子、芥子、缩师蜜、郁金根、那罗陀草、龙华，如是等药各等分采之，用鬼星日和合捣之，捣讫以此咒咒之一百八遍。

在义净译《金光明最胜王经》卷七《大辩才天女品第十五》中，亦记有苜蓿香，如下。

菖蒲、牛黄、苜蓿香、麝香、雄黄、合昏树、白及、芎藭、杞根、松脂、桂皮、香附子、沉香、栴檀、零凌香、丁子、郁金、婆律膏、苇香、竹黄、细豆蔻、甘松、藿香、茅根香、叱脂、艾纳、安息香、芥子、马芹、龙花须、白胶、青木，皆等分，以布洒，星日一处捣筛，取其香末，当以此咒，咒一百八遍。

唐宋时期敦煌寺院对香料在种类和数量方面的需求很大。据研究，历史时期波斯与敦煌以及印度与敦煌之间曾存在着一条香药传输之路。敦煌文献中也有不少唐五代宋初敦煌当地寺院科征香料和消费香料的如下记载。

香枣花两盘、苜蓿香两盘、菁苜香根两盘、艾两盘。

晚唐五代时期敦煌香料消费，在《清泰四年（937年）马步都押衙陈某等牒》中有明确记载，端午节赠送的礼品有香枣花、苜蓿香、菁苜香、艾、酒等，其中苜蓿香可能是苜蓿花，这说明敦煌有大量苜蓿栽培。敦煌作为"丝绸之路"的咽喉要道，苜蓿的种植当比较早。

《清泰四年（937年）马步都押衙陈某等牒》记载如下。

香枣花两盘，苜蓿香两盘，菁苜香根两盘，艾两盘，酒贰瓮。右伏以蕤宾戒节，端午良晨，率境称欢，溥天献上。礼当输寿之祥，共贺延龄之庆。前件馨香及酒等，贵府所出，愿献鸿慈。诚非珍异，用表野芹。

在这篇文书中，记载了清泰四年五月端午节，左马步都押衙罗某和右马步都押衙向归义军节度使进献的馨香，有香枣花、苜蓿香、菁苜香和艾，实际上艾也是端午节农村经常使用经济香料，可以用作熏也可以使用治病。苜蓿香和菁苜香当来自西域地区，特别是菁苜香，很可能就是出产于波斯的青木香。这件文书表明直到晚唐五代归义军时期敦煌地区还使用大量来自印度波斯的香药，这条香药之路还畅通无阻。

陈明《译释与传抄：丝路汉文密教文献中的外来药物书写》，透过现存的敦煌写本，探讨了外来医药进入本土的途径与方式。作者认为敦煌的佛教写经与域外医学知识联系紧密。因此，对汉文密教文献中关于外来药物的书写与表述方式进行分析，对我们理解外来医学知识传播的复杂性有极大帮助。文中共提到24种非汉源草本药物，分别为：阿魏、胡干姜、石蜜、荜拔、牛膝草、郁金根、马芹子、盧药、质汗、破故纸、豆蔻、青莲花、肉豆蔻、白豆蔻、红莲花叶、干姜、苍耳子、白芥子、苜蓿香、香附子、零凌香、细豆蔻、艾纳香、青木香，为我们研究非汉源草本药物的传入提供了参考。

八、苜蓿贡品

明代黄船主要装运南京太常寺进贡品物，主要是宗庙荐新及上供品物。马快船装运的贡物"名目不一，每纲必以宦官一人主之，其中不经者甚多。稍可纪者，在司礼监则曰神帛笔料，守备府则曰橄榄茶橘等物，在司苑局则曰荸荠芋藕等物，在供用库则曰香稻苗姜等物，御用监则铜丝纸帐等物，御马监则惟苜蓿一物，印绶监则诰敕轴，内官监则竹器，尚膳监则天鹅鹧鸪樱菜等物"。

李东阳《大明会典》记有："御用之物、用响器者治罪、其器入官。明成化十二年（1476年）奏准、马快船只柜扛、务要南京内外守备官员、会同看验、酌量数目开报……香稻五十扛、实用船六只……苜蓿种四十扛、实用船二只……"《枣林杂俎》亦有类似记载："南京贡船……御马苜蓿四十扛。"

鲍防《杂感》记有："汉家海内承平久，万国戎王皆稽首。天马常衔苜蓿花，胡人岁献葡萄酒……"描述了唐王朝国力强盛、各国进贡的太平景象，其中就提及西域马、苜蓿、葡萄酒等。

明末清初诗人顾景星《题内府所藏唐人百马卷子》中的"苜蓿难逢大宛种，苁蓉屡湿边庭瘴"，表达了诗人对当时严苛朝贡的讽刺。不远万里送来"苜蓿""苁蓉"，即使这样，其中也不知道掺了多少假，又掺有多少人的血汗。

第九章

苜蓿史料资源

　　众所周知，张骞通西域后，苜蓿进入我国在历史上是有名的，但它在 2000 多年的历史长河中还属于小事件，尽管古代或近代许多学者对苜蓿有一定的研究，与同期入汉的葡萄、汗血马等相比，其记载苜蓿起源、栽培利用等方面的史料还显得比较少，倘若与小麦、水稻等作物相比，史料就显得更少了。由于记载苜蓿的史料资源较少，对其了解得不是很多，为了加强苜蓿史研究，有必要对苜蓿的史料进行整理和考证。为了便于研究，将苜蓿史料粗浅的分为史书、方志、辞书、农书、类书、本草六类。

第一节　史　书

一、记载苜蓿的史书

司马迁《史记》是记载苜蓿的最早史书，在其后不久出现的《汉书》亦对苜蓿进行了记述。可能记载苜蓿的史书有很多，仅从目前所收录的史书分析，两汉魏晋南北朝有 3 本，隋唐 9 本，宋元 12 本，明清 21 本。

表 9-1　载有苜蓿的主要史书

序号	作者	年代	典籍	考查内容
1	司马迁	汉	史记	大宛列传卷六十三
2	班固	汉	汉书	卷六十一·张骞李广利传；卷九十六·西域传
3	魏收	北齐	魏书	列传第九十·西域
4	虞世南	隋	北堂书钞	卷第四十·政术部十四
5	房玄龄	唐	晋书	华表·子廙、廙子恒、廙弟峤
6	魏征	唐	随书	志第二十二·百官中
7	班固撰，颜师古注	唐	汉书	卷九十六·西域传
8	杜佑	唐	通典	卷第二·食货二；卷第一百一十六·蔗新物
9	李林甫	唐	唐六典	—
19	李贤	唐	后汉书注	卷六十上·马融列传第五十上；志第二十五·百官二
20	长孙无忌	唐	唐律疏议	卷第十五
21	刘昫	后晋	旧唐书	志第二十·地理三
22	司马光	宋	资治通鉴	卷二十一·汉纪十三
23	欧阳修	宋	新唐书	卷四十六·志第三十六·百官一；卷一百二十一·列传第四十六·王毛仲
24	欧阳修	宋	新五代史	卷七十四
25	王溥	宋	唐会要	卷六十五
26	袁枢	宋	通鉴纪事本末	卷三·汉通西域
27	郑樵	宋	通志	昆虫草木略卷一
27	王钦若	宋	册府元龟（第 6 册）	卷第四百九十五·田制
28	徐梦莘	宋	三朝北盟会编	卷四十六·徐处仁奏行马政
29	不详	宋	天圣令	厩牧令
30	徐元瑞	元	吏学指南	—
31	官修	元	元典章	户部九·农桑

序号	作者	年代	典籍	考查内容
32	马端临	元	文献通考	卷四·田赋考四·历代田赋之制
33	宋濂	明	元史	志第四十·百官六；志第四十二·食货一；列传第六十·马绍
34	太宗敕	明	大明太祖高皇帝实录	卷之一百四十三、卷之二百八
35	孝宗敕撰	明	大明宪宗纯皇帝实录	卷之二百一、卷之二百六十三、卷之二百九十二
36	不详	明	大明世宗肃皇帝实录	卷之二十五、卷之九十、卷之一百三十九、卷三百六十七
37	李东阳	明	大明会典	卷之十七、卷之四十、卷之四十一、卷之四十二、卷之一百三十六、卷之一百五十八
38	王廷相	明	浚川奏议集	卷六
39	李贤	明	大明英宗睿皇帝实录	—
40	不详	明	明实录	—
41	吕坤	明	新吾吕先生实政录	—
42	顾起元	明	客座赘语	—
43	马文升	明	端肃奏议	—
44	张廷玉	清	明史	志第五十三·志第六十九·列传第八十九
45	毕沅	清	续资治通鉴	卷第一百九十·元纪八
46	顾祖禹	清	读史方舆纪要	卷五十七·陕西六
47	佚名	清	崇祯实录	卷之一
48	嵇璜	清	钦定续通典	卷三·食货三；卷九·食货九；卷三十·职官八；钦定续通典·卷一百七十四·昆虫草木略一；钦定续通典·卷一百七十五·昆虫草木略二
49	不详	清	清实录	—
50	英廉	清	钦定日下旧闻考	卷之二十四
51	贺长龄	清	皇朝经世文编	卷三十六·户政十一·农政上
52	盛康	清	皇朝经世文续编	卷一百十八·工政十五各省水利中
53	邵之棠	清	皇朝经世文统编	卷八·文教部八·学校

"—"表示无记载。

二、《史记》与《汉书》

迄今，司马迁的《史记》被发现是记载我国苜蓿（*Medicago sativa*）的最早史料。在司马迁去世的几十年后又出现了班固《汉书》，在其中也有"目宿"记载。《史记》《汉书》是研究我国苜蓿起源，了解我国汉代苜蓿来龙去脉的最基本、最重要和最有价值的史料。虽然《史记》《汉书》成书时间相差不长，但对苜蓿的记载既有相似亦有不同，如《史记》只记载大宛有苜蓿，而《汉书》则记载大宛、罽宾皆有苜蓿。

（一）《史记》《汉书》有关苜蓿的主要内容

《史记》《汉书》是最早记载我国苜蓿的史料，仅将其中记载苜蓿的相关内容钞录如下。

《史记·大宛列传》曰："西北外国使，更来更去。宛以西，皆自以远，尚骄恣晏然，未可诎以礼羁縻而使也。自乌孙以西至安息，以近匈奴，匈奴困月氏也，匈奴使持单于一信，则国国传送食，不敢留苦；乃至汉使，非出币帛不得食，不市畜不得骑用。所以然者，远汉，而汉多财物，故必市乃得所欲，然以畏匈奴于汉使焉。宛左右以蒲陶为酒，富人藏酒至万余石，久者数十岁不败。俗嗜酒，马嗜苜蓿。汉使取其实来，于是天子始种苜蓿、蒲陶肥饶地。及天马多，外国使来众，则离宫别观旁尽种蒲陶、苜蓿极望。"

《汉书·西域传》曰："罽宾地平，温和，有目宿，杂草奇木，檀、槐、梓、竹、漆。种五谷、蒲陶诸果，粪治园田。地下湿，生稻，冬食生菜。"

《汉书·西域传》又曰："大宛国，王治贵山城，去长安万二千五百五十里。户六万，口三十万。胜兵六万人。副王、辅国王各一人。东至都护治所四千三十一里，北至康居卑阗城千五百一十里，西南至大月氏接，土地风气物类民俗与大月氏、安息同。大宛左右以蒲陶为酒，富人藏酒至万余石，久者至数十岁不败。俗耆酒，马耆目宿。"

宛别邑七十余城，多善马。马汗血，言其先天马子也。

张骞始为武帝言之，上遣使者持千金及金马，以请宛善马。宛王以汉绝远，大兵不能至，爱其宝马不肯与。汉使妄言，宛遂攻杀汉使，取其财物。于是天子遣贰师将军李广利将兵前后十余万人伐宛，连四年。宛人斩其王毋寡首，献马三千匹，汉军乃还，语在张骞传。贰师既斩宛王，更立贵人素遇汉善者名昧蔡为宛王。后岁余，宛贵人以为昧蔡谄，使我国遇屠，相与兵共杀昧蔡，立毋寡弟蝉封为王，遣子入侍，质于汉，汉因使使赂赐镇抚之。又发（数）使十余辈，抵宛西诸国求其奇物，因风逾以代伐宛之威。宛王蝉封与汉约，岁献天马二匹。汉使采蒲陶、目宿种归。天子以天马多，又外国使来众，益种蒲陶、目宿离宫馆旁，极望焉。"

（二）《史记》《汉书》中的苜蓿信息比较

从上述《史记》《汉书》所记载的苜蓿（目宿）可获得如下信息（表9-2），在这些信息中，有的信息是肯定的，如苜蓿产地大宛、罽宾，引入者汉使，种植在离宫别观旁等，但有些信息是不确定的，如苜蓿引入时间、种类，这已成为苜蓿的千古之谜，需要考证研究。

表 9-2 《史记》《汉书》中的苜蓿信息比较

苜蓿要素	史记	汉书
名称	苜蓿	目宿
产地	大宛	罽宾、大宛
引入者	汉使	汉使
引入时间	不详	李广利伐大宛
种植地	离宫别观旁	离宫馆旁
种类	不详	不详

1. 苜蓿名称

苜蓿为大宛语"buksuk""buxsux""buxsuk"音译，在其入汉初期有多种同音异字，如《汉书》目宿、《四民月令》牧宿、《尔雅注》茯蓿等。随着苜蓿在我国栽培利用时间的延长，文字也开始本土化，因为目宿是草，到唐代在其上加草字头，从字形上就让人能意识到"苜蓿"是一种草，故"苜蓿"沿用至今。《史记》中的"苜蓿"原本也是"目宿"，但在历代的传抄过程中改为唐之后的苜蓿沿用至今，从而造成《史记》"苜蓿"与《汉书》"目宿"的不同（表 9-2）。

2. 苜蓿原产地

从《史记·大宛列传》原文可知，大宛有马喜欢吃的苜蓿，并且汉使从大宛带苜蓿种子归来。即"俗嗜酒，马嗜苜蓿。汉使取其实来，于是天子始种苜蓿、蒲陶肥饶地。"《汉书·西域传》亦有同样的记载，"大宛……俗耆酒，马耆目宿……宛王蝉封与汉约，岁献天马二匹。汉使采蒲陶、目宿种归。"另外，《汉书·西域传》还记载了罽宾也有苜蓿："罽宾地平，温和，有目宿，杂草奇木……"但未说明汉使带罽宾苜蓿种子归来，只是说明罽宾有苜蓿存在。黄以仁认为，我国汉代苜蓿来源于西域的大宛和罽宾，谢成侠则认为我国的苜蓿来源于大宛，张平真（2006）指出，我国紫苜蓿来源于大宛，而南苜蓿则来源于罽宾。

3. 苜蓿引入者

张骞出使西域带归苜蓿种子，为国内外学者广泛接受。劳费尔明确指出，中国汉代苜蓿和葡萄是由张骞从大宛带回来的。但从《史记·大宛列传》《汉书·西域传》和表 9-2 可以看出，《史记·大宛列传》《汉书·西域传》中记载的苜蓿，皆为汉使引入，并没有提张骞带归苜蓿种子。在《史记·李将军列传》、《史记·卫将军骠骑列传》、《史记·西南夷列传》、《史记·货殖列传》和《汉书·张骞李广利传》、《汉书·货殖传》等相关内容中亦未提及张骞或李广利带归苜蓿种子。泷川资言《史记会注考证》指出："《西域传》改作'汉使采蒲陶、目宿种归。'《齐民要术》引《陆机·与弟书》云'张骞使外国十八年，得苜蓿归'盖传闻之误。"因此，张骞带归苜蓿种子还需进一步考证。

4. 苜蓿引入时间

《史记·大宛列传》曰："骞为人强力，宽大信人，蛮夷爱之。堂邑父故胡人，善射，穷急射禽兽给食。初，骞行时百余人，去十三岁，唯二人得还。《汉书·张骞李广利传》亦有类似记载，曰："初，骞行时百余人，去十三岁，唯二人得还。"司马光《资治通鉴》确定张骞归国时间为武帝元朔三年，即公元前126年，据此往前推算，张骞出使西域的时间应该为武帝建元二年，即公元前139年。司马迁《史记·大宛列传》指出，苜蓿、葡萄是汉使从大宛带归，但时间未确定，而班固在《汉书·西域传》曰："于是天子遣贰师将军李广利将兵前后十余万人伐宛，连四年……宛王蝉封与汉约，岁献天马二匹。汉使采蒲陶、目宿种归。"苜蓿、葡萄是李广利伐大宛后汉使带回来的。汉武帝太初元年（公元前104年）李广利伐大宛，元鼎三年（公元前114年）张骞去世，倘若苜蓿是由张骞带回的，则是在公元前126年，倘若不是张骞带来的，那是谁？什么时间引进来的？还需做进一步的考证。

5. 苜蓿种植地

《史记·大宛列传》明确指出，"汉使取其实来，于是天子始种苜蓿、蒲陶肥饶地。及天马多，外国使来众，则离宫别观旁尽种蒲陶、苜蓿极望。"《汉书·西域传》亦有同样的记载："天子以天马多，又外国使来众，益种蒲陶、目宿离宫馆旁，极望焉。"一是将汉使带回的苜蓿种子种在肥沃的土地上，二是离宫别观旁全部种的蒲陶、苜蓿，一眼望不到边。班固《西都赋》曰："西郊则有上囿禁苑，林麓薮泽，陂池连乎蜀汉。缭以周墙，四百余里。离宫别馆，三十六所。神池灵沼，往往而在。其中乃有九真之麟，大宛之马。"班固《西都赋》又曰："前乘秦岭，后越九嵕。东薄河华，西涉岐雍。宫馆所历，百有余区，行所朝夕，储不改供。"班固《西都赋》还有这样的记载："三辅故事曰，上林连绵，四百余里。缭，力鸟切。离、别，非一所也。《上林赋》曰：离宫别馆，弥山跨谷。"

《汉书·食货志》记载："天子为伐胡，故盛养马，马之往来食长安者数万匹，卒掌者关中不足，乃调旁近郡。""马之往来食长安者数万匹""马嗜苜蓿"，所以汉朝将苜蓿种在离宫馆旁，以为马提供饲草。《西京杂记》记载："乐游苑中，自生玫瑰树，多目宿，一名怀风。时或谓光风，风在其间，常萧萧然，日照其花，有光彩，故名，茂陵人谓之连枝草。"据冯广平（2012）《秦汉上林苑植物图考》指出，汉代上林苑有苜蓿种植。蒋梦麟（1997）认为，"汉武帝在宫外好几千亩地里种了苜蓿。天马是指西域来的马，阿拉伯古称天方，从那边来的马称天马。只要用苜蓿来饲养，所以要引进马，同时还要引进苜蓿。"唐颜师古《汉书注》曰："宛王蝉封与汉约，岁献天马二匹。汉使采蒲陶、目宿种归。天子以天马多，又外国使来众，益种蒲陶、目宿离宫馆旁，极望焉。师古曰：今北道诸州旧安定、北地之境，往往有目宿者，皆汉时所种也。"

6. 苜蓿种类

清徐松《汉书·西域传补注》曰："《史记·大宛传》'马嗜目宿，汉使取其实来。'案今中国有之，惟西域紫花为异。"王先谦《汉书补注》与徐松持同样的观点，汉使带回来的目宿是紫苜蓿。徐松又曰："《齐民要术》引《陆机·与弟书》曰'张骞使外国十八年，得苜蓿归'。《西京杂记》云："乐游苑中，自生玫瑰树下，多目宿，一名怀风。时或谓光风，风在其间，常萧萧然，照其光彩，故曰名，茂陵人谓之连枝草"。《述异记》曰："张骞苜蓿园，今在洛阳中，苜蓿本胡中菜，张骞于西国得之。"

1911 年黄以仁用现代植物分类学知识和技术，考证《史记·大宛列传》《汉书·西域传》记载的苜蓿（目宿）认为，原产于西域之大宛和罽宾苜蓿，"谓苜蓿（紫苜蓿）有 Medicago sativa 之学名……千年之前张骞采来之种。"陈直《史记新证》亦认为，汉使带回来的苜蓿为紫苜蓿，"于是天子始种苜蓿、蒲桃肥地。直按：苜蓿现关中地区普遍栽植，舆平茂陵一带尤多，紫花，叶如豌豆苗。"《史记》《汉书》记载的苜蓿为紫苜蓿（M. sativa）目前已得到广泛认可。

（三）《史记》《汉书》记载苜蓿的意义

在汉代我国虽然大量种植苜蓿，但并未认为苜蓿就是本土原产。《史记》《汉书》明确指出，我国苜蓿是由汉使从大宛带回。劳费尔（1919）认为："中国人在阐明苜蓿的来源方面有很大的贡献，使人对这个问题能有一个新的看法，其实在栽培的植物中只有苜蓿有这样确切可信的历史。"另外，《汉书》记载了罽宾、大宛有目宿，对正确认识苜蓿的来龙去脉和繁衍具有重要意义。汉朝的中国人除了大宛之外，在罽宾（克什米尔）发现苜蓿。这事很重要，因为和这植物早期地理上的分布有关：在罽宾，阿富汗，俾路之斯坦，这植物或者都是天然产的。"

三、《资治通鉴》

《资治通鉴》是北宋司马光主编的一部多卷本编年体史书，因其"鉴于往事，有资于治道"而命名，历时19年告成。它是中国第一部编年体通史，在中国官修史书中占有极重要的地位。《资治通鉴》是一部编年体通史。在《资治通鉴》中确定了张骞第一次出使西域回来的时间。

根据《史记·大宛列传》记载："初，骞行时百余人，去十三岁，唯二人得还。"在《史记》与《汉书》中的所有有关《纪》《传》等文献，均未确切记载张骞第一次出使西域出发在哪一年，但《资治通鉴》这部编年体史书却把张骞第一次出使西域的全程情况汇总于汉武帝元朔三年（公元前126年）。这就表明，司马光认定张骞第一次出使西域结束并回到长安的时间是汉武帝元朔三年（公元前126年）四月。这样才有了张骞公元前126年将西域大宛苜蓿种子带归长安。不管苜蓿种子是不是张骞带回来的，但司马光确定的张骞第一次出使西域回汉的时间是无疑的。这也算是司马光对苜蓿的贡献。

第二节　方　　志

方志之名始见于《周礼》，盖亦四方志、地方志之简称。在明清时期方志得到官府的重视，明朝开国之初即着手纂修方志，永乐十六年（1418年）诏修天下郡县志书。清代随着经济、文化的繁荣与发展，方志的编纂与研究达到了盛期，光绪三十一年（1905年），清政府颁布了乡土志条例，号召全国府、厅、州、县按照条例纂写方志，许多地区依照该条例进行了方志的纂写。地方之志犹国家之史。所不同者，方志纪一地方之事，域逼而时近，故载列较细而录叙较详。因此方志之纂，"地近则易核，时近则迹真"。载录诸端，多为实见亲闻，翔实可信。故可"补史之缺，参史之错，详史之略，续史之无"。宜其向为学者所重，视为研究人文史地详考博参之重要资料也。

一、古代载有苜蓿的方志

从所收录的138种古代方志中看，记载苜蓿的最早方志可能是汉末刘歆所著《西京杂记》，之后在其他方志中陆续出现。通过对138种方志进行分析发现，两汉魏晋南北朝记载苜蓿的方志有 3 种，唐宋元有 4 种，明清记载苜蓿的方志最多，有 131 种，其中明 20 种，清 111 种（表 9-3）。

表 9-3　古代载有苜蓿的主要方志

序号	作者	成书年代	书名	主要内容
1	刘歆	汉末	西京杂记	乐游苑
2	杨衒之	北魏	洛阳伽蓝记	卷五洛阳城北伽蓝记
3	作者不详	不晚于南北朝	三辅黄图	卷四苑囿
4	李吉甫	唐	元和郡县志	卷四十陇右道下
5	施宿	南宋	嘉泰会稽志	卷十七
6	宋敏求	宋	长安志	卷一·乐游苑
7	熊梦祥	元	析津志辑佚	寺观
8	赵廷瑞等	明	陕西通志	卷四十三物产
9	李维祯	明	山西通志	卷四十七物产
10	负佩兰，杨国泰	明	太原县志	卷之一水利
11	王克昌，殷梦高	明	保德州志	卷三土产
12	蔡懋昭	明	隆庆赵州志	卷之九杂考·物产
13	樊深	明	嘉靖河间府志	卷七风土志·土产
14	不详	明	嘉靖尉氏县志	卷之一风土类·物产
15	李希程	明	嘉靖兰阳县志	田赋第二·蔬果类
16	不详	明	嘉靖夏津县志	物产·草之类
17	不详	明	嘉靖太平县志	卷之三食货志·物产
18	余鉁	明	嘉靖宿州志	卷之三物产·草类
19	刘节	明	正德颍州志	卷之三物产·草部
20	栗永禄	明	嘉靖寿州志	卷四食货志·物产
21	汪尚宁	明	嘉靖徽州府志	卷八物产·蔬茹
22	彭泽，汪舜民	明	弘治徽州府志	卷二土产·蔬茹
23	邹浩	明	明万历宁远志	舆地卷第二物产
24	赵时春	明	平凉府志	卷二·风俗月令
25	陆深	明	蜀都杂抄	—
26	程敏政	明	新安文献志	卷之四；卷之六；物产
27	李昭祥	明	龙江船厂志	卷之四·建置志
28	孟思谊	清	赤城县	卷之三·食货志物产
29	吴廷华	清	宣化府志	卷之三十二·风俗物产
30	陈垣	清	宣化乡土志	草术
31	不详	清	怀安县志	卷五植物·牧类
32	王育橒	清	蔚县志	卷之十五·方产
33	王锦林	清	鸡泽县志	卷八风俗·物产

序号	作者	成书年代	书名	主要内容
34	史梦澜	清	乐亭县志	卷十三·食货物产
35	李席	清	晋县乡土志	第一章物产·第十课草品
36	李中桂	清	光绪束鹿县志	卷十二物产
37	王肇晋	清	深泽县志	卷之五物产
38	戚朝卿	清	邢台县志	卷之一舆地·物产
39	刘广年	清	灵寿县志	卷之三物产
40	祝嘉庸，吴浔源	清	宁津县志	卷二舆地志下·物产
41	韩文焜	清	利津新县志	卷一舆地志·土产
42	戴絅孙	清	庆云县志	卷三风土·物产
43	刘统，刘炳忠	清	任邱县志	卷三食货·物产
44	屈成霖	清	景州志	卷之三物产
45	于沧澜	清	光绪鹿邑县志	卷九风俗物产
46	施诚	清	河南府志	卷之二十七物产志
47	王德瑛	清	光绪扶沟县志	卷七风土志
48	方受畴	清	抚豫恤灾录	卷五
49	沈传义	清	祥符县志	卷一物产
50	徐汝璨，杜昆	清	汲县志	卷四风土志
51	李鸿章	清	畿辅通志	卷之第十三草属
52	阿桂	清	乾隆盛京通志	卷一百六物产·草类
53	王树枏	清	奉天通志	卷一百十物产·草属
54	长顺，李桂林	清	吉林通志	卷三十三食货志五·草类
55	岳之岭	清	长清县志	卷之一物产
56	林薄，周翁鏮	清	即墨县志	卷一方舆·物产
57	李垒	清	金乡县志	卷三食货·物产
58	吴式基	清	朝城县乡土志	卷一植物产
59	不详	清	陵县乡土志	卷一物产
60	周来邰	清	昌邑县志	卷二风俗·物产
61	黄怀祖	清	平原县志	卷之三食货·物产
62	李熙龄	清	滨州志	卷六物产
63	张思勉，于始瞻	清	掖县志	卷之一土产
64	方学成，梁大鲲	清	夏津县志新编	卷之四食货志·物产
65	周郑表	清	莘县乡土志	物产·植物
66	孙观	清	观城县志	卷十杂事志·治碱
67	王道亨	清	济宁直隶州志	卷二物产·附治碱法
68	胡德琳	清	济阳县志	卷一舆地·物产
69	周家齐	清	高唐州乡土志	物产·植物
70	巫慧，王居正	清	蒲县志	卷之一地理·物产

序号	作者	成书年代	书名	主要内容
71	钱以垲	清	隰州志	卷之十五物产
72	吴葵之，裴国苞	清	吉县志	卷六物产
73	王家坊	清	榆社县志	卷之一舆地志·物产
74	陈泽霖，杨笃	清	长治县志	卷之八风土记
75	王秉韬	清	五台县志	卷之四物产
76	白鹤，史传远	清	武乡县志	卷之二贡赋·物产
77	黎中辅	清	大同县志	卷八风土
78	郭磊	清	广灵县志	卷四风土·物产
79	马鉴	清	荣河县志	卷之二物产·草属
80	徐三俊	清	辽州志	卷之三物产·草属
81	王嗣圣	清	朔州志	卷之七赋役志·物产
82	丁锡奎，白翰章	清	靖边县志稿	卷一天赋志·物产
83	洪蕙	清	延安府志	卷三十三物产
84	刘懋宫，周斯亿	清	泾阳县志	卷二地理下·物产
85	阿克达春	清	清水河厅志	卷之十九物产·草之属
86	黄恩锡	清	中卫县志	卷一地理·物产
87	高弥高，李德奎	清	肃镇志	卷之一物产
88	王烜	清	静宁州志	第三卷赋役志·风俗
89	张延福	清	泾州志	物产
90	张伯魁	清	崆峒山志	上卷物产
91	陶会	清	合水县志	下卷物产
92	费廷珍	清	直隶秦州新志	卷之四食货·物产
93	苏履吉，曾诚	清	敦煌县志	卷七杂类志·物产
94	陈之骥	清	靖远县志	卷五物产
95	周铣修，叶之	清	伏羌县志	卷五天赋·物产
96	黄璟，朱逊志	清	山丹县志	卷之九物产
97	黄文炜	清	高台县辑校	卷一物产
98	钟赓起	清	甘州府志校注	卷一物产
99	张珩美，曾钧	清	甘肃五凉全志	卷一物产·草类
100	德俊	清	两当县志	卷之四食货·草之属
101	邱大英	清	西和县志	卷二物产·草类
102	黄泳第	清	成县新志	卷之三物产
103	呼延华	清	狄道州志	卷十一物产
104	龚景瀚	清	循化厅志	卷七物产
105	王树枏	清	新疆小正	苜蓿灌渝
106	左宗棠	清	左宗棠全集	札件
107	傅恒	清	平定准噶尔方略	卷十三

序号	作者	成书年代	书名	主要内容
108	赵尔巽	民国	清史稿	卷第一百·志七十五，列传一百五十五
109	黄文炜	清	肃州新志	地理·物产
110	不详	清	新疆四道志	—
111	王树枏	清	〔宣统〕新疆图志	卷二十八
112	钟方	清	哈密志	卷之二十三食货六·物产
113	格琫额	清	伊江汇览	土产
114	李敬	清	竹镇纪略	第九章物产·饲料类
115	丁廷楗，赵吉士	清	康熙徽州府志	第六卷食货志·物产
116	李兆洛	清	嘉庆怀远县志， 光绪重修五河县志	卷二赋税志·草类 卷十食货四·物产
117	钟泰，宗能征	清	光绪亳州志	卷六食货志·物产
118	潘镕	清	萧县志	卷之五物产
119	张海	清	当涂县志	卷之一舆地志·物产
120	稽有庆，魏湘	清	续修慈利县志	卷之九物产
121	黄文炜	清	肃州新志	地理·物产
122	谢树森	清	镇番遗事历鉴	卷九
123	赵良生，李基益	清	永定县志康熙本	卷十续增
124	吴农祥	清	西湖水利考	—
125	不详	清	厦门志	卷十三列传六文学·唐
126	胡建伟	清	澎湖纪略	卷之八·总论
127	刘源溥	清	锦州府志	卷十艺文志·广宁令项蕙
128	郑祖庚	清	侯官县乡土志	旧录内编一（德行）·明
129	徐景熹	清	福州府志	卷之二十五物产一·蔬之属
130	周学曾	清	晋江县志	卷之四十五人物志·宦绩之六
131	缪荃孙	清	江苏省通志稿大事志	第二十六卷明景泰；第三十四卷明隆庆
132	李丕煜	清	凤山县志	卷之二·儒学署
133	梁善长	清	白水县志	草之属
134	佚名	清	神木乡土志	物产·菜属

"—"表示待补。

二、民国时期载有苜蓿的方志

我国自明代提倡编纂方志，清代便昌盛起来。到了民国时期，不论是地方政府还是中央政府对方志的编纂也十分重视，民国六年（1917年），山西省公署下达了编写新志的训令，并颁布了《山西各县志书凡例》，民国十八年（1929年）国民政府颁布了《修志事例概要》，这些措施促进了民国时期方志的纂修。苜蓿作为重要的物产资源，被民国时期的许多方志记录在册，这些方志对我们了解和考查民国时期的苜蓿生产发展状况具有重要的历史意义。表 9-4 收录了民国时期的记载苜蓿的 59 种方志。

表 9-4　民国时期载有苜蓿的方志

序号	作者	成书年份	方志名称	记载出处
1	李丙鹿	1936	宁国县志	卷七物产志·植物
2	汪篯，于振江	1915	蒙城县志	卷四食货志·物产
3	黄佩兰，王佩	1924	涡阳县志	卷八物产·草类
4	石国柱，承尧	1937	歙县志	卷三食货志·物产
5	芜湖县志	1919	芜湖县志	卷三十二实业志·物产
6	杨俊仪	1920	沛县志咸丰邳州志邳志补	卷三风俗
7	窦鸿年	1923	邳志续编	卷之一疆域
8	陈思，缪荃孙	1921	江阴县续志	卷十一物产
9	陈邦贤	1930	栖霞新志	第九章物产
10	曹允源，李根源	1933	吴县志	卷五十物产
11	吴宝瑜，庞友兰	1924	阜宁县新志	卷十一物产·植物
12	郭维城，王告士	1921	宣化县新志	卷四物产志·植物类
13	陈继淹，许闻诗	1936	张北县志	卷四物产志·植物
14	景佐纲，张镜渊	1934	怀安县志	卷五物产志·植物
15	耿兆栋，张汝漪	1932	景县志	卷二物产品类·蔬类
16	崔正春，尚希宝	1929	威县志	卷三舆地志下·物产
17	刘延昌，刘鸿书	1932	徐水县新志	卷三物产记·植物
18	侯安澜，王树枏	1935	新城县志	卷十八地物篇·庶物
19	韩作舟	1939	广平县志	卷五物产志
20	谢道安	1937	束鹿县志	卷五食货·土产
21	牛宝善，魏永弼	1932	柏乡县志	卷三户口物产实业
22	高步青，苗毓芳	1916	交河县志	卷一舆地志·物产
23	刘廷昌，刘崇本	1934	霸县新志	卷四风土·物产
24	良骧，姚寿昌	1934	清苑县志	卷三风土·物产
25	李芳，杨得声	1933	顺义县志	卷之九物产志·植物
26	程廷恒，洪家禄	1934	大名县志	卷二十三物产志·自然物
27	贾毓鹗，王凤翔	1917	洛宁县志	卷二土产
28	余有林，王照青	1935	齐东县志	卷一地理志·自然物
29	余有林，王照青	1935	高密县志	卷二地舆·物产
30	王嘉猷，严绥之	1937	莘县志	卷四食货志·物产
31	朱兰，劳乃宣	1926	阳信县志	卷七物产志·植物
32	金狄，赵文琴	1934	昌乐县续志	卷十二物产志

序号	作者	成书年份	方志名称	记载出处
33	谢锡文，许宗海	1924	夏津县志续编	卷四食货志·物产
34	李树德，董瑶林	1935	德县志	卷十三风土志·物产
35	程时建	1934	莱阳县志	卷二之六实业物产
36	苗恩波，刘荫歧	1936	陵县续志	卷三第十七编物产
37	赵琪，袁荣	1928	胶澳志	食货志·农业
38	李国庆	1934	济阳县志	实业·农业
39	俞家骥	1923	临晋县志	卷三物产略
40	严用琛，鲁宗藩	1928	襄垣县志	卷之二物产略
41	徐昭俭，杨兆泰	1929	新绛县志	卷三物产略
42	张广麟，董重	1930	介休县志	谱第二卷七物产谱
43	马继桢，吉廷彦	1929	翼城县志	卷八物产
44	刘玉玑，胡万凝	1931	太谷县志	卷四生业略·物产
45	振声，李无逸	1920	虞乡县新志	卷之四物产·草种
46	作者不详	1937	神木乡土志	卷三物产
47	刘安国，吴廷锡	1932	重修咸阳县志	卷一物产
48	宋伯鲁	1934	续修陕西通志稿	卷一
49	王怀斌，赵邦楹	1926	澄城附志	卷一
50	王臣之	1926	朔方道志	卷三舆地志风俗物产
51	郑震谷，幸邦隆	1933	华亭县志	卷一物产
52	杨渠，王朝俊	1935	重修灵台县志	卷之一方舆图·物产
53	白册侯，余炳	1959	新修张掖县志	地理·物产
55	马福祥，王之臣	1926	民勤县志	物产·草类
56	焦国理	1935	重修镇原县志	第一卷地舆志上·物产
57	刘运新，廖偯苏	1919	大通县志	第五部物产志·植物
58	钟广生	1930	新疆志稿	卷之二畜牧
59	张献廷	1914	新疆地理志	第二章地文地理·第七节动植物之分布

从所考方志看，民国时期我国华东、华北和西北都有苜蓿种植，主要分布在安徽、江苏、察哈尔、河北、山东、山西、陕西、宁夏、甘肃、青海和新疆等省（表9-4），其中安徽5个县、江苏6个县、察哈尔3个县、河北13个县、河南1个县、山东11个县、山西7个县、陕西2个县、宁夏1个道、甘肃4个县、青海1个县和新疆伊犁，共计55个县（道）。从表9-4可知，民国时期苜蓿种植以华北地区最多，达35个县，占所考苜蓿种植县的63.6%，其次是华东，达11个县，占所考苜蓿种植县的20.0%，西北较少，为9个县（道），占所考苜蓿种植县的16.4%。

第三节　辞　书

一、记载苣蓿的辞书

东汉许慎撰的《说文解字》是我国第一部系统地分析汉字字形和考究字源的字书，苣蓿最早出现在此书中。分析所收录的 28 种此类书看，记载苣蓿的辞书以清代最多，达 14 种，其中围绕《说文解字》的有 4 种（表 9-5）。

表 9-5　载有苣蓿的主要辞书

序号	作者	年代	典籍	苣蓿出处
1	（汉）许慎，（宋）徐铉（校定）	汉，宋	说文解字	芸
2	郭璞	晋	尔雅注疏	卷第八释草第十三
3	顾野王	南朝	原本玉篇残卷	"艹"部
4	释法云	南朝	翻译名义集	—
5	罗愿	宋	尔雅翼	卷八·释草
6	陈彭年	宋	广韵	—
7	丁度	宋	集韵	—
8	佚名	宋	类篇	—
9	释行均	不晚于宋	龙龛手镜	苣蓿
10	韩孝彦	—	四声篇海	—
11	李文仲	元	字鉴	—
12	张自烈	明	正字通	"艹"部
13	闵齐伋	明	订正六书通	—
14	梅膺祚	明	字汇	—
15	段玉裁	清	说文解字注	芸
16	桂馥	清	说文解字义证	芸
17	桂馥	清	说文义证举要	芸
18	徐灏	清	说文解字注笺	芸
19	郝懿行	清	尔雅郭注义疏	下之一·权
20	邵晋涵	清	尔雅正义	权
21	张玉书	清	康熙字典	草部·苣蓿
22	阮元	清	故训汇纂	—
23	毕沅	清	经典文字辨证书	—
24	吴玉搢	清	别雅	卷五

序号	作者	年代	典籍	苜蓿出处
25	厉荃	清	事物异名录	卷二十三
26	王念孙	清	广雅疏证	卷十上释草
27	马建忠	清	马氏文通	卷四
28	翟灏	清	通俗编	卷二·一劳永逸

"一"表示无记述或待补。

二、《说文解字》与《尔雅注疏》

《说文解字》是古代汉族文字学著作。东汉许慎撰。中国第一部系统地分析汉字字形和考究字源的字书。记载了目宿，曰"芸'艸'也，似目宿。""目宿"一词与东汉崔寔《四民月令》中的目宿相同，这说明东汉时期"目宿"词比较通用。

《尔雅注疏》是中国古代对《尔雅》加以注解的著作，作者为晋·郭璞（注作者）与北宋邢昺（疏作者）。《尔雅》是我国最早的一部解释词义的专著，也是第一部按照词义系统和事物分类来编纂的词典。在释草"权"中对苜蓿有记载，曰"权，黄华（今谓牛芸草为黄华。华黄，叶似苜蓿）。"可以看出，在两汉魏晋南北朝时期，苜蓿存在同音异字，同时也说明当时也未出现现在的"苜蓿"一词。

三、《字汇》与《正字通》

《正字通》是上承《字汇》，下启《康熙字典》的一部重要大型字书。

明梅膺祚《字汇》曰："苜蓿草名。[史记]大宛国马嗜苜蓿，汉使所得，种于离宫。"明张自烈《正字通》曰："苜蓿二月生苗，一科数十茎。一枝三叶，叶似决明叶小如指顶，可茹。一年三刈，秋后结实，黑房米如穄。俗呼木粟，陕西所社有之，用饲牛马，故俗呼牧宿。一名怀风，一名光风，茂陵人谓之连枝草。〔金光明经〕谓之赛鼻力迦。苜蓿茎似灰藋，实非一类。〔尔雅异〕误以苜蓿为鹤顶草，不知鹤顶乃红心灰藋也。〔史记〕云，大宛国马嗜苜蓿，汉使得之，种于离宫。杜甫诗宛马总肥春苜蓿。〔汉书〕作目宿，义同。"

另外，《正字通》亦云："芪……芪母，药草。有白水芪、赤水芪、木芪，功用皆同。惟木芪茎短、理横、折之如绵，皮黄褐色，肉中白色谓之绵黄芪。其坚脆味苦者，苜蓿根也。"文中在说药材黄芪性状，苜蓿根为黄芪的伪品。

四、《康熙字典》

清《康熙字典》是一部具有深远影响的汉字辞书。在其中有苜蓿专条。

《康熙字典》曰：苜蓿，一名牧蓿，谓其宿根自生，可饲牧牛马也。[史记·大宛列传] 马嗜苜蓿，汉使取其实来，于是天子始种苜蓿肥饶地。[西京杂记] 苜蓿，一名怀风，时人谓之光风，茂陵人谓之连枝草。[述异记] 张骞苜蓿，今在洛中。[韩愈诗] 萄苜从大漠。[书] 作目宿。

第四节　农　书

一、记载苜蓿的农书

苜蓿是古代最重要的牧草和主要作物之一，自东汉崔寔《四民月令》记载牧宿（苜蓿）之后，我国最重要的农书北魏贾思勰《齐民要术》对苜蓿进行了详细的记载，其许多内容被后来的农书所征引。从所收录的 40 种农书看（表 9-6），除《四民月令》《齐民要术》外，各时期的重要农书对苜蓿都有记载，如唐《四时纂要》、宋《全芳备祖》、元《农桑辑要》、明《救荒本草》和《农政全书》，以及清《授时通考》等。

表 9-6　载有苜蓿的主要农书

序号	作者	年代（成书时间）	书名	考查内容
1	崔寔	东汉	四民月令	正月、八月
2	贾思勰	北魏	齐民要术	卷二十九种苜蓿
3	杜台卿	隋	玉烛宝典	卷二，卷七
4	孟诜	唐	食疗本草	苜蓿
5	韩鄂	唐	四时纂要	七月，八月，十二月
6	陈景沂	南宋	全芳备祖	后集卷二十四蔬部
7	吴怿	宋	种艺必用	第二十一
8	陈直/邹铉	宋/元	寿亲养老新书	卷之三
9	王祯	元	农书	农桑通诀集之一
10	大司农	元	农桑辑要	卷六·苜蓿
11	朱橚	明	救荒本草	卷八菜部
12	王象晋	明	群芳谱	卷一卉谱
13	徐光启	明	农政全书	卷二十八·树艺菜部
14	姚可成	明	食物本草	卷之六
15	鲍山	明	野菜博录	卷二
16	刘基	明	多能鄙事	卷之七
17	戴羲	明	养余月令	卷七，卷八，卷三十
18	郭云升	清	救荒简易书	卷一救荒月龄、卷二救荒土宜

序号	作者	年代（成书时间）	书名	考查内容
19	圣祖敕	清	广群芳谱	卷十四蔬谱
20	徐栋	清	牧令书	卷十农桑下·地利
21	丁宜曾	清	农圃便览	夏
22	杨一臣	清	农言著实	正月、二、三月
23	严如熤	清	三省边防备览	卷八民食
24	杨屾	清	豳风广义	卷之下
25	黄辅辰	清	营田辑要	种蔬第四十二
26	陈淏子	清	花镜	七月事宜，八月事宜
27	蒲松龄	清	蒲松龄集	农桑经
28	张宗法	清	三农纪	卷十七草属
29	蒲松龄	清	农桑经	二月，六月
30	鄂尔泰	清	授时通考校注	卷六十二农余·蔬四
31	罗振玉	清	农事私议	卷之上·僻地粪田说，卷之下·日本农政维新说
32	杨巩	清	农学合编	卷六农类·蔬菜
33	陈恢吾	清	农学纂要	卷一轮栽停种
34	顾景星	清	野菜赞	卷一
35	龚乃保	清	冶城蔬谱	苜蓿
36	盛百二	清	增订教稼书	卤地
37	吴其濬	清	植物名实图考	卷三菜类·苜蓿
38	吴其濬	清	植物名实图考长编	卷四菜类·苜蓿
39	薛宝辰	清	素食说略	卷二、卷三
40	李春松	清	世济牛马经	嫩苜蓿

二、《四民月令》与《齐民要术》

《四民月令》和《齐民要术》是最早记载苜蓿农事的农书。苜蓿既是优良牧草，又是很好的绿肥作物，自传入中原，在北方很快传播，并广泛种植，《齐民要术》有专讲苜蓿的一篇。然而在《齐民要术·卷二十九种苜蓿》中却没有引《氾胜之书》。依常理推断，《氾胜之书》中所涉及内容多为关中地区的农业生产，而苜蓿的传播还是从关中地区开始的。这样一种新引进的重要作物，氾氏在他书中不会不讲。幸运的是东汉的崔寔在《四民月令》里讲到了苜蓿。汉武帝时，政府在西北一带设立了许多规模很大的养马场，一定种植过大量的苜蓿。以后从三国一直到南北朝末年，4个世纪之中，大部分时间黄河流域处于战乱状态，为了维持大量的军马，各族的统治者显然也都重视牧草的种植，苜蓿的推广是可想而知的。

《四民月令》主要记述了汉代关中地区的农业生产，并讲述了苜蓿的播种技术和收割技术。《齐民要术》所论农业生产的地区范围，主要在黄河中下游，大抵包括山西东南部、河北中南部、河南的黄河北岸和山东。《齐民要术》设专篇对苜蓿进行讲述，可见当时苜蓿的重要性。从苜蓿的选地、整地、播种，再到田间管理及刈割利用，进行了较为全面系统的论述，特别是将水浇地和旱地苜蓿种植的技术关键点分别进行了叙述，这是难能可贵的，同时十分重视苜蓿种田的管理，《齐民要术》曰："一年三刈。留子者，一刈则止"。并将苜蓿既当蔬菜，又当牧草。认识到了苜蓿的多年生性。

《齐民要术》是我国第一部完整保存至今的大型综合农书，它涉及的内容广泛，是前所未有的。《齐民要术》所讨论的农业生产范围，主要在黄河中下游，大体包括山西东南部、河北中南部、河南的黄河北岸和山东。它记述了该地区农业生产技术，以种植业为主，兼及畜牧、蚕桑、林业、养鱼、农副产品储藏加工等各个方面。在作物栽培方面记述的尤为详尽，如苜蓿的耕地选择、茬口安排、刈割制度、田间管理、种子田的利用与管理，老苜蓿地的复壮，苜蓿的合理利用，苜蓿不仅可饲喂家畜，而且幼嫩苜蓿还可作菜、作汤。《齐民要术》所反映的苜蓿农艺技术或人们的合理利用技术，在当时世界上无疑处于领先地位。

三、《四时纂要》与《农桑辑要》

《四时纂要》是我国古代农书"月令系统"中的一部较重要的书，由韩鄂写成于唐末或五代初年。《四时纂要》对包括苜蓿在内的作物大田作业的技术讲得比较详细，它具有古代农业科学著作的性质，所以《四时纂要》讲述的内容反映了当时我国农业的技术水平。《四时纂要》在苜蓿上的重要贡献是指出了唐代种植的苜蓿为紫花苜蓿，"凡苜蓿，春食，作干菜，至益人。紫花时，大益马。"到目前为止，《四时纂要》被发现是记载苜蓿为紫花的最早史料。

《农桑辑要》是元朝初年司农司所编写的一部官书。书中主要辑录了《四民月令》、《齐民要术》和《四时纂要》中的内容。

四、《救荒本草》与《群芳谱》

《救荒本草》由明代朱橚于 1406 年完成。朱橚为明太祖的第五子，在他四哥朱棣登基后，由云南蒙化被召返至开封封地，朱橚被封地后就组织了王府的人力，着手从民间搜集野生可食植物，得 400 余种，一一种在王府的植物园中，俟其滋长成熟，乃召画工，绘之为图，并描述其形态、生境及可食部分与食法，在古代植物学史中占有重要地位，国外学者都曾给予高度评价。美国著名科学史家萨顿称之为"可能是中世纪最优秀的本草书。"

《救荒本草》记述了苜蓿的分布、生长特性、形态特征（特别是花色），这是非常重要的。《救荒本草》曰"出陕西，今处处有之。苗高尺余，细茎，分叉而生，叶似锦鸡儿花叶，微长，又似豌豆叶，颇小，每三叶攒生一处。梢间开紫花。结弯角儿，中有子如黍米大，腰子样。"用类比的方法，对苜蓿进行了描述，对花和荚果与种子有了准确的记载，说明作者观察极为细致，植物术语已到了现代植物学的水准。自唐末韩鄂《四时纂要》记述苜蓿开紫花以来，朱橚可能是第二个记载苜蓿开紫花的人，这一研究结果被之后的许多典籍引用。

《群芳谱》由明王象晋于1621年纂辑而成，是17世纪初期一部经济植物学巨著。王象晋《群芳谱》整理和汇集了17世纪之前中国植物学和农艺学的重要成就。书中记述了植物的别名、品种、形态特征、生长环境、种植技术和用途。

《群芳谱》将苜蓿归在卉谱，分别记载了苜蓿的别名、植物学特征特性及分布、种植技术、制用、疗治、典故等。在苜蓿分布方面《群芳谱》要比《救荒本草》更为具体，曰："苜蓿……张骞自大宛带种归，今处处有之……三晋为盛，秦、鲁次之，燕、赵又次之，江南人不识也。"在苜蓿植物学方面《群芳谱》基本上继承了《救荒本草》的记述；在农艺方面《群芳谱》较为突出，记述了苜蓿的播种技术、刈割制度、种子田利用、老苜蓿地管理、苜蓿地利用年限、苜蓿地耕作、后茬作物的安排等，摘录其中部分如下。

种植　夏月取子，和荞麦种，刈荞时，苜蓿生根，明年自生，止可一刈，三年后便盛，每岁三刈，欲留种者，止一刈，六七年后垦去根，别用子种。若效两浙种竹法，每一亩今年半去其根，至第三年去另一半，如此更换，可得长生，不烦更种。若垦后次年种谷，必倍收，为数年积叶坏烂，垦地复深，故今三晋人刈草三年即垦作田，亟欲肥地种谷也。

清康熙四十七年（1708年），汪灏等奉康熙帝之命，在《群芳谱》的基础上改编形成《广群芳谱》。在苜蓿项中增加了不少内容。

五、《植物名实图考》与《植物名实图考长编》

在中国古代农书植物类书中，最为出色的要属清代著名学者吴其濬的《植物名实图考》。其主要价值是：它对植物名称与实物进行了考证，为了采集标本，广为收集，几乎走遍了半个中国。使植物名与实一致，对植物学分类提供了宝贵的资料；书中所绘的植物形态图精细而近于真实；有的可据图辨其科属甚至种名，它比《本草纲目》

所收载的植物增加 500 余种，书中收录植物达 1700 多种，是历史上收录植物最多的植物学著作。此书的最大特点是作者见多识广，具有很强的求实精神，纠正了以往某些植物药的错误论述。正如时人陆应谷在《植物名实图考叙》中云："……天下名实相符者甚少矣。或名同而实异，或实是而名非。先生于是区区者，且决疑纠误，毫发不少假……"又指出："这样就把有许多别名的中药，许多不同的品种的某一中药用实物和产地经验等方法比较对照出来。"

吴其濬在苜蓿方面的最大贡献就是在前人研究的基础上，将以往所称呼的"苜蓿"分为 3 个种，即苜蓿（开紫花，即今紫苜蓿）、野苜蓿（一）（开黄花，即今黄花苜蓿）和野苜蓿（二）（开黄花，即今南苜蓿）。

吴其濬在撰写《植物名实图考》之前，先编写出《植物名实图考长编》。他广泛收集摘录、汇集有关专著，《植物名实图考长编》就是在此基础上编写而成。《植物名实图考》就是在此基础上，又经过多年调查、采集、观察、积累经验撰写而成。

第五节　类　书

一、记载苜蓿的类书

西晋张华《博物志》是记载苜蓿的最早类书。分析所录 34 种类书，载有苜蓿的类书以唐宋最多，达 16 种，明清次之，达 12 种（表 9-7）。

表 9-7　载有苜蓿的主要类书

序号	作者	成书年代	书名	主要内容
1	张华	晋	博物志	卷六
2	陆机	晋	陆机集	与弟云书
3	任昉	南朝	述异记	卷下
4	徐坚	唐	初学记	卷二十、二十八
5	封演	唐	封氏闻见记	卷七
6	欧阳询	唐	艺文类聚	卷八十六、八十七·果部
7	薛用弱	唐	集异记	刘禹锡
8	韩愈	唐	东雅堂昌黎集注	卷二
9	归有光	唐	震川先生集	卷五·马政志；卷五·邢州叙述三首
10	道世	唐	法苑珠林	第九十四
11	李昉	宋	广太平记	卷第四百一十一·草木六

序号	作者	成书年代	书名	主要内容
12	李昉	宋	文苑英华	卷第八六九·陇右监牧颂德碑
13	李昉	宋	太平御览	卷九百七十二·果部九；卷九百七十七·菜茹部二；卷九百九十六·百卉部三
14	高承	宋	事物纪原	草木花果部第五十四
15	祝穆	宋	古今事文类聚	卷六
16	杨伯嵒	宋	六帖补	园圃
17	曾慥	宋	类说	连枝草
18	张君房	宋	云笈七签	卷三十五杂修摄部·服紫霄法；卷三十五杂修摄部·尹真人服元气术；卷三十五杂修摄部·服气问答诀法
19	王应麟	宋	玉海	马政卷一百四十八·汉苑马，牧师苑；马政卷一百四十九·唐八坊 四十八监；宫室卷一百七十一·汉乐游苑
20	无名氏	元	居家必用事类全集	第二部·农桑类
21	郎瑛	明	七修类稿	卷四十事物类·子畏诗谶
22	陈耀文	明	天中记	导言四·人为
23	梁亿	明	遵闻录	一
24	陈其德	明	垂训朴语	一卷
25	沈德符	明	万历野获编	卷十七·兵部
26	解缙	明	永乐大典	卷之八百九十九·汪藻浮溪集；卷之三千五·冯时行诗；卷之七千七百二·王沂伊滨集；卷之一万一千六百十九·寿亲养老新书；卷之一万一千九百七·连州物产
27	不详	清	御定分类字锦	卷之一万一千九百七·连州物产；卷三十三职官·兵部第八；卷四十八黍粟·菜第十一
28	邬仁卿	清	初学晬盘	上卷·十四寒；下卷·四豪
29	徐珂	清	清稗类钞	植物类·苜蓿；豪侈类·周莘仲座客常满
30	梁章钜，朱智	清	枢垣记略	卷二十五·诗文六
31	陆心源	清	唐文拾遗	卷七·答柳正元条陈利病敕；卷七·柳正元
32	陈梦雷	清	古今图书集成	卷七十三
33	程瑶田	清	程瑶田全集	莳苜蓿纪讹兼图草木樨

"一"表示无此项或待补。

二、《博物志》与《述异记》

《博物志》是晋代张华（232～300 年）编写的一本博物学著作，其中有很多关于科技史方面的史料，值得我们关注。李约瑟对张华的《博物志》是有着相当的关注和研究的。其内容主要集中在物理学方面，在化学、矿物学、植物学等领域也有所涉及。关于苜蓿的引入，在这里，李约瑟注意到了《博物志》关于苜蓿从西域引入的记载。《博物志》记载了张骞带归苜蓿,曰:"张骞使西域还得大蒜、安石榴、胡桃、蒲桃、胡葱、苜蓿、胡荽、黄蓝可作燕支也。"

《述异记》是魏晋南北朝地理博物类志怪小说的代表作之一,作者任昉(460～508年)是齐梁时期著名的文学家,他与沈约齐名,时称"沈诗任笔"。在《述异记》中对苜蓿有记载,曰:张骞苜蓿园,在今洛中。苜蓿,本胡中菜也,张骞始于西戎得之。

三、《太平御览》与《广太平记》

《太平御览》初名《太平类编》《太平编类》,后改名为《太平御览》。《太平御览》、《太平广记》、《文苑英华》和《册府元龟》合称为"宋四大书"。《太平御览》对宋之前史书、类书等中的苜蓿有记载,特别是在《太平御览·卷第九百九十六·百卉部三·苜蓿》辑录了之前的苜蓿记载。

《史记》曰:大宛有苜蓿草,汉使取其实来,于是天子始种苜蓿。离宫别观旁,尽种蒲陶,苜蓿极望。

《汉书·西域传》曰:罽宾国有苜蓿,大宛马嗜苜蓿。武帝得其马,汉使采蒲桃、苜蓿种归,天子益种离宫别馆旁。

《晋书》曰:华广免官为庶人。晋武帝登凌云台,见广苜蓿园,阡陌甚整,依然感旧。

《西京杂记》曰:乐游苑中,自生玫瑰树,下多苜蓿,一名怀风。时或谓光风在其间,常萧萧然,日照其花,有光彩,故曰苜蓿怀风。茂陵人谓为连枝草。

《博物志》曰:张骞使西域,所得蒲桃、胡葱、苜蓿。

《述异记》曰:张骞苜蓿园,在今洛中。苜蓿,本胡中菜,骞始于西国得之。

《洛阳伽蓝记》曰:宣武场在大夏门东北,今为光风园,苜蓿出焉。

《晋书》曰:华广免官后,栖迟家巷。武帝登凌云台,望见广苜蓿园,阡陌甚整,依然感旧。太康初大赦,乃得袭封。

《太平广记》是宋代李昉等编著的大型类书之一。太平兴国二年(977年)三月,李昉、扈蒙、李穆等奉宋太宗的命令集体编纂,到来年八月结束,因编成于太平兴国年间,所以定名为《太平广记》,和《太平御览》同时编纂。《太平广记》对苜蓿也有记载,与《太平御览》对苜蓿的记载相比,《太平广记》记载苜蓿的侧重面不同。

四、《永乐大典》与《古今图书集成》

《永乐大典》系中国古代规模最大的类书,也是人类最早的百科全书。它编撰于明朝永乐年间，明成祖朱棣先后命内阁首辅解缙和太子少师姚广孝主持修纂的一部中国古典集大成的旷世大典，初名《文献大成》，后皇帝亲自撰写序言并赐名《永乐大典》，这是中国第一部百科全书式的文献集，全书 22 877 卷（目录占 60 卷），11 095 册，约 3.7 亿字，汇集了古今图书七八千种，显示了中国古代科学文化的光辉成就。

《永乐大典》记载了不少有关苜蓿的典故、诗词和重要史迹。

《古今图书集成》原名《古今图书汇编》，全书共 10 000 卷，目录 40 卷，是清朝康熙时期由福建侯官人陈梦雷（1650～1741 年）所编辑的大型类书。该书编辑历时 28 年，共分 6 编 32 典，是现存规模最大、资料最丰富的类书。《古今图书集成》，采撷广博，内容非常丰富，上至天文、下至地理，中有人类、禽兽、昆虫，乃至文学、乐律等等，包罗万象。它集清朝以前图书之大成，是各学科研究人员治学、继续先人成果的宝库。由于成书在封建社会末期，克服以前编排上不科学的地方，有些被征引的古籍，现在佚失了，得以赖此类书保存了很多零篇章句。在《古今图书集成·博物汇编·草本典·第三十七卷·苜蓿部》分苜蓿部录考、苜蓿部纪事和苜蓿部杂录三部分辑录了清代之前的苜蓿相关记载。其中，苜蓿部录考主要辑录了北魏贾思勰《齐民要术》、明徐光启《农政全书》、王象晋《群芳谱》、李时珍《本草纲目》等中的苜蓿重要内容；苜蓿部纪事主要辑录了司马迁《史记·大宛传》，班固《汉书·西域传》，南朝任昉《述异记》，唐房玄龄《晋书》，宋祁、欧阳修等《唐书·百官志·驾部掌》，元刘郁《西使记》和明宋濂《元史·食货志》等中的苜蓿相关内容；苜蓿部杂录汉刘歆《西京杂记》、宋林洪《山家清供》中的苜蓿相关内容。

主要参考文献

一、两汉魏晋南北朝至清代

[战国-汉]不详. 夏小正经文. 夏纬瑛, 校释. 北京: 农业出版社, 1981

[战国-汉]不详. 尔雅. 管锡华, 译注. 北京: 中华书局, 2014

[汉]班固. 汉书. 北京: 中华书局, 2007

[汉]班固. 汉书. [唐]颜师古, 注. 北京: 中华书局, 1998

[汉]崔寔. 四民月令. 缪启愉, 辑释. 北京: 农业出版社, 1981

[汉]刘安. 淮南子. 许匡一, 译. 贵阳: 贵州人民出版社, 1995

[汉]刘歆, [晋]葛洪. 西京杂记. 西安: 三秦出版社, 2006

[汉]六朝人撰. 三辅黄图校证. 陈直, 校证. 西安: 陕西人民出版社, 1980

[汉]神农氏. 神农本草经. 北京: 蓝天出版社, 1997

[汉]司马迁. 史记. 北京: 中华书局, 1959

[汉]司马迁. 史记(评注本). 韩兆琦, 评注. 长沙: 岳麓书社, 2004

[汉]许慎. 说文解字. [宋]徐铉, 校定. 北京: 中华书局, 2013

[汉]佚名. 神农本草经. 哈尔滨: 哈尔滨出版社, 1999

[汉]不详. 三辅黄图. 毕沅, 校. 上海: 商务印书馆, 1936

[魏]贾思勰. 齐民要术. 缪启愉, 校释. 上海: 上海古籍出版社, 2009

[魏]贾思勰. 齐民要术. 石声汉, 校释. 北京: 中华书局, 2009

[魏]贾思勰. 齐民要术. 石声汉, 译注. 石定枎, 谭光万, 补注. 北京: 中华书局, 2009

[魏]杨衒之. 洛阳伽蓝记. 上海: 上海古籍出版社, 1978

[魏]杨衒之. 洛阳伽蓝记校笺. 杨勇, 校笺. 北京: 中华书局, 2002

[晋]郭璞. 尔雅注疏. [宋]邢昺疏. 上海: 上海古籍出版社, 2010

[晋]刘昫. 旧唐书. 北京: 中华书局, 1975

[晋]陆机. 陆机集. 北京: 中华书局, 1982

[晋]陆机. 陆士衡文集. 南京: 凤凰出版社, 2007

[晋]张华. 博物志. 北京: 中华书局, 1985

[南朝]任昉. 述异记. 北京: 中华书局, 1960

[南朝]陶弘景. 名医别录. 北京: 人民卫生出版社, 1986

[南朝]陶弘景. 本草经集. 尚志钧, 校注. 北京: 学苑出版社, 2008

[南朝]陶弘景. 本草经集注. 北京: 群联出版社, 1955

[隋]杜台卿. 玉烛宝典. 上海: 商务印书馆, 1939

[隋]虞世南. 北堂书钞. 孔广陶, 校注. 天津: 天津古籍出版社, 1988

[唐]杜佑. 通典. 北京: 中华书局, 1982

[唐]封演. 封氏闻见记. 上海: 商务印书馆, 1956

[唐]韩鄂. 四时纂要. 缪启愉, 校释. 北京: 农业出版社, 1981

[唐]李吉甫. 元和郡县志. 北京: 中华书局, 1983

[唐]李林甫. 唐六典. 北京: 中华书局, 1992

[唐]李肇. 唐国史补. 杭州: 浙江古籍出版社, 1986

[唐]孟诜. 食疗本草. 北京: 中国商业出版社, 1992

[唐]欧阳询. 艺文类聚. 上海: 上海古籍出版社, 1965

[唐]郄昂. 岐邠泾宁四州八马坊颂碑. 全唐文(卷0361). 北京: 中华书局, 2001

[唐]苏敬. 新修本草. 上海: 上海古籍出版社, 1985

[唐]孙思邈. 备急千金要方. 北京: 华夏出版社, 2008

[唐]王焘. 外台秘要. 北京: 人民卫生出版社, 1955

[唐]韦绚. 刘宾客嘉话录. 上海: 上海古籍出版社, 2000

[唐]魏征. 隋书. 北京: 中华书局, 1973

[唐]徐坚. 初学记. 北京: 中华书局, 1962

[唐]薛用弱. 集异记. 北京: 中华书局, 1980

[唐]义净. 金光明最胜王经. 北京: 中华电子佛典学会, 2001

[唐]张说. 大唐开元十三年陇右监牧颂德碑. 张说之文集. 上海: 商务印书馆, 1936

[唐]长孙无忌. 唐律疏议. 北京: 中华书局, 1983

[五代]不详. 日华子本草. 常敏毅, 辑注. 北京: 中国医药科技出版社, 2015

[五代]王定保. 唐摭言. 北京: 中华书局上海编辑所, 1959

[宋]陈旉. 陈旉农书. 北京: 中国农业出版社, 1981

[宋]陈景沂. 全芳备祖. 北京: 中国农业出版社, 1982

[宋]陈直. 寿亲养老新书. [元]邹铉, 增续; 张成博, 点校. 天津: 天津科学技术出版社, 2012

[宋]法云. 翻译名义集. 上海: 上海书店, 1989

[宋]范晔. 后汉书. 陈芳译注. 北京: 中华书局, 2009

[宋]高承. 事物纪原. 北京: 中华书局, 1989

[宋]寇宗奭. 本草衍义. 北京: 人民卫生出版社, 1990

[宋]李昉. 广太平记. 北京: 中华书局, 1961

[宋]李昉. 太平御览. 石家庄: 河北教育出版社, 1994

[宋]李昉. 文苑英华. 北京: 中华书局, 1966

[宋]李格非. 洛阳名园记. 北京: 中华书局, 1985

[宋]林洪. 山家清供. 北京: 中国商业出版社, 1985

[宋]李焘. 续资治通鉴. 北京: 中华书局, 2004

[宋]罗愿. 尔雅翼. 合肥: 黄山书社, 1991

[宋]罗愿. 新安志. 合肥: 黄山书社, 2008

[宋]欧阳修. 新唐书. 北京: 中华书局, 1975

[宋]欧阳修. 新五代史. 上海: 汉语大词典出版社, 2004

[宋]沈括. 梦溪笔谈. 贵阳: 贵州人民出版社, 1998

[宋]施宿. 嘉泰会稽志. 台北: 成文出版社, 1983

[宋]司马光. 资治通鉴. 北京: 中华书局, 1956

[宋]苏颂. 本草图经. 合肥: 安徽科学技术出版社, 1994

[宋]唐慎微. 大观本草. 艾晟, 刊订. 合肥: 安徽科学技术生出版社, 2002

[宋]唐慎微. 重修政和经史证类备用本草. 北京: 人民卫生出版社, 1982

[宋]王溥. 唐会要. 北京: 中华书局, 1955

[宋]王谠. 唐语林. 上海: 上海古籍出版社, 1978

[宋]王钦若. 册府元龟(第06册). 南京: 凤凰出版社, 2006

[宋]王应麟. 玉海. 南京: 江苏古籍出版社, 1999

[宋]吴怿. 种艺必用. 北京: 中国农业出版社, 1963

[宋]袁枢. 通鉴纪事本末. 北京: 中华书局, 1964

[宋]郑樵. 通志·昆虫草木略. 合肥: 安徽教育出版社, 2006

[元]大司农. 农桑辑要校注. 石声汉, 校注. 北京: 农业出版社, 1982

[元]官修. 元典章. 北京: 中华书局, 2011

[元]贾铭. 饮食须知. 北京: 中国商业出版社, 1985

[元]马端临. 文献通考. 北京: 中华书局, 1986

[元]脱脱. 宋史. 上海: 中华书局, 1912-1914

[元]王结. 善俗要义. 杭州: 浙江古籍出版社, 1988

[元]王祯. 王祯农书. 北京: 中国农业出版社, 1982

[元]熊梦祥. 析津志辑佚. 北京: 北京古籍出版社, 1993

[元]俞宗本. 田家历. 北京: 北京图书馆, 1991

[明]鲍山. 野菜博录. 济南: 山东画报出版社, 2007

[明]不详. 大明世宗肃皇帝实. 中央研究院历史语言研究所校. 上海: 上海书店, 1982

[明]不详. 嘉靖太平县志. 上海: 上海古籍出版社, 1963

[明]不详. 嘉靖尉氏县志. 上海: 上海古籍书店, 1963

[明]不详. 嘉靖夏津县志. 上海: 上海古籍书店, 1962

[明]蔡懋昭. 隆庆赵州志. 上海: 上海古籍书店, 1962

[明]程登吉. 幼学琼林. 长沙: 岳麓书社, 2005

[明]戴羲. 养余月令. 北京: 中华书局, 1956

[明]樊深. 嘉靖河间府志. 上海: 上海古籍书店, 1981

[明]皇甫嵩. 本草发明. 北京: 中国中医药出版社, 2015

[明]李东阳. 大明会典. 北京: 中华书局, 1965

[明]李时珍. 本草纲目. 北京: 人民卫生出版社, 1982

[明]李时珍. 本草纲目(校点本下册)(第2版). 北京: 人民卫生出版社, 2013

[明]李维祯. 山西通志. 北京: 中华书局, 1996

[明]李希程. 嘉靖兰阳县志. 上海: 中华书局上海编辑所, 1965

[明]栗永禄. 嘉靖寿州志. 上海: 上海古籍书店, 1963

[明]刘基. 多能鄙事. 济南: 齐鲁书社出版, 1997

[明]刘节. 正德颍州志. 上海: 上海古籍书店, 1963

[明]刘文泰. 本草品汇精要. 王淑民, 点校. 北京: 人民卫生出版社, 1988

[明]卢和. 食物本草. 北京: 人民卫生出版社, 1994

[明]缪希雍. 神农本草经疏. 上海: 上海人民出版社, 2005

[明]彭泽, 汪舜民. 弘治徽州府志. 上海: 上海古籍书店, 1981

[明]宋濂. 元史. 北京: 中华书局, 1973

[明]太宗. 大明太祖高皇帝实录. 中央研究院历史语言研究所校. 上海: 上海书店, 1982

[明]汪尚宁. 嘉靖徽州府志. 台北: 成文出版社, 1981

[明]王克昌, 殷梦高. 保德州志. 台北: 成文出版社, 1976

[明]王三聘. 古今事物考. 上海: 商务印书馆, 1937

[明]王廷相. 浚川奏议集. 台南: 华严文化事业有限公司, 1997

[明]王象晋. 群芳谱. 见: 任继愈. 中国科学技术典籍通汇(农学卷三). 郑州: 河南教育出版社, 1994

[明]王象晋. 群芳谱. 长春: 吉林人民出版社, 1991

[明]孝宗. 大明宪宗纯皇帝实录. 中央研究院历史语言研究所校. 上海: 上海书店, 1982

[明]徐光启. 农政全书. 上海: 上海古籍出版社, 1979

[明]姚可成. 食物本草. 达美君, 点校. 北京: 人民卫生出版社, 1994

[明]余鲰. 嘉靖宿州志. 上海: 上海古籍书店, 1963

[明]负佩蘭, 杨国泰. 太原县志. 台北: 成文出版社, 1976

[明]张岱. 夜航船. 成都: 四川文艺出版社, 1996

[明]赵时春. 平凉府志. 兰州: 甘肃人民出版社, 1999

[明]赵廷瑞, 马理, 吕柟. 陕西通志. 西安: 三秦出版社, 2006

[明]朱橚. 救荒本草校释. 王家葵, 校注. 北京: 中医古籍出版社, 2007

[明]邹浩. 明万历宁远志. 兰州: 甘肃人民出版社, 2005

[清]阿桂, 董诰. 盛京通志. 沈阳: 辽海出版社, 1997

[清]不详. 论栽培苜蓿之有利. 农学报, 1902, (0200)

[清]不详. 绿肥植物之一种. 农学报, 1903, (0214)

[清]不详. 新疆四道志. 台北: 成文出版社, 1968

[清]陈淏子. 花镜. 北京: 农业出版社, 1962

[清]陈恢吾. 农学纂要. 上海: 伏生草堂, 出版时间不详

[清]陈梦雷. 古今图书集成. 北京: 北京图书馆出版社, 2001

[清]程瑶田. 程瑶田全集. 合肥: 黄山书社, 2008

[清]丁宜曾. 农圃便览. 王毓瑚, 校点. 北京: 中华书局, 1957

[清]鄂尔泰, 张廷玉. 授时通考. 北京: 农业出版社, 1991

[清]方受畴. 抚豫恤灾录. 见: 李文海. 中国荒赈全书·第二辑第3卷. 北京: 北京古籍出版社, 2003

[清]傅恒. 平定准噶尔方略. 北京: 全国图书馆文献中心, 1990

[清]龚景瀚. 循化厅志. 台北: 成文出版社, 1968

[清]龚乃保. 冶城蔬谱. 南京: 南京出版社, 2009

[清]龚乃保. 冶城蔬谱·续冶城蔬谱. 南京: 南京出版社, 2014

[清]顾景星. 野菜赞. 上海: 吴江沈氏世楷堂, 时间不详

[清]郭云升. 救荒简易书. 上海: 上海古籍出版社, 1995

[清]何刚德. 春明梦录·客座偶谈. 上海: 上海古籍书店, 1983

[清]和瑛. 回疆通志. 台北: 文海出版社, 1966

[清]洪蕙. 嘉庆重修延安府志. 南京: 江苏古籍出版社, 2007

[清]黄恩锡. 中卫县志. 台北: 成文出版社, 1968

[清]黄辅辰.营田辑要校释.马宗申,校释.北京:中国农业出版社,1984

[清]黄文炜.高台县辑校.张志纯,校点.兰州:甘肃人民出版社,1998

[清]黄文炜.重修肃州新志.北京:学生书局,1967

[清]黄以仁.苜蓿考.东方杂志,1911,8(1):26-31

[清]吉川佑辉,藤田丰八.苜蓿说.农学报,1901,13(3):2-4

[清]吉川祐辉.苜蓿说.农学报,1901,(133)

[清]李春松.世济牛马经.北京:农业出版社,1958

[清]李鸿章.畿辅通志.保定:河北大学出版社,2010

[清]李垒.金乡县志.台北:成文出版社,1976

[清]李席.晋县乡土志(民国版).台北:成文出版社,1968

[清]厉荃.事物异名录.长沙:岳麓书社,1991

[清]刘懋宫,周斯億.泾阳县志.台北:成文出版社,1969

[清]盧坤.秦疆治略.台北:成文出版社,1970

[清]罗振玉.农事私议·僻地肥田说(卷之上).光绪二十六年(1900年)

[清]罗振玉.僻地粪田说.农学报,1900,(0122)

[清]闵钺.历代本草精华丛书——本草详节.上海:上海中医药大学出版社,1994

[清]倪嘉谦,[民国]郭超群.安塞县志.上海:上海古籍出版社,2010

[清]蒲松龄.农桑经校注.李长年,校注.北京:农业出版社,1982

[清]蒲松龄.蒲松龄集.上海:上海古籍出版社,1986

[清]清圣祖.广群芳谱.上海:商务印书馆,1935

[清]饶应祺.同州府续志.台北:成文出版社,1970

[清]邵晋涵.尔雅正义.上海:上海古籍出版社,2017

[清]升允.甘肃新通志.清宣统元年(1909年)版本

[清]盛百二.增订教稼书.上海:上海古籍出版社,1980

[清]施诚.河南府志.乾隆四十四年(1779)刻本

[清]松田定久.黄以仁的苜蓿考附草木樨.黄以仁氏ノ苜蓿考附草木樨.植物学杂志,1911,25(293): 233-234

[清]松田定久.苜蓿(*Medicago sativa* L.)ノ稱呼ヲ考定シテ中国ニ産スル苜蓿屬ノ諸種ニ及ブ.植物学杂志,1907,21(251):1-6

[清]松田定久.中国北部ヨリ来リタル苜蓿属ノ標本.植物学杂志,1908,22:199

[清]孙观.观城县志.台北:成文出版社,1968

[清]谈迁.北游录.北京:中华书局,1981

[清]谈迁.枣林杂俎.罗仲辉,点校.北京:中华书局,2006

[清]藤田丰八.论种苜蓿之利.农学报,1900,10(9):1

[清]王德瑛.光绪扶沟县志.清光绪十九年(1893)刻本

[清]王念孙.广雅疏证.北京:中华书局,1983

[清]王樹枏.奉天通志.沈阳:辽海出版社,2003

[清]王樹枏.新疆图志.上海:上海古籍出版社,2015

[清]王樹枏.新疆小正.台北:成文出版社,1968

[清]王先谦.汉书补注.北京:中华书局,1983

主要参考文献

[清]王烜. 静宁州志. 台北: 成文出版社, 1970

[清]王肇晋. 深泽县志. 台北: 成文出版社, 1976

[清]卫理译. 农学津梁(第二十一章、第二十四章、第二十七章、第三十章、第三十三章、第三十四章、第三十五章). 农学报, 1905, (0281)

[清]卫理译. 农学津梁(第九章、第十二章、第十六章). 农学报, 1905, (0280)

[清]卫理译. 农学津梁(第六十章). 农学报, 1905, (0282)

[清]吴其濬. 植物名实图考. 北京: 商务印书馆, 1957

[清]吴其濬. 植物名实图考长编. 北京: 商务印书馆, 1959

[清]吴玉搢. 别雅. 上海: 商务印书馆, 1939

[清]谢树森. 镇番遗事历鉴. 香港: 香港天马图书有限公司, 2000

[清]徐汝瓒, 杜昆. 汲县志. 乾隆二十年(1755年)版本

[清]徐松. 汉书·西域传补注. 上海: 商务印书馆, 1937

[清]徐松. 宋会要辑稿. 北京: 中华书局, 1987

[清]徐松. 新疆赋. 上海: 上海文瑞楼, 光绪二十九年(1903年)版本

[清]薛宝辰. 素食说略. 北京: 中国商业出版社, 1984

[清]严如熤. 三省边防备览. 南京: 江苏广陵古籍刻印社, 1991

[清]杨鞏. 农学合编. 北京: 中华书局, 1956

[清]杨屾. 豳风广义. 郑辟疆, 郑宗元, 校勘. 北京: 农业出版社, 1962

[清]杨一臣. 农言著实评注. 杨允褆, 整理. 北京: 农业出版社, 1989

[清]叶志诜. 神农本草经赞. 北京: 世界书局, 2017

[清]应宝时, 俞樾. 同治上海县志. 上海: 松江振华德记印书馆, 1902

[清]于沧澜. 光绪鹿邑县志. 清光绪二十二年(1896年)刻本

[清]张廷玉. 明史. 北京: 中华书局, 1974

[清]张玉书. 康熙字典. 上海: 汉语大词典出版社, 2002

[清]张玉书. 康熙字典. 上海: 上海大成书局, 1948

[清]张宗法. 三农纪. 北京: 农业出版社, 1989

[清]长顺, 李桂林. 吉林通志. 长春: 吉林文史出版社, 1986

[清]赵尔巽. 清史稿. 北京: 中华书局, 1977

[清]钟方. 哈密志. 台北: 成文出版社, 1968

[清]钟赓起. 甘州府志. 兰州: 甘肃文化出版社, 1995

[清]祝嘉庸, 吴浔源. 宁津县志. 台北: 成文出版社, 1976

[清]邹澍. 本经疏证. 北京: 中国中医药出版社, 2013

[清]左宗棠. 左宗棠全集. 长沙: 岳麓书社, 2009

[清]作者不详. 豆科植物之研究. 农学报, 1902, 13(8): 6-9

[清]Coburn F D. The book of alfalfa. New York: Orange Judd company, 1912

[清]Candolle A D. Origin of cultivated plants. London: Kegan Paul, Trenoh & Co 1, Paternoster Square, 1884

[清]Franklin K. Farmers of Forty Centuries or Permanent Agriculture in China, Korea and Japan. Madison. US: Macmillan company, 1911

[清]Hanson N E. The wild alfalfas and clovers of Siberia, with a perspective view of the alfalfas of the world. Washington: Washington government printing office, 1909

二、民国时期

安汉, 李自发. 西北农业考察. 南京: 正中书局, 1936

白册侯, 余炳元. 新修张掖县志. 1912-1949年抄本

曾问吾. 中国经营西域史. 上海: 商务印书馆, 1936

陈存仁. 中国药学大辞典(上册). 上海: 世界书局, 1935

川濑勇. 实验牧草讲义. 东京: 株式会社养贤堂, 1941

东北物资调节委员会. 东北经济小丛书-畜产. 北京: 京华印书局, 1948

东北物资调节委员会. 东北经济小丛书-农产(生产篇). 北京: 京华印书局, 1948

东省铁路经济调查局. 北满农业. 哈尔滨: 中国印刷局, 1928

冯其焯, 王廷昌. 亚路花花草(alfalfa grass). 农智, 1922, (1): 49-54

耿以礼, 耿伯介. 甘青牧草考察简要报告. 中央畜牧兽医汇报, 1945

侯荫昌. 无棣县志. 济南: 山东商务印刷所, 1925

胡先骕. 植物学小史. 上海: 商务印书馆, 1930

贾祖璋, 贾祖珊. 中国植物图鉴. 上海: 开明书店, 1937

金陵大学农学院农业经济系农业历史组. 农业论文索引(1858-1931). 北平: 金陵大学图书馆, 1933

孔庆莱, 吴德亮, 李祥麟, 等. 植物学大辞典. 上海: 商务印书馆, 1918

李长之. 司马迁之人格与风格. 上海: 开明书店, 1947

李法天. 碱土的几项改善法. 农圃, 1934, (6): 10-12

李嘉猷. 空气中游离氮素之固定. 寒圃, 1934, (15-16)

李树茂. 畜产与农业. 寒圃, 1934, (3-4): 6-12

李树茂. 土壤反应与地力之关系. 寒圃, 1934, (17-18): 27-32

李树茂. 绥远土壤碱性之初步的研究. 绥农, 1936, 1(1): 2-6

凌文之. 豆科植物之记载. 自然界, 1926, 1(1): 70-74

刘安国, 吴廷锡. 重修咸阳县志. 1932年影印本

刘志鸿, 李泰芬. 阳原县志. 台北: 成文出版社, 1935

楼祖诒. 中国邮驿发达史. 上海: 中华书局, 1939

路仲乾. 爱尔华华草(alfalfa)之研究(上). 农科季刊, 1928, 1(1): 9-23

路仲乾. 爱尔华华草(alfalfa)之研究(下). 农科季刊, 1928, 1(2): 63-78

马鹤天. 甘青藏边区考察记. 上海: 商务印书馆, 1947

满田隆一. 满洲农业研究三十年. 上海: 建国印书馆, 1945

满铁新京支社调查室. 北满及东满地方牧野植生调查报告. 出版社不详, 1932年版(日文)

秦含章. 苜蓿根瘤与苜蓿根瘤杆菌的形态的研究. 自然界, 1931, 7(1): 93-103

全国经济委员会. 全国经济委员会一年来之农业建设: 向五中全会报告书. 农业周报, 1935: 4(1): 1-5

桑原骘藏. 张骞西征考. 杨炼, 译. 上海: 商务印书馆, 1934

沙凤苞. 陕西关中沿渭河一带畜牧初步调查报告. 西北农林, 1938, (2)

商务印书馆. 辞源正续编(合订本). 上海: 商务印书馆, 1939

生本. 张清益的宣传方式. 解放日报, 1944, (2): 27

宋伯鲁. 续修陕西通志稿. 民国二十三年(1934年)铅印本

宋希庠. 中国历代劝农考. 南京: 正中书局, 1936

商务印书馆. 辞源正续编(合订本). 上海: 商务印书馆, 1939

孙醒东. 中国食用作物. 上海: 中华书局, 1941

汤文通. 农艺植物学. 台北: 新农企业股份有限公司, 1947

佟树蕃. 关于牧草. 寒圃, 1934, (3-4): 33-38

王臣之. 朔方道志. 天津: 天津华泰印书馆, 1926

王高才. 改良西北畜牧之管见. 寒圃, 1934, (3-4): 14-20

吴知. 乡村织布工业的一个研究. 上海: 商务印书馆, 1936

向达. 苜蓿考. 自然界, 1929, 4(4): 324-338

谢成侠. 中国马政史. 安顺: 陆军兽医学校, 1945

薛树薰. 苜蓿. 养蜂报, 1927, (13): 12-13

杨景滇. 土壤水分及其与作物之生长. 寒圃, 1934, (17-18): 17-27

俞德浚, 蔡希陶. 农艺植物考源. 上海: 商务印书馆, 1940

张援. 大中华农业史. 上海: 商务印书馆, 1921

赵伯基. 江苏滨海盐垦区之棉作情形. 中华棉产改进会月刊, 1932, 1(4-5): 10-15

中美农业技术合作团. 改进中国农业之途径. 上海: 商务印书馆, 1947

尊卣. 改良西北畜牧业应当注意之苜蓿(alfalfa). 新青海, 1936, 4(5): 16-21

Bretschneider. 中国植物学文献评论. 石声汉, 译. 上海: 商务印书馆, 1935

Hendry C W. Alfalfa in history. J Am Soc Agron, 1923, 15: 171-176

Klinkowski M. Lucerne: Its ecological position and distribution in the world. Bulletin of the Imperial Bureau of Plant Genetics, 1933

Mason B A. Alfalfa production. Sacramento: California university of California printing office Berkeley, 1929

Piper C V. Forage plants and their culture. New York: Macmillan Co., 1935

Rodney M. Wendelin Grimm and alfalfa. The eighth-ninth annual meeting of the Minnesota Historical Society. Paul on January, 1938

Stewart G. Alfalfa-growing in the united states and Canada. New York: Macmillan Co, 1926

Tysdal H M. Alfalfa improvement. Washington: United States Department of Agriculture, Bureau of Plant Industry, division of forage crops and diseases, 1937

三、现代

安忠义, 强生斌. 河西汉简中的蔬菜考释. 鲁东大学学报(哲学社会科学版), 2008, 25(6): 29-33

安作璋. 西汉与西域关系史. 济南: 齐鲁书社, 1979

白鹤文, 杜富全, 闵宗殿. 中国近代农业科技史稿. 北京: 中国农业科技出版社, 1995

白寿彝. 中国通史. 上海: 上海人民出版社, 1999

宝鸡市地方志编纂委员会. 宝鸡市志(中). 西安: 三秦出版社, 1998

北京农业大学. 作物栽培学. 北京: 农业出版社, 1961

勃基尔. 人的习惯与旧世界栽培植物的起源. 胡先骕, 译. 北京: 科学出版社, 1954

卜慕华. 我国栽培作物来源的探讨. 中国农业科学, 1981, 4: 86-96

布尔努瓦. 丝绸之路. 乌鲁木齐: 新疆人民出版社, 1982

布尔努瓦. 天马和龙涎——12世纪之前丝路上的物质文化传播. 丝绸之路, 1997, (3): 11-17

蔡志本. 罪证: 日伪公主岭农业试验场. 兰台内外, 2015, (4): 6-7

曹伟, 徐阔. 交通视野下中国古代邮驿建筑形制及体系的演变. 中外建筑, 2014, (05): 10-17

柴德强. 南京国民政府全国经济委员会研究(1931-1938). 济南: 山东师范大学硕士研究生学位论文, 2017

柴剑虹. "胡芦河"考——岑参边塞诗地名考辨之一. 新疆师范大学学报(哲学社会科学版), 1981, (1): 90-92

陈宝书. 牧草饲料作物栽培学. 北京: 中国农业出版社, 2001

陈布圣. 牧草栽培. 上海: 上海科学技术出版社, 1959

陈家瑞. 对我国古代植物分类学及其思想的探讨. 植物分类学报, 1978, 16(3): 101-111

陈丽钏. 浅谈苜蓿. 统一企业, 2006, (8): 35-39

陈凌风. 中国农业百科全书(畜牧业卷(上). 北京: 中国农业出版社, 1996

陈明. 译释与传抄: 丝路汉文密教文献中的外来药物书写. 世界宗教研究, 2016, (1): 10-13

陈默君, 贾慎修. 中国饲用植物. 北京: 中国农业出版社, 2000

陈少华. 近代农业科学技术出版物的初步研究. 中国农史, 1999, 18(4): 102-105

陈舜臣. 西域余闻. 吴菲, 译. 桂林: 广西师范大出版社, 2009

陈文华. 中国古代农业文明. 南昌: 江西科学技术出版社, 2005

陈玉宁. 宁夏通史(古代卷). 银川: 宁夏人民出版社, 1993

陈跃. 汉晋南北朝时期吐鲁番地区的农业开发. 陕西学前师范学院学报, 2014, 30(5): 79-89

陈直. 史记新证. 天津: 天津人民出版社, 1979

陈竺同. 两汉和西域等地的经济文化交流. 上海: 上海人民出版社, 1957

成颖. 词典论. 西安: 陕西人民出版社, 2003

程先甲. 游陇丛记. 见: 顾颉刚. 西北考察日记. 兰州: 甘肃人民出版社, 2002

池田哲也. 北海道におけるアルファルファの栽培—最近の研究と新技術—. 北農, 1999, 66: 308-314

池子华. 中国近代流民. 杭州: 浙江人民出版社, 1996

辞海编辑委员会. 辞海(修订稿)农业分册. 上海: 上海辞书出版社, 1978

邓启刚, 朱宏斌. 苜蓿的引种及其在农耕地区的本土化. 农业考古, 2014, (3): 20-30

丁广奇. 植物种名释. 北京: 科学出版社, 1957

董粉和. 中国秦汉科技史. 北京: 人民出版社, 1994

董恺忱, 范楚玉. 中国科学技术史(农学卷). 北京: 科学出版社, 2000

董立顺, 侯甬坚. 水草与民族: 环境史视野下的西夏畜牧业. 宁夏社会科学, 2013, 177(2): 91-96

杜石然, 范楚玉, 陈美东, 等. 中国科学技术史稿(上册). 北京: 科学出版社, 1982

樊志民. 农业进程中的"拿来主义". 生命世界, 2008, (7): 36-41

范文澜. 中国通史简编. 北京: 商务印书馆, 2010

范延臣, 朱宏斌. 苜蓿引种及其我国的功能性开放. 家畜生态学报, 2013, 34(4): 86-90

方豪. 中西交通史(上). 上海: 上海人民出版社, 2008

方豪. 中西交通史. 上海: 上海人民出版社, 1987

方珊珊, 孙启忠, 闫亚飞. 45个苜蓿品种秋眠级初步评定. 草业学报, 2015, 24(11): 247-255

冯德培, 谈家桢. 简明生物学词典. 上海: 上海辞书出版社, 1983

冯广平. 秦汉上林苑植物图考. 北京: 科学出版社, 2012

冯天瑜. 新语探源. 北京: 中华书局, 2004

凤凰出版社. 中国地方志集成·山东府县志辑(第91册). 南京: 凤凰出版社, 2004

福建省中医研究所. 福建药物志·第二册. 福建: 福建科学技术出版社, 1983

富象乾. 中国饲用植物研究史. 内蒙古农牧学院学报, 1982, (1): 19-31

甘肃省地方史志编纂委员会, 甘肃省志·畜牧志. 兰州: 甘肃人民出版社, 1991: 193-196

甘肃省社会科学院. 陕甘宁革命根据地史料选辑(第一辑). 兰州: 甘肃人民出版社, 1983

甘肃省文物考古研究所. 敦煌汉简. 北京: 中华书局, 1991

高启安. 唐五代敦煌饮食文化研究. 北京: 民族出版社, 2004

高荣. 论汉武帝"图制匈奴"战略与征伐大宛. 西域研究, 2009, (2): 1-8

葛剑雄. 从此葡萄入汉家. 北京: 海豚出版社, 2012

耿华珠. 中国苜蓿. 北京: 中国农业出版社, 1995

龚延明. 宋代官制辞典. 北京: 中华书局, 1997

谷衍奎. 汉字源流字典. 北京: 语文出版社, 2008

古代汉语词典编写组. 古代汉语词典. 北京: 商务印书馆, 1998

顾毓章. 江苏盐垦实况. 通州: 通州日报社, 2003

郭建新, 朱宏斌. 苜蓿在我国的传播历程及渊源考察. 安徽农业科学, 2015, 43(21): 390-392

郭文韬. 中国近代农业科技史. 北京: 中国农业科技出版社, 1989

郭文韬. 中国农业科技发展史略. 北京: 中国科学技术出版社, 1988

郭象伋. 绥远通志稿. 呼和浩特: 内蒙古人民出版社, 2007

韩茂莉. 宋代农业地理. 太原: 山西古籍出版社, 1993

韩茂莉. 唐宋牧马业地理分布论析. 中国历史地理论丛, 1987, (2): 55-75

韩鹏. 吐鲁番出土供食帐中所见高昌时期饮食情况. 北方文学, 2011, 2: 109-110

杭悦宇. 植物名实图考同名异物辩证. 中国中药杂志, 1990, 15(1): 7-10

郝兆先, 牛兆濂. 续修蓝田县志. 台北: 成文出版社, 1970

何元龙. 伪满时期黑龙江省的农业政策与小麦生产和加工. 古今农业, 2009, (3): 71-79

河北省巨鹿县志编纂委员会. 巨鹿县志. 北京: 文化艺术出版社, 1994

河北省卫生厅粮食厅合编. 野菜和代食品(第一辑). 石家庄: 河北省卫生厅粮食厅, 1960

贺旭志. 中国历代职官辞典. 长春: 吉林文史出版社, 1991

黑龙江省地方志编委会. 黑龙江省志(第十卷 畜牧志). 哈尔滨: 黑龙江人民出版社, 1993

洪绂曾. 中国多年生草种栽培技术. 北京: 中国农业科技出版社, 1990

洪绂曾. 中国多年生栽培草种区划. 北京: 中国农业出版社, 1989

侯灿. 麻札塔格古戍堡及其在丝绸之路上的重要位置. 文物, 1987, (3): 63-75

侯丕勋. 汗血宝马研究. 兰州: 甘肃文化出版社, 2006

侯振兵. 唐《厩牧令》复原研究的再探讨(A). 唐史论丛(第二十辑). 西安: 三秦出版社, 2015

胡道静. 胡道静文集. 上海: 上海人民出版社, 2011

胡平生. 楼兰木简残纸文书杂考. 新疆社会科学, 1990, (3): 85-93

胡奇光, 方环海. 尔雅译注. 上海: 上海古籍出版社, 2004

胡先骕, 孙醒东. 国产牧草植物. 北京: 科学出版社, 1955

胡治志. 人工草地在我国21世纪草业发展和环境治理中的重要意义. 草原与草坪, 2000, (1): 12-15

黄宏文, 段子渊, 廖景平, 等. 植物引种驯化对近500年人类文明史的影响及其科学意义. 植物学报, 2015, 50(3): 280-294

黄楼. 阚氏高昌杂差科帐研究. 敦煌学辑刊, 2015, (2): 55-70

黄士衡. 西汉野史(上). 北京: 大众文艺出版社, 2000

黄文弼.吐鲁番考古记. 北京: 中国科学院, 1954

黄文惠, 朱邦长, 李琪, 等. 主要牧草栽培及种子生产. 成都: 四川科学技术出版社, 1986

黄文惠. 苜蓿的综述(1970-1973年). 国外畜牧科技, 1974, (6): 1-13

黄永武. 敦煌宝藏(第122册). 台北: 新文丰出版公司, 1981

黄正建. 《天圣令》与唐宋制度研究. 北京: 中国社会科学出版社, 2011

黄宗智. 长江三角洲小农家庭与乡村发展. 北京: 中华书局, 2000

济南史志办. 道光济南府志. 北京: 中华书局, 2013

冀南行署. 冀南第二专署上半年生产工作初步总结. 人民日报, 1949年6月13日, 第2版

冀南行署. 冀南行署规定办法, 繁殖牲畜发展农业. 人民日报, 1948年8月22日, 第1版

贾钢涛. 咸阳市科学技术志. 北京: 中国社会科学出版社, 2016

翦伯赞. 秦汉史. 北京: 北京大学出版社, 1995

江苏省农业科学院土壤肥料研究所. 苜蓿. 北京: 中国农业出版社, 1980

江苏省植物研究所, 中国医学科学院药物研究所, 中国科学院昆明植物研究所. 新华本草纲要(第二册). 上海: 上海科学技术出版社, 1991

江苏省植物研究所.江苏植物志·下册.江苏: 江苏科学技术出版社, 1982

江苏省植物研究所等.新华本草纲要, 第二册.上海: 上海科学技术出版社, 1991

江苏新医学院. 中药大辞典. 上海: 上海人民出版社, 1977

蒋梦麟.现代世界中的中国:蒋梦麟社会文谈.上海: 学林出版社, 1997

焦彬.中国绿肥.北京: 中国农业出版社, 1986

焦国理.重修镇原县志.台北: 成文出版社, 1970

巨野县志编纂委员会.巨野县志.济南: 齐鲁书社, 1996

柯劭忞.新元史.北京: 云中书城, 1988

孔经纬.清代东北地区经济史.哈尔滨: 黑龙江人民出版社, 1990

劳费尔.中国伊朗编.林筠因, 译.北京: 商务印书馆, 1964

黎东方.细说秦.上海: 上海人民出版社, 2002

李婵娜.张骞得安石国榴种入汉考辨.学理论, 2010, 10(21): 164-166

李长年.齐民要术研究.北京: 中国农业出版社, 1959

李璠.生物史(第五分册).北京: 科学出版社, 1979

李璠.中国栽培植物发展史.北京: 科学出版社, 1984

李根蟠.中国古代农业.北京: 中国国际广播出版社, 2010

李继云, 刘冠军, 陈玲爱.苜蓿对土壤改良与增产的效果.土壤学报, 1960, 8(1): 13-21

李锦绣, 余太山.通典西域文献要注.上海: 上海人民出版社, 2009

李娟娟.汉血宝马的故乡——土库曼斯坦.石油知识, 2017, (4): 61

李伦良.苜蓿史话.中国草原与牧草, 1984, (01): 70-72

李淑娟.论伪满洲国的畜产政策及其危害.民国档案, 2015, (2): 78-86

李文治.中国近代农业史料(第一辑).北京: 生活·读书·新知三联书店, 1957

李文治. 中国近代农业史资料(第一辑). 北京: 三联书店, 1957

李学勤. 尔雅注疏. 北京: 北京大学出版社, 1999

李洵. 明史食货志校注. 北京: 中华书局, 1982

李艳玲. 公元5世纪至7世纪前期吐鲁番盆地农业生产探析. 西域研究, 2014, (4): 73-78

李仪祉. 李仪祉水利论著选集. 北京: 水利电力出版社, 1988

李衍文. 中草药异名词典. 北京: 人民卫生出版社, 2003

李约瑟. 中国科学技术史(第六卷 生物学及相关技术 第一册 植物学). 袁以苇, 译. 北京: 科学出版社, 2006

李增高. 明代的马政及北京地区的养马业. 古今农业, 2002, (3): 42-56

李正宇. 新玉门关考. 敦煌研究, 1997, (3): 1-14

李治亭. 东北通史. 郑州: 中州古籍出版社, 2003

李中华. 中国文化概论. 北京: 华文出版社, 1994

李烛尘. 西北的历程. 见: 蒋经国. 伟大的西北. 银川: 宁夏人民出版社, 2001

梁家勉. 中国农业科学技术史稿. 北京: 农业出版社, 1989

梁实秋. 远东英汉大词典. 台北: 远东图书公司, 1977

林甘泉. 中国经济通史·秦汉经济卷. 北京: 经济日报出版社, 1999

林甘泉. 中国历史大辞典(秦汉史卷). 上海: 上海辞书出版社, 1990

林梅村. 汉唐西域与中国文明. 北京: 文物出版社, 1998

林梅村. 中国所出佉卢文书·沙海古卷(初集). 北京: 文物出版社, 1988

林尹, 高明. 中文大辞典. 台北: 文化大学出版社, 1973

铃木信治. マメ科牧草アルファルファ(ルーサン)ーその品種・栽培・利用ー. 北海道: 雪印種苗発行, 1992

刘安志, 陈国灿. 唐代安西都护府对龟兹的治理. 历史研究, 2006, (1): 34-48

刘安志. 敦煌所出张君义文书与唐中宗景龙年间西域政局之变化(A). 魏晋南北朝隋唐史资料(第21辑). 武汉: 武汉大学出版社, 2004

刘光华. 西北通史(第1卷). 兰州: 兰州大学出版社, 2004

刘广生, 赵梅庄. 中国古代邮驿史. 北京: 人民邮电出版社, 1999

刘蓉. 刘蓉集. 长沙: 岳麓书社, 2008

刘文锁. 尼雅遗址古代植物志. 农业考古, 2002, (3): 63-67

刘文泰等. 本草品汇精要, 三十八卷. 北京: 人民卫生出版社, 1982

刘荫歧. 陵县续志. 台北: 成文出版社, 1968

刘运新, 廖偀苏. 大通县志. 台北: 成文出版社, 1970

刘长源. 汉中古史考论. 西安: 三秦出版社, 2001

刘正埃, 高名凯, 麦永乾, 等. 汉语外来词词典. 上海: 上海辞书出版社, 1984

柳洪亮. 新出吐鲁番文书及其研究. 乌鲁木齐: 新疆人民出版社, 1997

泷川资言. 史记会注考证. 上海: 上海古籍出版社, 2015

卢得仁. 旱地牧草栽培技术. 北京: 中国农业出版社, 1992

卢欣石. 苜蓿是怎么传入中国的. 草与畜杂志, 1984, (04): 30

罗桂环, 汪子春. 中国科学技术史(生物学卷). 北京: 科学出版社, 2005

罗检秋. 清末民初考据学方法的发展. 北京: 中国社会科学院近代史研究所青年学术论坛, 2002

罗竹风. 汉语大词典. 上海: 汉语大词典出版社, 1992

骆新强. 餐桌上的经济史. 半亩历史, 2010, (2): 1-3

吕思勉. 中国通史. 武汉: 武汉出版社, 2014

吕卓民, 陈跃. 两汉南疆农牧业地理. 西域研究, 2010, (2): 53-62

马爱华, 张俊慧, 赵仲坤. 中药苜蓿的使用考证. 时珍国药研究, 1996, 7(2): 65-66

马福祥, 王之臣. 民勤县志. 台北: 成文出版社, 1970

马曼丽. 中国西北边疆发展史研究. 哈尔滨: 黑龙江教育出版社, 2001

马特巴巴伊夫, 赵丰. 大宛遗锦. 上海: 上海辞书出版社, 2010

马伟. 近代以来我国东北农耕法的演变与发展. 农业考古, 2016, (3): 38-46

梅维恒. 汉语大词典. 上海: 上海汉语大词典出版社, 2003

米国柱. 庆阳地区畜牧志. 1997

米华健. 丝绸之路. 马睿, 译. 南京: 译林出版社, 2017

闵宗殿, 彭治富, 王潮生. 中国古代农业科技史图说. 北京: 中国农业出版社, 1989

闵宗殿. 中国古代农耕史略. 石家庄: 河北科学技术出版社, 1992

穆育人, 沈春生, 余笃信, 等. 城固县志. 北京: 中国大百科全书出版社, 1994

南京农学院. 饲料生产学. 北京: 农业出版社, 1980

内蒙古农牧学院. 牧草及饲料作物栽培学(第二版). 北京: 农业出版社, 1981

内蒙古植物志编辑委员会. 内蒙古植物志. 呼和浩特: 内蒙古人民出版社, 1989

内蒙古自治区畜牧厅修志编史委员会. 内蒙古畜牧业大事记. 呼和浩特: 内蒙古人民出版社, 1997

内蒙古自治区科学技术志编纂委员会. 内蒙古自治区志·科学技术志. 呼和浩特: 内蒙古人民出版
社, 1997

乜小红. 唐五代畜牧经济研究. 北京: 中华书局, 2006

潘富俊. 草木情缘. 北京: 商务出版社, 2015

彭诚. 新疆通志·畜牧志. 乌鲁木齐: 新疆人民出版社, 1996

彭世奖. 中国作物栽培简史. 北京: 中国农业出版社, 2012

齐如山. 华北的农村. 沈阳: 辽宁教育出版社, 2007

庆昭蓉. 唐代安西之帛练——从吐火罗B语世俗文书上的不明语词 Kaum 谈起. 敦煌研究, 2004, (4):
102-109

邱东. 张骞引种的植物. 植物通讯, 1991, (4): 43

邱怀. 秦川牛选育工作的过去、现在和未来. 黄牛杂志, 1999, 25(1): 1-6

全国虫草药汇编编写组. 全国中草药汇编(下册). 北京: 人民卫生出版社, 1996

全国牧草品种审定委员会. 中国牧草登记品种集. 北京: 中国农业大学出版社, 1999

任继周. 草业大辞典. 北京: 中国农业出版社, 2008

荣新江, 李肖, 孟宪实. 新获吐鲁番出土文献. 北京: 中华书局, 2008

芮传明. 中国与中亚文化交流志. 上海: 上海人民出版社, 1998

陕西省畜牧业志编委. 陕西畜牧业志. 西安: 三秦出版社, 1992

陕西省地方志编纂委员会. 陕西省志·农牧志. 西安: 陕西省人民出版社, 1993

尚志钧. 神农本草经校注. 北京: 科苑出版社, 2008

沈福伟. 中西文化交流史. 上海: 上海人民出版社, 1985

主要参考文献

沈苇. 植物传奇. 北京: 作家出版社, 2009

上海市农业科学研究所. 上海蔬菜品种志. 上海: 上海科学技术出版社, 1959

盛诚桂. 中国历代植物引种驯化梗概. 植物引种驯化集刊, 1985, 4: 85-92

施丁. 汉书新注. 西安: 三秦出版社, 1994

石声汉. 试论我国从西域引入的植物与张骞的关系. 科学史集刊, 1963, (5): 16-33

拾录. 苜蓿. 大陆杂志, 1952, 5(10): 9

史念海. 唐史论丛(第2辑). 西安: 陕西人民出版社, 1987

史念海. 唐史论丛(第4辑). 西安: 三秦出版社, 1988

史为乐. 中国历史地名大辞典. 北京: 中国社会科学院出版社, 2005

史仲文, 胡晓林. 中国全史. 北京: 人民出版社, 1994

苏北海. 丝绸之路与龟兹历史文化. 乌鲁木齐: 新疆人民出版社, 1996

孙凤霞. 本草纲目中的植物外来词误训分析. 文学教育(上), 2008, 11: 148-150

孙家山. 苏北盐垦史初稿. 北京: 中国农业出版社, 1984

孙景涛. 论"一音一义". 见: 北京大学语言学研究中心. 语言学论丛: 第31辑. 北京: 商务印书馆,
    2005: 48-71

孙启忠, 柳茜, 李峰, 等. 明清时期方志中的苜蓿考. 草业学报, 2017, 26(9): 176-188

孙启忠, 柳茜, 李峰, 等. 苜蓿起源与传播考述. 草地学报, 2019, 28(6): 204-212

孙启忠, 柳茜, 李峰, 等. 我国古代苜蓿的植物学研究考. 草业学报, 2016, 25(5): 202-213

孙启忠, 柳茜, 李峰, 等. 我国古代苜蓿物种考述. 草业学报, 2018, 27(8): 155-174

孙启忠, 柳茜, 李峰, 等. 我国明代苜蓿栽培利用考. 草地学报, 2018, 27(10): 204-214

孙启忠, 柳茜, 陶雅, 等. 我国近代苜蓿栽培利用技术研究考述. 草业学报, 2017, 26(1): 178-186

孙启忠, 柳茜, 陶雅, 等. 汉代苜蓿传入我国的时间考述. 草业学报, 2016, 25(12): 194-205

孙启忠, 柳茜, 陶雅, 等. 华北及毗邻地区近代苜蓿栽培利用考述. 草地学报, 2019, 28(5): 143-150

孙启忠, 柳茜, 陶雅, 等. 两汉魏晋南北朝时期苜蓿种植刍考. 草业学报, 2017, 26(11): 185-195

孙启忠, 柳茜, 陶雅, 等. 民国时期方志中的苜蓿考. 草业学报, 2017, 26(10): 219-226

孙启忠, 柳茜, 陶雅, 等. 民国时期西北地区苜蓿栽培利用刍考. 草业学报, 2018, 27(7): 9

孙启忠, 柳茜, 陶雅, 等. 清代苜蓿栽培利用刍考. 草地学报, 2019, 28(4): 168-191

孙启忠, 柳茜, 陶雅, 等. 隋唐五代时期苜蓿栽培利用刍考. 草业学报, 2018, 27(9): 183-193

孙启忠, 柳茜, 陶雅, 等. 张骞与汉代苜蓿引入考述. 草业学报. 2016, 25(10): 180-190

孙启忠, 柳茜, 徐丽君. 苜蓿名称小考. 草地学报, 2017, 25(6): 1186-1189

孙启忠, 王宗礼, 徐丽君. 旱区苜蓿. 北京: 科学出版社, 2014

孙启忠, 玉柱, 赵淑芬. 紫花苜蓿栽培利用关键技术. 北京: 中国农业出版社, 2008

孙启忠, 柳茜. 汉代苜蓿引入者考略. 草业学报, 2016, 25(1): 240-253

孙启忠. 苜蓿赋. 北京: 科学出版社, 2017

孙启忠. 苜蓿经. 北京: 科学出版社, 2016

孙启忠. 苜蓿考. 北京: 科学出版社, 2018

孙启忠. 苜蓿史钞. 北京: 科学出版社, 2020

孙醒东. 中国几种重要牧草植物正名的商榷. 农业学报, 1953, 4(2): 210-219

孙醒东. 重要绿肥作物栽培. 北京: 科学出版社, 1958

孙醒东. 重要牧草栽培. 北京: 中国科学院, 1954

汤彦承, 王锦秀. 在植物考据研究中应用进化思想的探讨. 云南植物研究, 2009, 31(5) : 406-407

唐耕耦, 陆宏基. 敦煌社会经济文献真迹释录(第五辑). 北京: 书目文献出版社, 1986

唐启宇. 中国农史稿. 北京: 农业出版社, 1985

唐启宇. 中国作物栽培史稿. 北京: 中国农业科技出版社, 1986

天野元之助. 中国农业史研究. 东京: 御茶の水书房, 1962

田新华. 唐诗与邮驿传播之关系. 新闻传, 2012, (01): 87-89

田义久. 大谷文书集成. 上海: 上海法藏馆, 1984

瓦罗. 论农业. 王家绶, 译. 北京: 商务印书馆, 1981

瓦维洛夫. 主要栽培植物的世界起源中心. 董玉琛, 译. 北京: 中国农业出版社, 1982

汪受宽. 甘肃通史·秦汉卷. 兰州: 甘肃人民出版社, 2009

汪受宽. 两汉凉州畜牧业述论. 敦煌学辑刊, 2009, (4): 17-32

汪子春, 范楚玉. 农学与生物学志. 上海: 上海人民出版社, 1998

王炳华. 精绝春秋——尼雅考古大发现. 杭州: 浙江文艺出版社, 2003

王炳华. 新疆农业考古概述. 农业考古, 1983, 102-118

王栋. 牧草学各论. 南京: 畜牧兽医图书出版社, 1956

王革生. "盛京三大牧场"考. 北方文物, 1986, (4): 93-96

王怀斌, 赵邦楹. 澄城县志. 台北: 成文出版社, 1968

王家葵. 救荒本草校注. 北京: 中医古籍出版社, 2007

王锦秀. 略论职务名称的统一. 中国生物多样性保护与研究进展Ⅶ, 1978, 16(3): 101-111

王晋林. 论边区政府发展畜牧业生产的政策与实践. 传承, 2013, (11): 30-31

王建光. 牧草饲料作物栽培学(第二版). 北京: 中国农业出版社, 2018

王利华. 魏晋隋唐时期北方地区的果品生产与加工. 中国农史, 1999, 18(4): 90-101

王利华. 中国农业通史(魏晋南北朝卷). 北京: 农业出版社, 2009

王连桥. 刘长佑经世思想研究. 湘潭: 湘潭大学, 2004

王美艳. 李仪祉治理黄河理论及实践述评. 石家庄: 河北师范大学硕士研究生学位论文, 2012

王明哲, 王炳华. 乌孙研究. 乌鲁木齐: 新疆人民出版社, 1983

王启柱. 饲用作物学. 台北: 中正书局, 1975

王启柱. 中国农业起源与发展(上下). 台北: 渤海堂文化公司, 1994

王青. 石赵政权与西域文化. 西域研究, 2002, (3): 91-98

王仁湘. 往古的滋味: 中国饮食的历史与文化. 济南: 山东画报出版社, 2006

王守春. 楼兰古城兴废的历史教训. 中国历史地理论丛, 2002, (6): 16-18

王欣, 常婧. 鄯善王国的畜牧业. 中国历史地理论丛, 2007, 22(2): 94-100

王毓瑚. 我国自古以来的重要农作物(下). 农业考古, 1982, (1): 42-49

王毓瑚. 我国自古以来的重要农作物(中). 农业考古, 1981, (2): 13-20

王毓瑚. 中国畜牧史资料. 北京: 科学出版社, 1958

王治来. 中亚史. 北京: 人民出版社, 2010

王治来. 中亚通史·古代卷(上). 乌鲁木齐: 新疆人民出版社, 2004

韦双龙. 敦煌汉简所见几种农作物及其相关问题研究. 金陵科技学院学报(社会科学版), 2012, 26(4): 69-74

文裁缝. 绝版古国: 神秘消失的古王国. 北京: 九州岛出版社, 2009

吴丽娱. 从敦煌吐鲁番文书看唐代地方机构行用的状. 中华文史论丛, 2010, (2): 53-113

吴量恺. 清代经济史研究. 武汉: 华中师范大学出版社, 1991

吴青年. 东北优良牧草介绍. 农业技术通讯, 1950, 1(7): 321-329

吴仁润, 张志学. 黄土高原苜蓿科研工作的回顾与前景. 中国草业科学, 1988, 5(2): 1-6

吴礽骧, 李永良, 马建华. 敦煌汉简释文. 兰州: 甘肃人民出版社, 1991

吴礽骧. 敦煌汉简释文. 兰州: 甘肃人民出版社, 1991

吴淑玲. 唐代驿传苛剥百姓之考察. 保定学院学报, 2017, (4): 44-48

吴小伦. 明清时期开封境内的耕作环境与农业发展. 农业考古, 2013, (3): 130-134

吴征镒. 新华本草纲要. 上海: 上海科学技术出版社, 1991

武衡. 抗日战争时期解放区科学技术发展史资料. 北京: 中国学术出版社, 1984

西北农业科学研究所. 西北紫花苜蓿的调查与研究. 西安: 陕西人民出版社, 1958

夏纬瑛. 植物名释札记. 北京: 中国农业出版社, 1990

咸阳市地方志编纂委员会. 咸阳市志. 西安: 陕西人民出版社, 1996

谢成侠. 二千多年来大宛马(阿哈马)和苜蓿传入中国及其利用考. 中国畜牧兽医杂志, 1955, (5): 105-109

谢成侠. 中国养马史. 北京: 科学出版社, 1959

谢成侠. 中国养牛羊史. 北京: 农业出版社, 1985

谢道安. 束鹿县志. 台北: 成文出版社, 1968

谢弗. 唐代的外来文明. 吴玉贵, 译. 北京: 中国社会科学出版社, 1995

谢丽. 清代至民国时期塔里木盆地南缘绿洲生态环境变迁的社会与环境诱因. 上海: 复旦大学, 2003

解学诗. 伪满洲国史新编(修订本). 北京: 人民出版社, 2008

星川清亲. 栽培植物的起源与传播. 段传德, 丁法元, 译. 萧位贤, 校. 郑州: 河南科学技术出版社, 1981

熊帝兵, 刘亚中. 清代河南盐地改良及利用探析. 干旱区资源与环境, 2013, 27(6): 14-19

熊铁基. 中国文化通志·秦汉文化志. 上海: 上海人民出版社, 1998

徐安凯. 吉林省农业科学院畜牧科学分院志. 内部资料, 2010

徐朝华. 尔雅今注. 天津: 南开大学出版社, 1987

徐复. 古汉语大词典. 上海: 上海辞书出版社, 1998

徐世昌. 东三省纪略. 上海: 商务印书馆, 1915

徐文堪. 略论汉语外来词的词源考证和词典编纂. 上海: 第二届传统中国研究国际学术讨论会论文集(二). 2007: 148-156

许晖. 植物在丝绸的路上穿行. 青岛: 青岛出版社, 2016

许威汉. 汉语词汇学引论. 北京: 商务印书馆, 1992

许倬云. 汉代农业: 中国农业经济的起源及特性. 王勇, 译. 桂林: 广西师范大学出版社, 2005

薛瑞泽. 秦汉晋魏南北朝黄河文化与草原文化的交融. 北京: 科学出版社, 2010

闫娜轲. 清代河南灾荒及其社会应对研究. 天津: 南开大学, 2013

闫庆生, 黄正林. 抗战时期陕甘宁边区的农村经济研究. 近代史研究, 2001, (3): 132-171

阎万英, 尹英华. 中国农业发展史. 天津: 天津科学技术出版社, 1992

燕红忠, 刘亚丽. 试论阎锡山的河套屯垦与农业经济开发. 河套大学学报, 2010, 7(1): 5-11

杨建书, 等. 南苜蓿功用考证. 吉林中医药, 1992, (5): 37

杨巨平. 亚历山大东征与丝绸之路开通. 历史研究, 2007, 4: 150-161, 192

杨渠, 王朝俊. 重修灵台县志. 台北: 成文出版社, 1976

杨文琴, 张宏伟. 酒泉农业史. 兰州: 兰州大学出版社, 2013

姚鉴. 张骞通西域. 历史教学, 1954, (10): 3-36

衣保中. 东北农业近代化研究. 长春: 吉林文史出版社, 1990

衣保中. 清末东北农业试验机构的兴办及近代农业技术的引进. 中国农史, 1988, (12): 85-92

游修龄. 中国农业百科全书(农业历史卷). 北京: 农业出版社, 1995

于景让. 汗血马与苜蓿. 大陆杂志, 1952, 5(9): 24-25

余太山. 西域通史. 郑州: 中州古籍出版社, 2003

余英时. 汉代贸易与扩张. 上海: 上海古籍出版社, 2005

裕载勋. 苜蓿. 上海: 上海科学技术出版社, 1957

张波. 西北农牧史. 西安: 陕西科学技术出版社, 1989

张华飞. 日本在东北的农业科研活动与农业统制. 长春: 东北师范大学, 2017

张骅. 我国近代治黄和水土保持工作的先驱李仪祉. 人民黄河, 1999, 21(11): 23-27

张磊. 天津农业研究(1368-1840). 天津: 南开大学, 2012

张平真. 中国蔬菜名称考释. 北京: 北京燕山出版社, 2006

张显运. 试论北宋时期的马监牧地. 兰州学刊, 2012, (8): 55-60

张献廷. 新疆地理志. 台北: 成文出版社, 1968

张小平. 延川县志·畜牧志. 西安: 陕西人民出版社, 2010

张星烺. 中西交通史料汇编(第四册). 北京: 中华书局, 1978

张亚军. 1948-1949年冀南解放区农业生产研究. 石家庄: 河北师范大学, 2017

张永禄. 汉代长安词典. 西安: 陕西人民出版社, 1993

张永言. 汉语外来词杂谈(补订稿). 汉语史研究中心简报, 2007, (3-4): 1-20

张玉书. 康熙字典. 上海: 汉语大词典出版社, 2002

张仲葛, 朱先煌. 中国畜牧史料集. 北京: 科学出版社, 1986

章有义. 中国近代农业史资料(第一辑). 上海: 新知三联书店, 1957

浙江药用植物志编写组. 浙江药用植物志. 杭州: 浙江科学技术出版社, 1980

真木芳助. アルファルファの栽培史と研究の進展. 北海道農試研究資料, 1975, 6: 1-12

郑炳林. 晚唐五代敦煌寺院香料的科征与消费. 敦煌学辑刊, 2011, (2): 1-12

郑勉. 中国种子植物分类学(中册·第一分册). 北京: 科学技术出版社, 1956

郑震谷, 幸邦隆. 华亭县志. 台北: 成文出版社, 1976

中国畜牧兽医学会. 中国近代畜牧兽医史料集. 北京: 中国农业出版社, 1992

中国第二历史档案馆. 全国经济委员会会议录(三). 桂林: 广西师范大学出版社, 2005

中国第一历史档案馆. 乾隆朝甘肃屯垦史料. 历史档案, 2002, (3): 9-31

中国古代农业科技编纂组. 中国古代农业科技. 北京: 中国农业出版社, 1980

中国古代史编委会. 中国古代史(上). 北京: 人民出版社, 1979

中国科学院西北植物研究所. 秦岭植物志. 北京: 科学出版社, 1981

中国科学院植物研究所. 中国高等植物图鉴(第二册). 北京: 科学出版社, 1972

中国科学院自然科学史研究所. 中国古代科技成就. 北京: 中国青年出版社, 1978

中国历史大辞典历史地理卷编撰委员会. 中国历史大辞典历史地理卷. 上海: 上海辞书出版社, 1996

中国历史大辞典秦汉史卷编纂委员会. 中国历史大辞典(秦汉史). 上海: 上海辞书出版社, 1990

中国农业百科全书总编辑委员会. 中国农业百科全书(畜牧卷上册). 北京: 中国农业出版社, 1996

中国农业百科全书总编辑委员会蔬菜卷编辑委员会. 中国农业百科全书(蔬菜卷). 北京: 中国农业出版社, 1990

中国农业博物馆农史研究室. 中国古代农业科技史图说. 北京: 农业出版社, 1989

中国农业科学院, 南京农学院中国农业遗产研究室. 中国农学史(上册). 北京: 科学出版社, 1959

中国农业科学院, 南京农学院中国农业遗产研究室. 中国农学史(上下册). 北京: 科学出版社, 1984

中国农业科学院, 南京农业大学中国农业遗产研究室. 北方旱地农业. 北京: 中国农业科技出版社, 1986

中国农业科学院陕西分院. 西北的紫花苜蓿. 西安: 陕西人民出版社, 1959

中国农业科学院蔬菜花卉研究所. 中国蔬菜栽培学(第二版). 北京: 中国农业出版社, 2010

中国植物学会. 中国植物学史. 北京: 科学出版社, 1994

中国植物志编辑委员会. 中国植物志[第42(2)卷]. 北京: 科学出版社, 1998

中国植物志编辑委员会. 中国植物志[第73(2)卷]. 北京: 科学出版社, 1998

中华本草编辑委员会. 中华本草. 上海: 上海科学技术出版社, 1999

钟广生. 新疆志稿. 台北: 成文出版社, 1968

周广西. 论徐光启在肥料科技方面的贡献. 中国农史, 2005, (4): 20-28

周国祥. 陕北古代史纪略. 西安: 陕西人民出版社, 2008

周敏. 中国苜蓿栽培史初探. 草原与草坪, 2004, (4): 44-46

周振鹤, 游汝杰. 方言与中国文化. 上海: 上海人民出版社, 1986

周祖谟. 尔雅校笺. 南京: 江苏教育出版社, 1984

朱玉麟. 西域文史(第三辑). 北京: 科学出版社, 2008

子洲县志编纂委员会. 子洲县志. 西安: 陕西人民教育出版社, 1993

宗福邦, 陈世铙, 萧海波. 故训汇纂. 北京: 商务印书馆, 2003

邹德秀. 世界农业科学技术史. 北京: 中国农业出版社, 1995

邹介正, 王铭农, 牛家藩, 等. 中国古代畜牧兽医史. 北京: 中国农业科技出版社, 1994

邹介正. 中国古代畜牧兽医史. 北京: 中国农业科技出版社, 1994

邹谢. 本经疏证. 海口: 海南出版社, 2009

作者不详. 民国静海县志. 上海: 上海书店, 2010

作者不详. 神木乡土志. 台北: 成文出版社, 1970

Ahlgren G H. Forage crops. New York: McGraw-Hill Book Co, 1949

Bolton J L. Alfalfa botany, cultivation and utilization. London: Leonard Hill, 1962

Bolton J L. Alfalfa. New York: Inter Science Publishers, 1962

Burkill I H. 人的习惯与旧世界栽培植物的起源. 胡先骕, 译. 北京: 科学出版社, 1954

California Field Office. California historic commodity data. Sacramento: USDA. NASS, 2012

Chmielewski J. Two Early Loan-words in Chinese. Rocznik Orientalistyczny, 1961, 24(2): 69-83

Fabio V. Origin and Systematics. Fodder Crop and Amenity Grasses, 2000, 34(5): 396-398

Graber L F A. Century of Alfalfa Culture in America. Agronomy Journal, 1950, 42(11): 525-533

Hanson A A. Alfalfa and alfalfa Improvement. Madison: American Journal of Agronomy, 1988

Hanson C H. Alfalfa science and technology. Madison: American Society of Agronomy, Inc. Publisher,

1972

Harmatta J. History of civilizations of central Asia (Volume II). Paris: Composed by UNESCO Publishing, 1996

Michael P. Alfalfa. American Scientist, 2001, 89(3): 252-261

Palmer T. Lucerne breeding in New Zealand. Wellington: Lucerne Corp, 1967

Platt T. Alfalfa's Potential in Dryland. Crop Production-Spokane County, 2003

Pulleyblank E G. The Consonantal System of Old Chinese. Asia Major, 1962, 9: 58-114

Putnam D H. Alfalfa: wildlife and the environment. California: California Alfalfa and Forage Association, 2001

Sinskaya E N. 1950. Flora of cultivated plants of the U. S. R. R. XIII Perennial leguminous plants. Translated by Israel Program for Scientific Translations, Jerusalem, 1961

Summers C G, Putnam D H. Irrigated alfalfa management. California: University of California Agriculture and Natural Resources, 2008

Whyte R O. FAO Agricultural studies. Rome: Series No. 21, 1953

Wilsie C P. Crop adaptation and distribution. London: Freema, San Franicisco, 1962

主
要
参
考
文
献

人名索引

词汇（短语）索引

词汇（短语）索引

285

词汇（短语）索引

后

记

　　这是一本迟到的书。为了撰写她，已酝酿了二十年，由于一直担心写成本书的史料不够和担心写不好，所以二十年来一直在搜集整理、研究考证和学习与苜蓿相关的史料。

　　早在 1996 年，当得到耿华珠（1995）先生的著作《中国苜蓿》时，书中的古代苜蓿内容，深深地吸引了我，感染了我，使我感受到，我国不仅具有 2000 多年的苜蓿栽培史，而且亦具有丰富的文化内涵和先进的科学技术。从这时起，就期待能见到一本介绍我国古代苜蓿起源传播和栽培利用乃至文化的史类书籍，以便更好地了解和学习古代苜蓿栽培利用的传统经验和技术，乃至文化。然而，二十多年过去了，期待已久、望眼欲穿的书，到目前为止仍然没有出现。期间，我也有过"与其临渊羡鱼，不如退而结网"的念头，想自己动手试试看，但总是浅尝辄止，未能如愿。那时就想，怎么就没有一本介绍我国古代贤人们从事苜蓿生产和研究苜蓿特性的书呢？

　　到 2000 年秋，在我撰写博士论文时，查阅了不少苜蓿资料，也或多或少接触了一些记载苜蓿的典籍，如《史记》《汉书》《四民月令》《齐民要术》《四时纂要》《尔雅翼》《全芳备祖》《救荒本草》《群芳谱》《农政全书》《植物名实图考》等，以及近现代专门研究古代苜蓿的论著，如植物学家黄以仁《苜蓿考》、历史学家向达《苜蓿考》、美国汉学家劳费尔 *Sino-Iranica*（《中国伊朗编》）等。从这些资料中不难看出，我国古代苜蓿生产也曾繁荣过，其技术水平也曾领先于世界，并发挥过重要作用。另外，我的导师韩建国教授也曾建议过我，应多关注古代苜蓿的研究。这再一次唤起我着手研究苜蓿史的欲望。

　　一想到自己要为苜蓿写史，还真有点胆怯，自感学力不足，唯恐不能完成或完成不好。但仔细想过后，我总觉得，不管需要水平有多高，我都还是乐意作个初浅的尝试。因为，我国是世界上苜蓿栽培历史最久且栽培面积最大的国家，具有完整、可信的历史。我国在阐明苜蓿起源和物种确定等方面对世界苜蓿史作出过重要贡献，并且我国古代苜蓿的生产水平、植物学研究等方面居世界领先。同时，汉代引入苜蓿、汗血马不仅是草业史、畜牧史上的一件大事，而且对我国汉代国防事业产生过重大影响，并被司马迁载入《史记》，这是苜蓿的幸运、苜蓿的骄傲，也是苜蓿的品格和魅力所在，更是苜蓿的作用所在，我们要为她自豪、为她呐喊、为她歌唱。

然而，我们对古代苜蓿的发展起因、发展环境、发展历程、发展成就却知之甚少。因此，有必要写一本介绍我国古代苜蓿的书籍。于是我就下定决心，不揣冒昧，鼓起勇气，极尽所能，秉持"做总比不做强，有总比没有强"的信念，开始了我国古代苜蓿研究、考证和撰写工作的尝试。让我未曾想到的是，这一做尽做了二十年，期间遇到的困难之多、难度之大、问题之复杂是我没有料到的。俗语曰："事非经过不知难"，当自己经过这番摸索之后，才知道此中的艰难、此中的不易、此中的困惑，殊非事前想象的那样，因而对我国缺乏苜蓿史类著述的现象，也就不足为奇了。

从 2000 年决意要进行苜蓿史研究到今天草成付梓，历时二十个春秋。由于该研究为草创性的工作，缺乏资料借鉴和研究经验，乃至理论与技术，所以，研究只能从零开始。这项持续了二十年的研究考证工作，初期主要是对典籍、方志、期刊、报纸、考古资料、档案等形式不一的文献资料进行搜集整理、甄别史源、剪裁史料、阅读梳理、分类编排、文献注录和读书笔记等。研究考证过程中，在查阅大量史料的基础上，为了查证史实，我们先后到陕西省城固县张骞纪念馆、汉中市博物馆、陕西历史博物馆、西安博物院、甘肃省博物馆、酒泉市博物馆、武威市博物馆、武威市西夏博物馆、敦煌博物馆、新疆博物馆、吐鲁番博物馆、哈密博物馆、民丰县尼雅博物馆、塔里木大学西域博物馆和内蒙古博物馆、河套农耕文化博物苑、古郡五原博物馆、河南博物馆和国家典籍博物馆等进行考察学习，并与相关专家座谈，了解当地古代苜蓿种植发展情况。书稿草写中，为了尊重史实，不得不穷尽手头资料，尽量达到何时、何地、何人和何事的引证史实的要求。为了达到此要求，没有捷径可走，唯有埋头苦干，查阅大量史料，才能得真；唯有把文章一段一段地删简，才能贴近史实；唯有把句子一改再改，才能念通；唯有把写成的文章一篇一篇地撕了重写，才能勉强敢拿出来。

在 2015 年之后，随着对苜蓿史料研究考证的不断深入，对我国苜蓿史的认识亦日益深刻，也有了一些肤浅的想法，斗胆开始对所思所想进行整理发表，先后在《草业学报》发表了十几篇讨论苜蓿史的相关论文，并发表了拙作《苜蓿经》《苜蓿赋》《苜蓿考》《苜蓿史钞》，以为这本书的进一步研究与出版投石问路。这期间我怀着忐忑的心情等待读者的检验，尽管人们对十几篇论文乃至拙作的反映褒贬不一，但我从中获益匪浅，常常将表扬视为鼓励和勉勖，激发和增强我继续研究考证的热情和信心；而将批评视为嘉奖和动力，促进和鞭策我继续改进考证手段和方法。在此，感谢给予我表扬和批评的专家学者，从你们的中肯意见中，获得许多启示和教益，使我的考证方法和研究思路大为改进，研究考证水平才得以提高，这本小书才得以不断完善。倘若没有这些批评指正，拙稿的出版可能还要等待一些时日。

在这里要特别感谢我的两位导师马鹤林先生和韩建国教授，虽然两位先生都已故去，但他们对我的教诲影响至今，真可谓"哲人日已远，典型在夙昔。"由于他们的鼓励和榜样，我才有勇气投入苜蓿史的尝试性研究，才能有信心撰写并完成此书，通过本书的出版来表达我对两位导师的深切缅怀和追思。同时，我也十分感谢为本书付出辛勤劳作和汗水的温方、徐丽君、陶雅、王晓娜、王林、张慧杰、邢启明、李峰、冯鹏、徐博、王清郦、魏晓斌、柳茜、韩丹蕊、王红梅、花梅、那亚、刘志英、李长慧、王英哲、高婷、方珊珊、闫亚飞、高润、张仲娟、葛云辉、齐晓、鲍青龙和赵廷辉等，他们在读研究生（硕士或博士）或研修期间，几乎无时不在为本研究穷搜广集资料，常常是晨窗夜灯，不惮繁琐地进行着文献整理与编排，乃至文字输录等工作，为此由衷地感激；日本酪农学园大学教授安宅一夫先生为我从日本收集了许多一百多年前的资料，使我的苜蓿史料不断丰富，内蒙古农业大学娜日苏女士为我翻译了许多日文资料，使我获益颇多，在此特别感谢他们的热情相助；科学出版社的同仁们对本书撰写和出版的殷勤关怀，乃至书稿内容的取舍与章节安排都提出了有益的建议，在此一并申谢。

在过去的二十年里，我一直尝试着了解和学习古代苜蓿的知识，然而，随着关于古代苜蓿知识的不断扩大，关于她的知识盲点也在不断增加，问题也在不断涌现，而要找到与之相匹配的内容和答案却需假以更多时日，需要继续深入系统地进行研究、考证、学习。

我以为，这本小书既然是个尝试性的研究工作，不论她如何粗浅简单，乃至于不妥当、不准确或有错误，相信她还是可以为了解我国古代苜蓿、认识古代苜蓿，乃至进一步研究古代苜蓿提供点滴素材，唤起人们对苜蓿某些历史问题的思考、感想甚至于质疑，对苜蓿古代技术挖掘、研究和应用，对苜蓿传统文化进行整理、传承和弘扬。倘若这本小书能起到抛砖引玉的作用，让之前不了解苜蓿史的人了解她，了解苜蓿史的人热爱她，热爱苜蓿史的人研究她，从而梳理和总结出我国古代苜蓿的成败得失、经验教训和发展规律，写出高水平的苜蓿史书，开创我国苜蓿史乃至牧草史研究的新局面，俾有志于苜蓿者，得即过去之状况，求将来之发展，这正是本研究的初衷和企冀。

孙启忠

2019 年 12 月 1 日于呼和浩特